直流输电系统的小信号稳定性

Small Signal Stability of HVDC System

郭春义　王　烨　赵成勇　著

科学出版社

北　京

内 容 简 介

直流输电系统凭借其良好的技术经济优势，在跨区域电力输送、电网异步互联、新能源并网等领域得到了广泛应用，保障其稳定运行是国民经济和社会发展的重大需求。

本书针对不同类型的直流输电系统探讨小信号稳定性，以期为直流输电的系统设计和参数选择提供理论指导。本书分为上下篇，上篇重点介绍直流输电系统小信号模型的建立方法，下篇重点探讨不同类型直流输电系统的小信号稳定性。本书所涉及的直流输电类型包括传统直流输电、柔性直流输电、混合直流输电（LCC-MMC 型混合直流输电、混合多端直流输电、混合多馈入直流输电、含 STATCOM 的 LCC-HVDC）、柔性直流电网。

本书适合从事直流输电系统分析、参数设计及稳定控制等方面研究的科技工作者阅读，也可供高等院校电力系统相关专业教师、研究生、本科生参考阅读。

图书在版编目(CIP)数据

直流输电系统的小信号稳定性 = Small Signal Stability of HVDC System / 郭春义，王烨，赵成勇著. —北京：科学出版社，2019.9

ISBN 978-7-03-062008-8

Ⅰ. ①直…　Ⅱ. ①郭…　②王…　③赵…　Ⅲ. ①直流输电–电力系统稳定–信号分析–数学模型–研究　Ⅳ. ①TM727

中国版本图书馆CIP数据核字(2019)第167902号

责任编辑：范运年 / 责任校对：杜子昂
责任印制：吴兆东 / 封面设计：蓝正设计

科 学 出 版 社 出版
北京东黄城根北街 16 号
邮政编码：100717
http://www.sciencep.com

北京凌奇印刷有限责任公司 印刷

科学出版社发行　各地新华书店经销

*

2019 年 9 月第　一　版　开本：720 × 1000　1/16
2019 年 9 月第一次印刷　印张：18 1/4
字数：368 000

POD定价：168.00元
（如有印装质量问题，我社负责调换）

前　言

电网换相换流器高压直流输电(line commutated converter based-high voltage direct current，LCC-HVDC)系统已经在国内外得到了广泛工程应用。我国能源资源与负荷需求逆向分布的格局，使得具备远距离大容量输电技术优势的 LCC-HVDC 成为能源规模化外送和大范围配置的主要输电方式。自舟山直流输电工程投运以来，我国的高压直流输电发展迅猛，在世界范围内率先进行了±800kV 特高压直流输电工程的建设，首个特高压直流输电工程云南—广东±800kV 直流输电工程已于 2010 年投运。2018 年，我国投运了世界上电压等级最高、输送容量最大、输送距离最远、技术水平最先进的昌吉—古泉特高压输电工程，电压等级为±1100kV，额定输电容量为 12000MW，输电距离达 3324km。截至 2019 年 2 月，中国已建成投运 37 条传统直流输电工程。

随着电力电子技术的发展，以全控型器件为基础的电压源换流器高压直流输电(voltage source converter based HVDC，VSC-HVDC)得到快速发展。国内将该技术命名为柔性直流输电(HVDC Flexible)，以区别于采用晶闸管的传统直流输电技术，ABB 公司将这一技术称为 HVDC Light，西门子公司称之为 HVDC PLUS。近年来，基于模块化多电平换流器的高压直流输电(modular multilevel converter based HVDC，MMC-HVDC)系统，因其具有模块化设计、谐波含量低、损耗小等技术优势，目前已成为 VSC-HVDC 的主流拓扑。在我国，自上海南汇风电场柔性直流示范工程建成投运以来，MMC-HVDC 技术发展迅猛，南澳多端柔性直流输电工程、舟山多端柔性直流输电工程、厦门柔性直流输电工程、鲁西背靠背异步联网工程、渝鄂柔直背靠背异步联网工程相继投运，更高电压等级和容量的张北直流电网工程将于 2020 年投运。因此，MMC-HVDC 技术在电网异步互联、跨区域电力输送、新能源规模化送出、孤岛和弱系统供电等领域得到了广泛关注和工程应用。

基于电压源型换流器 VSC 和电流源型换流器 LCC 的混合直流输电(Hybrid HVDC)系统，可以结合 LCC-HVDC 和 MMC-HVDC 的技术经济优势，已成为国内外学术研究的热点，而且也在实际工程中得到了初步应用。2014 年，国家电网公司舟山五端柔性直流工程的嵊泗站与芦嵊传统直流线路的逆变站在嵊泗岛上形成了混合双馈入直流输电系统；2015 年，挪威和丹麦之间的 Skagerrak HVDC Interconnections 极四工程，在原有三极 LCC-HVDC 的基础上建设了一条 VSC-HVDC 作为极四，形成了混合四极直流输电系统；2016 年，南方电网公司投运的鲁西背靠背混合直流异步联网工程，采用了 1 条 MMC-HVDC 与 2 条 LCC-HVDC 组成的混合多直流并联运行形式，实现云南电网与南方电网主网的异步互联；2018 年，南方电网公司乌东德特高压混合多端直流工程也已开工建设，以改善直流多落点问题并提高电网稳定性，其投运后广东侧的 MMC 换流站将与已建成的溪洛渡—广东±500kV LCC-HVDC 工程逆变站落点很接近，届时将形成由 LCC-HVDC 和 MMC-HVDC 构成的混合双馈入直流输电系统；目前，白鹤滩特高压混合级联直流工程也正在规划中，目的是实现白鹤滩水电大规模稳定可靠输出，并提高多直流密集馈入的华东电网的安全稳定性。

由此可见，直流输电技术已经并将继续在电力能源输送和大范围配置中发挥不可替代的作用，因此保障其稳定运行是国民经济和社会发展的重大需求。然而，不同类型直流输电系统具有换流器组合类型多样、运行工况多变、耦合机理复杂等特点，在联接弱交流电网、参数配置不合理、协同运行机制缺乏等情况下，可能出现耦合振荡失稳现象，给电网的安全稳定运行带来威胁。因此，亟待探索直流输电系统的耦合振荡机理，而小信号模型及稳定性分析探讨主电路和控制环节对系统稳定性的影响规律，揭示系统振荡模式及模态特征，从而为构建振荡源辨识方法并提出有效的振荡抑制措施提供理论依据。然而，目前关于不同类型直流输电系统小信号稳定性方面的专著还很少，因此，迫切需要一本可以详细介绍直流输电系统小信号模型建立方法及稳定性分析的专著，从而为直流输电系统设计和参数选择提供有价值的理论指导，本书正是在这样的背景下开始撰写的。

本书由郭春义、王烨和赵成勇统稿。在各章节撰写过程中，郑安然、蒋雯、殷子寒、赵剑、刘炜同学全程参与了初稿编写，这里特别表示感谢。另外，还要感谢课题组参与本书部分章节材料整理和编辑工作的沙江波、刘博、杨硕、王燕宁、崔鹏、吴张曦、彭意、林欣、海正刚、樊鑫。

特别感谢多伦多大学 Reza Iravani 教授、加拿大工程院院士 Ani Gole 教授对本书相关研究工作的指导和支持，感谢 RTDS Technologies 公司的张益博士和丁辉博士给予的帮助，感谢新能源电力系统国家重点实验室对本书出版工作的支持！

本书的研究工作得到了国家自然科学基金项目（51877077，51507060）的资助，在此表示感谢！

限于作者水平和时间仓促，书中难免存在不妥之处，敬请广大读者批评指正。作者联系方式：010-61771605。

郭春义

2019 年 1 月

目　　录

下篇　直流输电系统的小信号稳定性分析

第1章 绪　　论

1.1 传统直流输电

1.1.1 传统直流输电的发展

20世纪初，随着交流电网的不断发展，电力系统规模的不断快速增长，电力系统的稳定问题日益凸显。为了解决交流联网中的稳定性问题以及交流线路远距离输电时存在的容量限制问题，人们的目光转向直流输电技术[1]。20世纪20年代，可控汞弧阀装置的研制成功，为实现直流输电换流技术提供了必要条件。随着1954年世界上第一项工业性直流输电工程(瑞典100kV/20MW的果特兰岛工程)成功投入运行，直流输电技术开始进入汞弧阀换流时期[2]。由于汞弧阀制造技术复杂、价格昂贵、逆弧故障率高、可靠性较低、运行维护不便等缺点，直流输电的发展受到很大限制。20世纪70年代，电力电子技术和微电子技术迅速发展，高压大功率晶闸管问世，在制造工艺难度、制造成本、运行可靠性及维护等方面，晶闸管换流阀都比汞弧阀具有明显的优势，因此直流工程逐步采用晶闸管阀替代原本的汞弧阀，从而开启了晶闸管换流时期。晶闸管换流阀有效地改善了直流输电的运行性能和可靠性，促进了直流输电技术的快速发展。基于晶闸管的直流输电也称为电网换相换流器高压直流输电(line-commutated-converter based high voltage direct current，LCC-HVDC)。目前，LCC-HVDC技术已经在国内外远距离大容量输电、电网互联等领域得到了广泛的工程应用。

1.1.2 传统直流输电的特点

同高压交流输电相比，LCC-HVDC具有诸多优点，主要体现在如下几个方面[1-4]。

(1) 直流输电架空线路只需正负两极导线、杆塔结构简单、线路造价低、损耗低。与交流输电相比，输送相等的功率时，直流架空线路可节省约1/3的钢芯铝线，1/3～1/2的钢材，线路造价为交流输电的2/3，并且，在此条件下其线路损耗约为交流的2/3。同时，直流输电所占的线路走廊也较窄。在直流电压作用下，线路电容不起作用，不存在电容电流，线路沿线的电压分布均匀，不需要装设并联电抗器。

(2) 直流电缆线路输送容量大、造价低、损耗小，不易老化、寿命长，且输送距离不受限制。电缆耐受直流电压的能力比耐受交流电压的能力高3倍以上，因此同样绝缘厚度和芯线截面的电缆，用于直流输电比用于交流输电的输电容量要大很多。同时，交流电缆的输送距离受电容电流的限制，而直流电缆不存在电容电流，则其输送距离不受限制，有利于进行远距离电缆送电。

(3) 直流输电不存在交流输电的稳定问题，有利于远距离大容量送电。对于交流输电系统，如果运行中的输送功率接近于线路的静态稳定极限时，当系统有小扰动时，可能使两端交流系统失去同步运行，导致两系统解裂。而直流输电的两端交流系统经过整流和逆变的隔离，无需同步运行，不存在同步运行的稳定问题，其输送容量和距离将不受同步运行稳定性的限制，这对于远距离大容量输电是很有利的。

(4) 采用直流输电实现电力系统之间的非同步联网，可以不增加被联电网的短路容量，因此不需要由于短路容量的增加而更换断路器；被联电网可以是额定频率不同(如 50Hz、60Hz)的电网，也可以是额定频率相同但非同步运行的电网；被联电网可保持自己的电能质量(如频率、电压)而独立运行，不受联网的影响；被联电网之间交换的功率可快速方便地进行控制，有利于运行和管理。

(5) 直流输电输送的有功功率和换流器消耗的无功功率均可由控制系统进行控制，可利用这种快速可控性来改善交流系统的运行性能。根据交流系统在运行中的要求，可快速增加或减少直流输送的有功和换流器消耗的无功，对交流系统的有功平衡和无功平衡起快速调节作用，从而提高交流系统频率和电压的稳定性，提高电能质量和电网运行的可靠性。

(6) 在直流电压的作用下，只有电阻起作用，电感和电容均不起作用，直流输电采用大地为回路，直流电流则向电阻率很低的大地深层流去，可很好地利用大地这个良导体。利用大地为回路可省去一极的导线，同时大地的电阻率低、损耗小、运行费用也低。在双极直流输电系统中，通常大地回路是作为备用导线，使双极系统相当于两个可独立运行的单极系统运行。当一极故障时，可自动转为单极系统运行，提高了输电系统的运行可靠性。

由于 LCC-HVDC 系统采用半控型器件晶闸管作为换流器件，依赖交流系统运行，需要一定强度的交流系统来实现换相，使得 LCC-HVDC 系统客观上存在一些局限[1-4]。

(1) 直流输电换流站比交流变电所的设备多、结构复杂、造价高、损耗大、运行费用高、可靠性也较差。通常，交流变电所的主要设备是变压器和断路器，而直流换流站除换流变压器和相应的断路器以外，还有换流器、平波电抗器、交流滤波器、直流滤波器、无功补偿设备以及各种类型的交流和直流避雷器等，因此，换流站的造价比同样规模的交流变电所的造价要高出数倍。由于设备多，换流站的损耗和运行费用也相应增加，同时换流站的运行和维护也较复杂，对运行人员的要求也较高。

(2) 换流器对交流侧来说，除了是一个负荷(在整流站)或电源(在逆变站)以外，它还是一个谐波源。为了减少流入交流系统的谐波电流，保证换流站交流母线电压的畸变率在允许的范围内，必须装设交流滤波器、平波电抗器和直流滤波器。交直流滤波器使换流站的造价、占地面积和运行费用均大幅度提高，同时也降低了换流站的运行可靠性。

(3) 晶闸管换流器在进行换流时需消耗大量的无功功率(约占直流输送功率40%～60%)，每个换流站均需装设无功补偿设备。当交流滤波器所提供的无功功率不能满足无功补偿的要求时，还需另外装设电容器。当换流站接于弱交流系统时，为提高系统动态电压的稳定性和改善换相条件，有时还需要装设同步调相机或静止无功补偿装置，这同样要增加换流站的投资和运行费用。

(4) 直流输电利用大地(或海水)为回路时带来了一些技术问题，如接地极附近地下(或海水中)的直流电流对金属构件、管道、电缆等埋设物的电腐蚀问题；地中直流电流通过中性点接地变压器使变压器饱和所引起的问题；对通信系统和航海磁性罗盘的干扰问题。

(5) 直流断路器由于没有电流过零点可以利用，灭弧问题难以解决，给制造带来困难。国内外对直流断路器虽然进行了大量的研究和试制，但到目前为止仍没有成熟的产品提供给工程使用，这使得多端直流输电工程的发展受到了一定程度的限制。近年来，利用直流输电的快速控制，在工程上已可以解决多端直流输电的故障处理等问题，但其控制系统相当复杂，仍需要在实际工程运行中进行进一步验证和改进。

1.1.3 传统直流输电的应用场景

目前，传统直流输电的应用主要在以下几个方面[1-3]。

1. 远距离大容量输电

直流输电线路的造价和运行费用均比交流输电低，而换流站的造价和运行费用均比交流变电所高。因此，对同样的输送容量，输送距离越远，直流比交流的经济性能越好。随着输送距离的增加，交流输电的容量将受其稳定极限的限制，为提高输送能力，往往需要采取各种技术措施，从而又增加了交流输电的投资。通常规定，当直流输电线路和换流站的造价与交流输电线路和变电所的造价相等时的输电距离为等价距离，也就是说，对于一定的输送功率，当输电距离大于等价距离时，采用直流输电比较经济。等价距离与交流和直流输电线路的造价、交流变电所和直流换流站的造价、交流输电和直流输电系统的损耗和运行费用、损耗的电能价格等一系列经济指标有关。

2. 电力系统联网

目前，在工程中所采用的直流联网主要有以下两种类型。

(1)背靠背直流联网。其特点是整流和逆变放在一个背靠背换流站内；无直流输电线路；可选择低的直流电压和较小的平波电抗值；可省去直流滤波器，从而降低了换流站的造价。另外，它还可以比远距离直流输电更为方便地调节换流站的无功功率，来改善被联电网的电压稳定性。对于弱联接的电力系统，采用背靠背联网更为有利。

(2)远距离大容量直流输电同时又具有联网性质。当电力系统的大型电站需要向其他电网远离电站的负荷中心送电时，可以利用直流输电在远距离输电和联网方面的优点，选择这种类型的输电方式。中国三峡电站向华东和广东送电，均属于这种类型，它既解决了三峡向华东和广东的送电问题，又实现了华中与华东和华中与华南电网的联网问题，在全国联网中起了重要的作用。

3. 直流电缆送电

直流电缆没有电容电流，输送容量不受距离的限制，而交流电缆由于电容电流很大，其输送距离受到限制。交流电缆的临界输送距离与其所允许的负荷电流成正比，而与其额定电压和单位长度的电容成反比，其额定电压越高，单位长度的电容越大，则临界距离越短。因此，远距离大容量跨海峡的海底电缆送电大部分均采用直流电缆。大城市附近建设大型电站受环境污染条件的限制，往往是不允许的；而大城市的用电密度高，人口稠密，架空线路的走廊难以选择，采用高压直流地下电缆将远处的电力送往大城市的负荷中心是一种非常有竞争力的选择方案。

4. 现有交流输电线路的增容改造

一些地区高压架空线路走廊的选择越来越困难，而直流输电的输电密度比交流输电高，改建现有交流输电线路为直流输电线路是利用已有线路走廊来提高输电能力的一种有效手段。将交流改为直流后，还可以利用直流的快速控制来改善交流系统的运行性能，提高系统的运行可靠性。然而，在进行工程改造时，输电线路的两端必须新建整流站和逆变站，这将增加相应的投资，对于具体的工程可通过全面的技术经济论证来确定。

迄今为止，全球已有超过 100 项的传统直流输电工程投入运行，在远距离大容量输电、电网互联和电缆送电等方面发挥着不可替代的作用。自舟山直流输电工程投运以来，我国的高压直流输电发展迅猛，在世界范围内率先进行了±800kV 特高压直流输电工程的建设，首个特高压直流输电工程云南—广东±800kV 直流输电工程已于 2010 年投运。2019 年我国投运了世界上电压等级最高、输送容量最大、输送距离最远、技术水平最先进的昌吉—古泉特高压输电工程，电压等级为±1100kV，额定输电容量为 12000MW，输电距离达 3324km。截止到 2019 年 2 月，中国已建成投运 37 条传统直流输电工程，信息如表 1-1 所示。

表 1-1　我国投运的 LCC-HVDC 工程

投运时间或预计投运时间	工程名称	额定有功功率/MW	额定直流电压/kV	主要用途
1987 年	舟山直流工程(已退出运行)	100	±100	远距离输电
1990 年	葛洲坝—南桥(葛南)	1200	±500	水电外送
2001 年	天生桥—广州	1800	±500	西电东送
2002 年	嵊泗直流工程	60	±50	孤岛送电
2003 年	三峡—常州(龙政)	3000	±500	水电外送
2004 年	三峡—广东	3000	±500	水电外送
2004 年	贵州—广东	3000	±500	水电、火电东送
一期：2005 年 二期：2009 年	灵宝背靠背直流工程	360 1100(扩建后)	±120 ±166.7	电网互联
2006 年	三峡—上海(宜华)	3000	±500	水电外送
2007 年	贵广二回	3000	±500	远距离输电
一期：2008 年 二期：2012 年	高岭背靠背直流工程	1500	±125	电网互联
2012 年	中俄黑河背靠背直流工程	750	±125	电网互联
2010 年	宝鸡—德阳(德宝)	3000	±500	远距离输电
2010 年	云南—广东	5000	±800	远距离输电
2010 年	向家坝—上海(复奉)	7200	±800	远距离输电
2010 年	宁夏东—青岛	4000	±660	远距离输电
2010 年	呼伦贝尔—辽阳(呼辽)	3000	±500	火电外送
2011 年	荆门—枫泾	3000	±500	水电外送
2011 年	格尔木—拉萨(青藏)	1500	±400	远距离输电
2012 年	锦屏—苏南(锦苏)	7200	±800	水电外送
2013 年	糯扎渡—广东	6400	±800	西电东送
2014 年	溪洛渡—广东	6400	±500	远距离输电
2014 年	哈密—郑州(哈郑)	8000	±800	风电、光电、火电外送
2014 年	溪洛渡—金华(宾金)	8000	±800	远距离输电
2016 年	云南金沙江—广西(金中)	3200	±500	水电外送
2016 年	永仁—富宁	3000	±500	水电外送
2016 年	鲁西背靠背直流工程(常规直流单元)	1000	±160	电网互联
2016 年	宁夏灵州—浙江绍兴(灵绍)	8000	±800	远距离输电
2017 年	酒泉—湖南(酒湖)	8000	±800	风电外送
2017 年	山西晋北—江苏南京(雁淮)	8000	±800	远距离输电
2017 年	锡盟—泰州(锡泰)	10000	±800	远距离输电
2017 年	扎鲁特—青州(扎青)	10000	±800	远距离输电
2018 年	滇西北—广东	5000	±800	水电外送
2018 年	昌吉—古泉(吉泉)	12000	±1100	远距离输电
2019 年	上海庙—山东(上山)	10000	±800	远距离输电

1.2 柔性直流输电

1.2.1 柔性直流输电的发展

20世纪90年代以后，以全控型器件为基础的电压源换流器高压直流输电(voltage source converter based high voltage direct current，VSC-HVDC)得到了快速发展。由于这种换流器功能强、体积小、可减少换流站的设备、简化换流站的结构，ABB公司将这一技术称为HVDC Light，西门子公司称之为HVDC PLUS，我国称之为柔性直流输电[5, 6]。

自1997年世界首个柔性直流输电试验工程(赫尔斯扬工程，额定功率3MW，直流电压±10kV)投入运行以后，后续建设的柔性直流输电工程电压等级和传输容量均大幅提升，2010年之前投运的工程大都基于两电平、三电平电压源换流器。由于早期工程普遍采用脉宽调制(pulse width modulation，PWM)技术，换流器损耗较大。例如，美国2002年投运的CrossSound工程，额定传输容量330MW，工程实测满负荷损耗为4%。同时，由于单个全控器件的耐压能力有限，无法满足高电压大容量的需求，需要使用大量绝缘栅双极型晶闸管(insulated gate bipolar transistor，IGBT)组成串联阀体。由于各个器件的开通关断特性不尽相同，多个IGBT串联会带来静态、动态均压困难以及电磁干扰等问题，从而制约了柔性直流输电技术的发展。

为解决上述两电平、三电平柔性直流输电技术存在的缺陷，2003年，德国联邦国防军大学的Lesnicar和Marquardt[7]提出了模块化多电平换流器(modular multilevel converter，MMC)拓扑，并研制了2MW、17电平的试验样机。MMC采用子模块(sub-module，SM)串联的方式构造换流阀，避免了IGBT的直接串联，降低了对器件一致性的要求。同时，特殊的调制方法决定了其可以在较低的开关频率(150～300Hz)下获得很高的等效开关频率。随着电平数的升高，输出波形接近正弦，可以省去交流滤波器。MMC设计灵活，易于扩展，有着两电平和三电平柔性直流输电不可比拟的优势，已成为国内外柔性直流输电工程的主流拓扑结构。

1.2.2 柔性直流输电的特点

与传统直流输电相比，柔性直流输电具有以下主要技术特点。

(1)正常运行时柔性直流输电可以同时且相互独立地控制有功功率和无功功率，控制更加灵活方便。而LCC-HVDC中控制量只有触发角，可控制有功功率，但对无功功率的调节能力则很弱。

(2)柔性直流输电可以方便地进行潮流反转。柔性直流输电只需要改变直流电流的方向即可实现潮流反转，不需要改变直流电压的极性。这一特性使得柔性直流输电的控制系统配置和电路结构都保持原样，也就是说，不用改变柔性直流输电的控制模式，也不需要换流器闭锁，整个反向过程可以在几毫秒之内完成。

(3)柔性直流输电可以四象限运行，在电网中的作用等同于一个无转动惯量的发电机，在对输送的有功功率进行快速、灵活控制的同时还能够实现动态无功功率补偿，提高系统母线电压稳定性，能够起到静止同步补偿器(static synchronous compensator，STATCOM)作用，增加系统动态无功储备，提高系统稳定性。

(4)柔性直流输电的器件可以实现自关断，可以工作在无源逆变方式，不需要外加用于换相的电源，受端系统可以是无源网络，无换相失败问题。

(5)柔性直流输电可以作为故障后的黑启动电源，帮助电网快速恢复。2003年，美国东北部“8·14”大停电时，美国长岛的柔性直流输电系统在电网黑启动过程中发挥了重要作用。

而相比于两电平和三电平柔性直流输电，MMC又具有以下优势。

(1)MMC采用模块化的设计，由不同的子模块串联构成换流阀，避免了IGBT直接串联，可直接采用焊接型IGBT模块，降低了对器件静态、动态均压的要求。

(2)MMC采用阶梯波调制，可在较低的开关频率(100～300Hz)下获得很高的等效开关频率，开关损耗小，相比于两电平柔性直流输电，大大降低了换流器的损耗，提高了系统的运行效率。

(3)高电压大容量MMC的电平数通常很多，换流器输出的阶梯波非常接近正弦波，波形质量高，无需安装交流滤波器，同时，MMC也无需配置滤波器件对换流器直流侧滤波，提高了系统可靠性，减少了用地面积，缩减了系统建设成本。

(4)具有良好的软硬件兼容性，子模块单元可替换性强，系统维护简单方便。在实际运行中，当子模块单元出现故障时，通过控制电路切换到备用子模块，可保证换流器的正常运行。

由于具备以上技术优势，MMC一经提出就引起学术界和工程界的广泛关注，目前已成为柔性直流输电的首选拓扑。

柔性直流输电虽然有上述众多优势，但是也存在一些不足：额定电压和输送功率与LCC-HVDC还有一定差距；投资建设成本高；损耗较LCC-HVDC的较大，目前其损耗可降低到系统容量的1%左右[8]。限制柔性直流输电广泛应用的另一个核心问题是其穿越直流故障的能力不足。两电平、三电平、半桥子模块(half bridge sub-module，BSM)型MMC柔性直流输电在发生直流故障时，即使闭锁换流器，故障点与交流系统也可以通过全控型器件反并联的二极管构成直接相连的能量馈流回路且无法控制[9, 10]，目前的两端柔性直流工程中基本是通过跳开交流断路器最终切断直流故障电流。而具备切断直流故障电流能力的全桥子模块(full bridge sub-module，FBSM)型MMC-HVDC和双箝位子模块(clamp double sub-module，CDSM)型MMC-HVDC，在正常运行时损耗、器件数量和造价都会增加[11, 12]。随着MMC在多端柔性直流输电及柔性直流电网中的应用，由半桥与全桥子模块组成的混合型 MMC 及直流断路器也成了用于切断直流故障电流的重要手段。

1.2.3 柔性直流输电的应用场景

柔性直流输电系统的独特优势使其可以在很多场合下得到应用[6]。

(1)连接分散的小型发电厂。受环境条件限制，清洁能源发电一般装机容量小、供电质量不高并且远离主网，如中小型水电厂、风电场(含海上风电场)、潮汐电站、太阳能电站等，由于其运营成本很高以及交流线路输送能力偏低等原因，采用交流互联方案在经济和技术上均难以满足要求，利用柔性直流输电与主网实现互联是充分利用可再生能源的最佳方式，有利于保护环境。

(2)异步电网互联。柔直不仅可以提升电网稳定性，而且可以增强不同电网之间的互联能力，因此可以作为电网之间异步互联的重要手段。

(3)构建城市直流输配电网。由于大中城市的空中输电走廊已没有发展余地，原有架空配电网络已不能满足电力增容的要求，合理的方法是采用电缆输电。而直流电缆不仅比交流电缆占有空间小，而且能输送更多的有功功率，因此采用柔性直流输电向城市中心区域供电可能成为未来城市增容的主要途径之一。

(4)偏远地区供电。偏远地区一般远离电网，负荷轻而且日负荷波动大，经济原因及线路输送能力低是限制架设交流输电线路发展的主要因素，这同时也制约了偏远地区经济的发展和人民生活水平的提高。采用柔性直流输电进行供电，可使电缆线路的单位输送功率提高，线路维护工作量减少，并提高供电可靠性。

(5)海上采油平台供电。远离陆地电网的海上负荷，如海岛或海上石油钻井平台等负荷，通常靠价格昂贵的柴油或天然气来发电，不但发电成本高、供电可靠性难以保证，而且破坏环境，采用柔性直流输电后不仅可以解决这些问题，同时还可将多余电能(如用石油钻井产生的天然气发电)反送给系统。

(6)提高电网电能质量。柔性直流输电系统可以独立快速地控制有功和无功功率，且能够有效调节交流系统电压，从而使系统电压和电流较容易地满足电能质量的相关标准。同时，柔性直流输电系统还可以向两端的交流系统提供无功支撑，提高了相联电网的运行稳定性。

(7)电力市场交易。通过柔性直流输电，可以构筑地区电力供应商之间交换电力的可行技术平台，增加了运行灵活性和可靠性。

(8)构成多端直流输电系统。由于柔性直流输电系统的直流电压极性不变、电流可双向流动，因此可以非常方便构成多端直流输电系统。

目前，我国已投运和建设中的柔性直流输电工程均采用 MMC 拓扑。2011 年，上海南汇风电场柔性直流输电工程建成并投运，直流电压为±30kV，额定功率为 18MW，其用于实现南汇风电场并网，并形成交流输电线路和柔性直流输电线路并列运行方式。2013年12月，广东汕头南澳三端柔性直流输电示范工程建成投运，直流电压为±160kV，额定功率为200MW，该工程同样适用于大型风电场联网，是世界上首个多端柔性直流输电工程。2014年6月，浙江舟山五端柔性直流输电工程建成并投运，该工程用于实现多个海岛之间的互联，也是世界上端数最多的柔性直流输电工程。2015年12月，福建厦门柔性直流输电工程建成投运，额定电压为±320kV，额定功率为1000MW，该工程首次采用真双极的接线方式，其用于实现厦门城市中心供电。2016年6月，南方主网鲁西背靠背直流异步联网工程建成投运，其首次采用大容量MMC-HVDC与LCC-HVDC组成混合多直流并联运行形式，其中MMC单元容量达1000MW，直流电压达±350kV。2019年投运的渝鄂柔性直流背靠背联网工程，直流电压达±420kV，输送容量达4×1250MW(单个MMC容量达1250MW)。南方电网公司正在建设的乌东德特高压混合三端直流输电工程，其额定电压达±800kV，云南送端LCC换流站的额定容量为8000MW，广东、广西受端MMC换流站的额定容量分别为5000MW和3000MW，项目规划于2019年形成部分送电能力，2020年全部投产。国家电网公司正在建设的张北四端柔性直流电网工程预计2020年投运，其电压等级达±500kV，单端最大容量达3000MW，该工程将充分发挥柔性直流输电在新能源利用方面的技术优势，可实现大规模风电、光伏、储能、抽水蓄能等多种形态能源的汇集与输送，也将是国内外首个柔性直流电网工程。国家电网公司正在规划的白鹤滩特高压混合级联直流输电工程，预计2021年投运，直流电压为±800kV，输送容量为8000MW，该工程中的受端换流站将采用混合、级联、多端直流技术。

截至2018年底，国内外主要投运与在建的柔性直流输电工程如表1-2所示。纵观国内外柔性直流输电工程的发展，可以看出，MMC技术已成为目前主流的柔性直流输电拓扑结构，并从低电压、小容量示范工程逐渐向高电压、大容量方向快速发展，MMC-HVDC技术必将在电网异步互联、跨区域电力输送、新能源规模化送出、孤岛和弱系统供电等领域得到更加广泛的工程应用。

表1-2 国内外投运与在建的柔性直流输电工程

投运时间或预计投运时间	工程名称	额定有功功率/MW	额定直流电压/kV	主要用途
1997年	Heallsjon	3	±10	试验工程
1999年	Gotland	50	±80	风电场联网
1999年	Directlink	3×60	±80	电网互联
2000年	Tjæreborg	7.2	±9	风电场并网
2000年	Eagle Pass BTB	36	±15.9	电网互联
2002年	Cross Sound Cable	330	±150	电网互联

续表

投运时间或预计投运时间	工程名称	额定有功功率/MW	额定直流电压/kV	主要用途
2002 年	Murray Link	220	±150	电网互联
2005 年	Troll A	2×41	±60	钻井平台供电
2006 年	Estlink	350	±150	弱电网互联
2009 年	NorD E.ON 1	400	±150	离岸风电场并网
2009 年	Caprivi Link Interconnector	2×300	±350	弱电网互联
2010 年	ValHall	78	150	钻井平台供电
2010 年	Trans Bay Cable	400	±200	电网互联
2011 年	文昌油田两电平柔性直流输电	3.6	±10	海上平台供电
2011 年	上海南汇风电场柔性直流输电工程	18	±30	风电场并网
2012 年	East West Interconnector	500	±200	电网互联、黑启动
2012 年	BorWin1	400	±150	风电场并网
2013 年	BorWin2	800	单极 300	风电场并网
2013 年	HelWin1	576	单极 259	风电场并网
2013 年	DolWin1	800	±320	风电场并网
2013 年	INELFE	2×1000	±320	电网互联，黑启动
2013 年	南澳三端柔性直流输电工程	200(单端最大)	±160	风电场并网
2014 年	浙江舟山五端柔性直流输电重大科技示范工程	400(单端最大)	±200	电网互联
2014 年	Skagerrak HVDC Interconnection Pole 4	700	单极 500	电网互联
2014 年	SylWin1	864	±320	风电场并网
2015 年	HelWin2	690	±320	风电场并网
2015 年	NordBalt	700	±300	非同步电网互联
2016 年	DolWin2	900	±320	风电场并网
2016 年	厦门柔性直流输电工程	1000	±320	城市中心供电
2016 年	鲁西背靠背直流异步联网工程	1000	±350	非同步电网互联
2017 年	DolWin3	900	±320	风电场并网
2019 年	渝鄂柔直背靠背联网工程	4×1250	±420	电网互联
2019 年	BorWin3	900	±320	风电场并网
2020 年	乌东德特高压混合三端直流输电工程	8000	±800	水电外送
2020 年	张北柔性直流电网工程	3000	±500	新能源向特大城市供电
2021 年	白鹤滩—江苏特高压混合级联直流输电工程	8000	±800	水电外送

1.3 混合直流输电

根据电网的不同需求，将LCC换流器和VSC换流器在拓扑结构上进行合理组合，便可以构成不同类型的混合直流输电系统。混合直流输电系统结合了传统直流输电与柔性直流输电的技术优势，在特定场景下可以表现出更优越的技术性能，下文将介绍几种主要的混合直流输电拓扑结构。

1.3.1 一端LCC一端VSC的混合直流输电系统

1. 拓扑结构

1) 整流侧LCC—逆变侧VSC的混合直流输电系统

整流侧LCC—逆变侧VSC的混合直流输电系统如图1-1所示。由于逆变侧采用VSC，不依赖受端交流系统提供换相电压，所以其最大的特点是可以连接弱受端交流系统或无源网络。当多条LCC-HVDC馈入同一交流系统时，可能发生级联换相失败，此时可以考虑将其中部分直流输电的逆变侧改造为VSC系统，来减小换相失败发生的概率。

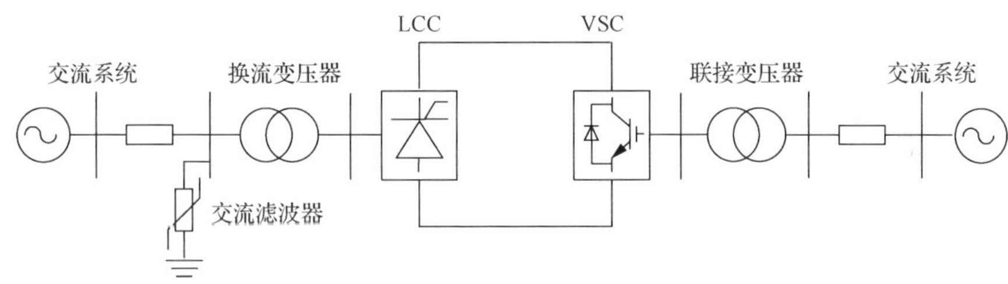

图1-1 整流侧LCC—逆变侧VSC的混合直流输电示意图

2) 整流侧VSC—逆变侧LCC的混合直流输电系统

整流侧VSC—逆变侧LCC的混合直流输电系统如图1-2所示。目前，离岸风电场通过VSC-HVDC联网已经成为研究的热点和工程应用的可选方案。当受端电网的短路容量较大时，LCC-HVDC不易发生换相失败，因此，VSC-HVDC的逆变侧可以由LCC取代，即形成整流侧VSC—逆变侧LCC的混合直流输电系统。相比于两端VSC-HVDC系统，该混合直流系统在满足风电联网技术需求的同时，在一定程度上减小了逆变站的投资，从而实现技术需求和经济成本的平衡。

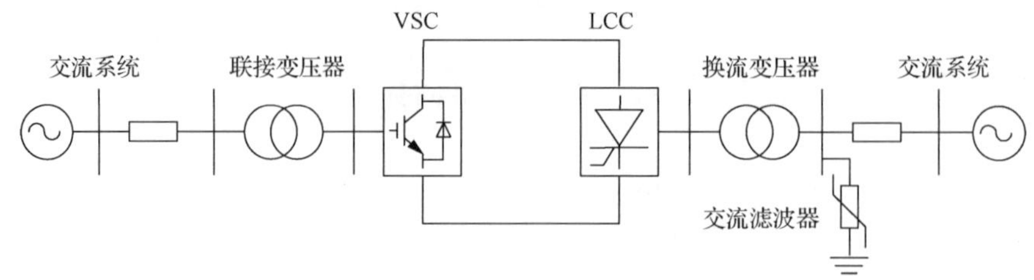

图 1-2　整流侧 VSC—逆变侧 LCC 的混合直流输电示意图

2. 技术特点

1) 整流侧 LCC—逆变侧 VSC 的混合直流输电系统

该混合直流输电系统可彻底避免 LCC-HVDC 逆变站的换相失败问题，提高输电可靠性，同时受端 VSC 可以提供动态无功功率支撑，因此能够提高受端交流系统的电压稳定性。此外，若多馈入直流输电系统中存在逆变侧为 VSC 的混合直流输电，VSC 可以调节交流母线电压，从而在一定程度上减小 LCC-HVDC 的换相失败概率。此外，同双端 VSC-HVDC 相比，其损耗与投资成本也可以降低。

2) 整流侧 VSC—逆变侧 LCC 的混合直流输电系统

该混合直流输电系统整流侧 VSC 无需外加换相电压，可以灵活调节交流母线电压和频率，为风电并网提供了可行方案；逆变侧 LCC 存在换相失败的风险，但相比两端 VSC-HVDC 系统，其逆变侧采用 LCC 后减小了投资和损耗。

3. 应用场景

1) 整流侧 LCC—逆变侧 VSC 的混合直流输电系统

该类混合直流输电系统可以向弱交流系统甚至无源网络供电，还可以参与电网大停电后的恢复过程。在包含多条 LCC-HVDC 馈入的系统中存在该类型混合直流时，除了上述作用外，该混合直流系统还可以减小多馈入直流换相失败的概率，具备类似于并联混合多馈入直流系统中柔性直流子系统的作用。

我国现有的直流输电工程多数潮流单向输送，并且受端落点相对集中，迫切需要解决换相失败和级联换相失败的问题。该混合系统适用于潮流单向输送的场合，即送端电源侧采用 LCC，受端负荷侧采用 VSC，即可避免逆变站为 LCC 时的换相失败问题。再者，在多馈入直流输电系统中，通过将一个或几个 LCC-HVDC 系统逆变站改造为 VSC，将增加受端电网的强度和抗扰性，可在一定程度上减小发生级联换相失败的风险。这类混合直流系统的应用，有助于缓解长期困扰学术界和工程界的直流落点过于集中可能造成的电网重大安全隐患问题。

2）整流侧 VSC—逆变侧 LCC 的混合直流输电系统

该类混合直流输电系统克服了 LCC 连接风电场时需外加换相电压的缺点，在远距离海上风电、光伏发电的并网方案中具有独特的优势和竞争力，是一种具有应用前景的混合直流输电结构；但其逆变侧由于采用 LCC，仍存在换相失败问题，需合理设计控制保护策略降低逆变侧发生换相失败的概率及其带来的危害。

1.3.2　混合多端直流输电系统

1. 拓扑结构

混合多端直流输电系统的一种拓扑结构示意图如图 1-3 所示，其基本特点在于，混合多端直流的送端和受端可根据实际需要采用 LCC 或 VSC，并通过辐射状、环状等网络结构实现比单纯由 LCC 或 VSC 构成的多端直流输电系统更为经济灵活的输电方式。

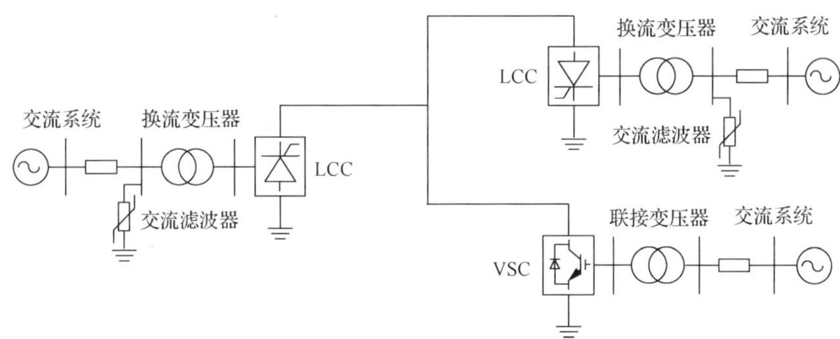

图 1-3　混合多端直流输电系统示意图

2. 技术特点

混合多端直流输电系统继承了 LCC 和 VSC 的优点，能够同时满足水电、火电和新能源等能源基地的电力送出需求，并可用于孤岛及弱交流系统的互联，真正实现多电源供电、多落点受电。此外，通过接入 VSC 换流站，在 LCC-HVDC 输电线路中间接入分支负荷或电源，构成混合多端直流输电系统，可增加已有 LCC-HVDC 工程的输电灵活性。然而，多端混合直流输电技术仍然面临着一些挑战，如快速直流故障清除与恢复、多端混合直流控制保护策略的设计与优化等。

3. 应用场景

基于 LCC 和 VSC 的混合多端直流输电系统在海上风电场接入、可再生能源并网、城市供电、孤岛供电等领域有广泛的应用前景。南方电网公司将于 2020 年投运的乌东德特高压混合三端直流输电工程[13]，其送端采用 LCC、两个受端均采用 MMC。该工程 2020 年投运后，将每年向广东广西输送清洁能源 320 亿 kW·h，可满足乌东德电站等云南水电开发外送需要，进一步提升云南电力外送通道能力。

1.3.3　混合多馈入直流输电系统

1. 拓扑结构

混合多馈入直流输电系统的基本拓扑结构如图 1-4 所示，其基本的特点在于 LCC-HVDC 和 VSC-HVDC 馈入同一交流系统，或者所馈入的交流系统间电气距离较短。

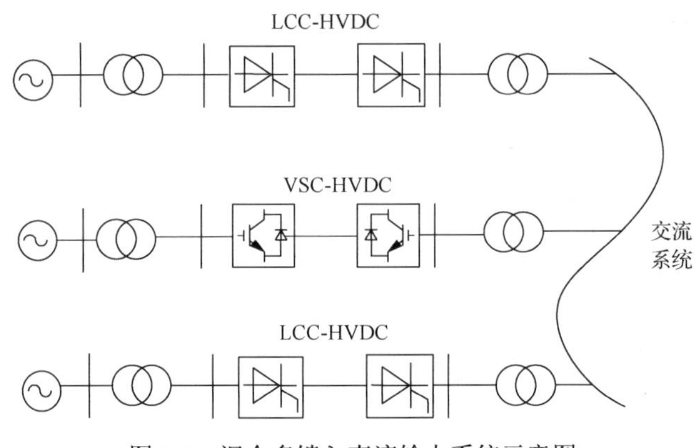

图 1-4　混合多馈入直流输电系统示意图

2. 技术特点

由多条 LCC-HVDC 直流系统馈入到同一区域，形成了多馈入直流(multi-infeed direct current，MIDC)系统，多条 LCC-HVDC 之间以及交直流系统之间存在很强的耦合作用，容易出现级联换相失败问题。将 VSC-HVDC 引入多馈入直流组成混合多馈入直流输电系统后，其中，VSC-HVDC 在实现新能源并网、输送功率的同时，也可以为 LCC-HVDC 提供动态无功补偿，改善交流系统电压动态特性，有效降低多馈入直流输电系统发生级联换相失败或连续换相失败的概率。

3. 工程现状

我国华东和广东电网均呈现出传统多馈入直流落点密集的现状，由于 VSC-HVDC 在电网异步互联、跨区域电力输送、新能源规模化送出、孤岛和弱系统供电等领域的技术优势，越来越多的 VSC-HVDC 将投入工程应用，其功率馈入点极有可能在电气距离上与已投运的 LCC-HVDC 逆变站落点接近，便构成由多条

LCC-HVDC 和 VSC-HVDC 线路组成的混合多馈入直流输电系统。近几年来，国内外已经出现了多个混合多馈入直流输电系统的工程案例，例如，2014 年，国家电网公司建设的舟山五端柔性直流工程的嵊泗站与芦嵊传统直流线路的逆变站在嵊泗岛上形成了混合双馈入直流输电系统，以实现向海岛弱电网供电；南方电网公司为改善直流多落点问题并提高电网稳定性，正在建设的乌东德混合三端直流工程(预计 2020 年投运)，其中，广东侧落点拟采用 MMC，其投运后将与已建成的溪洛渡—广东±500kV LCC-HVDC 工程逆变站落点很接近，届时将形成由 LCC-HVDC 和 MMC-HVDC 构成的混合双馈入直流输电系统。

1.3.4　含 STATCOM 的 LCC-HVDC 系统

1. 拓扑结构

含 STATCOM 的 LCC-HVDC 系统也可视作混合直流输电的一种形式，如图 1-5 所示为在 LCC-HVDC 逆变侧加装 STATCOM 的拓扑结构示意图。

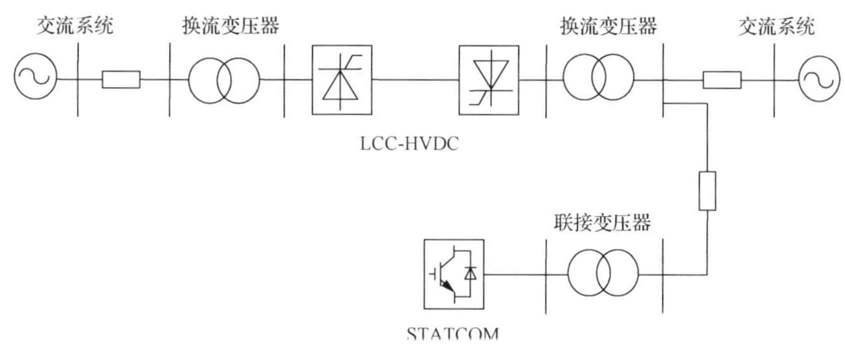

图 1-5　含 STATCOM 的 LCC-HVDC 系统示意图

2. 技术特点

类似于混合多馈入直流输电系统，在 LCC-HVDC 受端交流系统母线处安装 STATCOM，可以降低 LCC-HVDC 逆变器发生换相失败的概率，改善 LCC-HVDC 系统的运行特性。在多馈入直流输电系统中，STATCOM 的馈入还可以对级联换相失败起到一定的抑制作用；然而，STATCOM 的功能是为系统提供动态无功功率支撑，而不能协同 LCC-HVDC 换流站一起传输有功功率。

3. 应用场景

我国在华东电网和南方电网均呈现出多馈入直流的现状，迫切需要提高直流输电系统的运行性能。在多馈入直流系统中，交流电网的动态无功响应特性直接影响直流系统的运行稳定性；提高电网的动态无功响应能力，可有效抑制 LCC-HVDC 系统的换相失败问题。南方电网公司为改善交流系统的电压动态特性，减少 LCC-HVDC 换相失败次数，已投运了多套大容量 STATCOM，从而形成了含 STATCOM 的 LCC-HVDC 系统。未来随着 LCC-HVDC 容量和工程的不断增加，含 STATCOM 的 LCC-HVDC 系统在电网中也将有一定的应用前景。

1.3.5　其他混合直流输电系统

1. 混合多极直流输电系统

由 LCC-HVDC 和 VSC-HVDC 分别组成正负极，便可构成混合多极直流输电系统，一极采用 LCC、一极采用 VSC 的混合直流输电系统如图 1-6 所示。该混合直流输电系统中 LCC-HVDC 和 VSC-HVDC 相对独立，采用 LCC 的一极可以借鉴现有的传统直流输电的控制策略，采用 VSC 的一极可以借鉴现有的柔性直流输电的控制策略。该系统的 VSC 可以为交流系统提供动态无功功率支撑，稳定交流母线电压，减小传统直流极的换相失败概率；然而，由于逆变侧仍然存在 LCC 换流器，在严重故障发生时不能避免换相失败的发生，且该混合直流系统需要保证地电流为零，所以 LCC 极直流电流的大小受 VSC 极所允许的直流电流的限制。

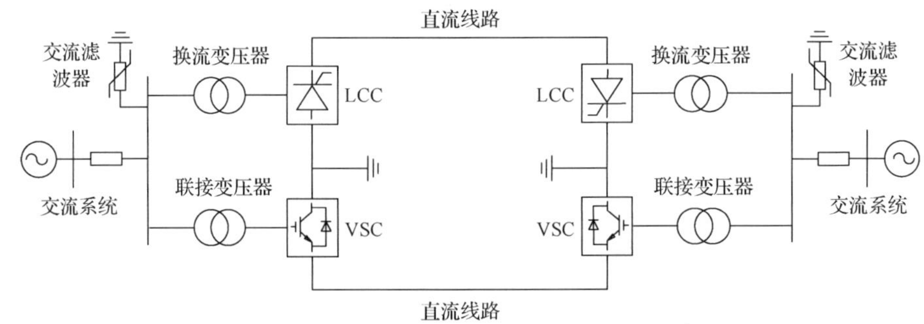

图 1-6　一极 LCC—一极 VSC 的混合直流输电示意图

该混合多极直流输电系统已有实际工程案例，2015 年，挪威和丹麦之间的 Skagerrak HVDC Interconnections Pole 4 工程[14]，在原有三极 LCC-HVDC 的基础上建设了一条 VSC-HVDC 作为第 4 极便形成了混合四极直流输电系统，以实现挪威与丹麦之间的跨区域电力输送。

2. 混合并联直流输电系统

混合并联直流输电系统示意图如图 1-7 所示，采用 LCC-HVDC 与 VSC-HVDC 并列运行的拓扑结构，LCC-HVDC 与 VSC-HVDC 之间不存在电气距离，彼此之间电气联系紧密，VSC-HVDC 对 LCC-HVDC 电压支撑和换相失败抵御能力增强的作用，与混合多馈入直流输电系统及混合多极直流输电系统类似。

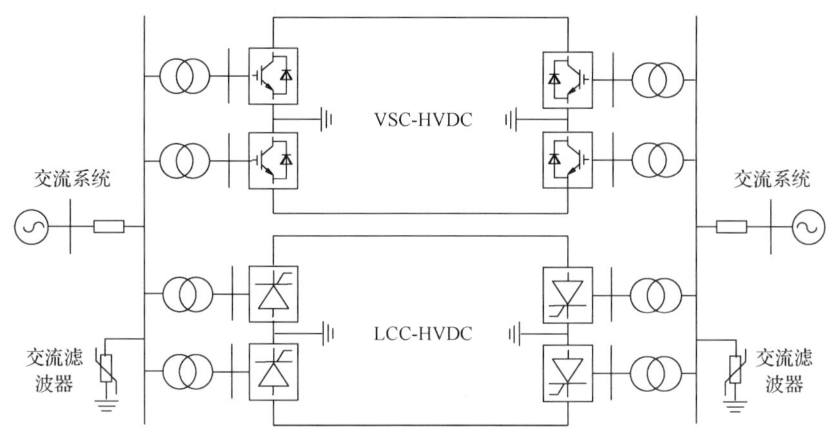

图 1-7　混合并联直流输电系统示意图

2016 年，南方电网公司投运的鲁西背靠背混合直流异步联网工程[15]，采用了一条 MMC-HVDC 与两条 LCC-HVDC 组成的混合多直流并联运行形式，实现了云南电网与南方电网主网的异步互联，有效提高了南方电网主网架的安全稳定性。

3. 混合串联直流输电系统

混合串联直流输电系统拓扑结构示意图如图 1-8 所示，其整流侧采用 LCC，逆变侧采用 LCC 与 VSC 的串联结构[16, 17]。由于 LCC 逆变站可以阻断直流故障电流，VSC 可以提高 LCC-HVDC 换相失败的免疫能力，将 LCC 与 VSC 串联后的混合结构具备了换相失败抑制和直流故障穿越的能力，且具有良好的经济性，在远距离大容量输电场合具有良好的应用前景。但由于 LCC 的电流不能反转，VSC 的直流电压极性不能反转(两电平 VSC 或采用半桥子模块的 MMC)，所以潮流反转

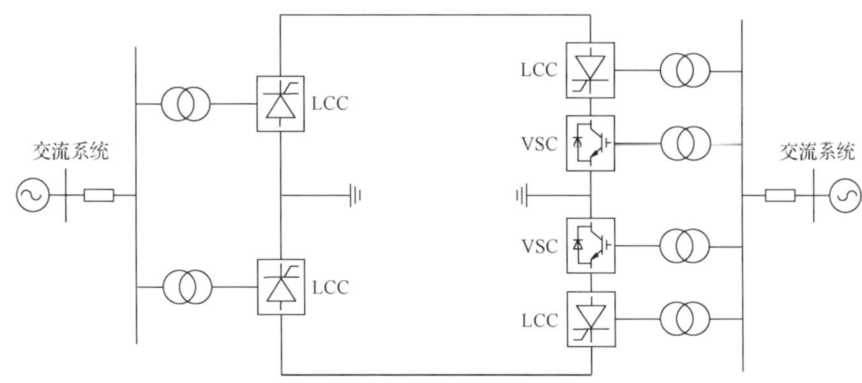

图 1-8　混合串联直流输电系统示意图

是该类混合系统需要解决的问题之一；同时，当逆变侧 LCC 由于故障导致换相失败发生时，与 LCC 串联的 VSC 将出现过电压、过电流现象，这也是该类混合系统需要解决的另一关键问题。

在特高压大容量直流输电场合，受限于现有功率器件的制造水平，串联混合直流输电系统逆变侧仅采用一个 MMC 与 LCC 串联时难以满足特高压直流输电工程传输功率大的需求。因此可以考虑逆变侧采用多个并联 MMC 与 LCC 串联的结构，以提升系统的输送容量。在我国，国家电网公司规划的白鹤滩特高压混合级联直流输电工程，将创新性采用 3 个并联 MMC 与 LCC 串联的混合拓扑结构，预计 2021 年投运。

1.4　基于状态空间模型的小信号稳定性分析

由前述内容可知，直流输电系统在国内外得到了快速发展，并成功应用于各种领域。然而，在当今交直流混联运行的电网背景下，直流输电系统具有的换流器类型多样(LCC、VSC 或混合串并联结构)、运行方式多变、控制环节复杂等特点，使交直流系统之间、不同控制环节之间、电网与控制系统之间的相互作用规律更加复杂，在故障等原因导致交直流系统运行工况恶化后，系统可能发生失稳现象。

为了探究交直流混联系统之间的相互作用机理及耦合振荡模式，作为基础理论研究，本书将基于状态空间法，介绍直流输电系统的小信号模型及稳定性分析方法，以期为直流输电的系统设计及参数选择提供一定的理论指导。

1.4.1　小信号稳定性的概念

电力系统是一个典型的动态系统，其行为可以描述为如下一组 n 个一阶非线性常微分方程：

$$\frac{\mathrm{d}\boldsymbol{X}}{\mathrm{d}t}=\boldsymbol{F}(\boldsymbol{X},\boldsymbol{U},t) \tag{1-1}$$

其中

$$\boldsymbol{X}=\begin{bmatrix}x_1\\x_2\\\vdots\\x_n\end{bmatrix}\quad \boldsymbol{U}=\begin{bmatrix}u_1\\u_2\\\vdots\\u_r\end{bmatrix}\quad \boldsymbol{F}=\begin{bmatrix}f_1\\f_2\\\vdots\\f_n\end{bmatrix} \tag{1-2}$$

式中，$\boldsymbol{X}$ 为状态向量；n 为状态变量的个数，即系统的阶数；$\boldsymbol{U}$ 为输入向量；r 为输入量的个数。如果状态变量的导数不是时间的显函数，系统称为是自治系统，这时式(1-1)可简化为

$$\frac{\mathrm{d}\boldsymbol{X}}{\mathrm{d}t} = \boldsymbol{F}(\boldsymbol{X}, \boldsymbol{U}) \tag{1-3}$$

系统的输出变量与状态变量可以表示为以下形式：

$$\boldsymbol{Y} = \boldsymbol{G}(\boldsymbol{X}, \boldsymbol{U}) \tag{1-4}$$

其中

$$\boldsymbol{Y} = \begin{bmatrix} y_1 \\ y_2 \\ \vdots \\ y_m \end{bmatrix} \quad \boldsymbol{G} = \begin{bmatrix} g_1 \\ g_2 \\ \vdots \\ g_m \end{bmatrix} \tag{1-5}$$

式中，$\boldsymbol{Y}$ 为输出向量；m 为输出变量的个数；$\boldsymbol{G}$ 为将状态和输入变量与输出变量联系在一起的非线性函数向量。

当状态变量的所有微分 $\dot{x}_1, \dot{x}_2, \cdots, \dot{x}_n$ 同时为零时，称为此时的状态为平衡点。系统在平衡点处于静止状态，因此平衡点必须满足方程

$$\boldsymbol{F}(\boldsymbol{X}_0) = 0 \tag{1-6}$$

式中，$\boldsymbol{X}_0$ 为状态变量 $\boldsymbol{X}$ 在平衡点的值。

当系统遭受小扰动后仍回到围绕平衡点的小区域内，则说明这个系统在平衡点上是局部稳定的。局部稳定(也即小信号稳定)情况可通过把非线性方程在所关注的平衡点上线性化来进行研究。

1.4.2　小信号模型

1. 小信号稳定模型

将式(1-3)线性化，初始状态向量 $\boldsymbol{X}_0$ 与输入向量 $\boldsymbol{U}_0$ 对应于要研究的小信号性能的平衡点，即有

$$\frac{\mathrm{d}\boldsymbol{X}}{\mathrm{d}t} = \boldsymbol{F}(\boldsymbol{X}_0, \boldsymbol{U}_0) \tag{1-7}$$

如对上述状态施加小扰动，则有

$$\boldsymbol{X} = \boldsymbol{X}_0 + \Delta\boldsymbol{X} \quad \boldsymbol{U} = \boldsymbol{U}_0 + \Delta\boldsymbol{U} \tag{1-8}$$

新的状态必须满足式(1-3)，即

$$\frac{\mathrm{d}\boldsymbol{X}}{\mathrm{d}t} = \frac{\mathrm{d}\boldsymbol{X}_0}{\mathrm{d}t} + \frac{\mathrm{d}\Delta\boldsymbol{X}}{\mathrm{d}t} = \boldsymbol{F}[(\boldsymbol{X}_0 + \Delta\boldsymbol{X}), (\boldsymbol{U}_0 + \Delta\boldsymbol{U})] \tag{1-9}$$

由于假定扰动较小，将非线性函数 $\boldsymbol{F}(\boldsymbol{X},\boldsymbol{U})$ 进行泰勒级数展开，并忽略 $\Delta\boldsymbol{X}$ 和 $\Delta\boldsymbol{U}$ 的二阶和高阶项，可得到

$$\begin{aligned}\frac{\mathrm{d}x_i}{\mathrm{d}t}=\frac{\mathrm{d}x_{i0}}{\mathrm{d}t}+\frac{\mathrm{d}\Delta x_i}{\mathrm{d}t}&=f_i[(\boldsymbol{X}_0+\Delta\boldsymbol{X}),(\boldsymbol{U}_0+\Delta\boldsymbol{U})]\\&=f_i(\boldsymbol{X}_0,\boldsymbol{U}_0)+\frac{\partial f_i}{\partial x_1}\Delta x_1+\cdots+\frac{\partial f_i}{\partial x_n}\Delta x_n+\frac{\partial f_i}{\partial u_1}\Delta u_1+\cdots+\frac{\partial f_i}{\partial u_r}\Delta u_r\end{aligned}\tag{1-10}$$

由于 $\frac{\mathrm{d}x_{i0}}{\mathrm{d}t}=f_i(\boldsymbol{X}_0,\boldsymbol{U}_0)$，可得

$$\frac{\mathrm{d}\Delta x_i}{\mathrm{d}t}=\frac{\partial f_i}{\partial x_1}\Delta x_1+\cdots+\frac{\partial f_i}{\partial x_n}\Delta x_n+\frac{\partial f_i}{\partial u_1}\Delta u_1+\cdots+\frac{\partial f_i}{\partial u_r}\Delta u_r\tag{1-11}$$

其中，i=1, 2, ⋯, n。同样，对式(1-4)线性化，有

$$\frac{\mathrm{d}\Delta y_j}{\mathrm{d}t}=\frac{\partial g_j}{\partial x_1}\Delta x_1+\cdots+\frac{\partial g_j}{\partial x_n}\Delta x_n+\frac{\partial g_j}{\partial u_1}\Delta u_1+\cdots+\frac{\partial g_j}{\partial u_r}\Delta u_r\tag{1-12}$$

其中，j=1, 2, ⋯, m。因此，式(1-3)与式(1-4)的线性化形式为

$$\frac{\mathrm{d}\Delta\boldsymbol{X}}{\mathrm{d}t}=\boldsymbol{A}\Delta\boldsymbol{X}+\boldsymbol{B}\Delta\boldsymbol{U}\tag{1-13}$$

$$\frac{\mathrm{d}\Delta\boldsymbol{Y}}{\mathrm{d}t}=\boldsymbol{C}\Delta\boldsymbol{X}+\boldsymbol{D}\Delta\boldsymbol{U}\tag{1-14}$$

其中

$$\begin{aligned}&\boldsymbol{A}=\begin{bmatrix}\frac{\partial f_1}{\partial x_1}&\cdots&\frac{\partial f_1}{\partial x_n}\\\vdots&&\vdots\\\frac{\partial f_n}{\partial x_1}&\cdots&\frac{\partial f_n}{\partial x_n}\end{bmatrix}\qquad\boldsymbol{B}=\begin{bmatrix}\frac{\partial f_1}{\partial u_1}&\cdots&\frac{\partial f_1}{\partial u_r}\\\vdots&&\vdots\\\frac{\partial f_n}{\partial u_1}&\cdots&\frac{\partial f_n}{\partial u_r}\end{bmatrix}\\&\boldsymbol{C}=\begin{bmatrix}\frac{\partial g_1}{\partial x_1}&\cdots&\frac{\partial g_1}{\partial x_n}\\\vdots&&\vdots\\\frac{\partial g_m}{\partial x_1}&\cdots&\frac{\partial g_m}{\partial x_n}\end{bmatrix}\qquad\boldsymbol{D}=\begin{bmatrix}\frac{\partial g_1}{\partial u_1}&\cdots&\frac{\partial g_1}{\partial u_r}\\\vdots&&\vdots\\\frac{\partial g_m}{\partial u_1}&\cdots&\frac{\partial g_m}{\partial u_r}\end{bmatrix}\end{aligned}\tag{1-15}$$

式中，$\Delta\boldsymbol{X}$ 为 n 维状态向量；$\Delta\boldsymbol{Y}$ 为 m 维输出向量；$\Delta\boldsymbol{U}$ 为 r 维输入向量；$\boldsymbol{A}$ 为 $n\times n$

阶状态矩阵；$\boldsymbol{B}$ 为 $n\times r$ 阶控制或输入矩阵；$\boldsymbol{C}$ 为 $m\times n$ 阶输出矩阵；$\boldsymbol{D}$ 为前馈矩阵。

上述偏微分方程是以平衡点处发生小扰动为基础推导的。

2. 稳定性分析

非线性系统的小信号稳定性是由系统线性化后，特征方程的根即 $\boldsymbol{A}$ 的特征值所确定的[18]。

(1) 当特征值只有负的实部时，原始系统是渐近稳定的。

(2) 当至少存在一个正实部的特征值时，原始系统是不稳定的。

(3) 当特征值具有为零的实部时，基于线性化方程不能说明任何一般性问题。

上述稳定性分析方法为李雅普诺夫第一法，也是本书主要采用的稳定性判据。本书所关心的直流输电系统的小信号稳定性，与 $\boldsymbol{A}$ 的特征根是密切相关的，对 $\boldsymbol{A}$ 的特征性分析可以为系统稳定性提供有价值的信息。

1.4.3　特征根分析

1. 特征值和稳定性

$\boldsymbol{\Phi}$ 为 $n\times 1$ 非零列向量，矩阵 $\boldsymbol{A}$ 的特征值由下述方程的解 λ 来给定：

$$\boldsymbol{A\Phi}=\lambda\boldsymbol{\Phi} \tag{1-16}$$

即

$$(\boldsymbol{A}-\lambda\boldsymbol{I})\boldsymbol{\Phi}=0 \tag{1-17}$$

由于 $\boldsymbol{\Phi}$ 为非零列向量，所以 λ 应满足

$$\det(\boldsymbol{A}-\lambda\boldsymbol{I})=0 \tag{1-18}$$

式(1-18)称为矩阵 $\boldsymbol{A}$ 的特征方程，$\lambda=\lambda_1, \lambda_2, \cdots, \lambda_n$ 的 n 个解为矩阵 $\boldsymbol{A}$ 的特征值。

特征值可为实数或复数，如果 $\boldsymbol{A}$ 为实数矩阵(对于如电力系统一样的物理系统而言 $\boldsymbol{A}$ 为实数矩阵)，则其复数特征根总以共轭对形式出现。

对应一个特征值 λ_i 的振荡模式的时间特性由 $e^{\lambda_i t}$ 给出。因此，系统的稳定性是由如下的特征值所确定：

(1) 实数特征值对应于一个非振荡模式。负实数特征值表示衰减模式，幅值越大，衰减越快；正实数特征值表示非周期性不稳定。

(2) 复数特征值以共轭形式出现，每一对对应一个振荡模式。

特征值的实部给出了阻尼比，虚部给出了振荡频率。负实部表示有阻尼振荡，而正实部表示增幅振荡。因此，对于一对复数特征根：

$$\lambda = \sigma \pm \mathrm{j}\omega \tag{1-19}$$

以 Hz 为单位的振荡频率为

$$f = \frac{\omega}{2\pi} \tag{1-20}$$

其阻尼比为

$$\zeta = -\frac{\sigma}{\sqrt{\sigma^2 + \omega^2}} \tag{1-21}$$

阻尼比 ζ 确定了振荡幅值衰减的速度。

2. 模态与特征向量

对于任一特征值 λ_i，存在 $n\times1$ 列向量 $\boldsymbol{\Phi}_i$ 满足

$$\boldsymbol{A\Phi}_i = \lambda_i \boldsymbol{\Phi}_i \quad i=1,2,\cdots,n \tag{1-22}$$

式中，$\boldsymbol{\Phi}_i$ 为与特征值 λ_i 相关联的右特征向量。由于式(1-17)是齐次的，所以，$k\boldsymbol{\Phi}_i$ 也是上式的解。类似地，当 $1\times n$ 行向量 $\boldsymbol{\psi}_i$ 满足

$$\boldsymbol{\psi}_i \boldsymbol{A} = \lambda_i \boldsymbol{\psi}_i \quad i=1,2,\cdots,n \tag{1-23}$$

式中，$\boldsymbol{\psi}_i$ 为与特征值 λ_i 相关联的左特征向量。同样，$k\boldsymbol{\psi}_i$ 也是式(1-23)的解。

对应不同特征值的左和右特征向量是正交的。即当 $\lambda_i \neq \lambda_j$ 时，$\boldsymbol{\psi}_i\boldsymbol{\Phi}_i=0$；对应同一特征值的左右特征向量，$\boldsymbol{\psi}_i\boldsymbol{\Phi}_i = C_i$，其中 C_i 为非零常数。通过正规化左右特征向量，可以使得

$$\boldsymbol{\psi}_i\boldsymbol{\Phi}_i = 1 \tag{1-24}$$

矩阵 $\boldsymbol{A}$ 的 n 个特征值 $\lambda_1, \lambda_2, \cdots, \lambda_n$，对应 n 个左特征向量 $\boldsymbol{\psi}_1, \boldsymbol{\psi}_2, \cdots, \boldsymbol{\psi}_n$ 和 n 个右特征向量 $\boldsymbol{\Phi}_1, \boldsymbol{\Phi}_2, \cdots, \boldsymbol{\Phi}_n$。引入以下矩阵：

$$\boldsymbol{\psi} = [\boldsymbol{\psi}_1^{\mathrm{T}}, \boldsymbol{\psi}_2^{\mathrm{T}}, \cdots, \boldsymbol{\psi}_n^{\mathrm{T}}]^{\mathrm{T}} \tag{1-25}$$

$$\boldsymbol{\Phi} = [\boldsymbol{\Phi}_1, \boldsymbol{\Phi}_2, \cdots, \boldsymbol{\Phi}_n] \tag{1-26}$$

$$\boldsymbol{\Lambda} = \begin{bmatrix} \lambda_1 & & & \\ & \lambda_2 & & \\ & & \ddots & \\ & & & \lambda_n \end{bmatrix} \tag{1-27}$$

$\boldsymbol{\Psi}$、$\boldsymbol{\Phi}$、$\boldsymbol{\Lambda}$ 都为 $n\times n$ 矩阵，因此式(1-22)以及式(1-24)可重写为

$$\boldsymbol{A\Phi}=\boldsymbol{\Phi\Lambda} \tag{1-28}$$

$$\boldsymbol{\Psi\Phi}=\boldsymbol{I} \qquad \boldsymbol{\Psi}=\boldsymbol{\Phi}^{-1} \tag{1-29}$$

从而得到

$$\boldsymbol{\Phi}^{-1}\boldsymbol{A\Phi}=\boldsymbol{\Lambda} \tag{1-30}$$

此时称 $\boldsymbol{\Psi}$、$\boldsymbol{\Phi}$ 为矩阵 $\boldsymbol{A}$ 的模态矩阵。其中，右特征向量给出了模态，也即是一个特殊模式被激励时状态变量的相对活动，而左特征向量衡量了这种活动对模态的权重。例如，右特征向量 $\boldsymbol{\Phi}_i$ 的第 k 个元素 Φ_{ki} 测量了第 i 个模态中状态变量 x_k 的活动程度，而左特征向量 $\boldsymbol{\psi}_i$ 的第 k 个元素 ψ_{ik} 表示了状态变量 x_k 的活动对第 i 个模态的权重。$\boldsymbol{\Phi}_i$ 元素的幅值给出了第 i 个模态的 n 个状态变量的活动程度，元素的角度给出了对应模态状态变量的相位偏移。

1.4.4 参与因子分析

如上节所述，单独用左、右特征向量区分状态和模态之间关系时的一个问题是，特征向量的元素依赖于状态变量的大小和单位。式(1-31)给出的参与矩阵 $\boldsymbol{P}$ 结合了左、右特征向量，可作为状态变量和模态之间联系的一种度量。

$$\boldsymbol{P}=[\boldsymbol{P}_1,\boldsymbol{P}_2,\cdots,\boldsymbol{P}_n] \tag{1-31}$$

其中

$$\boldsymbol{P}_i=\begin{bmatrix}\boldsymbol{p}_{1i}\\ \boldsymbol{p}_{2i}\\ \vdots\\ \boldsymbol{p}_{ni}\end{bmatrix}=\begin{bmatrix}\Phi_{1i}\psi_{i1}\\ \Phi_{2i}\psi_{i2}\\ \vdots\\ \Phi_{ni}\psi_{in}\end{bmatrix} \tag{1-32}$$

式中，Φ_{ki} 为模态矩阵 $\boldsymbol{\Phi}$ 中第 k 行、第 i 列元素，即右特征向量 $\boldsymbol{\Phi}_i$ 的第 k 项；ψ_{ki} 为模态矩阵 $\boldsymbol{\Psi}$ 中第 k 行、第 i 列元素，即左特征向量 $\boldsymbol{\psi}_i$ 的第 k 项。

元素 $p_{ki}=\Phi_{ki}\psi_{ki}$ 命名为参与因子，它表示第 i 个模态中第 k 个状态变量的相对参与程度。由于 Φ_{ki} 测量了第 i 个模态中 x_k 的活动程度，ψ_{ki} 表示了这种活动对模态的权重，所以乘积 p_{ki} 量测了总参与程度。鉴于特征向量的规格化，与任何模态（$\sum_{i=1}^{n}p_{ki}$）或与任何状态变量（$\sum_{k=1}^{n}p_{ki}$）相关联的参与因子之和等于1。参与因子通常用于指示某模态相应状态变量的参与程度。

1.4.5 灵敏度分析

考虑到(1-22)确定了特征值和右特征向量，重写如下：

$$\boldsymbol{A\Phi}_i = \lambda_i \boldsymbol{\Phi}_i \qquad i=1,2,\cdots,n \tag{1-33}$$

对 $\boldsymbol{A}$ 中第 k 行、第 j 列的元素 a_{kj} 偏微分，有

$$\frac{\partial \boldsymbol{A}}{\partial a_{kj}}\boldsymbol{\Phi}_i + \boldsymbol{A}\frac{\partial \boldsymbol{\Phi}_i}{\partial a_{kj}} = \frac{\partial \lambda_i}{\partial a_{kj}}\boldsymbol{\Phi}_i + \lambda_i \frac{\partial \boldsymbol{\Phi}_i}{\partial a_{kj}} \tag{1-34}$$

左乘 $\boldsymbol{\psi}_i$，注意到 $\boldsymbol{\psi}_i\boldsymbol{\Phi}_i = 1$ 且 $\boldsymbol{\psi}_i\left(\boldsymbol{A} - \lambda \boldsymbol{I}\right) = 0$，式(1-54)可简化为

$$\boldsymbol{\psi}_i \frac{\partial \boldsymbol{A}}{\partial a_{kj}}\boldsymbol{\Phi}_i = \frac{\partial \lambda_i}{\partial a_{kj}} \tag{1-35}$$

$\partial \boldsymbol{A} / \partial a_{kj}$ 的所有元素除了第 k 行和第 j 列的元素等于 1 之外，其余都等于 0。因此，有

$$\frac{\partial \lambda_i}{\partial a_{kj}} = \psi_{ik}\Phi_{kj} \tag{1-36}$$

式中，特征值 λ_i 对状态矩阵元素 a_{kj} 的偏微分，即灵敏度，等于左特征向量元素 ψ_{ik} 和右特征向量元素 Φ_{ji} 的乘积。灵敏度分析法常用于辨识对系统稳定性影响较为灵敏的关键参数。

参 考 文 献

[1] 赵畹君. 高压直流输电工程技术. 北京：中国电力出版社, 2011: 1-29.

[2] 浙江大学发电教研组直流输电科研组. 直流输电. 北京：电力工业出版社, 1982: 3-20.

[3] 韩民晓, 文俊, 徐永海. 高压直流输电原理与运行. 北京：机械工业出版社, 2010.

[4] 郭春义, 赵成勇, Montanari A, 等. 混合双极高压直流输电系统的特性研究. 中国电机工程学报, 2012, 32(10): 14+98-104.

[5] 徐政, 等. 柔性直流输电系统. 北京：机械工业出版社, 2016.

[6] 汤广福. 基于电压源换流器的高压直流输电技术. 北京：中国电力出版社, 2010.

[7] Lesnicar A, Marquardt R. An innovative modular multilevel converter topology suitable for a wide power range// Power Tech Conference Proceedings. Bologna: IEEE, 2003: 1-6.

[8] Tu Q R, Xu Z. Power losses evaluation for modular multi-level converter with junction temperature feedback//2011 IEEE Power and Energy Society General Meeting. San Diego: IEEE, 2011: 1-7.

[9] Yang J, Zhang J, Tang G, et al. Characteristics and Recovery Performance of VSC-HVDC DC transmission line Fault// 2010 Asia-Pacific Power and Energy Engineering Conference. Chengdu: IEEE, 2010: 1-4.

[10] 王姗姗, 周孝信, 汤广福, 等. 模块化多电平换流器HVDC直流双极短路子模块过电流分析. 中国电机工程学报, 2011, 1(1): 1-7.

[11] Marquardt R. Modular multilevel converter: An universal concept for HVDC-networks and extended DC-bus-applications// The 2010 International Power Electronics Conference. Sapporo, Japan: IEEE, 2010: 502-507.

[12] Marquardt R. Modular multilevel converter topologies with DC-short circuit current limitation// 8th International Conference on Power Electronics. Jeju: IEEE, 2011: 1425-1431.

[13] 饶宏, 洪潮, 周保荣, 等. 乌东德特高压多端直流工程受端采用柔性直流对多直流集中馈入问题的改善作用研究. 南方电网技术, 2017, 11(03): 1-5.

[14] ABB Group. Skagerrak HVDC Interconnections.（2011-02-11）[2015-03-9]. http://www.abb.com/industries/ap/db0003db004333/448A5ECA0D6E15D3C12578310031E3A7.aspx.

[15] 周保荣, 洪潮, 金小明, 等. 南方电网同步运行网架向异步运行网架的转变研究. 中国电机工程学报, 2016, 36(8): 2084-2092.

[16] 郭春义, 赵成勇, 彭茂兰, 等. 一种具有直流故障穿越能力的混合直流输电系统. 中国电机工程学报, 2015, 35(17): 4345-4352.

[17] 郭春义, 赵成勇, 彭茂兰, 等. 一种具备直流故障穿越能力的高压直流输电系统: 中国, CN103997033B. 2016-06-29.

[18] Kundur P. Power System Stability and Control. New York: McGraw-Hill, 1993: 715-716.

上篇　直流输电系统的小信号模型

为了探究交直流混联系统之间的相互作用机理及耦合振荡模式，本篇将基于状态空间法，介绍直流输电系统的小信号模型建立方法，为下篇的直流系统的稳定性分析提供模型基础。

第 2 章介绍传统直流输电的非线性状态空间模型及线性化小信号模型。为了提高模型的灵活性和通用性，采用模块化建模方法，将 LCC 换流站划分为换流器、交直流系统及控制系统 3 个基本单元，并对 3 个基本单元的非线性状态空间模型分别进行描述。

第 3 章针对已投运柔性直流输电工程中所采用的两种电压源型换流器，即两电平换流器和模块化多电平换流器，分别介绍两种不同拓扑结构的 VSC 联接有源交流网络时的非线性状态空间模型及线性化小信号模型。为了提高模型的灵活性与通用性，采用模块化建模方法，将 VSC 换流站划分为换流器、交流系统及控制系统 3 个基本单元；考虑 VSC 整流站与逆变站的数学模型基本相同，以单端 VSC 系统为例，对上述 3 个基本单元的非线性状态空间模型分别展开具体的描述。

基于第 2 章和第 3 章，第 4 章推导 LCC 系统和 VSC 系统的状态空间模型，建立并验证 LCC-MMC 型混合直流输电系统、混合多端直流输电系统、混合多馈入直流输电系统及含 STATCOM 的 LCC-HVDC 系统的小信号模型，为其他类型直流输电系统的小信号模型的建立提供思路和方法。

第 5 章以采用模块化多电平换流器的四端柔性直流电网为例，首先建立能够反映 MMC 内部谐波动态特性的直流电网非线性状态空间模型。建模时将四端直流电网系统的模型分为三部分考虑——等值交流系统的数学建模、模块化多电平换流器的数学建模、直流架空线网络的数学建模。其中，所建立的换流器模型能够详细地反映 MMC 内部复杂的谐波动态过程(即子模块电容电压波动、桥臂环流及考虑环流抑制器的控制效果)；基于上述模块化的建模方式，建立各模块间的模型接口最终推导出四端柔性直流电网整体的非线性状态空间模型。然后，基于所建立的非线性状态空间模型，在系统额定运行点处进行线性化，即可获得相应的直流电网小信号模型。

第 2 章　LCC-HVDC 的小信号模型

本章介绍传统直流输电的非线性状态空间模型及线性化小信号模型。为了提高模型的灵活性和通用性，采用模块化建模方法，本章将 LCC 换流站划分为换流器、交直流系统及控制系统 3 个基本单元，对 3 个基本单元的非线性状态空间模型分别进行描述。

2.1　LCC-HVDC 系统的非线性状态空间模型

LCC-HVDC 系统的结构示意图如图 2-1(a)所示，整流侧和逆变侧均采用基于晶闸管器件的 12 脉动 LCC 换流器，图 2-1(b)为系统等效电路图[1, 2]。

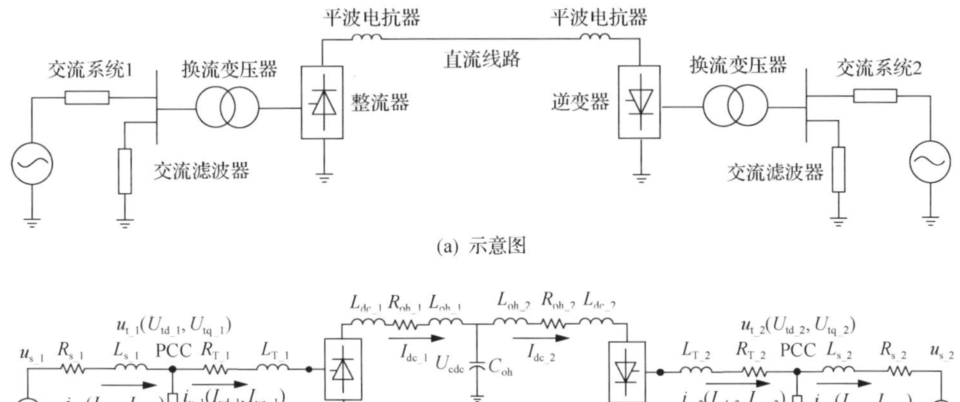

图 2-1　LCC-HVDC 系统的结构图

图 2-1 中，$u_{s_1}(u_{s_2})$为整流侧(逆变侧)交流系统电压；$R_{s\_1}(R_{s\_2})$、$L_{s_1}(L_{s_2})$分别为整流侧(逆变侧)交流电源的等值电阻和电感；$i_{s_1}(i_{s_2})$为整流侧(逆变侧)交流系统的电流；I_{sd_1}、I_{sq_1} (I_{sd_2}、I_{sq_2})为整流侧(逆变侧)交流系统电流 dq 轴分量；$u_{t_1}(u_{t_2})$为整流侧(逆变侧)系统交流母线电压，即公共连接点(point of common coupling，PCC)电压；U_{td_1}、$U_{tq\_1}(U_{td\_2}$、$U_{tq_2})$为整流侧(逆变侧)系统交流母线电压 dq 轴分量，锁相环(phase lock loop，PLL)通过跟踪 PCC 电压为 LCC 系统提供

参考相位；R_{T_1}（R_{T_2}）、L_{T_1}（L_{T_2}）分别为整流侧（逆变侧）换流变压器的等值电阻和电感；i_{v_1}（i_{v_2}）为整流侧（逆变侧）LCC 换流器出口侧的交流电流；I_{vd_1}、I_{vq_1}（I_{vd_2}、I_{vq_2}）为整流侧（逆变侧）LCC 换流器出口侧交流电流 dq 轴分量；u_{v_1}（u_{v_2}）为整流侧（逆变侧）LCC 换流器出口侧的交流电压；U_{vd_1}、U_{vq_1}（U_{vd_2}、U_{vq_2}）为整流侧（逆变侧）LCC 换流器出口侧交流电压 dq 轴分量；L_{dc_1}（L_{dc_2}）为整流侧（逆变侧）平波电抗器的电感值，直流线路等效为 T 型结构；R_{oh_1}（R_{oh_2}）为等效电阻；L_{oh_1}（L_{oh_2}）为等效电感；C_{oh} 为等效接地电容；U_{cdc} 为 C_{oh} 的电压。

2.1.1 换流器模型的建立

基于 LCC-HVDC 系统的工作原理，其交直流侧的电压/电流关系可由下式描述[3]：

$$
\begin{cases}
i_{av} = I_{dc} S_{ai} \\
i_{bv} = I_{dc} S_{bi} \\
i_{cv} = I_{dc} S_{ci}
\end{cases}
\\
U_{dc} = u_{av} S_{au} + u_{bv} S_{bu} + u_{cv} S_{cu}
\tag{2-1}
$$

式中，i_{abcv}（i_{av}, i_{bv}, i_{cv}）为换流器出口侧的交流电流；I_{dc} 为直流电流；S_{abci}（S_{ai}, S_{bi}, S_{ci}）为直流电流与交流三相电流之间的开关函数；同理，u_{abcv}（u_{av}, u_{bv}, u_{cv}）为换流器出口侧的交流电压；U_{dc} 为直流电压；S_{abcu}（S_{au}, S_{bu}, S_{cu}）为交流三相电压与直流电压之间的开关函数。整流站开关函数表达式如式(2-2)所示，逆变站开关函数表达式如式(2-3)所示。

$$
\begin{cases}
S_{au} = A_u \cos(\omega t - \varphi) \\
S_{bu} = A_u \cos\left(\omega t - \varphi - \dfrac{2}{3}\pi\right) \\
S_{cu} = A_u \cos\left(\omega t - \varphi + \dfrac{2}{3}\pi\right)
\end{cases}
\\
\begin{cases}
S_{ai} = A_i \cos(\omega t - \varphi) \\
S_{bi} = A_i \cos\left(\omega t - \varphi - \dfrac{2}{3}\pi\right) \\
S_{ci} = A_i \cos\left(\omega t - \varphi + \dfrac{2}{3}\pi\right)
\end{cases}
\tag{2-2}
$$

$$
\begin{cases}
S_{\mathrm{au}} = A_{\mathrm{u}} \cos(\omega t + \varphi) \\
S_{\mathrm{bu}} = A_{\mathrm{u}} \cos\left(\omega t + \varphi - \dfrac{2}{3}\pi\right) \\
S_{\mathrm{cu}} = A_{\mathrm{u}} \cos\left(\omega t + \varphi + \dfrac{2}{3}\pi\right)
\end{cases}
$$
$$
\begin{cases}
S_{\mathrm{ai}} = A_{\mathrm{i}} \cos(\omega t + \varphi) \\
S_{\mathrm{bi}} = A_{\mathrm{i}} \cos\left(\omega t + \varphi - \dfrac{2}{3}\pi\right) \\
S_{\mathrm{ci}} = A_{\mathrm{i}} \cos\left(\omega t + \varphi + \dfrac{2}{3}\pi\right)
\end{cases}
\tag{2-3}
$$

其中

$$
\begin{cases}
A_{\mathrm{u}} = \dfrac{2\sqrt{3}}{\pi} \cos\left(\dfrac{\mu}{2}\right) \\
A_{\mathrm{i}} = \dfrac{2\sqrt{3}}{\pi} \dfrac{\sin\left(\dfrac{\mu}{2}\right)}{\dfrac{\mu}{2}}
\end{cases}
\tag{2-4}
$$

式中，ω 为系统角频率；φ 为系统功率因数角；μ 为换相重叠角；$A_{\mathrm{u}}/A_{\mathrm{i}}$ 为考虑到 LCC 换流器换相过程的电压/电流修正系数。

建立换流站的状态空间模型主要用于求解其在系统交流侧的等效电流源，即换流器出口侧的交流电流 i_{v}。该电流可通过对式(2-1)进行 dq 变换求得，整流站换流器出口侧的交流电流($I_{\mathrm{vd\_1}}, I_{\mathrm{vq\_1}}$)表达式如式(2-5)所示，逆变站换流器出口侧的交流电流表达式($I_{\mathrm{vd\_2}}, I_{\mathrm{vq\_2}}$)如式(2-6)所示。

$$
\begin{cases}
I_{\mathrm{vd\_1}} = 2I_{\mathrm{dc\_1}} A_{\mathrm{i}} \cos(-\varphi) \\
I_{\mathrm{vq\_1}} = -2I_{\mathrm{dc\_1}} A_{\mathrm{i}} \sin(-\varphi)
\end{cases}
\tag{2-5}
$$

$$
\begin{cases}
I_{\mathrm{vd\_2}} = 2I_{\mathrm{dc\_2}} A_{\mathrm{i}} \cos\varphi \\
I_{\mathrm{vq\_2}} = -2I_{\mathrm{dc\_2}} A_{\mathrm{i}} \sin\varphi
\end{cases}
\tag{2-6}
$$

2.1.2　交直流系统模型的建立

1. 交流系统

1) 交流电源

由图 2-1 可知，交流电源由交流电压源和等效戴维南阻抗等值，本书并不针对发电机进行建模，仅采用了等值交流系统模型，发电机模型可参考文献[4]和[5]。根据图 2-1(b)所示的 LCC 系统等效电路图，可得系统等值交流电源在 dq 坐标系下的状态空间方程，以逆变侧电流参考方向为例，交流系统模型可以表示为

$$L_s\frac{d}{dt}\begin{bmatrix}I_{sd}\\I_{sq}\end{bmatrix}=\begin{bmatrix}U_{td}\\U_{tq}\end{bmatrix}-\begin{bmatrix}U_{sd}\\U_{sq}\end{bmatrix}+\omega L_s\begin{bmatrix}-I_{sq}\\I_{sd}\end{bmatrix}-R_s\begin{bmatrix}I_{sd}\\I_{sq}\end{bmatrix} \tag{2-7}$$

式中，I_{sd}、I_{sq} 为交流电流 i_s 的 d 轴、q 轴电流分量；U_{sd}、U_{sq} 为交流系统电压 u_s 的 d 轴、q 轴分量。假设 u_s 的表达式如式(2-8)，则 U_{sd}、U_{sq} 可用式(2-9)表示。

$$u_s=V_m\cos(\omega_0 t+\alpha_0) \tag{2-8}$$

$$\begin{cases}U_{sd}=V_m\cos\left[\theta-(\omega_0 t+\alpha_0)\right]\\U_{sq}=V_m\sin\left[(\omega_0 t+\alpha_0)-\theta\right]\end{cases} \tag{2-9}$$

式中，ω_0 为交流系统额定角频率；V_m 为交流系统电压的幅值；θ 为 PLL 环节输出的相位；α_0 为交流 PCC 母线电压与系统电压之间的相角差。

2) 交流滤波器

图 2-1 中所示的交流滤波器具体结构与 CIGRE 标准测试模型中的交流滤波器相同[6]，且整流站与逆变站交流滤波器结构相同(参数不同)，具体如图 2-2 所示。

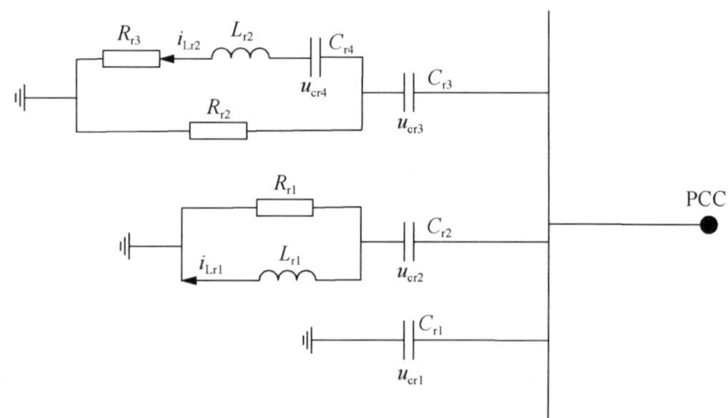

图 2-2　交流滤波器结构

图 2-2 中，u_{cr1}、u_{cr2}、u_{cr3}、u_{cr4} 分别为交流滤波器电容 C_{r1}、C_{r2}、C_{r3}、C_{r4} 上的电压；i_{Lr1}、i_{Lr2} 分别为流过交流滤波器电感 L_{r1}、L_{r2} 的电流；R_{r1}、R_{r2}、R_{r3} 为交流滤波器不同支路的电阻。

因整流站与逆变站交流滤波器结构相同，其相应的状态空间方程形式也相同，如式(2-10)所示。

$$
\left\{
\begin{aligned}
& C_{r1}\frac{d}{dt}\begin{bmatrix}U_{td}\\U_{tq}\end{bmatrix}=\begin{bmatrix}I_{vd}\\I_{vq}\end{bmatrix}-\begin{bmatrix}I_{sd}\\I_{sq}\end{bmatrix}-\left(\begin{bmatrix}I_{Lr1d}\\I_{Lr1q}\end{bmatrix}+\begin{bmatrix}(U_{td}-U_{cr2d})/R_{r1}\\(U_{tq}-U_{cr2q})/R_{r1}\end{bmatrix}\right)\\
& \qquad -\left(\begin{bmatrix}I_{Lr2d}\\I_{Lr2q}\end{bmatrix}+\begin{bmatrix}(U_{td}-U_{cr3d})/R_{r2}\\(U_{tq}-U_{cr3q})/R_{r2}\end{bmatrix}\right)+\omega C_{r1}\begin{bmatrix}-U_{tq}\\U_{td}\end{bmatrix}\\
& C_{r2}\frac{d}{dt}\begin{bmatrix}U_{cr2d}\\U_{cr2q}\end{bmatrix}=\begin{bmatrix}I_{Lr1d}\\I_{Lr1q}\end{bmatrix}+\begin{bmatrix}(U_{td}-U_{cr2d})/R_{r1}\\(U_{tq}-U_{cr2q})/R_{r1}\end{bmatrix}+\omega C_{r2}\begin{bmatrix}-U_{cr2q}\\U_{cr2d}\end{bmatrix}\\
& L_{r1}\frac{d}{dt}\begin{bmatrix}I_{Lr1d}\\I_{Lr1q}\end{bmatrix}=\begin{bmatrix}U_{td}\\U_{tq}\end{bmatrix}-\begin{bmatrix}U_{cr2d}\\U_{cr2q}\end{bmatrix}+\omega L_{r1}\begin{bmatrix}-I_{Lr1q}\\I_{Lr1d}\end{bmatrix}\\
& C_{r3}\frac{d}{dt}\begin{bmatrix}U_{cr3d}\\U_{cr3q}\end{bmatrix}=\begin{bmatrix}I_{Lr2d}\\I_{Lr2q}\end{bmatrix}+\begin{bmatrix}(U_{td}-U_{cr3d})/R_{r2}\\(U_{tq}-U_{cr3q})/R_{r2}\end{bmatrix}+\omega C_{r3}\begin{bmatrix}-U_{cr3q}\\U_{cr3d}\end{bmatrix}\\
& C_{r4}\frac{d}{dt}\begin{bmatrix}U_{cr4d}\\U_{cr4q}\end{bmatrix}=\begin{bmatrix}I_{Lr2d}\\I_{Lr2q}\end{bmatrix}+\omega C_{r4}\begin{bmatrix}-U_{cr4q}\\U_{cr4d}\end{bmatrix}\\
& L_{r2}\frac{d}{dt}\begin{bmatrix}I_{Lr2d}\\I_{Lr2q}\end{bmatrix}=\begin{bmatrix}U_{td}\\U_{tq}\end{bmatrix}-\begin{bmatrix}U_{cr3d}\\U_{cr3q}\end{bmatrix}-\begin{bmatrix}U_{cr4d}\\U_{cr4q}\end{bmatrix}-R_{r3}\begin{bmatrix}I_{Lr2d}\\I_{Lr2q}\end{bmatrix}+\omega L_{r2}\begin{bmatrix}-I_{Lr2q}\\I_{Lr2d}\end{bmatrix}
\end{aligned}
\right.
\tag{2-10}
$$

式中，U_{crjd}、U_{crjq} 分别为交流滤波器电容 C_{rj} 上电压 dq 轴分量；I_{Lrjd}、I_{Lrjq} 分别为流过交流滤波器电感 L_{rj} 电流 dq 轴分量。

2. 直流系统

如图 2-1，直流线路采用集中参数模型，具体等效为 T 型结构，根据图 2-1 线路结构，可列写直流系统状态空间方程为

$$
\left\{
\begin{aligned}
& (L_{dc\_1}+L_{oh\_1})\frac{dI_{dc\_1}}{dt}=U_{dc\_1}-U_{cdc}-R_{dc\_1}I_{dc\_1}\\
& C_{oh}\frac{dU_{cdc}}{dt}=I_{dc\_1}-I_{dc\_2}\\
& (L_{dc\_2}+L_{oh\_2})\frac{dI_{dc\_2}}{dt}=U_{cdc}-U_{dc\_2}-R_{dc\_2}I_{dc\_2}
\end{aligned}
\right.
\tag{2-11}
$$

式中，$L_{oh\_1}(L_{oh\_2})$ 为整流侧(逆变侧)线路等效电感；$R_{oh\_1}(R_{oh\_2})$ 为整流侧(逆变侧)线路等效电阻；C_{oh} 为线路等效电容；$I_{dc\_1}(I_{dc\_2})$ 为整流站(逆变站)出口直流电流；U_{cdc} 为直流线路等效电容电压；$U_{dc\_1}(U_{dc\_2})$ 为整流站(逆变站)出口直流电压，U_{dc_1} 具体如式(2-12)所示。

$$
U_{dc\_1}=2\cdot\left(\frac{3\sqrt{2}}{\pi}\right)\cdot\frac{U_{t\_1}}{T_{r\_1}}\cdot\cos\varphi_1
\tag{2-12}
$$

式中，T_{r_1}为整流站变压器的变比；φ_1为整流侧系统功率因数角；U_{t_1}为整流侧交流母线电压有效值，可由交流电压 d 轴分量 U_{td_1}和 q 轴分量 U_{tq_1}得到，如下式所示：

$$U_{t\_1}=\sqrt{\frac{3}{2}(U_{td\_1}^2+U_{tq\_1}^2)} \tag{2-13}$$

同理，逆变站出口直流电压 U_{dc_2}也可由式(2-14)得到

$$U_{dc\_2}=2\cdot\left(\frac{3\sqrt{2}}{\pi}\right)\cdot\frac{U_{t\_2}}{T_{r\_2}}\cdot\cos\varphi_2 \tag{2-14}$$

式中，T_{r_2}为逆变站变压器的变比；φ_2为逆变侧系统功率因数角；U_{t_2}为逆变侧交流母线电压有效值。

2.1.3　控制系统模型的建立

1. 锁相环 PLL

PLL 环节的控制原理可等效为图 2-3 所示的结构框图。

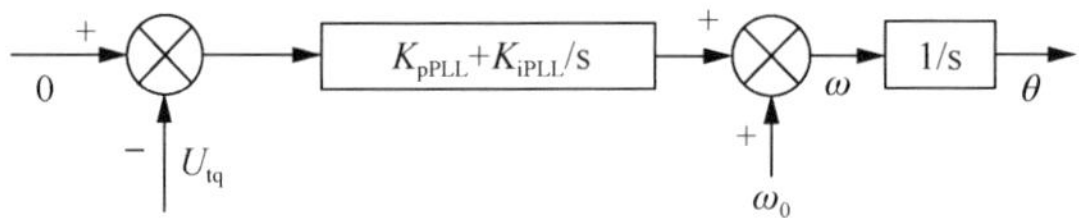

图 2-3　PLL 结构

其相应的状态空间方程为

$$\begin{cases}\dfrac{d\theta}{dt}=\omega\\ \dfrac{d\omega}{dt}=-K_{pPLL}\dfrac{dU_{tq}}{dt}-K_{iPLL}U_{tq}\end{cases} \tag{2-15}$$

式中，ω、θ分别为 PLL 环节输出的角频率和相位；U_{td}、U_{tq}为交流母线电压u_t的 d、q 轴分量；K_{pPLL}、K_{iPLL}分别为 PLL 环节的比例与积分增益。

2. 整流侧控制器

当整流站采用 CIGRE 标准测试模型的定直流电流控制方式时，其控制原理如图 2-4 所示。

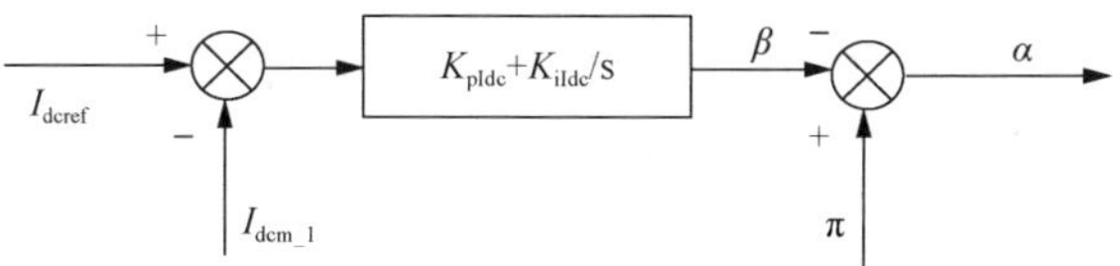

图 2-4　整流站定直流电流控制器

图 2-4 中，I_{dcref} 为定电流控制器的参考值；I_{dcm_1} 为整流站直流电流的测量值；K_{pIdc} 与 K_{iIdc} 分别为定电流 PI 控制器的比例与积分增益。

对于定电流控制系统，其相应的状态空间方程为

$$\begin{cases}\dfrac{\mathrm{d}x_{1\_1}}{\mathrm{d}t}=I_{dcref}-I_{dcm\_1}\\ \pi-\alpha=K_{pIdc}\dfrac{\mathrm{d}x_{1\_1}}{\mathrm{d}t}+K_{iIdc}x_{1\_1}\end{cases}\tag{2-16}$$

式中，x_{1_1} 为定电流控制器 PI 环节的输入偏差量对时间的积分。

定电流控制器的输入信号 I_{dcm_1} 由 LCC-HVDC 系统的直流电流 I_{dc_1} 经过一阶惯性环节(测量环节)得到，其相应的状态空间方程为

$$T_{mIdc}\frac{\mathrm{d}I_{dcm\_1}}{\mathrm{d}t}=I_{dc\_1}-I_{dcm\_1}\tag{2-17}$$

式中，T_{mIdc} 为一阶惯性环节的时间常数。

3. 逆变侧控制器

1) 定直流电压控制器

当逆变站采用定直流电压控制时，其控制原理如图 2-5 所示。

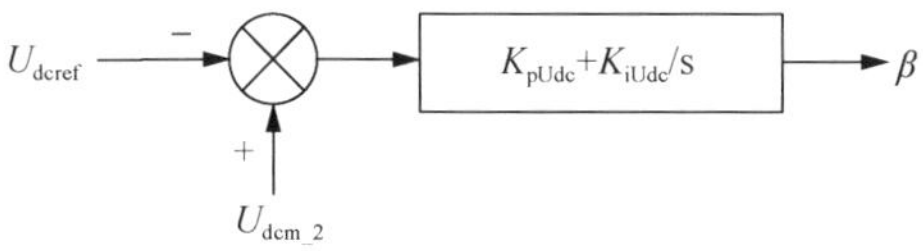

图 2-5　逆变站定直流电压控制器

图 2-5 中，U_{dcref} 为定电压控制器的参考值；U_{dcm_2} 为逆变站直流电压的测量值；K_{pUdc} 与 K_{iUdc} 分别为定直流电压 PI 控制器的比例与积分增益。

对于定直流电压控制系统，其相应的状态空间方程为

$$\begin{cases}\dfrac{\mathrm{d}x_{1\_2}}{\mathrm{d}t}=U_{dcm\_2}-U_{dcref}\\ \beta=K_{pUdc}\dfrac{\mathrm{d}x_{1\_2}}{\mathrm{d}t}+K_{iUdc}x_{1\_2}\end{cases}\tag{2-18}$$

式中，x_{1_2} 为定电压控制器 PI 环节的输入偏差量对时间的积分。

定电压控制器的输入信号 U_{dcm_2} 由 LCC-HVDC 系统的逆变站直流电压 U_{dc_2} 经过一阶惯性环节得到，其相应的状态空间方程为

$$T_{mUdc}\frac{dU_{dcm\_2}}{dt}=U_{dc\_2}-U_{dcm\_2} \tag{2-19}$$

式中，T_{mUdc} 为一阶惯性环节的时间常数。

2) 定关断角控制器

当逆变站采用定关断角控制方式时，其控制原理如图 2-6 所示。

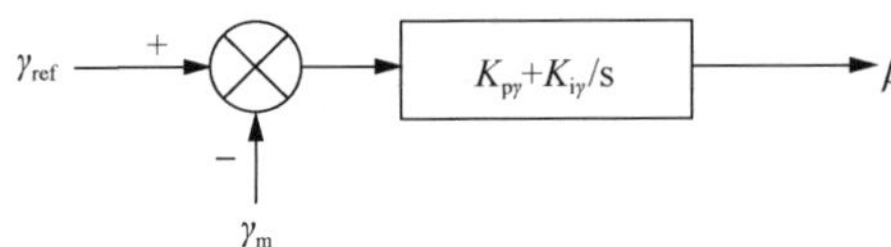

图 2-6　逆变站定关断角控制器

其相应的状态空间方程为

$$\begin{cases}\dfrac{dx_{1\_2}}{dt}=\gamma_{ref}-\gamma_m\\ \beta=K_{p\gamma}\dfrac{dx_{1\_2}}{dt}+K_{i\gamma}x_{1\_2}\end{cases} \tag{2-20}$$

式中，γ_{ref} 为定关断角控制器的参考值；γ_m 为系统关断角的测量值；$K_{p\gamma}$ 与 $K_{i\gamma}$ 分别为定关断角 PI 控制器的比例与积分增益。

定关断角控制器的输入信号 γ_m 由 LCC-HVDC 系统的关断角 γ 经过一阶惯性环节得到，其相应的状态空间方程为

$$T_{m\gamma}\frac{d\gamma_m}{dt}=\gamma-\gamma_m \tag{2-21}$$

式中，$T_{m\gamma}$ 为一阶惯性环节的时间常数。

2.2　LCC-HVDC 系统的小信号模型及验证

基于上述非线性状态空间模型，进行线性化后可得到相应的小信号模型，形式如式(2-22)所示：

$$\frac{d\Delta\boldsymbol{X}}{dt}=\boldsymbol{A}\Delta\boldsymbol{X}+\boldsymbol{B}\Delta\boldsymbol{U} \tag{2-22}$$

式中，$\Delta\boldsymbol{X}$ 为 n 维状态变量矩阵的增量形式；$\Delta\boldsymbol{U}$ 为 r 维输入变量矩阵的增量形式；$\boldsymbol{A}$ 为 $n\times n$ 阶状态矩阵，$\boldsymbol{B}$ 为 $n\times r$ 阶输入矩阵。其中，LCC 系统有 n =39 且 r =2。

对于整流站采用定电流控制，逆变站采用定关断角控制的 LCC-HVDC 系统，式(2-22)中的状态变量 $\boldsymbol{X}$=[$U_{\text{td\_1}}$, $U_{\text{tq\_1}}$, $U_{\text{cr2d\_1}}$, $U_{\text{cr2q\_1}}$, $U_{\text{cr3d\_1}}$, $U_{\text{cr3q\_1}}$, $U_{\text{cr4d\_1}}$, $U_{\text{cr4q\_1}}$, $I_{\text{Lr1d\_1}}$, $I_{\text{Lr1q\_1}}$, $I_{\text{Lr2d\_1}}$, $I_{\text{Lr2q\_1}}$, $I_{\text{sd\_1}}$, $I_{\text{sq\_1}}$, x_{1_1}, $I_{\text{dcm\_1}}$, $\theta_{\_1}$, $\omega_{\_1}$, $I_{\text{dc\_1}}$, U_{cdc}, $I_{\text{dc\_2}}$,$U_{\text{td\_2}}$, $U_{\text{tq\_2}}$, $U_{\text{cr2d\_2}}$, $U_{\text{cr2q\_2}}$, $U_{\text{cr3d\_2}}$, $U_{\text{cr3q\_2}}$, $U_{\text{cr4d\_2}}$, $U_{\text{cr4q\_2}}$, $I_{\text{Lr1d\_2}}$, $I_{\text{Lr1q\_2}}$, $I_{\text{Lr2d\_2}}$, $I_{\text{Lr2q\_2}}$, $I_{\text{sd\_2}}$, $I_{\text{sq\_2}}$, x_{1_2}, γ_{m}, $\theta_{\_2}$, $\omega_{\_2}$]^{T}，输入变量 $\boldsymbol{U}$ =[I_{dcref}, γ_{ref}]^{T}。

而对于整流站采用定电流控制，逆变站采用定直流电压控制的 LCC-HVDC 系统，状态变量 $\boldsymbol{X}$=[$U_{\text{td\_1}}$, $U_{\text{tq\_1}}$, $U_{\text{cr2d\_1}}$, $U_{\text{cr2q\_1}}$, $U_{\text{cr3d\_1}}$, $U_{\text{cr3q\_1}}$, $U_{\text{cr4d\_1}}$, $U_{\text{cr4q\_1}}$, $I_{\text{Lr1d\_1}}$, $I_{\text{Lr1q\_1}}$, $I_{\text{Lr2d\_1}}$, $I_{\text{Lr2q\_1}}$, $I_{\text{sd\_1}}$, $I_{\text{sq\_1}}$, x_{1_1}, $I_{\text{dcm\_1}}$, $\theta_{\_1}$, $\omega_{\_1}$,$I_{\text{dc\_1}}$,U_{cdc}, $I_{\text{dc\_2}}$, $U_{\text{td\_2}}$, $U_{\text{tq\_2}}$, $U_{\text{cr2d\_2}}$, $U_{\text{cr2q\_2}}$, $U_{\text{cr3d\_2}}$, $U_{\text{cr3q\_2}}$, $U_{\text{cr4d\_2}}$, $U_{\text{cr4q\_2}}$, $I_{\text{Lr1d\_2}}$, $I_{\text{Lr1q\_2}}$, $I_{\text{Lr2d\_2}}$, $I_{\text{Lr2q\_2}}$, $I_{\text{sd\_2}}$, $I_{\text{sq\_2}}$, x_{1_2}, $U_{\text{dcm\_2}}$, $\theta_{\_2}$, $\omega_{\_2}$]^{T}；输入变量 $\boldsymbol{U}$=[I_{dcref}, U_{dcref}]^{T}。

为了验证所建立小信号模型的正确性，全书采用经典的验证思路。首先在 PSCAD/EMTDC 中建立基于开关器件的详细电磁暂态模型，然后在给定的参考值阶跃情况下，对比 MATLAB 中所建立小信号模型与 PSCAD/EMTDC 中详细电磁暂态模型的动态响应特性，最后通过动态响应特性是否一致来验证所建立小信号模型的正确性。

以采用定关断角控制的 LCC-HVDC 系统为例进行模型验证。系统初始工作在额定运行状态，交流系统短路比(short circuit ratio，SCR)分别为 SCR_1=2.5∠84°、SCR_2=2.5∠75°，直流电流 I_{dcref} =1.0p.u.，关断角 γ_{ref} =1.0p.u.；4.0s 时 I_{dcref} 从 1.0p.u. 阶跃下降到 0.95p.u.。基于 MATLAB 和 PSCAD 的对比结果如图 2-7 所示，图中分别对比了在直流电流指令值发生阶跃时，整流侧直流电流 $\text{I}_{\text{dc\_1}}$、逆变侧关断角 γ、整流侧交流母线电压 $U_{\text{t\_1}}$ 以及逆变侧交流母线电压 $U_{\text{t\_2}}$ 的动态特性。图中灰色实线波形为 PSCAD 电磁暂态模型的仿真结果(本书中用 EMT 表示)，而黑色虚线波形为 MATLAB 所建立小信号模型的仿真结果(本书中用 SSM 表示)。

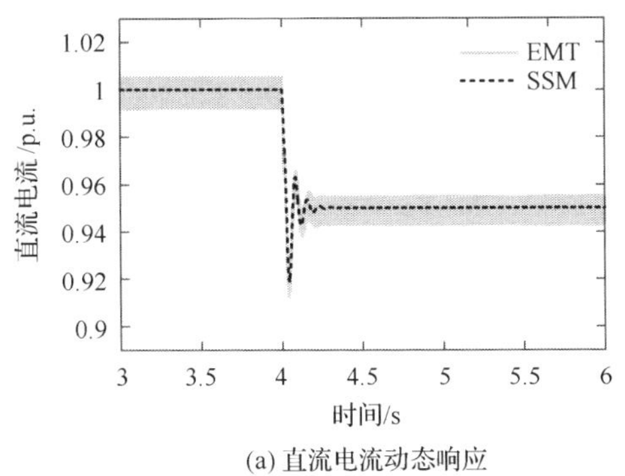

(a) 直流电流动态响应

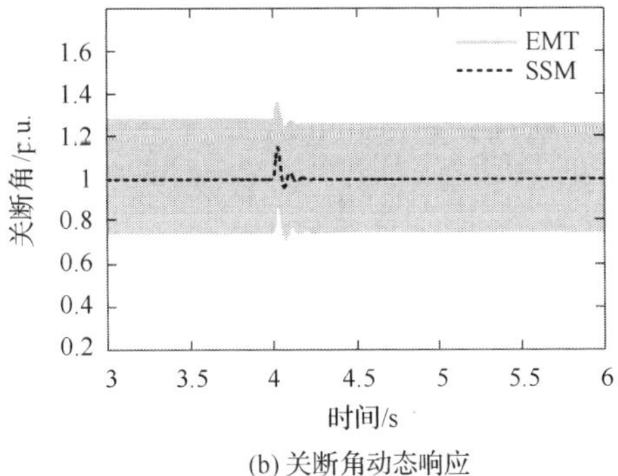

(b) 关断角动态响应

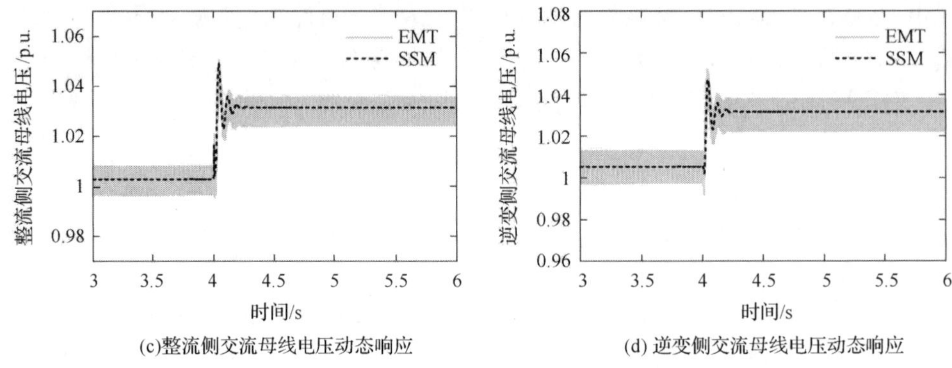

(c)整流侧交流母线电压动态响应　　(d) 逆变侧交流母线电压动态响应

图 2-7　γ_{ref} 阶跃时 LCC-HVDC 系统的动态响应特性

由图 2-7 可以看出，在直流电流指令值发生阶跃的条件下，基于 MATALB 的小信号动态响应和基于 PSCAD 的电磁暂态仿真结果基本一致，验证了所推导小信号模型的正确性。另外，由于 MATLAB 中所建立的小信号模型仅考虑了 LCC 换流站的基频开关函数特性，所以其结果中并不包含高次谐波特性；而 PSCAD 所建立的是详细电磁暂态模型，故其仿真结果中包含了高次谐波特性，所以图中 PSCAD 仿真波形(灰色)的波动范围均比 MATLAB 的结果(黑色)的大些，但平均值基本保持一致。

参 考 文 献

[1] Guo C Y, Zhao C Y, Iravani R, et al. Impact of phase-locked loop on small-signal dynamics of the line commutated converter-based high-voltage direct-current station. IET Generation, Transmission and Distribution, 2017, 11(5): 1311-1318.

[2] 郭春义, 宁琳如, 王虹富, 等. 基于开关函数的 LCC-HVDC 换流站动态模型及小干扰稳定性. 电网技术, 2017, 41(12): 3862-3870.

[3] Liu C, Bose A, Tian P. Modeling and Analysis of HVDC Converter by Three-Phase Dynamic Phasor. IEEE Transactions on Power Delivery, 2014, 29(1): 3-12.

[4] Kundur P. Power System Stability and Control. New York: McGraw-Hill, 1993.

[5] 倪以信. 动态电力系统的理论和分析. 北京: 清华大学出版社, 2002.

[6] Szechtman M, Wess T, Thio C V. A benchmark model for HVDC system studies// International Conference on AC and DC Power Transmission. London: IET, 1991: 374-378.

第 3 章　VSC-HVDC 系统的小信号模型

本章针对已投运柔性直流输电工程中所采用的两种电压源型换流器，即两电平换流器和模块化多电平换流器[1]，分别介绍两种 VSC 联接有源交流网络时的非线性状态空间模型及线性化小信号模型。为了提高模型的灵活性与通用性，采用模块化建模方法，将 VSC 换流站划分为换流器、交流系统及控制系统 3 个基本单元；考虑 VSC 整流站与逆变站的数学模型基本相同，本章以单端 VSC 系统为例，对上述 3 个基本单元的非线性状态空间模型分别展开具体的描述。

3.1　两电平 VSC-HVDC 系统的非线性状态空间模型

单端两电平 VSC 联接交流系统的单相等效电路如图 3-1 所示，其中，u_s 为交流系统线电压；R_s、L_s 分别为交流系统的等效电阻和电感；i_s 为流过交流系统的相电流；u_t 为交流侧公共连接点 PCC 处的电压；R_T、L_T 分别为联接变压器的等效损耗电阻和电感；C_f 为交流滤波器的等值电容；i_{cf} 为流经滤波电容的电流；i_v 为流过联接变压器支路的相电流；u_v 为换流器的交流侧输出电压；α、δ 则分别表示 u_s 与 u_t 之间、u_v 与 u_t 之间的相角差；C 表示两电平 VSC 直流侧电容；U_{dc}、I_{dc} 则分别为直流电压、直流电流。

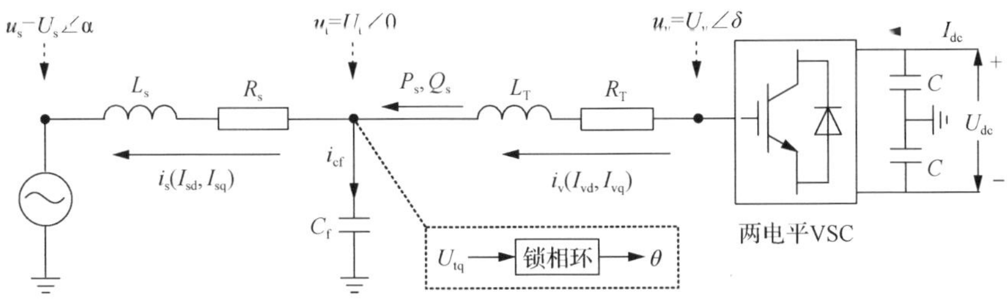

图 3-1　VSC 系统的单相等效电路图

3.1.1　换流器模型的建立

图 3-1 中，两电平 VSC 的等效电路结构如图 3-2 所示，图中 j = a, b, c 分别表示交流系统的三相。其中，u_{tj} 为交流侧公共连接点 PCC 处的 j 相电压，U_{td}、U_{tq} 为交流侧公共连接点处的 dq 轴电压分量；i_{vj} 为流过联接变压器支路的 j 相电流，I_{vd}、I_{vq} 为流过联接变压器支路的 dq 轴电流分量；u_{vj} 为换流器的交流侧输出 j 相电压，

U_{vd}、U_{vq} 为换流器交流侧输出电压的 dq 轴分量。

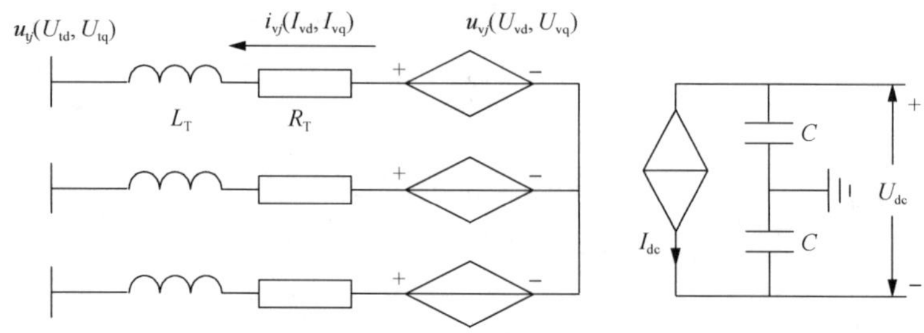

图 3-2　两电平换流器的三相等效电路图

根据基尔霍夫电压定律(即 KVL)，在交流侧针对每相电路均可列出

$$u_{\mathrm{v}}-u_{\mathrm{t}}=R_{\mathrm{T}}i_{\mathrm{v}}+L_{\mathrm{T}}\frac{\mathrm{d}i_{\mathrm{v}}}{\mathrm{d}t} \tag{3-1}$$

将公式(3-1)变换到 dq 坐标系下，可得到非线性状态空间模型为

$$L_{\mathrm{T}}\frac{\mathrm{d}}{\mathrm{d}t}\begin{bmatrix}I_{\mathrm{vd}}\\I_{\mathrm{vq}}\end{bmatrix}=\begin{bmatrix}U_{\mathrm{vd}}\\U_{\mathrm{vq}}\end{bmatrix}-\begin{bmatrix}U_{\mathrm{td}}\\U_{\mathrm{tq}}\end{bmatrix}+\omega L_{\mathrm{T}}\begin{bmatrix}-I_{\mathrm{vq}}\\I_{\mathrm{vd}}\end{bmatrix}-R_{\mathrm{T}}\begin{bmatrix}I_{\mathrm{vd}}\\I_{\mathrm{vq}}\end{bmatrix} \tag{3-2}$$

式中，换流器交流侧输出的等效电压 U_{vd}、U_{vq} 可以通过后续内容中控制系统的数学模型(如式(3-9)所示)求取。

3.1.2　交流系统模型的建立

如图 3-1 所示，交流系统等效为电压源串联等效阻抗的方式；此外，为了便于描述，将交流侧滤波器的等值电容 C_{f} 一并归入交流系统中。

根据基尔霍夫电压、电流定律(即 KVL、KCL)，交流系统的动态特性可描述为

$$\begin{cases}u_{\mathrm{t}}-u_{\mathrm{s}}=i_{\mathrm{s}}R_{\mathrm{s}}+L_{\mathrm{s}}\dfrac{\mathrm{d}i_{\mathrm{s}}}{\mathrm{d}t}\\ C_{\mathrm{f}}\dfrac{\mathrm{d}u_{\mathrm{t}}}{\mathrm{d}t}=i_{\mathrm{v}}-i_{\mathrm{s}}\end{cases} \tag{3-3}$$

将式(3-3)变换到 dq 坐标系下，可得到交流系统的非线性状态空间模型为

$$\begin{cases}L_{\mathrm{s}}\dfrac{\mathrm{d}}{\mathrm{d}t}\begin{bmatrix}I_{\mathrm{sd}}\\I_{\mathrm{sq}}\end{bmatrix}=\begin{bmatrix}U_{\mathrm{td}}\\U_{\mathrm{tq}}\end{bmatrix}-\begin{bmatrix}U_{\mathrm{sd}}\\U_{\mathrm{sq}}\end{bmatrix}+\omega L_{\mathrm{s}}\begin{bmatrix}-I_{\mathrm{sq}}\\I_{\mathrm{sd}}\end{bmatrix}-R_{\mathrm{s}}\begin{bmatrix}I_{\mathrm{sd}}\\I_{\mathrm{sq}}\end{bmatrix}\\ C_{\mathrm{f}}\dfrac{\mathrm{d}}{\mathrm{d}t}\begin{bmatrix}U_{\mathrm{td}}\\U_{\mathrm{tq}}\end{bmatrix}=\begin{bmatrix}I_{\mathrm{vd}}\\I_{\mathrm{vq}}\end{bmatrix}-\begin{bmatrix}I_{\mathrm{sd}}\\I_{\mathrm{sq}}\end{bmatrix}+\omega C_{\mathrm{f}}\begin{bmatrix}-U_{\mathrm{tq}}\\U_{\mathrm{td}}\end{bmatrix}\end{cases} \tag{3-4}$$

3.1.3　控制系统模型的建立

两电平VSC-HVDC的控制系统主要由锁相环PLL和经典的电流矢量控制(vector current control，VCC，又称“dq解耦控制”)两部分构成[2, 3]，下面将依次对两种控制器所对应的动态数学模型进行详细介绍。

1. 锁相环 PLL

由图 3-1 可知，PLL 控制器用于跟踪交流侧 PCC 点电压 $u_t(U_{td}, U_{tq})$，其基本控制原理如图 3-3 所示，其中，θ 为 PLL 输出的锁相角；ω 为 PLL 输出的角频率(ω_0 为交流系统额定角频率)；K_{pPLL}、K_{iPLL} 分别为 PLL 控制器的比例和积分增益。

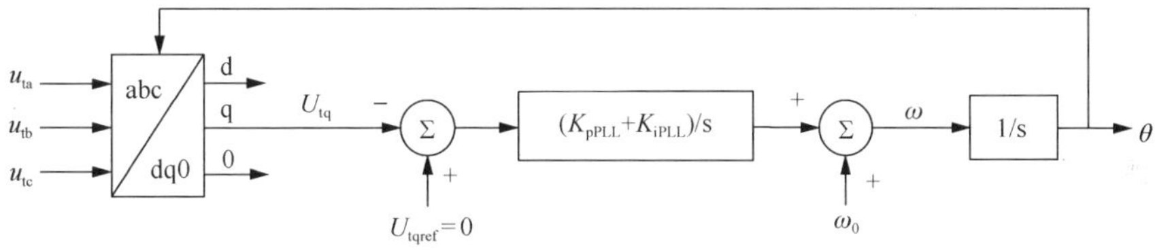

图 3-3　PLL 的控制框图

由图 3-3 可知，PLL 的非线性状态空间模型为

$$
\begin{cases}
\dfrac{d\theta}{dt} = \omega \\
\dfrac{d\omega}{dt} + K_{pPLL}\dfrac{dU_{tq}}{dt} = -K_{iPLL}U_{tq}
\end{cases}
\tag{3-5}
$$

2. 电流矢量控制 VCC

目前，柔性直流输电系统广泛采用电流矢量控制 VCC，其控制原理如图 3-4 所示。VCC 主要由内环电流控制器和外环功率控制器构成，其基本控制方式由外环功率控制器决定。外环功率控制器控制两类物理量，即有功功率类(包括交流侧有功功率、直流侧电压、交流系统频率等)和无功功率类(包括交流侧无功功率和交流侧电压)。柔性直流输电系统的每一端必须在有功功率和无功功率类物理量中各选一个物理量进行控制；同时，柔性直流输电系统中必须有一端控制直流电压，例如，对于两端 VSC-HVDC 系统，通常一端采用定直流电压控制(以保证直流电压恒定)，另一端采用定有功功率控制(以控制传输的有功功率)。

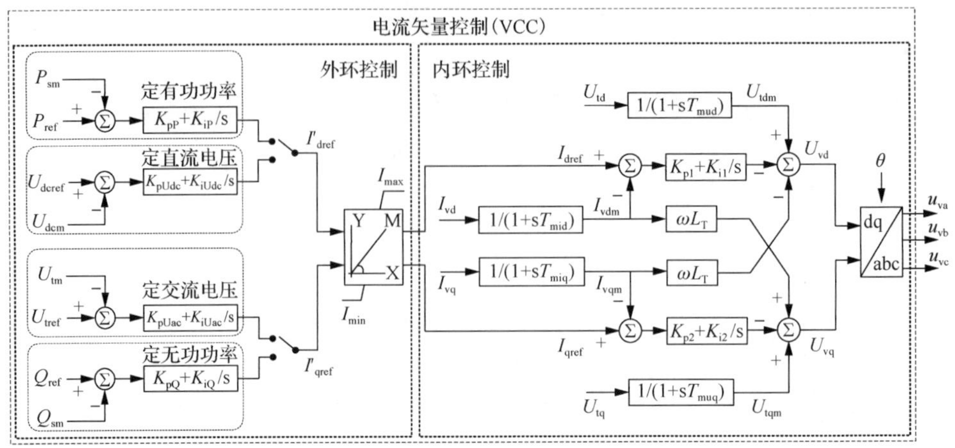

图 3-4　VCC 控制框图——两电平 VSC 场景

如图 3-4 所示，VCC 内环控制部分包含 4 个一阶惯性环节，用以反映控制器对交流电压或电流信号的测量，该环节可描述为

$$
\begin{cases}
\dfrac{\mathrm{d}I_{\mathrm{vdm}}}{\mathrm{d}t}=\dfrac{I_{\mathrm{vd}}-I_{\mathrm{vdm}}}{T_{\mathrm{mid}}} \\
\dfrac{\mathrm{d}I_{\mathrm{vqm}}}{\mathrm{d}t}=\dfrac{I_{\mathrm{vq}}-I_{\mathrm{vqm}}}{T_{\mathrm{miq}}} \\
\dfrac{\mathrm{d}U_{\mathrm{tdm}}}{\mathrm{d}t}=\dfrac{U_{\mathrm{td}}-U_{\mathrm{tdm}}}{T_{\mathrm{mud}}} \\
\dfrac{\mathrm{d}U_{\mathrm{tqm}}}{\mathrm{d}t}=\dfrac{U_{\mathrm{tq}}-U_{\mathrm{tqm}}}{T_{\mathrm{muq}}}
\end{cases}
\tag{3-6}
$$

式中，I_{vdm}、I_{vqm} 分别为联接变压器支路的电流 I_{vd}、I_{vq} 经一阶滤波所得的测量电流；T_{mid}、T_{miq} 分别为 d、q 轴电流测量环节的惯性时间常数；U_{tdm}、U_{tqm} 分别为交流侧公共连接点处的电压 U_{td}、U_{tq} 经一阶滤波所得的测量电压；T_{mud}、T_{muq} 分别为 d、q 轴电压测量环节的惯性时间常数。

图 3-4 中，VCC 主要包括 4 个 PI 环节，将内环及外环各 PI 环节的输入偏差量对时间的积分分别记作状态变量 x_1、x_2、x_3、x_4；VCC 的外环控制基于有功功率类参考值(有功功率 P_{ref} 或直流电压 U_{dcref})、无功功率类参考值(无功功率 Q_{ref} 或交流侧电压有效值 U_{tref})产生电流参考值 I'_{dref}、I'_{qref}，然后通过限幅环节(I_{max}、I_{min} 分别为允许流过换流器交流电流的最大值、最小值)为内环控制提供电流参考值 I_{dref}、I_{qref}，最后由内环控制生成换流器的参考电压 U_{vd}、U_{vq} (即图 3-4 中 u_{vabc}

的 d 轴、q 轴分量)。图 3-4 中 VCC 的动态模型可描述为

$$\begin{cases}\dfrac{\mathrm{d}x_3}{\mathrm{d}t}=P_{\mathrm{ref}}-\dfrac{3}{2}(U_{\mathrm{tdm}}I_{\mathrm{vdm}}+U_{\mathrm{tqm}}I_{\mathrm{vqm}}),\ \ I_{\mathrm{dref}}=K_{\mathrm{pP}}\dfrac{\mathrm{d}x_3}{\mathrm{d}t}+K_{\mathrm{iP}}x_3\\ \dfrac{\mathrm{d}x_4}{\mathrm{d}t}=Q_{\mathrm{ref}}-\dfrac{3}{2}(U_{\mathrm{tdm}}I_{\mathrm{vqm}}-U_{\mathrm{tqm}}I_{\mathrm{vdm}}),\ \ I_{\mathrm{qref}}=K_{\mathrm{pQ}}\dfrac{\mathrm{d}x_4}{\mathrm{d}t}+K_{\mathrm{iQ}}x_4\end{cases} \tag{3-7}$$

$$\begin{cases}\dfrac{\mathrm{d}x_3}{\mathrm{d}t}=U_{\mathrm{dcref}}-U_{\mathrm{dc}},\ \ I_{\mathrm{dref}}=K_{\mathrm{pU_{dc}}}\dfrac{\mathrm{d}x_3}{\mathrm{d}t}+K_{\mathrm{iU_{dc}}}x_3\\ \dfrac{\mathrm{d}x_4}{\mathrm{d}t}=U_{\mathrm{tref}}-\sqrt{\dfrac{3}{2}(U_{\mathrm{tdm}}{}^2+U_{\mathrm{tqm}}{}^2)},\ \ I_{\mathrm{qref}}=K_{\mathrm{pU_{ac}}}\dfrac{\mathrm{d}x_3}{\mathrm{d}t}+K_{\mathrm{iU_{ac}}}x_4\end{cases} \tag{3-8}$$

$$\begin{cases}\dfrac{\mathrm{d}x_1}{\mathrm{d}t}=I_{\mathrm{dref}}-I_{\mathrm{vdm}},\ \ U_{\mathrm{vd}}=U_{\mathrm{tdm}}-\omega L_{\mathrm{T}}I_{\mathrm{vqm}}-\left(K_{\mathrm{p1}}\dfrac{\mathrm{d}x_1}{\mathrm{d}t}+K_{\mathrm{i1}}x_1\right)\\ \dfrac{\mathrm{d}x_2}{\mathrm{d}t}=I_{\mathrm{qref}}-I_{\mathrm{vqm}},\ U_{\mathrm{vq}}=U_{\mathrm{tqm}}+\omega L_{\mathrm{T}}I_{\mathrm{vdm}}-\left(K_{\mathrm{p2}}\dfrac{\mathrm{d}x_2}{\mathrm{d}t}+K_{\mathrm{i2}}x_2\right)\end{cases} \tag{3-9}$$

式(3-7)～式(3-9)中，P_{ref}与Q_{ref}为 VCC 采用定有功功率与定无功功率控制方式下，外环控制器所输入的参考值；I_{dref}、I_{qref}为外环控制器的有功类、无功类控制的输出；K_{pP}、K_{iP}与K_{pQ}、K_{iQ}分别为定有功功率与定无功功率外环中 PI 环节的比例、积分增益；U_{dcref}与U_{tref}为 VCC 采用定直流电压与定交流电压控制方式下，外环控制器所输入的参考值；I_{dref}、I_{qref}为外环控制器的有功类、无功类控制的输出；$K_{\mathrm{pU_{dc}}}$、$K_{\mathrm{iU_{dc}}}$与$K_{\mathrm{pU_{ac}}}$、$K_{\mathrm{iU_{ac}}}$分别为定直流电压与定交流电压外环中 PI 环节的比例、积分增益式；U_{vd}与U_{vq}为内环电流控制器输出的 VSC 交流侧参考电压；K_{p1}、K_{i1}与K_{p2}、K_{i2}则分别为内环 d 轴电流与 q 轴电流控制中 PI 环节的比例、积分增益。

3.1.4　两电平 VSC 换流站模型的建立

基于式(3-2)和式(3-4)～式(3-9)，可得两电平 VSC 换流站的非线性状态空间模型(16 阶)，其一般形式为

$$\frac{\mathrm{d}\boldsymbol{X}}{\mathrm{d}t}=\boldsymbol{F}(\boldsymbol{X},\boldsymbol{U}) \tag{3-10}$$

式中，状态变量矩阵 $\boldsymbol{X}=[I_{\mathrm{vd}}, I_{\mathrm{vq}}, I_{\mathrm{sd}}, I_{\mathrm{sq}}, U_{\mathrm{td}}, U_{\mathrm{tq}}, I_{\mathrm{vdm}}, I_{\mathrm{vqm}}, U_{\mathrm{tdm}}, U_{\mathrm{tqm}}, \theta, \omega, x_1, x_2, x_3, x_4]^{\mathrm{T}}_{16\times1}$；输入变量矩阵 $\boldsymbol{U}=[P_{\mathrm{ref}}, Q_{\mathrm{ref}}]^{\mathrm{T}}_{2\times1}$ 或 $\boldsymbol{U}=[U_{\mathrm{dcref}}, U_{\mathrm{tref}}]^{\mathrm{T}}_{2\times1}$。

3.2　MMC-HVDC 系统的非线性状态空间模型

MMC-HVDC 系统单端换流站的电路结构如图 3-5 所示，包含换流站主电路的

单相示意图、换流器的三相电路结构及子模块的拓扑三部分。其中：①在换流站主电路中，交流系统采用戴维南等效电路(即等效电压源u_s串联等效阻抗$Z_s = R_s + j\omega L_s$的形式)，u_t为交流侧 PCC 点处的电压，R_T、L_T分别为反映联接变压器的等效损耗电阻和电感，u_v为换流器的交流侧输出电压，i_s为流过交流系统的电流，α、δ则分别表示电压u_s与u_t之间、u_v与u_t之间的相角差，U_{dc}、I_{dc}分别为直流电压、直流电流；②在 MMC 三相拓扑中，N表示各相上、下桥臂级联的子模块数目，R_{arm}、L_{arm}和 C 分别表示桥臂电阻、桥臂电感和子模块电容，各相上、下桥臂的电压及电流分别用u_{pj}、u_{nj}及i_{pj}、i_{nj}表示(其中，$j = a, b, c$)，u_c表示子模块的电容电压。

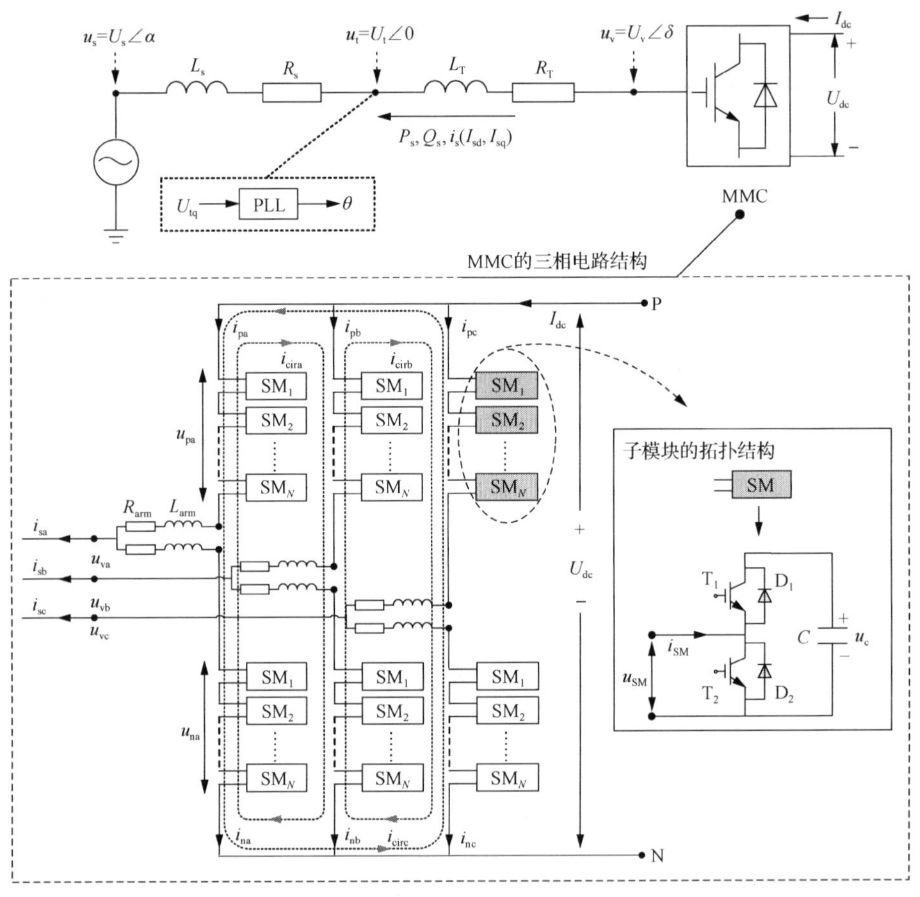

图 3-5　MMC-HVDC 系统换流站的电路结构

将图 3-5 所示的 MMC 系统与图 3-1 所示的两电平 VSC 系统进行对比，易知两种换流器的结构存在明显差异，进而导致对应状态空间模型的差异。区别于两电平 VSC 系统，MMC 系统中：①换流器所采用的模块化结构使其具有复杂的内部谐波动态特性(即子模块电容电压波动、桥臂环流及考虑环流抑制器的控制效果)，这也是 MMC 与两电平 VSC 在建模时最为显著的差异；②换流器内分布于各相上、下桥臂中的桥臂电感及电阻的存在，使得 MMC 的三相等效受控电压源电路(如图 3-6 所示)区别于两电平 VSC(如图 3-2 所示)，也进而影响控制系统中 VCC 环节生成的基频电压 u_{varef}、u_{vbref}、u_{vcref} 及其 dq 轴分量 U_{vdref}、U_{vqref}(如图 3-7 中所示，阴影部分标识出区别于两电平 VSC 的控制环节)；③MMC 系统交流侧公共连接点处无对地电容。在明确了上述不同点的前提下，本节将着重介绍 MMC 建模时区别于两电平 VSC 的环节，主要体现在如下两个方面：①考虑 MMC 内部谐波动态过程的换流器模型的建立；②考虑环流抑制的控制系统模型的建立。

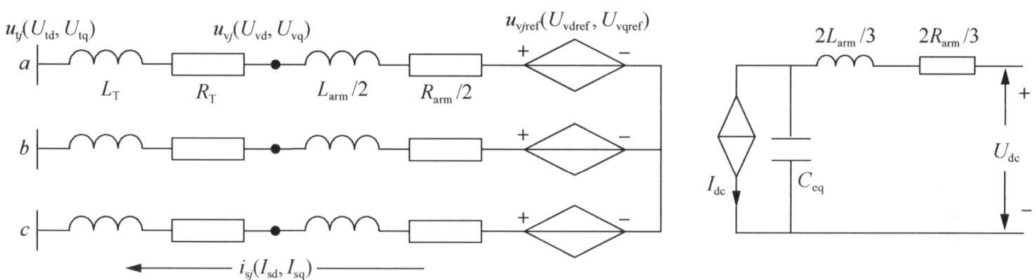

图 3-6　模块化多电平换流器的三相等效电路图

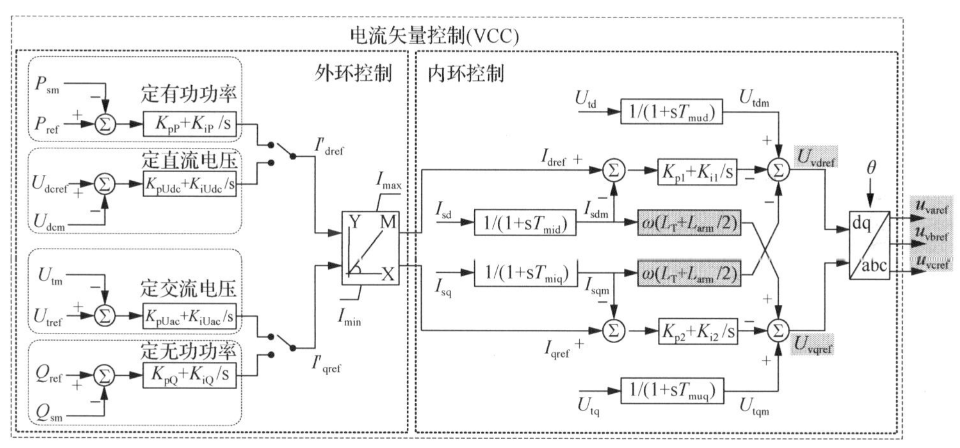

图 3-7　VCC 控制框图——MMC 场景

3.2.1　考虑 MMC 内部谐波动态过程的换流器模型的建立

1. MMC 的开关函数模型[4]

如图 3-5 中 MMC 的三相电路结构所示，通过桥臂子模块的投入和切除，换流器桥臂上生成阶梯波电压，当桥臂子模块的数目足够多时，可认为桥臂输出电压是连续的，下述推导过程均基于该假设。

以 MMC 内部 a 相上桥臂为例，建立该上桥臂的平均开关函数模型，详细过程如下。

设 MMC 单个桥臂子模块数为 N，单个子模块的开关状态记作“$S_{\mathrm{p}i}$”(其中 p 表示上桥臂，i 则表示该子模块的标号，且 i=1, 2, 3, …, N)，$S_{\mathrm{p}i}$ 可表示为

$$\begin{cases} S_{\mathrm{p}i}=1, & \mathrm{T}_1\text{ 导通，}\ \mathrm{T}_2\text{ 关断} \\ S_{\mathrm{p}i}=0, & \mathrm{T}_2\text{ 导通，}\ \mathrm{T}_1\text{ 关断} \end{cases} \tag{3-11}$$

则单个子模块的开关函数模型可表示为

$$\begin{cases} S_{\mathrm{p}i}i_{\mathrm{p}}=C\dfrac{\mathrm{d}u_{\mathrm{cp}i}}{\mathrm{d}t} \\ u_{\mathrm{p}i}=S_{\mathrm{p}i}u_{\mathrm{cp}i} \end{cases} \tag{3-12}$$

式中，C 为子模块电容；$u_{\mathrm{cp}i}$ 为第 i 个子模块的电容电压；$u_{\mathrm{p}i}$ 为该子模块端口的输出电压。

假设开关频率足够大，且通过子模块电容电压平衡控制能够取得理想的均压效果，即单个桥臂上所有子模块的电容电压在任意时刻彼此相等，记为“u_{cp}”，则将该桥臂所有子模块的开关函数模型(如式(3-12)所示)相加，得

$$\begin{cases} \sum\limits_{i=1}^{N}S_{\mathrm{p}i}i_{\mathrm{p}}=NC\dfrac{\mathrm{d}u_{\mathrm{cp}}}{\mathrm{d}t} \\ u_{\mathrm{p}}=\sum\limits_{i=1}^{N}S_{\mathrm{p}i}u_{\mathrm{cp}} \end{cases} \tag{3-13}$$

基于工程上常用的最近电平逼近调制策略，上桥臂投入的子模块数目可描述为(此时暂不考虑环流抑制控制作用时所附加的二倍频分量)

$$\sum_{i=1}^{N}S_{\mathrm{p}i}=\frac{1-M\sin(\omega t)}{2}N \tag{3-14}$$

式中，M 为换流器的调制比。

将式(3-14)代入式(3-13)中，可得 a 相上桥臂的平均开关函数模型为

$$\begin{cases} \dfrac{1-M\sin(\omega t)}{2}i_{\mathrm{p}}=C\dfrac{\mathrm{d}u_{\mathrm{cp}}}{\mathrm{d}t} \\ u_{\mathrm{p}}=\dfrac{1-M\sin(\omega t)}{2}Nu_{\mathrm{cp}} \end{cases} \tag{3-15}$$

同理，可得 a 相下桥臂的平均开关函数模型为

$$\begin{cases}\dfrac{1+M\sin(\omega t)}{2}i_{\mathrm{n}}=C\dfrac{\mathrm{d}u_{\mathrm{cn}}}{\mathrm{d}t}\\ u_{\mathrm{n}}=\dfrac{1+M\sin(\omega t)}{2}Nu_{\mathrm{cn}}\end{cases} \tag{3-16}$$

式中，u_{cn} 为下桥臂子模块的电容电压。

MMC 的平均开关函数模型是进行其内部稳态特性和动态特性分析的基础，大多数反映其内部特性的数学模型都是从平均开关函数模型出发展开的。

基于平均开关函数模型，可进行 MMC 内部的谐波特性分析，即推导子模块电容电压波动、偶次环流等内部谐波的解析表达式，下面各小节将会陆续进行详细介绍。

2. MMC 内部的谐波特性[5]

根据 MMC 的运行原理，子模块的开关动作（可用开关函数描述）将流过桥臂的电流与子模块电容上的电压耦合起来，进而将 MMC 系统交、直流侧电气量耦合起来，实现交、直流侧能量的传递。如图 3-5 所示，以一个子模块为例，假设桥臂电流与开关函数已经确定的条件下，系统存在以下交、直流电气量的耦合关系。

(1) 电容电流：桥臂电流通过子模块的开关动作，流入到子模块直流电容中。

(2) 电容电压波动：流入子模块电容中的电流将引起电容电压的波动。

(3) 子模块端口电压波动：理想情况下电容电压为直流，并通过开关动作输出到子模块端口处；电容电压存在波动分量时，该波动分量同样会通过开关动作耦合到子模块的端口，在端口电压上产生额外波动分量。

(4) (单相) 桥臂电压波动：如图 3-5 所示，MMC 的单个桥臂包含 N 个子模块，称每相的上、下两个桥臂构成换流器一个基本的“相单元”，则一个相单元中的所有子模块在交流端口的电压波动之和，即构成(单相) 桥臂电压波动。这个波动电压分量是贯穿上、下桥臂的，因此将会带来贯穿桥臂的电流，即桥臂间的环流电流。

(5) 桥臂环流：桥臂的波动电压会通过桥臂电感与电阻在桥臂中产生波动电流，由此形成在三个相单元之间循环流动的电流，即“桥臂环流”。该循环电流在对称情况下不会流出 MMC 进入交流系统，仅由换流器的三个相单元为其提供通路。

由上述耦合关系可知，桥臂电流与子模块电容电压通过开关动作相互作用、相互影响，形成复杂的“MMC 内部谐波动态过程”，将该动态过程及特性归结如下。

(1) MMC 的桥臂电流通过开关动作耦合到直流侧(即子模块直流电容)，产生流入直流电容的电流。

(2) 流入电容的电流导致电容上的电压波动，其中 MMC 子模块电容电压波动包含所有频率成分，奇次频率成分在上、下桥臂之间的幅值相同、相位相反，而偶次频率成分在上、下桥臂之间具有相同的幅值和相位。

(3) 电容上的电压波动通过开关动作耦合，使子模块端口电压出现波动，同时使得 MMC 在交流侧输出的相电压存在谐波。对称情况下，MMC 在交流侧输出的相电压中，仅存在奇次谐波。

(4) 每相上、下桥臂所有子模块电容电压波动的累加，在该相桥臂之间形成一个等效的交流谐波电压源，且该谐波电压源仅包含偶次谐波分量。若三相桥臂所等效的交流谐波电压源为正序或者负序，则所产生的电流将只在三相桥臂中流动，形成桥臂内环流，不会流入直流线路中；若三相谐波电压源呈零序，则所产生的电流将流出桥臂，流入到直流线路中，进而形成直流线路上的谐波电流。

(5) 三相桥臂上等效的正序或负序偶次谐波电压源，产生仅在三相桥臂间循环流动的环流。MMC 桥臂环流中只包含 2、4、6 等偶次谐波分量，其中以 2 次谐波分量幅值最大，各次谐波幅值随谐波次数的增加呈递减趋势。

由此可见，MMC 内部的谐波动态行为直接导致了换流器在交、直流侧表现出谐波特性。因此，建立用以进行系统级稳定性分析的 MMC 数学模型时，考虑换流器内部的子模块电容电压波动、偶次桥臂环流等谐波动态过程，同时考虑环流抑制控制对该动态过程的影响是非常有必要的。

本书考虑当 MMC 稳态运行时，桥臂电流由直流分量 $I_{dc}/3$、基频分量 $i_s/2$ 及偶数次环流分量组成[4] (仅考虑二倍频环流，忽略四阶及以上分量)，则单个相单元的上、下桥臂电流可表示为

$$\begin{cases} i_p = \dfrac{1}{3}I_{dc} - \dfrac{1}{2}I_s\sin(\omega t + \beta_1) + I_{cir}\sin(2\omega t + \beta_2) \\ i_n = \dfrac{1}{3}I_{dc} + \dfrac{1}{2}I_s\sin(\omega t + \beta_1) + I_{cir}\sin(2\omega t + \beta_2) \end{cases} \tag{3-17}$$

式中，i_p、i_n 分别为上、下桥臂电流；I_s 和 β_1 为基频分量对应的幅值和相角；I_{cir} 和 β_2 为二倍频分量所对应的幅值和相角。

子模块电容电压由直流分量和交流波动分量组成，交流波动分量主要包括基频、二倍频和三倍频分量[4] (忽略更高次分量)，则子模块电容电压可表示为

$$u_c = u_{c\_dc} + u_{c\_ac1}\sin(\omega t + \theta_1) + u_{c\_ac2}\sin(2\omega t + \theta_2) + u_{c\_ac3}\sin(3\omega t + \theta_3) \tag{3-18}$$

式中，u_{c_dc} 为子模块电容电压的直流分量；u_{c_acj} 和 θ_j (j=1, 2, 3) 分别为电容电压基

频、二倍频、三倍频分量的幅值和相角。

此外，MMC 对称稳态运行时，三个相单元间桥臂电流、子模块电容电压和桥臂电压的基频分量均为正序对称，子模块电容电压和桥臂电压的二倍频分量为负序对称，子模块电容电压的三倍频分量为零序对称。

3. 子模块电容电压波动的动态描述[4]

由前述可知，对于单个桥臂而言，MMC 的平均开关函数模型可描述为

$$S_{\mathrm{p(n)}} \cdot i_{\mathrm{p(n)}} = C\frac{\mathrm{d}u_{\mathrm{cp(n)}}}{\mathrm{d}t} \tag{3-19}$$

$$u_{\mathrm{p(n)}} = N \cdot S_{\mathrm{p(n)}} \cdot u_{\mathrm{cp(n)}} \tag{3-20}$$

式中，$i_{\mathrm{p(n)}}$ 和 $u_{\mathrm{p(n)}}$ 分别为单相上(下)桥臂的电流和电压；$u_{\mathrm{cp(n)}}$ 则为该桥臂子模块的电容电压(忽略桥臂上各个子模块电容电压之间的差异)；$S_{\mathrm{p(n)}}$ 为单相上(下)桥臂的平均开关函数。稳态运行时，单相上、下桥臂的平均开关函数(即 S_{p}、S_{n})可表达为

$$\begin{cases} S_{\mathrm{p}} = \dfrac{\dfrac{U_{\mathrm{dcN}}}{2} - M\dfrac{U_{\mathrm{dcN}}}{2}\sin(\omega t+\alpha) + U_{\mathrm{cir}}\sin(2\omega t+\varphi)}{U_{\mathrm{dcN}}} \\ S_{\mathrm{n}} = \dfrac{\dfrac{U_{\mathrm{dcN}}}{2} + M\dfrac{U_{\mathrm{dcN}}}{2}\sin(\omega t+\alpha) + U_{\mathrm{cir}}\sin(2\omega t+\varphi)}{U_{\mathrm{dcN}}} \end{cases} \tag{3-21}$$

式中，U_{dcN} 为直流电压额定值；开关函数中的基频分量(即 $MU_{\mathrm{dcN}}\sin(\omega t+\alpha)/2$)为由电流矢量控制器 VCC 生成的基频参考电压，M 和 α 分别为调制比和基频参考电压的相角；二倍频分量(即 $U_{\mathrm{cir}}\sin(2\omega t+\varphi)$)是为抑制相间环流而叠加在开关函数上的电压修正分量，由环流抑制控制器生成，U_{cir} 和 φ 分别为二倍频电压分量的幅值和相角。

本小节的推导过程将以 MMC 单相上桥臂为例展开，对于该相下桥臂的子模块电容电压，其直流分量、二倍频分量和上桥臂相等，而基频分量、三倍频分量和上桥臂的极性相反。将式(3-17)和式(3-21)代入式(3-19)，可得

$$C\frac{\mathrm{d}u_{\mathrm{c}}}{\mathrm{d}t} = A_{\mathrm{dc}} + A_1 + A_2 + A_3 \tag{3-22}$$

式中，A_{dc}、A_1、A_2、A_3 分别表示直流分量、基频交流分量、二倍频交流分量和三倍频交流分量，其具体表达式为

$$\begin{cases} A_{\mathrm{dc}} = \dfrac{1}{6}I_{\mathrm{dc}} + \dfrac{1}{8}MI_{\mathrm{s}}\cos(\alpha-\beta_1) + \dfrac{U_{\mathrm{cir}}I_{\mathrm{cir}}}{2U_{\mathrm{dcN}}}\cos(\varphi-\beta_2) \\ A_1 = -\dfrac{1}{4}I_{\mathrm{s}}\sin(\omega t+\beta_1) - \dfrac{1}{6}MI_{\mathrm{dc}}\sin(\omega t+\alpha) \\ \qquad -\dfrac{1}{4}MI_{\mathrm{cir}}\cos(\omega t+\beta_2-\alpha) - \dfrac{1}{4}I_{\mathrm{s}}\dfrac{U_{\mathrm{cir}}}{U_{\mathrm{dcN}}}\cos(\omega t+\varphi-\beta_1) \\ A_2 = \dfrac{1}{2}I_{\mathrm{cir}}\sin(2\omega t+\beta_2) + \dfrac{I_{\mathrm{dc}}U_{\mathrm{cir}}}{3U_{\mathrm{dcN}}}\sin(2\omega t+\varphi) - \dfrac{1}{8}MI_{\mathrm{s}}\cos(2\omega t+\alpha+\beta_1) \\ A_3 = \dfrac{1}{4}MI_{\mathrm{cir}}\cos(3\omega t+\alpha+\beta_2) + \dfrac{I_{\mathrm{s}}U_{\mathrm{cir}}}{4U_{\mathrm{dcN}}}\cos(3\omega t+\varphi+\beta_1) \end{cases} \tag{3-23}$$

由式(3-22)和式(3-23)可得三相abc坐标系下子模块电容电压波动的动态描述。

进一步地，应用 dq 变换或傅里叶级数变换，可将对称的三相交流分量变换为 dq 旋转坐标系下的直流分量。本章所采用的基频和二倍频的 dq 变换矩阵(分别记为 $\boldsymbol{P}_1$、$\boldsymbol{P}_2$)为

$$\boldsymbol{P}_1 = \frac{2}{3}\begin{bmatrix} \cos(\omega t) & \cos\left(\omega t - \dfrac{2}{3}\pi\right) & \cos\left(\omega t + \dfrac{2}{3}\pi\right) \\ \sin(\omega t) & \sin\left(\omega t - \dfrac{2}{3}\pi\right) & \sin\left(\omega t + \dfrac{2}{3}\pi\right) \end{bmatrix},$$

$$\boldsymbol{P}_2 = \frac{2}{3}\begin{bmatrix} \cos(2\omega t) & \cos\left(2\omega t + \dfrac{2}{3}\pi\right) & \cos\left(2\omega t - \dfrac{2}{3}\pi\right) \\ \sin(2\omega t) & \sin\left(2\omega t + \dfrac{2}{3}\pi\right) & \sin\left(2\omega t - \dfrac{2}{3}\pi\right) \end{bmatrix}$$

例如，三相基频参考电压 u_{varef}、u_{vbref}、u_{vcref} 通过 $\boldsymbol{P}_1$ 变换到 dq 坐标系中可表示为 $\begin{cases} U_{\mathrm{vdref}} = \dfrac{1}{2}U_{\mathrm{dcN}}M\sin\alpha \\ U_{\mathrm{vqref}} = \dfrac{1}{2}U_{\mathrm{dcN}}M\cos\alpha \end{cases}$。同理，交流电流和子模块电容电压基频分量通过 $\boldsymbol{P}_1$ 变换后可表示为 dq 旋转坐标系下的直流量($I_{\mathrm{sd}}, I_{\mathrm{sq}}$)和($u_{\mathrm{c\_1d}}, u_{\mathrm{c\_1q}}$)；二倍频环流、子模块电容电压二倍频分量以及环流抑制附加于电压调制波上的二倍频修正量，通过 $\boldsymbol{P}_2$ 变换后对应的直流量分别为($I_{\mathrm{cird}}, I_{\mathrm{cirq}}$)、($u_{\mathrm{c\_2d}}, u_{\mathrm{c\_2q}}$)及($U_{\mathrm{cird}}, U_{\mathrm{cirq}}$)。

对于式(3-22)和式(3-23)所描述的 MMC 子模块电容电压的动态方程，同样也可变换为相应旋转坐标系下的动态方程，下面将分别进行推导。

1) 电容电压的直流分量

子模块电容电压直流分量的动态方程为

$$\frac{\mathrm{d}u_{\mathrm{c\_dc}}}{\mathrm{d}t}=\frac{1}{6C}I_{\mathrm{dc}}+\frac{1}{8C}MI_{\mathrm{s}}\cos\left(\alpha-\beta_1\right)+\frac{U_{\mathrm{cir}}I_{\mathrm{cir}}}{2CU_{\mathrm{dcN}}}\cos\left(\varphi-\beta_2\right) \tag{3-24}$$

将式(3-24)的等号右侧用 dq 坐标系下的直流分量表示，可得

$$\frac{\mathrm{d}u_{\mathrm{c\_dc}}}{\mathrm{d}t}=\frac{1}{6C}I_{\mathrm{dc}}+\frac{U_{\mathrm{vqref}}I_{\mathrm{sq}}}{4CU_{\mathrm{dcN}}}+\frac{U_{\mathrm{vdref}}I_{\mathrm{sd}}}{4CU_{\mathrm{dcN}}}+\frac{U_{\mathrm{cirq}}I_{\mathrm{cirq}}}{2CU_{\mathrm{dcN}}}+\frac{U_{\mathrm{cird}}I_{\mathrm{cird}}}{2CU_{\mathrm{dcN}}} \tag{3-25}$$

2) 电容电压的基频分量

子模块电容电压基频分量的动态方程为

$$\begin{aligned}\frac{\mathrm{d}u_{\mathrm{c\_ac1}}}{\mathrm{d}t}=&-\frac{1}{4C}I_{\mathrm{s}}\sin\left(\omega t+\beta_1\right)-\frac{1}{6C}MI_{\mathrm{dc}}\sin\left(\omega t+\alpha\right)\\&-\frac{1}{4C}MI_{\mathrm{cir}}\cos\left(\omega t+\beta_2-\alpha\right)-\frac{1}{4C}\frac{U_{\mathrm{cir}}I_{\mathrm{s}}}{U_{\mathrm{dcN}}}\cos\left(\omega t+\varphi-\beta_1\right)\end{aligned} \tag{3-26}$$

将三个相单元中子模块电容电压的基频分量通过 $\boldsymbol{P}_1$ 变换至 dq 坐标系下，可得

$$\begin{cases}\dfrac{\mathrm{d}u_{\mathrm{c\_1d}}}{\mathrm{d}t}=-\dfrac{1}{4C}I_{\mathrm{sd}}-\dfrac{I_{\mathrm{dc}}}{6C}M\sin\alpha-\dfrac{1}{4C}MI_{\mathrm{cir}}\cos\left(\beta_2-\alpha\right)-\dfrac{U_{\mathrm{cir}}I_{\mathrm{s}}}{4CU_{\mathrm{dcN}}}\cos\left(\varphi-\beta_1\right)-\omega u_{\mathrm{c\_1q}}\\\dfrac{\mathrm{d}u_{\mathrm{c\_1q}}}{\mathrm{d}t}=-\dfrac{1}{4C}I_{\mathrm{sq}}-\dfrac{I_{\mathrm{dc}}}{6C}M\cos\alpha-\dfrac{1}{4C}MI_{\mathrm{cir}}\sin\left(\alpha-\beta_2\right)-\dfrac{U_{\mathrm{cir}}I_{\mathrm{s}}}{4CU_{\mathrm{dcN}}}\sin\left(\beta_1-\varphi\right)+\omega u_{\mathrm{c\_1d}}\end{cases} \tag{3-27}$$

进而，以 dq 坐标系下的直流分量表示，式(3-27)可写为

$$\begin{cases}\dfrac{\mathrm{d}u_{\mathrm{c\_1d}}}{\mathrm{d}t}=-\omega u_{\mathrm{c\_1q}}-\dfrac{1}{4C}I_{\mathrm{sd}}-\dfrac{I_{\mathrm{dc}}U_{\mathrm{vdref}}}{3CU_{\mathrm{dcN}}}-\dfrac{U_{\mathrm{vqref}}I_{\mathrm{cirq}}}{2CU_{\mathrm{dcN}}}-\dfrac{U_{\mathrm{vdref}}I_{\mathrm{cird}}}{2CU_{\mathrm{dcN}}}-\dfrac{U_{\mathrm{cirq}}I_{\mathrm{sq}}}{4CU_{\mathrm{dcN}}}-\dfrac{U_{\mathrm{cird}}I_{\mathrm{sd}}}{4CU_{\mathrm{dcN}}}\\\dfrac{\mathrm{d}u_{\mathrm{c\_1q}}}{\mathrm{d}t}=\omega u_{\mathrm{c\_1d}}-\dfrac{1}{4C}I_{\mathrm{sq}}-\dfrac{I_{\mathrm{dc}}U_{\mathrm{vqref}}}{3CU_{\mathrm{dcN}}}-\dfrac{U_{\mathrm{vdref}}I_{\mathrm{cirq}}}{2CU_{\mathrm{dcN}}}+\dfrac{U_{\mathrm{vqref}}I_{\mathrm{cird}}}{2CU_{\mathrm{dcN}}}-\dfrac{U_{\mathrm{cirq}}I_{\mathrm{sd}}}{4CU_{\mathrm{dcN}}}+\dfrac{U_{\mathrm{cird}}I_{\mathrm{sq}}}{4CU_{\mathrm{dcN}}}\end{cases} \tag{3-28}$$

3) 电容电压的二倍频分量

子模块电容电压二倍频分量的动态方程为

$$\frac{\mathrm{d}u_{\mathrm{c\_ac2}}}{\mathrm{d}t}=\frac{1}{2C}I_{\mathrm{cir}}\sin\left(2\omega t+\beta_2\right)+\frac{I_{\mathrm{dc}}U_{\mathrm{cir}}}{3CU_{\mathrm{dcN}}}\sin\left(2\omega t+\varphi\right)-\frac{1}{8C}MI_{\mathrm{s}}\cos\left(2\omega t+\alpha+\beta_1\right) \tag{3-29}$$

将三个相单元中子模块电容电压的二倍频分量通过 $\boldsymbol{P}_2$ 转换至 dq 坐标系下，再同理式(3-27)变换至式(3-28)的过程，最终可写为

$$\begin{cases}\dfrac{\mathrm{d}u_{\mathrm{c\_2d}}}{\mathrm{d}t}=-2\omega u_{\mathrm{c\_2q}}+\dfrac{1}{2C}I_{\mathrm{cird}}+\dfrac{I_{\mathrm{dc}}U_{\mathrm{cird}}}{3CU_{\mathrm{dcN}}}-\dfrac{U_{\mathrm{vqref}}I_{\mathrm{sq}}}{4CU_{\mathrm{dcN}}}+\dfrac{U_{\mathrm{vdref}}I_{\mathrm{sd}}}{4CU_{\mathrm{dcN}}}\\ \dfrac{\mathrm{d}u_{\mathrm{c\_2q}}}{\mathrm{d}t}=2\omega u_{\mathrm{c\_2d}}+\dfrac{1}{2C}I_{\mathrm{cirq}}+\dfrac{I_{\mathrm{dc}}U_{\mathrm{cirq}}}{3CU_{\mathrm{dcN}}}+\dfrac{U_{\mathrm{vdref}}I_{\mathrm{sq}}}{4CU_{\mathrm{dcN}}}+\dfrac{U_{\mathrm{vqref}}I_{\mathrm{sd}}}{4CU_{\mathrm{dcN}}}\end{cases} \tag{3-30}$$

4) 电容电压的三倍频分量

子模块电容电压三倍频分量的动态方程为

$$\frac{\mathrm{d}u_{\mathrm{c\_ac3}}}{\mathrm{d}t}=\frac{1}{4C}MI_{\mathrm{cir}}\cos(3\omega t+\alpha+\beta_2)+\frac{I_{\mathrm{s}}U_{\mathrm{cir}}}{4CU_{\mathrm{dcN}}}\cos(3\omega t+\varphi+\beta_1) \tag{3-31}$$

将三个相单元中子模块电容电压的三倍频分量通过傅里叶变换(由于三相交流系统的三倍频为零序分量，此时采用类似前述的 dq 变换不能将三相三倍频分量转化为空间旋转的直流分量)转换为另一旋转坐标系(定义为“xy 系”)下的直流量表达式，即电容电压波动的三倍频分量 $u_{\mathrm{c\_ac3}}$ 也可表示为

$$u_{\mathrm{c\_ac3}}=u_{\mathrm{c\_3x}}\sin(3\omega t)+u_{\mathrm{c\_3y}}\cos(3\omega t) \tag{3-32}$$

对式(3-32)进行求导，得

$$\begin{aligned}\frac{\mathrm{d}u_{\mathrm{c\_ac3}}}{\mathrm{d}t}&=\left[\frac{\mathrm{d}u_{\mathrm{c\_3x}}}{\mathrm{d}t}\sin(3\omega t)+3\omega\cdot u_{\mathrm{c\_3x}}\cdot\cos(3\omega t)\right]+\left[\frac{\mathrm{d}u_{\mathrm{c\_3y}}}{\mathrm{d}t}\cos(3\omega t)-3\omega\cdot u_{\mathrm{c\_3y}}\cdot\sin(3\omega t)\right]\\&=\left(-3\omega\cdot u_{\mathrm{c\_3y}}+\frac{\mathrm{d}u_{\mathrm{c\_3x}}}{\mathrm{d}t}\right)\sin(3\omega t)+\left(3\omega\cdot u_{\mathrm{c\_3x}}+\frac{\mathrm{d}u_{\mathrm{c\_3y}}}{\mathrm{d}t}\right)\cos(3\omega t)\end{aligned} \tag{3-33}$$

同时，对式(3-31)进行进一步整理，可得

$$\begin{aligned}\frac{\mathrm{d}u_{\mathrm{c\_ac3}}}{\mathrm{d}t}&=\frac{1}{4C}MI_{\mathrm{cir}}\cos(3\omega t+\alpha+\beta_2)+\frac{I_{\mathrm{s}}U_{\mathrm{cir}}}{4CU_{\mathrm{dcN}}}\cos(3\omega t+\varphi+\beta_1)\\&=\left[-\frac{1}{4C}MI_{\mathrm{cir}}\sin(\alpha+\beta_2)-\frac{I_{\mathrm{s}}U_{\mathrm{cir}}}{4CU_{\mathrm{dcN}}}\sin(\varphi+\beta_1)\right]\sin(3\omega t)\\&\quad+\left[\frac{1}{4C}MI_{\mathrm{cir}}\cos(\alpha+\beta_2)+\frac{I_{\mathrm{s}}U_{\mathrm{cir}}}{4CU_{\mathrm{dcN}}}\cos(\varphi+\beta_1)\right]\cos(3\omega t)\end{aligned} \tag{3-34}$$

观察式(3-33)与式(3-34)，令等式右侧 $\sin(3\omega t)$ 项、$\cos(3\omega t)$ 项的系数对应相

等，再同理式(3-27)变换至式(3-28)的过程，最终整理为

$$\begin{cases}\dfrac{\mathrm{d}u_{\mathrm{c\_3x}}}{\mathrm{d}t}=3\omega u_{\mathrm{c\_3y}}-\dfrac{I_{\mathrm{cirq}}U_{\mathrm{vdref}}}{2CU_{\mathrm{dcN}}}-\dfrac{I_{\mathrm{cird}}U_{\mathrm{vqref}}}{2CU_{\mathrm{dcN}}}-\dfrac{U_{\mathrm{cird}}I_{\mathrm{sq}}}{4CU_{\mathrm{dcN}}}-\dfrac{U_{\mathrm{cirq}}I_{\mathrm{sd}}}{4CU_{\mathrm{dcN}}}\\ \dfrac{\mathrm{d}u_{\mathrm{c\_3y}}}{\mathrm{d}t}=-3\omega u_{\mathrm{c\_3x}}+\dfrac{I_{\mathrm{cirq}}U_{\mathrm{vqref}}}{2CU_{\mathrm{dcN}}}-\dfrac{I_{\mathrm{cird}}U_{\mathrm{vdref}}}{2CU_{\mathrm{dcN}}}+\dfrac{U_{\mathrm{cirq}}I_{\mathrm{sq}}}{4CU_{\mathrm{dcN}}}-\dfrac{U_{\mathrm{cird}}I_{\mathrm{sd}}}{4CU_{\mathrm{dcN}}}\end{cases} \tag{3-35}$$

4. 桥臂电流的动态描述[4]

将式(3-18)和式(3-21)代入式(3-20)，可得到桥臂电压直流分量、基频分量和二倍频分量(忽略其他高频成分)的表达式。需要注意的是，桥臂电压三倍频分量为零序，可通过选择合适的变压器联络组别使对应的零序电流不会流入交流系统，因此可以忽略三倍频桥臂电压的影响。

1) 桥臂电流的直流分量

上桥臂电压的直流分量(记为 $u_{\mathrm{arm\_dc}}$)表达式为

$$u_{\mathrm{arm\_dc}}=\frac{1}{2}N\overline{u_{\mathrm{C}}}-\frac{1}{4}NMu_{\mathrm{C1}}\cos(\alpha-\theta_1)+\frac{NU_{\mathrm{cird}}}{2U_{\mathrm{dcN}}}u_{\mathrm{C2}}\cos(\varphi-\theta_2) \tag{3-36}$$

针对桥臂电流中直流分量的流通回路，以及其在直流侧形成的电压降，依据 KVL 可得

$$U_{\mathrm{dc}}=2u_{\mathrm{arm\_dc}}+\frac{2}{3}R_{\mathrm{arm}}I_{\mathrm{dc}}+\frac{2}{3}L_{\mathrm{arm}}\frac{\mathrm{d}I_{\mathrm{dc}}}{\mathrm{d}t} \tag{3-37}$$

将式(3-36)代入式(3-37)，进一步整理可得

$$\begin{aligned}\frac{\mathrm{d}I_{\mathrm{dc}}}{\mathrm{d}t}=&\frac{3U_{\mathrm{dc}}}{2L_{\mathrm{arm}}}-\frac{R_{\mathrm{arm}}I_{\mathrm{dc}}}{L_{\mathrm{arm}}}-\frac{3N\overline{u_{\mathrm{C}}}}{2L_{\mathrm{arm}}}+\frac{3NU_{\mathrm{vqref}}u_{\mathrm{C\_1q}}}{2L_{\mathrm{arm}}U_{\mathrm{dcN}}}\\&+\frac{3NU_{\mathrm{vdref}}u_{\mathrm{C\_1d}}}{2L_{\mathrm{arm}}U_{\mathrm{dcN}}}-\frac{3NU_{\mathrm{cirq}}u_{\mathrm{C\_2q}}}{2L_{\mathrm{arm}}U_{\mathrm{dcN}}}-\frac{3NU_{\mathrm{cird}}u_{\mathrm{C\_2d}}}{2L_{\mathrm{arm}}U_{\mathrm{dcN}}}\end{aligned} \tag{3-38}$$

式(3-38)描述出桥臂电流中直流分量的动态特性，同理，基于 KVL 可分别得到桥臂基频电流($I_{\mathrm{sd}}, I_{\mathrm{sq}}$)和二倍频环流($I_{\mathrm{cird}}, I_{\mathrm{cirq}}$)的动态方程。

2) 桥臂电流的基频分量

上桥臂基频电压分量表达式为

$$u_{\text{arm\_ac1}} = -\frac{1}{2}NM\overline{u_{\text{C}}}\sin(\omega t+\alpha)+\frac{NU_{\text{cir}}u_{\text{C\_3x}}}{2U_{\text{dcN}}}\cos(\omega t-\varphi)-\frac{NU_{\text{cir}}u_{\text{C\_3y}}}{2U_{\text{dcN}}}\sin(\omega t-\varphi)$$
$$+\frac{1}{2}Nu_{\text{C1}}\sin(\omega t+\theta_1)+\frac{NU_{\text{cir}}}{2U_{\text{dcN}}}u_{\text{C1}}\cos(\omega t+\varphi-\theta_1)$$
$$-\frac{1}{4}NMu_{\text{C2}}\cos(\omega t+\theta_2-\alpha) \tag{3-39}$$

从交流侧来看，根据 KVL 可得

$$u_{\text{t}} = -u_{\text{arm\_ac1}} + L_{\text{eq}}\frac{\mathrm{d}i_{\text{s}}}{\mathrm{d}t} + R_{\text{eq}}i_{\text{s}} \tag{3-40}$$

式中，$L_{\text{eq}}= L_{\text{T}} + L_{\text{arm}}/2$；$R_{\text{eq}}=R_{\text{T}}+R_{\text{arm}}/2$。

将式(3-39)代入式(3-40)，并通过 $\boldsymbol{P}_1$ 变换到 dq 坐标系下，整理可得

$$\begin{cases}\dfrac{\mathrm{d}I_{\text{sd}}}{\mathrm{d}t} = -\dfrac{R_{\text{eq}}}{L_{\text{eq}}}I_{\text{sd}}+\dfrac{U_{\text{td}}}{L_{\text{eq}}}+\dfrac{Nu_{\text{C\_1d}}}{2L_{\text{eq}}}+N\dfrac{-2\overline{u_{\text{C}}}U_{\text{vdref}}-U_{\text{vqref}}u_{\text{C\_2q}}-U_{\text{vdref}}u_{\text{C\_2d}}}{2U_{\text{dcN}}L_{\text{eq}}} \\ \qquad +N\dfrac{U_{\text{cirq}}u_{\text{C\_1q}}+U_{\text{cird}}u_{\text{C\_1d}}+u_{\text{C\_3x}}U_{\text{cirq}}+u_{\text{C\_3y}}U_{\text{cird}}}{2U_{\text{dcN}}L_{\text{eq}}}-\omega I_{\text{sq}} \\ \dfrac{\mathrm{d}I_{\text{sq}}}{\mathrm{d}t} = -\dfrac{R_{\text{eq}}}{L_{\text{eq}}}I_{\text{sq}}+\dfrac{U_{\text{tq}}}{L_{\text{eq}}}+\dfrac{Nu_{\text{C\_1q}}}{2L_{\text{eq}}}+N\dfrac{-2\overline{u_{\text{C}}}U_{\text{vqref}}-U_{\text{vdref}}u_{\text{C\_2q}}+U_{\text{vqref}}u_{\text{C\_2d}}}{2U_{\text{dcN}}L_{\text{eq}}} \\ \qquad +N\dfrac{U_{\text{cirq}}u_{\text{C\_1d}}-U_{\text{cird}}u_{\text{C\_1q}}+u_{\text{C\_3x}}U_{\text{cird}}-u_{\text{C\_3y}}U_{\text{cirq}}}{2U_{\text{dcN}}L_{\text{eq}}}+\omega I_{\text{sd}}\end{cases} \tag{3-41}$$

式中，U_{td} 与 U_{tq} 为 PCC 点电压 u_{t} 的 d 轴与 q 轴分量。

3) 桥臂间的二倍频环流电流

桥臂电压的二倍频分量为

$$u_{\text{arm\_ac2}} = \frac{NU_{\text{cir}}\overline{u_{\text{C}}}}{U_{\text{dcN}}}\sin(2\omega t+\varphi)$$
$$+\frac{1}{4}NMu_{\text{C1}}\cos(2\omega t+\theta_1+\alpha)+\frac{1}{2}Nu_{\text{C2}}\sin(2\omega t+\theta_2) \tag{3-42}$$
$$-\frac{1}{4}NMu_{\text{C\_3x}}\cos(2\omega t-\alpha)+\frac{1}{4}NMu_{\text{C\_3y}}\sin(2\omega t-\alpha)$$

依据二倍频环流的流通路径，由 KVL 可得

$$2u_{\mathrm{arm\_ac2}} + 2L_{\mathrm{arm}}\frac{\mathrm{d}i_{\mathrm{cir}}}{\mathrm{d}t} + 2R_{\mathrm{arm}}i_{\mathrm{cir}} = 0 \tag{3-43}$$

然后通过 $\boldsymbol{P}_2$ 进行 dq 变换整理可得

$$\begin{cases}\dfrac{\mathrm{d}I_{\mathrm{cird}}}{\mathrm{d}t} = -2\omega I_{\mathrm{cirq}} - \dfrac{Nu_{\mathrm{C\_2d}}}{2L_{\mathrm{arm}}} - \dfrac{N\overline{u_{\mathrm{C}}}U_{\mathrm{cird}}}{L_{\mathrm{arm}}U_{\mathrm{dcN}}} - \dfrac{R_{\mathrm{arm}}}{L_{\mathrm{arm}}}I_{\mathrm{cird}} \\ \qquad + \dfrac{NU_{\mathrm{vdref}}u_{\mathrm{C\_1d}} - NU_{\mathrm{vqref}}u_{\mathrm{C\_1q}} + Nu_{\mathrm{C\_3x}}U_{\mathrm{vqref}} + Nu_{\mathrm{C\_3y}}U_{\mathrm{vdref}}}{2L_{\mathrm{arm}}U_{\mathrm{dcN}}} \\ \dfrac{\mathrm{d}I_{\mathrm{cirq}}}{\mathrm{d}t} = 2\omega I_{\mathrm{cird}} - \dfrac{Nu_{\mathrm{C\_2q}}}{2L_{\mathrm{arm}}} - \dfrac{N\overline{u_{\mathrm{C}}}U_{\mathrm{cirq}}}{L_{\mathrm{arm}}U_{\mathrm{dcN}}} - \dfrac{R_{\mathrm{arm}}}{L_{\mathrm{arm}}}I_{\mathrm{cirq}} \\ \qquad + \dfrac{NU_{\mathrm{vdref}}u_{\mathrm{C\_1q}} + NU_{\mathrm{vqref}}u_{\mathrm{C\_1d}} + Nu_{\mathrm{C\_3x}}U_{\mathrm{vdref}} - Nu_{\mathrm{C\_3y}}U_{\mathrm{vqref}}}{2L_{\mathrm{arm}}U_{\mathrm{dcN}}}\end{cases} \tag{3-44}$$

5. 考虑 MMC 内部谐波动态过程的换流器模型

本书所建立的 MMC 模型考虑了子模块电容电压的直流分量、基频分量、二倍频分量及三倍频分量，同时也考虑了桥臂电流的直流分量、基频分量及二倍频环流。由前述子模块电容电压波动的动态方程可以看出：

(1) 对称三相系统中的基频分量可依据变换矩阵 $\boldsymbol{P}_1$ 转化为 dq 坐标系下的直流分量，例如电容电压的基频分量 $u_{\mathrm{c\_ac1}}(u_{\mathrm{c\_1d}}, u_{\mathrm{c\_1q}})$、桥臂电流的基频分量 $i_{\mathrm{s}}(I_{\mathrm{sd}}, I_{\mathrm{sq}})$。

(2) 对称三相系统中的二倍频分量可依据变换矩阵 $\boldsymbol{P}_2$ 转化为 dq 坐标系下的直流分量，例如电容电压的二倍频分量 $u_{\mathrm{c\_ac2}}(u_{\mathrm{c\_2d}}, u_{\mathrm{c\_2q}})$、桥臂电流的二倍频环流 i_{cir} $(I_{\mathrm{cird}}, I_{\mathrm{cirq}})$。

(3) 对称三相系统中的三倍频分量可依据傅里叶变换转化为 xy 坐标系下的直流分量，例如电容电压的三倍频分量 $u_{\mathrm{c\_ac3}}(u_{\mathrm{c\_3x}}, u_{\mathrm{c\_3y}})$。

由前述推导过程，最终可得到一个 12 阶的 MMC 系统主电路非线性状态空间模型，其一般形式为

$$\begin{cases}\dfrac{\mathrm{d}\boldsymbol{X}_{\mathrm{mmc}}}{\mathrm{d}t} = \boldsymbol{F}\left(\boldsymbol{X}_{\mathrm{mmc}}, \boldsymbol{U}_{\mathrm{mmc}}\right) \\ \boldsymbol{Y}_{\mathrm{mmc}} = \boldsymbol{G}\left(\boldsymbol{X}_{\mathrm{mmc}}, \boldsymbol{U}_{\mathrm{mmc}}\right)\end{cases} \tag{3-45}$$

式中，状态变量矩阵 $\boldsymbol{X}_{\mathrm{mmc}} = [u_{\mathrm{c\_dc}}, u_{\mathrm{c\_1d}}, u_{\mathrm{c\_1q}}, u_{\mathrm{c\_2d}}, u_{\mathrm{c\_2q}}, u_{\mathrm{c\_3x}}, u_{\mathrm{c\_3y}}, I_{\mathrm{dc}}, I_{\mathrm{sd}}, I_{\mathrm{sq}}, I_{\mathrm{cird}}, I_{\mathrm{cirq}}]^{\mathrm{T}}_{12\times1}$，输入变量矩阵 $\boldsymbol{U}_{\mathrm{mmc}} = [U_{\mathrm{td}}, U_{\mathrm{tq}}, U_{\mathrm{dcN}}, \omega, U_{\mathrm{vdref}}, U_{\mathrm{vqref}}, U_{\mathrm{cird}}, U_{\mathrm{cirq}}]^{\mathrm{T}}_{8\times1}$，输出变量矩阵 $\boldsymbol{Y}_{\mathrm{mmc}} = [U_{\mathrm{dc}}, I_{\mathrm{dc}}]^{\mathrm{T}}_{2\times1}$。其中，$u_{\mathrm{c\_dc}}$、$I_{\mathrm{dc}}$、$U_{\mathrm{dcN}}$、$U_{\mathrm{dc}}$ 分别表示子模块电容电压直

流分量、直流电流、直流电压额定值及其实际值；$u_{c\_1d(q)}$、$I_{sd(q)}$、$U_{td(q)}$、$U_{vd(q)ref}$分别表示子模块电容电压的基频分量、交流电流、PCC 点电压及 VCC 输出的基频调制电压的 d(q) 轴分量；$u_{c\_2d(q)}$、$I_{cird(q)}$、$U_{cird(q)}$分别表示子模块电容电压的二倍频分量、二倍频环流及环流抑制控制器输出的二倍频调制电压的 d(q) 轴分量；u_{c_3x}、u_{c_3y}则为子模块电容电压的三倍频分量。

在换流器模型中，PCC 点电压(U_{td}, U_{tq})通过与交流系统模型互联可消去，MMC 系统所联接的交流系统模型为

$$u_t - u_s = i_s R_s + L_s \frac{di_s}{dt} \tag{3-46}$$

将式(3-46)变换到 dq 坐标系下，即可得到交流系统的非线性状态空间模型为

$$\begin{cases} U_{sd} = U_{td} - R_s I_{sd} - L_s \dfrac{dI_{sd}}{dt} - \omega L_s I_{sq} \\ U_{sq} = U_{tq} - R_s I_{sq} - L_s \dfrac{dI_{sq}}{dt} + \omega L_s I_{sd} \end{cases} \tag{3-47}$$

3.2.2　考虑环流抑制的控制系统模型的建立

如图 3-8 所示，MMC-HVDC 的控制系统主要包括锁相环、电流矢量控制(VCC)与环流抑制控制(circulating current suppression control，CCSC)三部分。

其中，锁相环 PLL 和电流矢量控制 VCC 的模型与两电平 VSC-HVDC 系统基本一致，但由于 MMC 与两电平 VSC 存在明显差异，故此处仍将 MMC-HVDC 控制系统中的 PLL 和 VCC 模型给出，详细推导过程不再赘述。

由于 MMC 系统交流侧无对地电容，所以为了降低模型阶数、便于模型建立，在推导 PLL 的动态模型时，选择不同于两电平 VSC 系统的状态变量，即

$$\begin{cases} \dfrac{dU_{tqm\_PLL}}{dt} = (U_{tq} - U_{tqm\_PLL}) / T_{mpll} \\ \dfrac{dx_5}{dt} = U_{tqm\_PLL} \\ \dfrac{dx_{PLL}}{dt} = -K_{pPLL} \dfrac{dx_5}{dt} - K_{iPLL} x_5 \end{cases} \tag{3-48}$$

式中，U_{tqm_PLL}为锁相环对 PCC 处 q 轴电压分量U_{tq}的测量值；T_{mpll}为一阶惯性环节的时间常数。

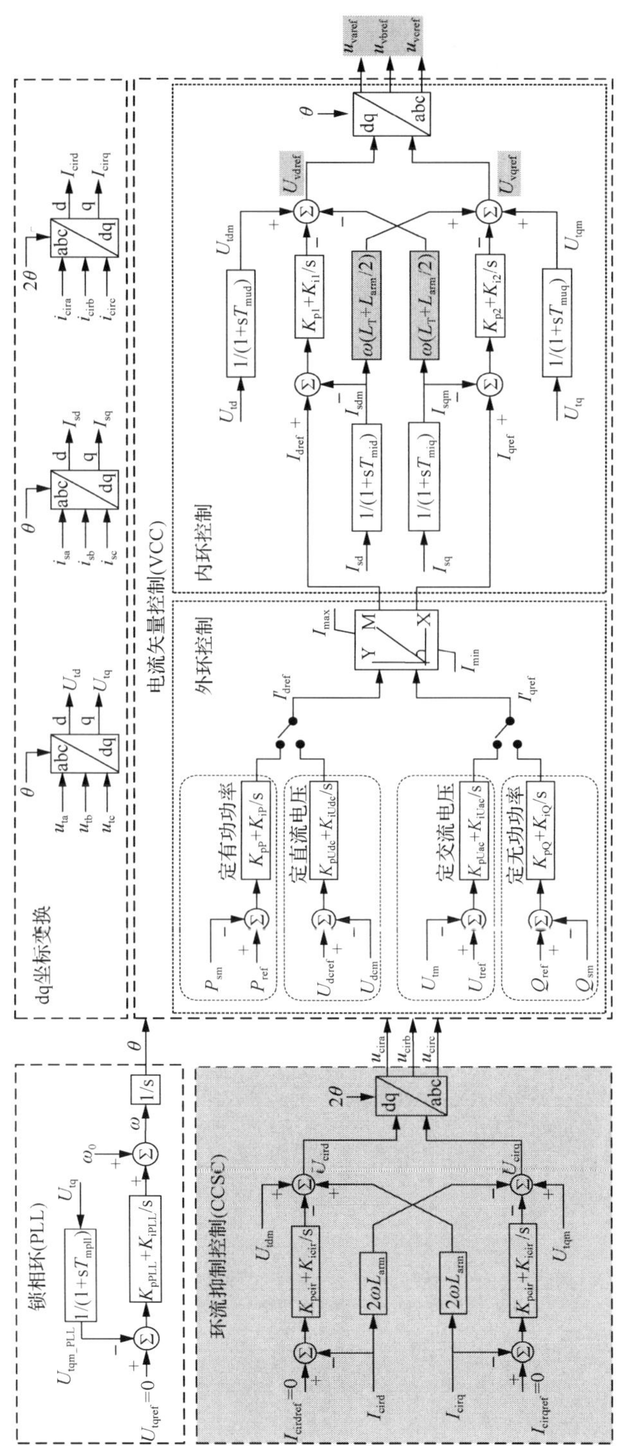

图3-8　MMC-HVDC的控制系统

由于 MMC 桥臂电感的存在，VCC 控制器的动态模型最终可描述为

$$\begin{cases}\dfrac{\mathrm{d}I_{\mathrm{sdm}}}{\mathrm{d}t}=(I_{\mathrm{sd}}-I_{\mathrm{sdm}})/T_{\mathrm{mid}}\\ \dfrac{\mathrm{d}I_{\mathrm{sqm}}}{\mathrm{d}t}=(I_{\mathrm{sq}}-I_{\mathrm{sqm}})/T_{\mathrm{miq}}\\ \dfrac{\mathrm{d}U_{\mathrm{tdm}}}{\mathrm{d}t}=(U_{\mathrm{td}}-U_{\mathrm{tdm}})/T_{\mathrm{mud}}\\ \dfrac{\mathrm{d}U_{\mathrm{tqm}}}{\mathrm{d}t}=(U_{\mathrm{tq}}-U_{\mathrm{tqm}})/T_{\mathrm{muq}}\end{cases} \tag{3-49}$$

$$\begin{cases}\dfrac{\mathrm{d}x_3}{\mathrm{d}t}=P_{\mathrm{ref}}-\dfrac{3}{2}(U_{\mathrm{tdm}}I_{\mathrm{sdm}}+U_{\mathrm{tqm}}I_{\mathrm{sqm}}),\quad I_{\mathrm{dref}}=K_{\mathrm{pP}}\dfrac{\mathrm{d}x_3}{\mathrm{d}t}+K_{\mathrm{iP}}x_3\\ \dfrac{\mathrm{d}x_4}{\mathrm{d}t}=Q_{\mathrm{ref}}-\dfrac{3}{2}(U_{\mathrm{tdm}}I_{\mathrm{sqm}}-U_{\mathrm{tqm}}I_{\mathrm{sdm}}),\quad I_{\mathrm{qref}}=K_{\mathrm{pQ}}\dfrac{\mathrm{d}x_4}{\mathrm{d}t}+K_{\mathrm{iQ}}x_4\end{cases} \tag{3-50}$$

$$\begin{cases}\dfrac{\mathrm{d}x_3}{\mathrm{d}t}=U_{\mathrm{dcref}}-U_{\mathrm{dc}},\quad I_{\mathrm{dref}}=K_{\mathrm{pU_{dc}}}\dfrac{\mathrm{d}x_3}{\mathrm{d}t}+K_{\mathrm{iU_{dc}}}x_3\\ \dfrac{\mathrm{d}x_4}{\mathrm{d}t}=U_{\mathrm{tref}}-\sqrt{\dfrac{3}{2}(U_{\mathrm{tdm}}{}^2+U_{\mathrm{tqm}}{}^2)},\quad I_{\mathrm{qref}}=K_{\mathrm{pU_{ac}}}\dfrac{\mathrm{d}x_4}{\mathrm{d}t}+K_{\mathrm{iU_{ac}}}x_4\end{cases} \tag{3-51}$$

$$\begin{cases}\dfrac{\mathrm{d}x_1}{\mathrm{d}t}=I_{\mathrm{dref}}-I_{\mathrm{sdm}},\ U_{\mathrm{vdref}}=U_{\mathrm{tdm}}-\omega\left(L_{\mathrm{T}}+\dfrac{L_{\mathrm{arm}}}{2}\right)I_{\mathrm{sqm}}-\left(K_{\mathrm{p1}}\dfrac{\mathrm{d}x_1}{\mathrm{d}t}+K_{\mathrm{i1}}x_1\right)\\ \dfrac{\mathrm{d}x_2}{\mathrm{d}t}=I_{\mathrm{qref}}-I_{\mathrm{sqm}},\ U_{\mathrm{vqref}}=U_{\mathrm{tqm}}+\omega\left(L_{\mathrm{T}}+\dfrac{L_{\mathrm{arm}}}{2}\right)I_{\mathrm{sdm}}-\left(K_{\mathrm{p2}}\dfrac{\mathrm{d}x_2}{\mathrm{d}t}+K_{\mathrm{i2}}x_2\right)\end{cases} \tag{3-52}$$

对比式(3-9)与式(3-52)，即可看出：MMC 系统与两电平 VSC 系统在建模时，由于 MMC 桥臂电抗的存在带来的模型区别；而式(3-50)与式(3-7)中交流电流的差异(即式(3-50)交流电流采用($I_{\mathrm{sdm}}, I_{\mathrm{sqm}}$)，式(3-7)采用($I_{\mathrm{vdm}}, I_{\mathrm{vqm}}$))则体现出两种换流器交流侧等效电路的差异。

环流抑制控制器 CCSC 采用如图 3-9 所示的 dq 解耦结构[6]，其动态方程可描述为

$$\begin{cases}\dfrac{\mathrm{d}f_1}{\mathrm{d}t}=I_{\mathrm{cirdref}}-I_{\mathrm{cird}}\\ \dfrac{\mathrm{d}f_2}{\mathrm{d}t}=I_{\mathrm{cirqref}}-I_{\mathrm{cirq}}\end{cases} \tag{3-53}$$

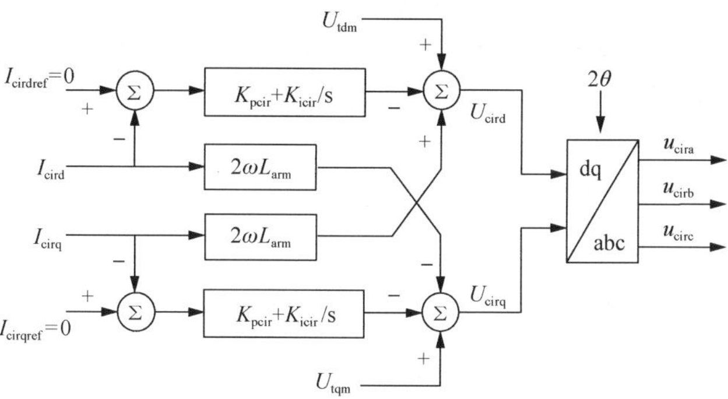

图 3-9　环流抑制控制器的结构

CCSC 控制器的输出为二倍频电压调制分量，可描述为

$$\begin{cases}U_{\text{cird}} = -2\omega L_{\text{arm}} I_{\text{cirq}} - \left(K_{\text{pcir}}\dfrac{\mathrm{d}f_1}{\mathrm{d}t} + K_{\text{icir}} f_1\right) \\ U_{\text{cirq}} = \ \ 2\omega L_{\text{arm}} I_{\text{cird}} - \left(K_{\text{pcir}}\dfrac{\mathrm{d}f_2}{\mathrm{d}t} + K_{\text{icir}} f_2\right)\end{cases} \tag{3-54}$$

MMC-HVDC 换流站完整的控制系统模型由前述锁相环 PLL 模型、电流矢量控制 VCC 模型和环流抑制控制 CCSC 模型三部分组成，最终构成一个 13 阶非线性状态空间模型，其一般形式为

$$\begin{cases}\dfrac{\mathrm{d}\boldsymbol{X}_{\text{ctl}}}{\mathrm{d}t} = \boldsymbol{F}\left(\boldsymbol{X}_{\text{ctl}}, \boldsymbol{U}_{\text{ctl}}\right) \\ \boldsymbol{Y}_{\text{ctl}} = \boldsymbol{G}\left(\boldsymbol{X}_{\text{ctl}}, \boldsymbol{U}_{\text{ctl}}\right)\end{cases} \tag{3-55}$$

式中，控制系统的状态变量为 $\boldsymbol{X}_{\text{ctl}}=[I_{\text{sdm}}, I_{\text{sqm}}, U_{\text{tdm}}, U_{\text{tqm}}, U_{\text{tqm\_PLL}}, x_1, x_2, x_3, x_4, f_1, f_2, x_5, x_{\text{pll}}]^{\text{T}}{}_{13\times1}$；对于功率控制站，输入变量为 $\boldsymbol{U}_{\text{ctl}}=[I_{\text{sd}}, I_{\text{sq}}, U_{\text{td}}, U_{\text{tq}}, P_{\text{ref}}, Q_{\text{ref}}, U_{\text{dc}}, I_{\text{cirdref}}, I_{\text{cirqref}}, I_{\text{cird}}, I_{\text{cirq}}]^{\text{T}}{}_{11\times1}$，输出变量为 $\boldsymbol{Y}_{\text{ctl}}=[U_{\text{vdref}}, U_{\text{vqref}}, U_{\text{cird}}, U_{\text{cirq}}, \omega, \theta_{\text{PLL}}]^{\text{T}}{}_{6\times1}$；对于电压控制站，输入变量为 $\boldsymbol{u}_{\text{ctl}}=[I_{\text{sd}}, I_{\text{sq}}, U_{\text{td}}, U_{\text{tq}}, U_{\text{dcref}}, U_{\text{tref}}, U_{\text{dc}}, I_{\text{cirdref}}, I_{\text{cirqref}}, I_{\text{cird}}, I_{\text{cirq}}]^{\text{T}}{}_{11\times1}$，输出变量相应为 $\boldsymbol{Y}_{\text{ctl}}=[U_{\text{vdref}}, U_{\text{vqref}}, U_{\text{cird}}, U_{\text{cirq}}, \omega, \theta_{\text{PLL}}]^{\text{T}}{}_{6\times1}$。

3.2.3　MMC 换流站模型的建立

基于式(3-45)、式(3-47)和式(3-55)，可得 MMC 换流站的非线性状态空间模型(25 阶)，其一般形式为

$$\frac{\mathrm{d}\boldsymbol{X}}{\mathrm{d}t} = \boldsymbol{F}\left(\boldsymbol{X}, \boldsymbol{U}\right) \tag{3-56}$$

式中，状态变量矩阵 $\boldsymbol{X}=\begin{bmatrix}\boldsymbol{X}_{\text{mmc}}^{12\times1} \\ \boldsymbol{X}_{\text{ctl}}^{13\times1}\end{bmatrix}=[u_{\text{c\_dc}}, u_{\text{c\_1d}}, u_{\text{c\_1q}}, u_{\text{c\_2d}}, u_{\text{c\_2q}}, u_{\text{c\_3x}}, u_{\text{c\_3y}}, I_{\text{dc}}, I_{\text{sd}}, I_{\text{sq}},$

$I_{cird}, I_{cirq}, I_{sdm}, I_{sqm}, U_{tdm}, U_{tqm}, U_{tqm\_PLL}, x_1, x_2, x_3, x_4, f_1, f_2, x_5, x_{pll}]^T_{25\times1}$，其中各元素的物理含义如表 3-1 所示；输入变量矩阵 $\boldsymbol{U}=[P_{ref}, Q_{ref}]^T_{2\times1}$ 或 $\boldsymbol{U}=[U_{dcref}, U_{tref}]^T_{2\times1}$。

表 3-1　MMC 系统状态变量的物理含义

MMC 系统	物理意义	状态变量
换流器内部	子模块电容电压直流、基频、二倍频及三倍频电压分量	$u_{c\_dc}, u_{c\_1d}, u_{c\_1q}, u_{c\_2d}, u_{c\_2q}, u_{c\_3x}, u_{c\_3y}$
	桥臂二倍频环流	I_{cird}, I_{cirq}
直流侧	直流电流	I_{dc}
交流侧	交流电流	I_{sd}, I_{sq}
测量系统	电流、电压测量值	$I_{sdm}, I_{sqm}, U_{tdm}, U_{tqm}, U_{tqm\_PLL}$
VCC	内环 d、q 轴积分环节	x_1, x_2
	外环 d、q 轴积分环节	x_3, x_4
CCSC	d、q 轴控制	f_1, f_2
PLL	积分环节	x_5, x_{pll}

3.3　VSC-HVDC 系统的小信号模型及验证

对前述两电平 VSC 的非线性状态空间模型式(3-10)和 MMC 的非线性状态空间模型式(3-56)在某一稳态运行点处进行线性化[7]，最终可得到相应的小信号模型，其一般形式为

$$\frac{\mathrm{d}\Delta\boldsymbol{X}}{\mathrm{d}t}=\boldsymbol{A}\Delta\boldsymbol{X}+\boldsymbol{B}\Delta\boldsymbol{U} \tag{3-57}$$

式中，$\Delta\boldsymbol{X}$ 为 n 维状态变量矩阵的增量形式；$\Delta\boldsymbol{U}$ 为 r 维输入变量矩阵的增量形式；$\boldsymbol{A}$ 为 $n\times n$ 阶状态矩阵，$\boldsymbol{B}$ 为 $n\times r$ 阶输入矩阵。其中，两电平 VSC 系统有 n=16 且 r=2，MMC 系统有 n=25 且 r=2。

3.3.1　两电平 VSC 系统小信号模型的验证

本节通过对比 MATLAB 中小信号模型和 PSCAD/EMTDC 中电磁暂态仿真模型的动态响应，以验证两电平 VSC 系统小信号模型的正确性。测试系统为 ±200kV/500MW 的 VSC 系统，采用定有功功率与定交流电压的控制方式(即 PV 控制方式)且运行于逆变模式，受端交流系统强度为 SCR=1.0∠85°。

1. *有功功率阶跃*

t=0s 时，VSC 系统运行于 SCR=1.0、U_t=1.0p.u.、P_s=1.0p.u.的额定工况下；

$t = 1s$ 时，P_{ref} 从 1.0p.u.阶跃下降至 0.95p.u.；$t = 3s$ 时，P_{ref} 恢复至 1.0p.u.。该阶跃过程基于 MATLAB 和 PSCAD 的响应结果如图 3-10(a)所示。

由图 3-10(a)可知，在设定的有功功率阶跃条件下，基于 MATLAB 小信号模型的动态响应和基于 PSCAD 的电磁暂态仿真结果基本一致，因此验证了所推导的小信号模型的正确性。

2. 交流电压阶跃

同样地，保持有功功率不变，U_{tref} 在 $t = 1s$ 时从 1.0p.u.阶跃下降到 0.95p.u.，在 $t = 3s$ 时恢复至 1.0p.u.。基于 MATLAB 和 PSCAD 的对比结果如图 3-10(b)所示。

由图 3-10(b)可知，在设定的交流电压阶跃条件下，小信号模型动态响应和电磁暂态仿真结果的良好吻合度，进一步验证了所推导的小信号模型的正确性。

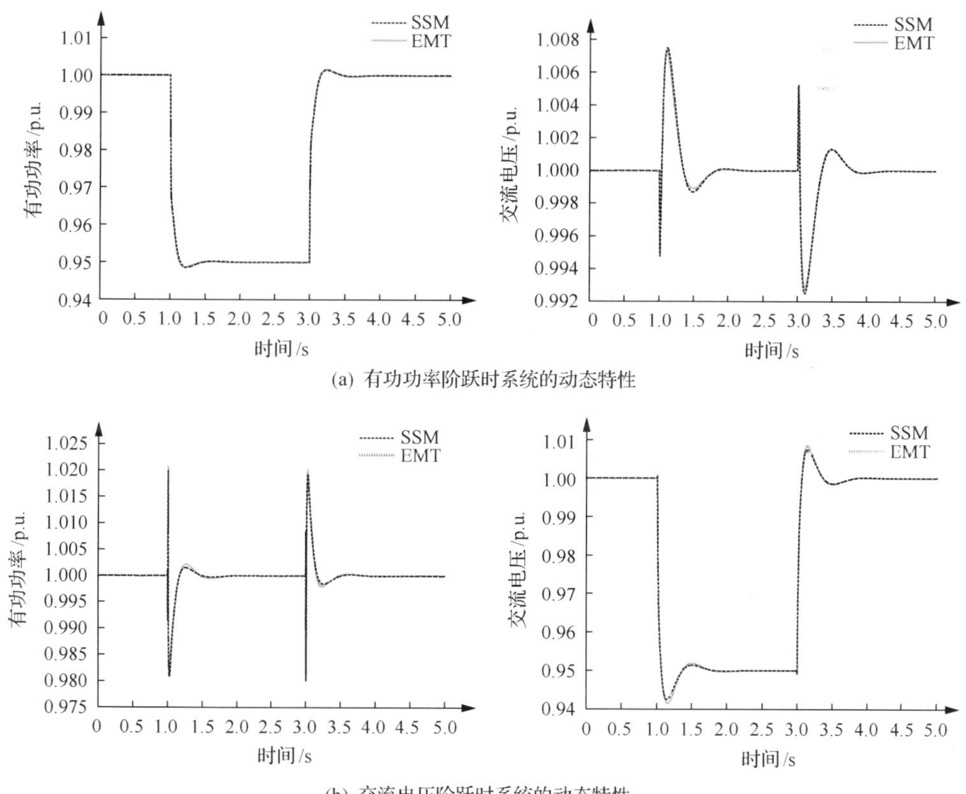

图 3-10　两电平 VSC 系统小信号模型的验证

3.3.2　MMC 系统小信号模型的验证

同样地，本节通过对比 MATLAB 中所建立小信号模型的动态特性与 PSCAD/

EMTDC 中电磁暂态模型的仿真结果，验证所建立的 MMC 系统小信号模型的正确性。测试系统为±160kV/500MW、201 电平的 MMC 系统，运行于整流模式，所联接的交流系统强度为 SCR=5.0∠85°，采用 PV 控制方式(即定有功功率与定交流电压)或 PQ 控制方式(即定有功功率与定无功功率)。

1. PV 控制方式下小信号动态模型的验证

针对采用 PV 控制方式的 MMC 系统分别进行有功功率和交流母线电压的阶跃，详细过程如表 3-2 所示。基于 MATLAB 小信号模型和 PSCAD 详细电磁暂态模型的动态响应对比结果如图 3-11 所示，包含有功功率、交流母线电压、无功功率和子模块电容电压的响应特性。

表 3-2　PV 控制方式下 MMC 系统的阶跃测试

PV 控制	有功功率阶跃	交流母线电压阶跃
t= 0s	P_s= 1.0p.u.，U_t= 1.0p.u.	P_s= 1.0p.u.，U_t= 1.0p.u.
t = 1.0s	P_{ref}从 1.0p.u. 阶跃降低至 0.95p.u.	U_{tref}从 1.0p.u. 阶跃降低至 0.95p.u.
t= 3.0s	P_{ref}从 0.95p.u. 阶跃恢复至 1.0p.u.	U_{tref}从 0.95p.u. 阶跃恢复至 1.0p.u.

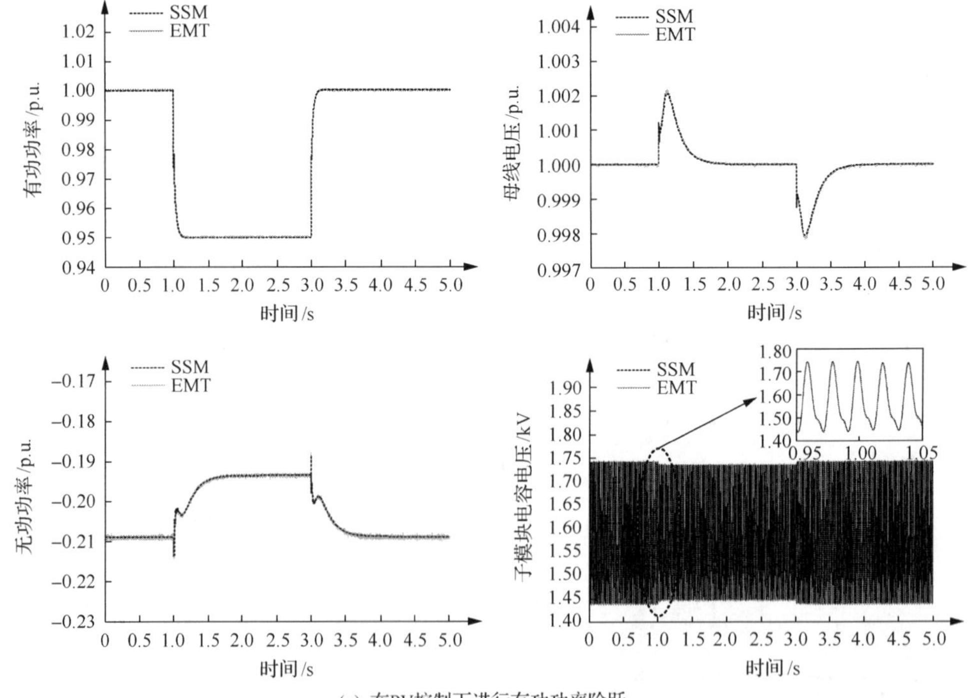

(a) 在PV控制下进行有功功率阶跃

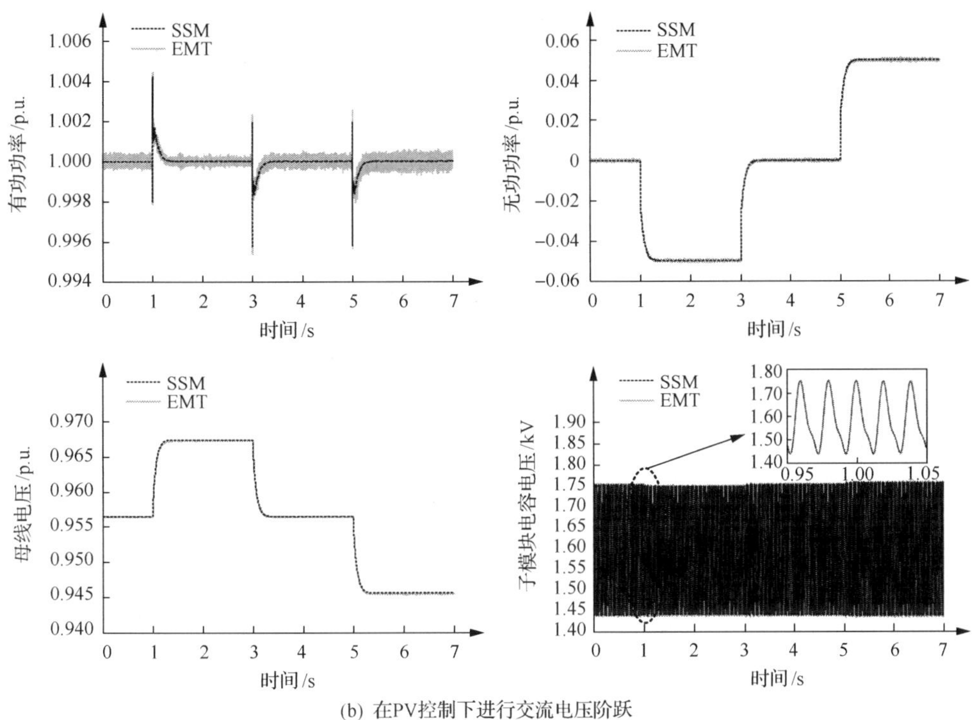

(b) 在PV控制下进行交流电压阶跃

图 3-11　MMC 系统小信号模型验证-整流模式时测试系统的动态特性

由图 3-11 可知，采用 PV 控制方式的 MMC 系统在设定的有功功率、母线电压阶跃条件下，基于 MATALB 小信号模型的动态响应和基于 PSCAD 的电磁暂态仿真结果有很好的一致性，因此有效验证了所推导的 MMC 小信号模型的正确性。

2. PQ 控制方式下小信号动态模型的验证

针对采用 PQ 控制方式的 MMC 系统分别进行有功功率和无功功率的阶跃，详细过程如表 3-3 所示。基于 MATLAB 小信号模型和 PSCAD 详细电磁暂态模型的动态响应对比结果如图 3-12 所示，包含有功功率、无功功率、交流母线电压和子模块电容电压的响应特性。

表 3-3　PQ 控制方式下 MMC 系统的阶跃测试

PQ 控制	有功功率阶跃	无功功率阶跃
t= 0s	P_s= 1.0p.u.，Q_s= 0	P_s= –1.0p.u.，Q_s= 0
t= 1.0s	P_{ref}从 1.0p.u. 阶跃降低至 0.95p.u.	Q_{ref}从 0 阶跃至–0.05p.u.
t= 3.0s	P_{ref}从 0.95p.u. 阶跃恢复至 1.0p.u.	Q_{ref}从–0.05p.u.阶跃至 0
t= 5.0s	——	Q_{ref}从 0 阶跃至 0.05p.u.

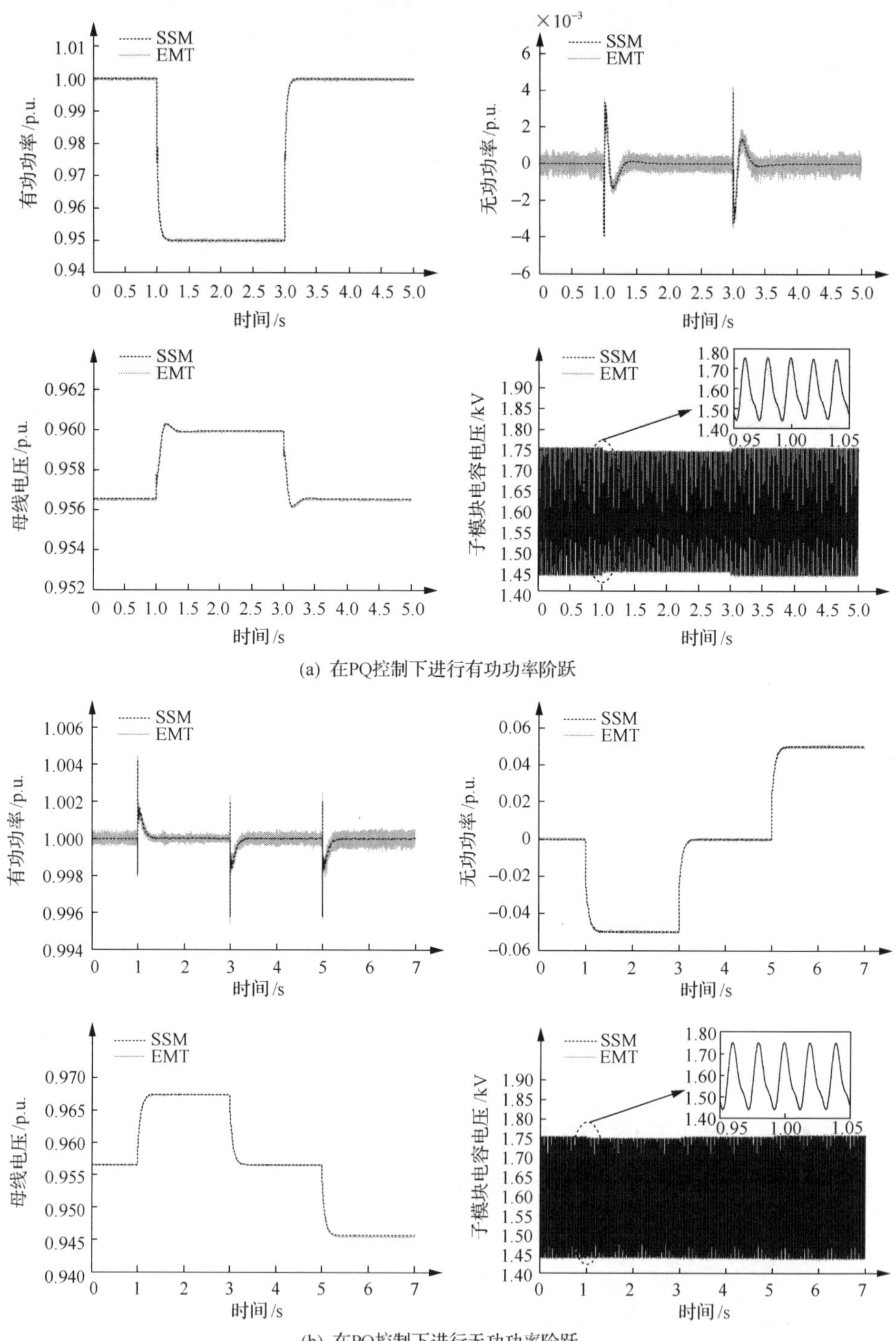

图 3-12　MMC 系统小信号模型验证-整流模式时测试系统的动态特性

由图 3-12 可知，采用 PQ 控制方式的 MMC 系统在设定的有功功率、无功功率阶跃条件下，小信号模型的动态响应与电磁暂态仿真结果吻合很好，进一步验证了所推导的 MMC 系统小信号模型的正确性。

参考文献

[1] Friedrich K. Modern HVDC Plus application of VSC in modular multilevel converter Topology// 2010 IEEE International Symposium on Industrial Electronics. Bari: IEEE, 2010: 3807-3810.

[2] Wang Y, Guo C Y, Zhao C Y. A novel supplementary frequency-based dual damping control for VSC-HVDC system under weak AC grid. International Journal of Electrical Power and Energy Systems, 2018 (103) : 212-223.

[3] Zhou J Z, Ding H, Fan S T, et al. Impact of short-circuit ratio and phase-locked-loop parameter on the small-signal behavior of VSC-HVDC converter. IEEE Transactions on Power Delivery, 2014, 29 (5) : 2287-2296.

[4] Li T, Gole A M, Zhao C Y. Harmonic instability in MMC-HVDC converters resulting from internal dynamics. IEEE Transactions on Power Delivery, 2016, 31 (4) : 1738-1747.

[5] 宋强, 刘文华, 李笑倩, 等. 模块化多电平换流器稳态运行特性的解析分析. 电网技术, 2012, 36 (11) : 198-204.

[6] Tu Q R, Xu Z, Xu L. Reduced switching-frequency modulation and circulating current suppression for modular multilevel converters. IEEE Transactions on Power Delivery, 2011, 26 (3) : 2009-2017.

[7] Kundur P. Power System Stability and Control. New York: McGraw-Hill, 1993.

第 4 章　混合直流输电系统的小信号模型

本章基于第 2 章和第 3 章推导的 LCC 系统和 VSC 系统的状态空间模型，建立并验证 LCC-MMC 型混合直流输电系统、混合多端直流输电系统、混合多馈入直流输电系统及含 STATCOM 的 LCC-HVDC 系统的小信号模型，为其他类型直流输电系统小信号模型的建立提供思路和方法。

4.1　LCC-MMC 型混合直流输电系统的小信号模型

本节建立整流侧为 LCC、逆变侧为 MMC 的 LCC-MMC 型混合直流输电系统的小信号模型[1, 2]。该模型包含 LCC 换流站、MMC 换流站、交流系统和直流系统，其中，LCC 换流站包括定直流电流控制和锁相环 PLL；MMC 换流站包括环流抑制控制 CCSC、电流矢量控制 VCC(采用定直流电压和定交流电压控制)和锁相环 PLL。LCC 换流站和 MMC 换流站模型的建立过程已在第 2 章和第 3 章中详细介绍，因此本节不再赘述，仅介绍联接 LCC 换流站和 MMC 换流站直流系统的状态空间模型。

4.1.1　LCC-MMC 型混合直流输电系统的结构

LCC-MMC 型混合直流输电系统的结构如图 4-1 所示，其等效单线原理图如图 4-2 所示。这里仅以单极结构进行介绍，双极结构模型与此类似。图 4-2 中，u_{s_1}(u_{s_2})为交流系统 1(交流系统 2)的电压；交流系统 1(交流系统 2)的戴维南等效电感和电阻分别为 L_{s_1}、R_{s_1}(L_{s_2}、R_{s_2})；u_{t_1}(u_{t_2})为公共连接点 PCC 电压；换流变压器(联接变压器)的等效损耗电感和电阻分别表示为 L_{T_1}、R_{T_1}(L_{T_2}、R_{T_2})；i_{s_1}(i_{s_2})为交流系统 1(交流系统 2)的电网侧电流；i_v 为 LCC 换流站出口侧的交流电流；I_{dc_1} 和 U_{dc_1} 分别为 LCC 换流站直流侧的电流和电压；I_{dc_2} 和 U_{dc_2} 分别为 MMC 换流站直流侧的电流和电压；L_{dc_1} 为 LCC 换流站平波电抗器的电感；直流线路等效为 T 型结构。

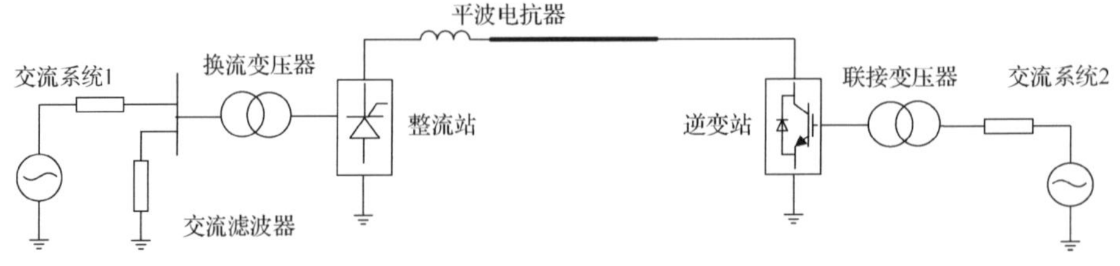

图 4-1　LCC-MMC 型混合直流输电系统的结构图

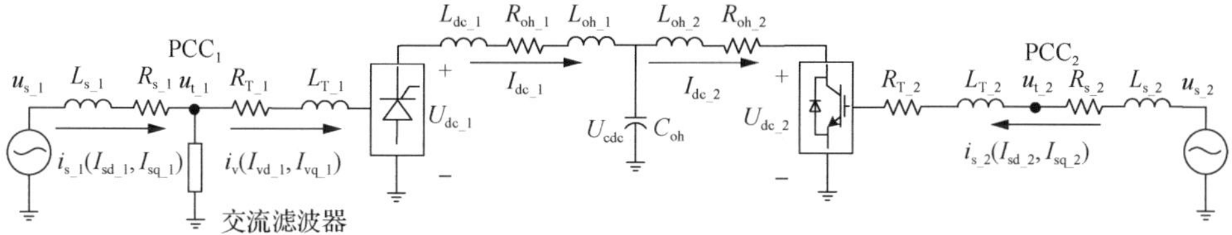

图 4-2　LCC-MMC 型混合直流输电系统的单线原理图

图 4-2 中，交流滤波器结构与 CIGRE 标准测试模型一致(具体结构见第 2 章)，MMC 换流站内部结构图与第 3 章中图 3-5 所示相同。

4.1.2　LCC-MMC 型混合直流输电系统小信号模型的建立

根据图 4-2 列写 LCC 换流站直流侧的状态空间方程，如式(4-1)所示：

$$\begin{cases}(L_{dc\_1}+L_{oh\_1})\dfrac{d}{dt}I_{dc\_1}=U_{dc\_1}-U_{cdc}-I_{dc\_1}R_{oh\_1}\\ C_{oh}\dfrac{d}{dt}U_{cdc}=I_{dc\_1}-I_{dc\_2}\end{cases} \tag{4-1}$$

式中，U_{dc_1} 为 LCC 换流站直流电压，可通过第 2 章 LCC 系统的状态空间模型得到。

同时，需要通过联立 MMC 换流站直流侧出口的 KVL 方程和 MMC 换流站内部桥臂电流直流分量所流通的电流回路的 KVL 方程(如式 4-2 所示)，得到 MMC 换流站直流电压 U_{dc_2} 和直流电流 I_{dc_2} 的关系，如式 4-3 所示：

$$\begin{cases}L_{oh\_2}\dfrac{d}{dt}I_{dc\_2}=U_{cdc}-U_{dc\_2}-I_{dc\_2}R_{oh\_2}\\ \dfrac{2}{3}L_{arm}\dfrac{d}{dt}I_{dc\_2}=U_{dc\_2}-\left(2u_{arm\_dc\_2}+\dfrac{2}{3}R_{arm}I_{dc\_2}\right)\end{cases} \tag{4-2}$$

式中，L_{arm} 和 R_{arm} 分别为 MMC 换流站的桥臂电感和桥臂电阻；$u_{arm\_dc\_2}$ 为 MMC 桥臂电压直流分量，其具体表达式见 3.2.1 节 MMC 系统的建模部分。

$$\begin{aligned}U_{dc\_2}=&[U_{cdc}-I_{dc\_2}R_{oh\_2}+L_{oh\_2}(3u_{arm\_dc\_2}/L_{arm}\\&+R_{arm}I_{dc\_2}/L_{arm})]/(1+3L_{oh\_2}/2L_{arm})\end{aligned} \tag{4-3}$$

LCC 换流站、MMC 换流站和直流系统通过图 4-3 所示的逻辑关系联系起来，I_{dc_1} 和 U_{dc_1} 为 LCC 换流站与直流系统的接口变量，I_{dc_2} 和 U_{dc_2} 为 MMC 换流站和直流系统的接口变量。

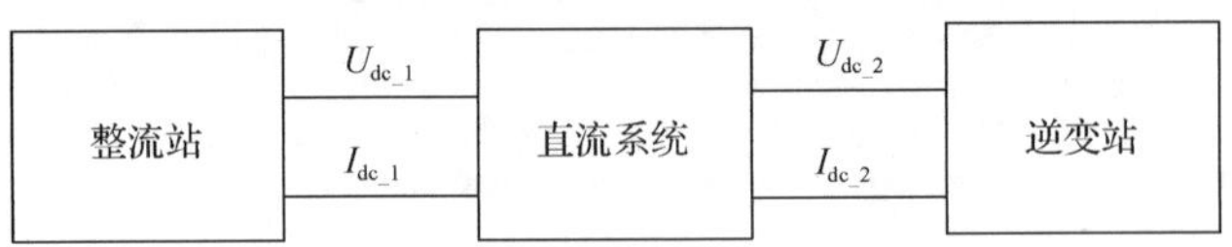

图 4-3 LCC-MMC 型混合直流输电系统小信号模型的逻辑关系图

对 LCC 换流站、MMC 换流站、直流系统及控制系统的状态空间模型进行线性化，即可得到如式(4-4)所示的 LCC-MMC 型混合直流输电系统的小信号模型。

$$\frac{\mathrm{d}\Delta \boldsymbol{X}}{\mathrm{d}t}=\boldsymbol{A}\Delta \boldsymbol{X}+\boldsymbol{B}\Delta \boldsymbol{U} \tag{4-4}$$

式中，$\Delta\boldsymbol{X}$ 为 n 维状态变量矩阵的增量形式；$\Delta\boldsymbol{U}$ 为 r 维输入变量矩阵的增量形式；$\boldsymbol{A}$ 为 $n\times n$ 阶状态矩阵，$\boldsymbol{B}$ 为 $n\times r$ 阶输入矩阵。对于 LCC-MMC 型混合直流输电系统，有 n=44 且 r=3；状态变量 $\boldsymbol{X}$=[U_{td_1}, U_{tq_1}, U_{r2d_1}, U_{cr2q_1}, U_{cr3d_1}, U_{cr3q_1}, U_{cr4d_1}, U_{cr4q_1}, I_{Lr1d_1}, I_{Lr1q_1}, I_{Lr2d_1}, I_{Lr2q_1}, I_{sd_1}, I_{sq_1}, x_{1_1},I_{dcm_1}, x_{2_1}, x_{PLL_1}, I_{dc_1}, U_{cdc}, $u_{c\_dc\_2}$, $u_{c\_1d\_2}$, $u_{c\_1q\_2}$, $u_{c\_2d\_2}$, $u_{c\_2q\_2}$, $u_{c\_3x\_2}$, $u_{c\_3y\_2}$, I_{dc_2}, I_{sd_2}, I_{sq_2}, I_{cird_2}, I_{cirq_2}, I_{sdm_2}, I_{sqm_2}, U_{tdm_2}, U_{tqm_2}, x_{1_2}, x_{2_2}, x_{3_2}, x_{4_2}, x_{5_2}, x_{PLL_2}, f_{1_2}, f_{2_2}]^{T}；输入变量 $\boldsymbol{U}$=[I_{dcref_1},U_{dcref_2}, U_{tref_2}]^{T}，下标“1”代表 LCC 系统，下标“2”代表 MMC 系统。LCC-MMC 型混合直流输电系统的状态变量及其物理含义如表 4-1 所示。

表 4-1 LCC-MMC 型混合直流输电系统的状态变量及其物理含义

子系统	物理含义	状态变量
交流系统 1	PCC 点电压	U_{td_1}, U_{tq_1}
	交流滤波器及无功补偿装置	U_{cr2d_1}, U_{cr2q_1}, U_{cr3d_1}, U_{cr3q_1}, U_{cr4d_1}, U_{cr4q_1}, I_{Lr1d_1}, I_{Lr1q_1}, I_{Lr2d_1}, I_{Lr2q_1}
	交流电流	I_{sd_1}, I_{sq_1}
LCC 控制系统	定直流电流控制器及测量环节	x_{1_1},I_{dcm_1}, I_{dc_1}
	PLL_1	x_{2_1}, x_{PLL_1}
交流系统 2	PCC 点电压	U_{td_2}, U_{tq_2}
	交流电流	I_{sd_2}, I_{sq_2}
MMC 换流站	子模块电容电压直流分量	$u_{c\_dc\_2}$
	子模块电容电压基频分量	$u_{c\_1d\_2}$, $u_{c\_1q\_2}$
	子模块电容电压二倍频分量	$u_{c\_2d\_2}$, $u_{c\_2q\_2}$
	子模块电容电压三倍频分量	$u_{c\_3x\_2}$, $u_{c\_3y\_2}$
	桥臂基频电流	I_{sd_2}, I_{sq_2}
	桥臂二倍频环流	I_{cird_2}, I_{cirq_2}
	换流站直流电流	I_{dc_2}
MMC 控制系统	PCC 点电压测量值	U_{tdm_2}, U_{tqm_2}

续表

子系统	物理含义	状态变量
MMC 控制系统	交流电流测量值	I_{sdm_2}, I_{sqm_2}
	VCC 内环 d 轴控制	x_{1_2}
	VCC 内环 q 轴控制	x_{2_2}
	VCC 外环直流电压控制	x_{3_2}
	VCC 外环交流电压控制	x_{4_2}
	CCSC 中 d 轴控制	f_{1_2}
	CCSC 中 q 轴控制	f_{2_2}
	PLL_2	x_{5_2}, x_{PLL_2}
直流系统	直流线路电容电压	U_{cdc}
	直流线路直流电流	I_{dc_1}

4.1.3 LCC-MMC 型混合直流输电系统小信号模型的验证

为验证 LCC-MMC 型混合直流输电系统小信号模型的正确性，在 MATLAB 中建立了小信号模型，在 PSCAD/EMTDC 平台下搭建了详细电磁暂态模型。LCC-MMC 型混合直流输电系统的直流电压为 500kV，容量为 1000MW，MMC 换流站电平数为 201。系统初始运行于额定工况：$SCR_1=3\angle 85°$，$SCR_2=1.5\angle 85°$，LCC 换流站定直流电流控制参考值 $I_{dcref_1}=1.0$p.u.，MMC 换流站定直流电压控制参考值 $U_{dcref_2}=1.0$p.u.，MMC 换流站定交流电压控制参考值 $U_{tref_2}=1.0$p.u.。

图 4-4 和图 4-5 为基于 MATLAB 和 PSCAD 的系统动态响应对比结果，图 4-4 的对比工况为：LCC 换流站定直流电流控制参考值 I_{dcref_1} 在 t=3.0s 时从 1.0p.u.阶跃到 0.95p.u.，4.5s 时恢复至 1.0p.u.，其他参考值保持不变；图 4-5 的对比工况为：MMC 换流站定交流电压控制参考值 U_{tref_2} 在 t=3.0s 时从 1.0p.u.阶跃到 0.95p.u.，4.5s 时恢复至 1.0p.u.，其他参考值保持不变。图 4-4(a)～(d) 和图 4-5(a)～(d) 分别为 LCC 换流站直流电流、MMC 换流站交流母线电压、MMC 系统有功功率以

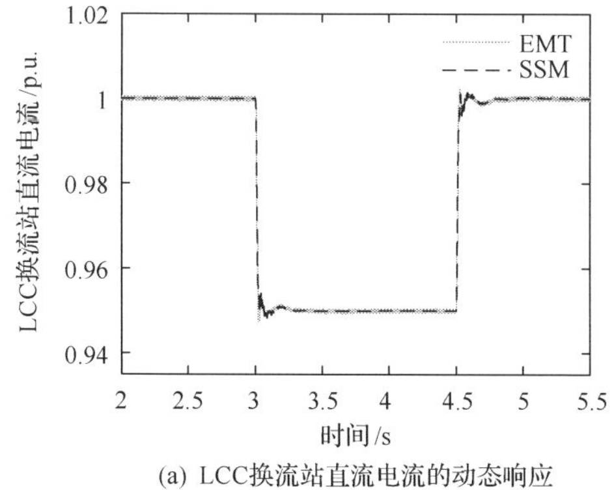

(a) LCC换流站直流电流的动态响应

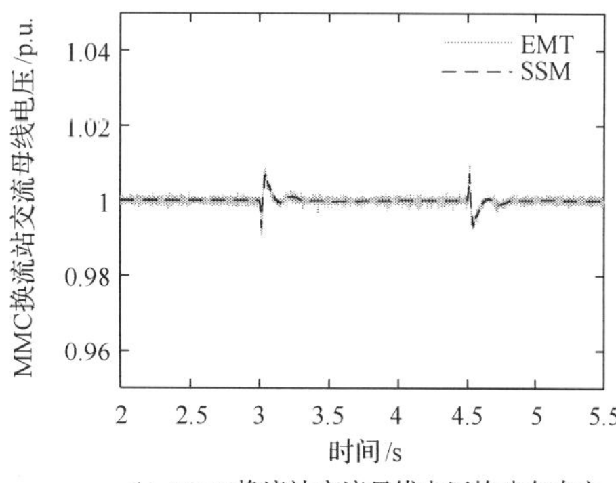

(b) MMC换流站交流母线电压的动态响应

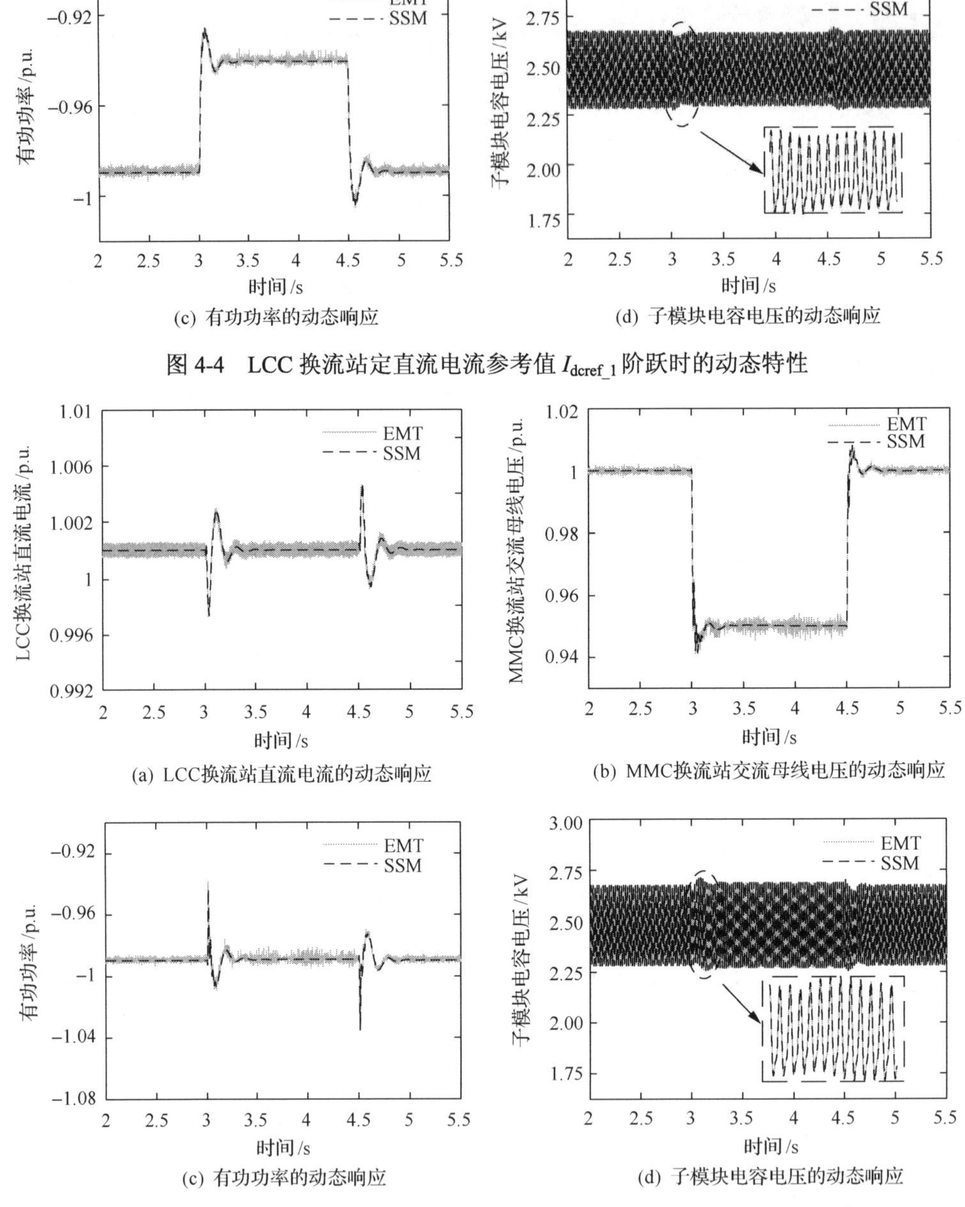

(c) 有功功率的动态响应　　(d) 子模块电容电压的动态响应

图 4-4　LCC 换流站定直流电流参考值 I_{dcref_1} 阶跃时的动态特性

(a) LCC换流站直流电流的动态响应　　(b) MMC换流站交流母线电压的动态响应

(c) 有功功率的动态响应　　(d) 子模块电容电压的动态响应

图 4-5　MMC 换流站定交流电压控制参考值 U_{tref_2} 阶跃时的动态特性

及子模块电容电压的动态特性结果。由图 4-4 和图 4-5 可看出，在所给定的参考值阶跃条件下，本节建立的小信号模型的动态响应和详细电磁暂态模型的仿真结果基本一致，因此有效地验证了所建立的 LCC-MMC 型混合直流输电系统小信号模型的正确性。

4.2　混合多端直流输电系统的小信号模型

本节以整流站为 LCC、逆变站为两个 MMC 构成的混合三端直流输电系统为例，介绍混合多端直流输电系统的小信号建模方法。该模型包含 LCC 换流站、MMC 换流站、交流系统、直流系统和控制系统。

4.2.1　混合三端直流输电系统的结构

混合三端直流输电系统的结构如图 4-6 所示，整流侧为 LCC，逆变侧为两个 MMC，其结构图如图 4-6 所示，等效单线原理图如图 4-7 所示。注意，本节仅以单极结构为例进行介绍，双极结构的模型建立过程类似。图 4-7 中，u_{s_x}(x=1,2,3 分别表示与 LCC_1 站、MMC_2 站、MMC_3 站相关的物理量，后同)为交流系统电压；交流侧戴维南等效电感和电阻分别为 L_{s_x}、R_{s_x}；u_{t_x} 为 PCC 点电压；换流变压器(联结变压器)的等效损耗电感和电阻分别表示为 L_{T_x}、R_{T_x}；i_{s_x} 为交流系统 x 的电网侧电

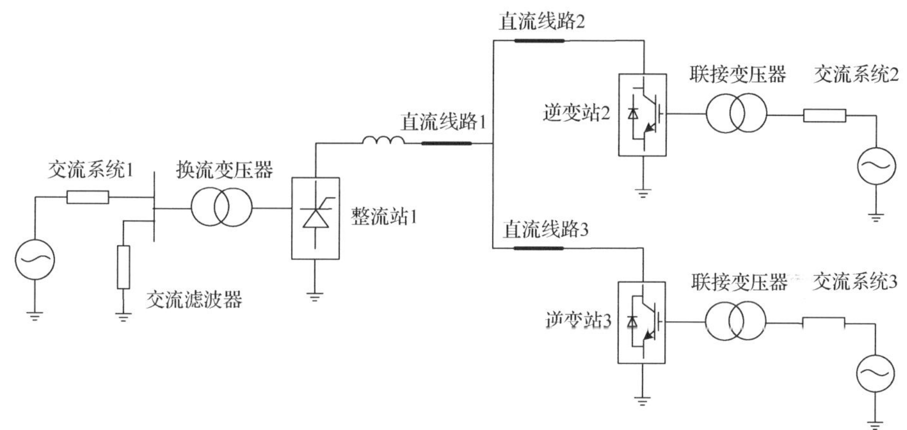

图 4-6　混合三端直流输电系统的结构图

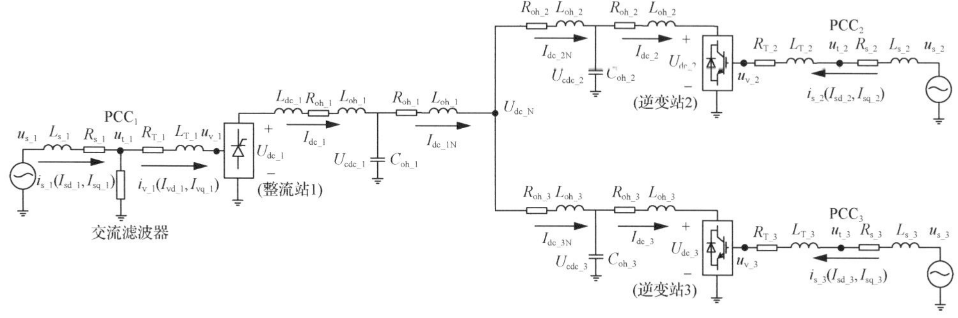

图 4-7　混合三端直流输电系统的单线原理图

流；LCC 换流站出口的交流电流为 i_{v_1}；各换流站出口直流电压和直流电流分别为 U_{dc_x}、I_{dc_x}；L_{dc_1} 为 LCC 换流站平波电抗器的电感；直流线路等效为 T 型结构，U_{dc_N} 是直流线路公共连接点电压。

其中，LCC 换流站交流滤波器结构与 CIGRE 标准测试模型一致(具体结构见第 2 章)，MMC 换流站内部结构图与第 3 章中图 3-5 相同。

4.2.2　混合三端直流输电系统小信号模型的建立

根据图 4-7 列写直流线路的状态方程如下所示[3]：

$$(L_{dc\_1}+L_{oh\_1})\frac{d}{dt}I_{dc\_1}=U_{dc\_1}-U_{cdc\_1}-I_{dc\_1}\cdot R_{oh\_1} \tag{4-5}$$

$$L_{oh\_1}\frac{d}{dt}I_{dc\_1N}=U_{cdc\_1}-U_{dc\_N}-I_{dc\_1N}\cdot R_{oh\_1} \tag{4-6}$$

$$L_{oh\_3}\frac{d}{dt}I_{dc\_3N}=U_{dc\_N}-U_{cdc\_3}-I_{dc\_3N}\cdot R_{oh\_3} \tag{4-7}$$

$$C_{oh\_1}\frac{d}{dt}U_{cdc\_1}=I_{dc\_1}-I_{dc\_1N} \tag{4-8}$$

$$C_{oh\_2}\frac{d}{dt}U_{cdc\_2}=I_{dc\_1N}-I_{dc\_3N}-I_{dc\_2} \tag{4-9}$$

$$C_{oh\_3}\frac{d}{dt}U_{cdc\_3}=I_{dc\_3N}-I_{dc\_3} \tag{4-10}$$

式中，U_{dc_1} 是 LCC_1 换流站的直流电压，可以通过第 2 章中 LCC 系统的状态空间模型得到；U_{dc_N} 是直流线路连接点的电压，可以根据式(4-11)求得。

$$U_{dc\_N}=U_{cdc\_2}+R_{oh\_2}(I_{dc\_1N}-I_{dc\_3N})+L_{oh\_2}\left(\frac{dI_{dc\_1N}}{dt}-\frac{dI_{dc\_3N}}{dt}\right) \tag{4-11}$$

将式(4-6)、式(4-7)代入式(4-11)，整理后得到 U_{dc_N} 最终的表达式，如式(4-12)所示。

$$\begin{aligned}U_{dc\_N}=&(U_{cdc\_2}+(I_{dc\_1N}-I_{dc\_3N})\cdot R_{oh\_2}+L_{oh\_2}\cdot[(U_{cdc\_1}-I_{dc\_1N}\cdot R_{oh\_1})/L_{oh\_1}\\&+(U_{cdc\_3}+I_{dc\_3N}\cdot R_{oh\_3})/L_{oh\_3})]/(1+L_{oh\_2}/L_{oh\_1}+L_{oh\_2}/L_{oh\_3})\end{aligned} \tag{4-12}$$

MMC_2(MMC_3)换流站 U_{dc_2}(U_{dc_3})的直流电压与直流电流 I_{dc_2}(I_{dc_3})的关系与 4.1 节中式(4-3)一致，如下式所示：

$$\begin{cases} U_{\mathrm{dc\_2}} = [U_{\mathrm{cdc\_2}} - I_{\mathrm{dc\_2}} \cdot R_{\mathrm{oh\_2}} + L_{\mathrm{oh\_2}} \cdot (3u_{\mathrm{c\_dc\_2}} / L_{\mathrm{arm\_2}} + R_{\mathrm{arm\_2}} \cdot I_{\mathrm{dc\_2}} / L_{\mathrm{arm\_2}})] \\ \qquad / (1 + 3L_{\mathrm{oh\_2}} / 2L_{\mathrm{arm\_2}}) \\ U_{\mathrm{dc\_3}} = [U_{\mathrm{cdc\_3}} - I_{\mathrm{dc\_3}} \cdot R_{\mathrm{oh\_3}} + L_{\mathrm{oh\_3}} \cdot (3u_{\mathrm{c\_dc\_3}} / L_{\mathrm{arm\_3}} + R_{\mathrm{arm\_3}} \cdot I_{\mathrm{dc\_3}} / L_{\mathrm{arm\_3}})] \\ \qquad / (1 + 3L_{\mathrm{oh\_3}} / 2L_{\mathrm{arm\_3}}) \end{cases} \tag{4-13}$$

LCC 换流站、$\mathrm{MMC_2}$ 换流站、$\mathrm{MMC_3}$ 换流站和直流系统通过图 4-8 的逻辑关系联系起来。$U_{\mathrm{dc\_1}}$、$I_{\mathrm{dc\_1}}$ 为 LCC 换流站和直流系统的接口变量，$U_{\mathrm{dc\_2}}$、$I_{\mathrm{dc\_2}}$ 为 $\mathrm{MMC_2}$ 换流站和直流系统的接口变量，$U_{\mathrm{dc\_3}}$、$I_{\mathrm{dc\_3}}$ 为 $\mathrm{MMC_2}$ 换流站和直流系统的接口变量。

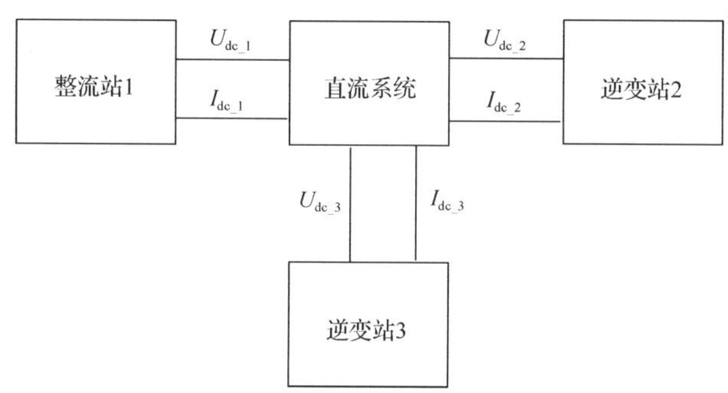

图 4-8　混合三端直流输电系统小信号模型的逻辑关系图

对 $\mathrm{LCC_1}$ 换流站、$\mathrm{MMC_2}$ 换流站、$\mathrm{MMC_3}$ 换流站、交流系统、直流线路、控制系统以及上述接口模型的状态空间方程进行线性化，即可得到如式(4-14)所示的混合三端直流输电系统的小信号模型。

$$\frac{\mathrm{d}\Delta \boldsymbol{X}}{\mathrm{d}t} = \boldsymbol{A}\Delta \boldsymbol{X} + \boldsymbol{B}\Delta \boldsymbol{U} \tag{4-14}$$

式中，$\Delta \boldsymbol{X}$ 为 n 维状态变量矩阵的增量形式；$\Delta \boldsymbol{U}$ 为 r 维输入变量矩阵的增量形式；$\boldsymbol{A}$ 为 $n\times n$ 阶状态矩阵，$\boldsymbol{B}$ 为 $n\times r$ 阶输入矩阵；对于混合三端直流输电系统，有 $n=74$ 且 $r=5$；输入变量 $\boldsymbol{U}=[I_{\mathrm{dcref\_1}}, U_{\mathrm{dcref\_2}}, Q_{\mathrm{ref\_2}}, P_{\mathrm{ref\_3}}, Q_{\mathrm{ref\_3}}]$，相关状态变量及其物理含义如表 4-2 所示。

表 4-2　混合三端直流输电系统的状态变量及其物理含义

子系统	物理含义	状态变量
交流系统 1	PCC 点电压	$U_{\mathrm{td\_1}}, U_{\mathrm{tq\_1}}$
	交流滤波器及无功补偿装置	$U_{\mathrm{cr2d\_1}}, U_{\mathrm{cr2q\_1}}, U_{\mathrm{cr3d\_1}}, U_{\mathrm{cr3q\_1}}, U_{\mathrm{cr4d\_1}}, U_{\mathrm{cr4q\_1}}, I_{\mathrm{Lr1d\_1}}, I_{\mathrm{Lr1q\_1}}, I_{\mathrm{Lr2d\_1}}, I_{\mathrm{Lr2q\_1}}$
	交流电流	$I_{\mathrm{sd\_1}}, I_{\mathrm{sq\_1}}$

续表

子系统	物理含义	状态变量
LCC_1 控制系统	定直流电流控制器及测量环节	$x_{1\_1}, I_{dcm\_1}, I_{dc\_1}$
	PLL_1	$\theta_{\_1}, \omega_{\_1}$
交流系统 2、3	PCC 点电压	$U_{td\_2}, U_{tq\_2}, U_{td\_3}, U_{tq\_3}$
	交流电流	$I_{sd\_2}, I_{sq\_2}, I_{sd\_3}, I_{sq\_3}$
MMC_2、MMC_3 换流站	子模块电容电压直流分量	$u_{c\_dc\_2}, u_{c\_dc\_3}$
	子模块电容电压基频分量	$u_{c\_1d\_2}, u_{c\_1q\_2}, u_{c\_1d\_3}, u_{c\_1q\_3}$,
	子模块电容电压二倍频分量	$u_{c\_2d\_2}, u_{c\_2q\_2}, u_{c\_2d\_3}, u_{c\_2q\_3}$
	子模块电容电压三倍频分量	$u_{c\_3x\_2}, u_{c\_3y\_2}, u_{c\_3x\_3}, u_{c\_3y\_3}$,
	桥臂基频电流	$I_{sd\_2}, I_{sq\_2}, I_{sd\_3}, I_{sq\_3}$
	桥臂二倍频环流	$I_{cird\_2}, I_{cirq\_2}, I_{cird\_3}, I_{cirq\_3}$
	换流站直流电流	I_{dc_2}, I_{dc_3}
MMC_2、MMC_3 控制系统	PCC 点电压测量值	$U_{tdm\_2}, U_{tqm\_2}, U_{tdm\_3}, U_{tqm\_3}$
	交流电流测量值	$I_{sdm\_2}, I_{sqm\_2}, I_{sdm\_3}, I_{sqm\_3}$
	VCC 内环 d 轴控制	x_{1_2}, x_{1_3}
	VCC 内环 q 轴控制	x_{2_2}, x_{2_3}
	VCC 外环直流电压/有功功率控制	x_{3_2}, x_{3_3}
	VCC 外环无功功率控制	x_{4_3}, x_{4_3}
	CCSC 中 d 轴控制	f_{1_2}, f_{1_3}
	CCSC 中 q 轴控制	f_{2_2}, f_{2_3}
	PLL_2 PLL_3	$x_{5\_2}, x_{PLL\_2}, x_{5\_3}, x_{PLL\_3}$
直流线路	直流线路电容电压	$U_{cdc\_1}, U_{cdc\_2}, U_{cdc\_3}$,
	直流线路直流电流	I_{dc_1N}, I_{dc_3N},

4.2.3 混合三端直流输电系统小信号模型的验证

为了验证混合三端直流输电系统小信号模型的正确性，在 MATLAB 中建立了小信号模型，在 PSCAD/EMTDC 平台下搭建了详细的电磁暂态模型。该混合三端直流输电系统，额定直流电压为±500kV，整流站 LCC_1 额定功率为 3000MW，逆变站 MMC_2(201 电平)额定功率为 2000MW，逆变站 MMC_3(201 电平)额定功率为 1000MW，直流线路 1、2、3 长度分别为 800km、400km、300km，线路单位长度参数为 0.0127Ω/km、0.88mH/km、0.013μF/km。

系统初始运行于额定工况，三个交流系统的短路比分别为 $SCR_1=3\angle 85°$、$SCR_2=2\angle 85°$、$SCR_3=2\angle 85°$，LCC_1 直流电流参考值 I_{dcref_1} =1.0p.u.(3kA)，MMC_2 直流电压参考值 U_{dcref_2} =1.0p.u.(单极 500kV)，MMC_3 直流功率参考值 $P_{ref_3}=-1.0$p.u.

(单极传输功率 500MW，参考方向为交流系统流向换流站)。MMC_3 换流站的定有功功率参考值 P_{ref_3} 在 t=5.0s 时从–1.0p.u.下降到–0.95p.u.，6.5s 恢复至额定值，其他参考值保持不变。基于 MATLAB 和 PSCAD 的系统动态响应对比结果如图 4-9 所示，图 4-9 为 LCC_1 换流站直流电流、MMC_2 换流站直流电压、MMC_3 换流站有功功率以及子模块电容电压的动态特性波形图。由图 4-9 可看出，本书建立的小信号模型的动态响应和详细电磁暂态模型的仿真结果基本一致，因此有效地验证了混合三端直流输电系统小信号模型的正确性。

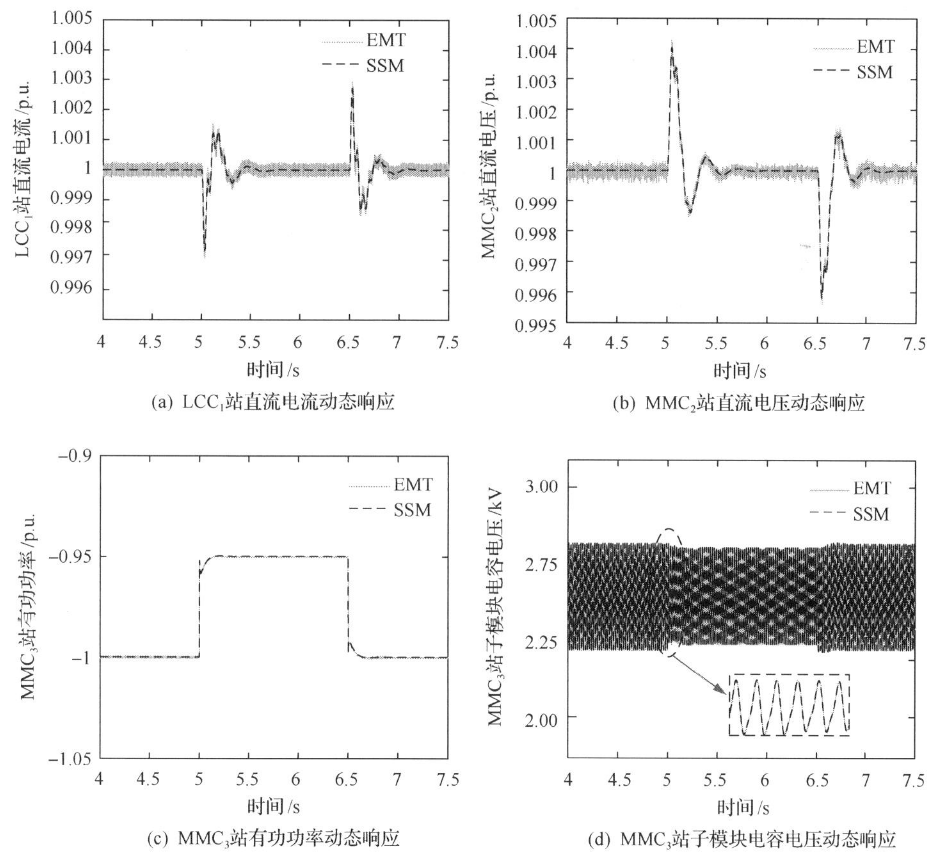

(a) LCC_1站直流电流动态响应　(b) MMC_2站直流电压动态响应

(c) MMC_3站有功功率动态响应　(d) MMC_3站子模块电容电压动态响应

图 4-9　MMC_3 换流站 P_{ref_3} 阶跃时系统的动态特性

4.3　混合多馈入直流输电系统的小信号模型

混合多馈入直流输电系统由功率馈入落点接近的 LCC-HVDC 子系统和 VSC-HVDC 子系统构成，本节以混合双馈入直流输电系统为例，首先介绍系统结构，然后建立其小信号模型，最后验证所建立模型的正确性。

4.3.1 混合双馈入直流输电系统的结构

混合双馈入直流输电系统的结构如图 4-10 所示，由 LCC-HVDC 子系统和 VSC-HVDC 子系统通过一定的电气距离相联构成。

需要说明的是，考虑到混合双馈入直流输电系统中 LCC-HVDC 子系统与 VSC-HVDC 子系统在逆变侧有紧密的耦合，因此对于两个子系统的整流侧进行了简化处理。对于 LCC-HVDC 子系统，考虑到直流电流在整流侧定直流电流控制作用下基本不变，所以 LCC-HVDC 子系统的直流侧用直流电流源模拟；对于 VSC-HVDC 子系统，考虑到直流电压在整流站定直流电压控制作用下基本不变，所以 VSC-HVDC 子系统的直流侧用直流电压源模拟。另外，为了研究逆变侧 LCC 与 VSC 的相互作用，VSC 子系统采用两电平 VSC 的模型，忽略了 MMC 内部的谐波动态过程。

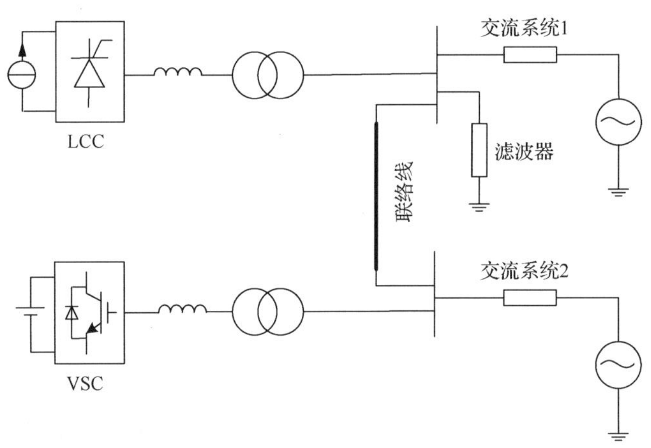

图 4-10　混合双馈入直流输电系统的结构图

混合双馈入直流输电系统等值电路原理图如图 4-11 所示。其中，对于 LCC 子系统，u_{v1}、i_{v1} 分别为换流器出口侧的交流电压与电流，R_{T1}、L_{T1} 分别为换流变压器的等值电阻和电感，u_{t1} 是 LCC 系统交流母线 PCC 电压，u_{s1} 是交流系统电压，R_{s1}、L_{s1} 分别是交流系统等值电阻与电感，i_{s1} 是流过交流系统的电流；对于 VSC 子系统，u_{v2}、i_{v2} 分别为换流器出口侧的交流电压与电流，R_{T2}、L_{T2} 分别为联接变压器的等值电阻和电感，u_{t2} 是 VSC 系统交流母线 PCC 电压，u_{s2} 是交流系统电压，R_{s2}、L_{s2} 分别是交流系统等值电阻与电感，i_{s2} 是流过交流系统的电流；对于两个子系统之间的联络线，R_{oh}、L_{oh} 及 C_1 与 C_2 分别是其等值电阻、电感及对地电容，i_3 是流过联络线的电流。

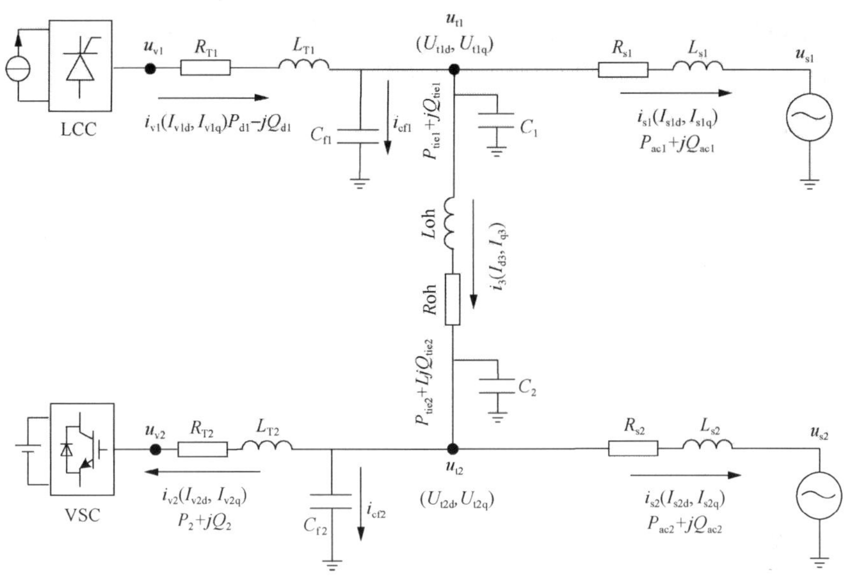

图 4-11　混合双馈入直流输电系统的等值电路原理图

图 4-11 所示混合双馈入直流输电的控制系统主要由 LCC 子系统的锁相环 PLL_1、定关断角控制、VSC 子系统的锁相环 PLL_2 及电流矢量控制 VCC 组成。其中，VCC 采用定交流母线电压和定有功功率的控制方式。

4.3.2　混合双馈入直流输电系统小信号模型的建立

1. 混合双馈入直流输电系统的接口模型

对于如图 4-11 所示的混合双馈入直流输电系统，LCC 子系统的数学模型是基于自身锁相环 PLL_1 输出的频率 ω_1 和相位 θ_1 作为 dq 变换基准建立的；VSC 子系统的数学模型是基于自身锁相环 PLL_2 输出的频率 ω_2 和相位 θ_2 作为 dq 变换基准建立的。LCC 子系统与 VSC 子系统通过联络线互联构成混合双馈入直流系统时，需要基于联络线的状态空间方程建立接口模型，从而实现不同 dq 坐标系下 LCC 与 VSC 系统状态空间模型的互联。

由图 4-11 联络线上的电压电流关系，可得如下接口模型。

$$
\begin{cases}
L_{\mathrm{oh}}\dfrac{\mathrm{d}}{\mathrm{d}t}\begin{bmatrix} I_{\mathrm{d3}} \\ I_{\mathrm{q3}} \end{bmatrix} = \begin{bmatrix} U'_{\mathrm{t1d}} \\ U'_{\mathrm{t1q}} \end{bmatrix} - \begin{bmatrix} U_{\mathrm{t2d}} \\ U_{\mathrm{t2q}} \end{bmatrix} + \omega_2 L_{\mathrm{oh}}\begin{bmatrix} -I_{\mathrm{q3}} \\ I_{\mathrm{d3}} \end{bmatrix} - R_{\mathrm{oh}}\begin{bmatrix} I_{\mathrm{d3}} \\ I_{\mathrm{q3}} \end{bmatrix} \\
(C_1 + C_{\mathrm{f}})\dfrac{\mathrm{d}}{\mathrm{d}t}\begin{bmatrix} U_{\mathrm{t1d}} \\ U_{\mathrm{t1q}} \end{bmatrix} = \begin{bmatrix} I_{\mathrm{v1d}} \\ I_{\mathrm{v1q}} \end{bmatrix} - \begin{bmatrix} I'_{\mathrm{d3}} \\ I'_{\mathrm{q3}} \end{bmatrix} - \begin{bmatrix} I_{\mathrm{s1d}} \\ I_{\mathrm{s1q}} \end{bmatrix} + \omega_1 (C_1 + C_{\mathrm{f}})\begin{bmatrix} -U_{\mathrm{t1q}} \\ U_{\mathrm{t1d}} \end{bmatrix}
\end{cases} \tag{4-15}
$$

式中，C_1、C_2 为线路对地电容；U_{t1d}、U_{t1q} 是 LCC 子系统 PCC 电压 u_{t1} 基于 LCC

系统锁相环 PLL_1 的 d 轴、q 轴分量，U'_{t1d}、U'_{t1q} 是 u_{t1} 基于 VSC 系统锁相环 PLL_2 的 d 轴、q 轴分量；I_{d3}、I_{q3} 是联络线电流 i_3 基于 PLL_2 的 d 轴、q 轴分量，I'_{d3}、I'_{q3} 是 i_3 基于 PLL_1 的 d 轴、q 轴分量。

由 dq 变换的原理可知，不同 dq 坐标系下的 dq 分量之间满足如下关系。

$$\begin{cases} U'_{t1d} = U_{t1d}\cos(\theta_2-\theta_1) - U_{t1q}\sin(\theta_2-\theta_1) \\ U'_{t1q} = U_{t1q}\cos(\theta_2-\theta_1) + U_{t1d}\sin(\theta_2-\theta_1) \end{cases} \tag{4-16}$$

$$\begin{cases} I'_{d3} = I_{d3}\cos(\theta_1-\theta_2) - I_{q3}\sin(\theta_1-\theta_2) \\ I'_{q3} = I_{q3}\cos(\theta_1-\theta_2) + I_{d3}\sin(\theta_1-\theta_2) \end{cases} \tag{4-17}$$

将式(4-16)、式(4-17)代入式(4-15)，便可得到接口模型。式(4-15)描述的接口模型可用图 4-12 表示。

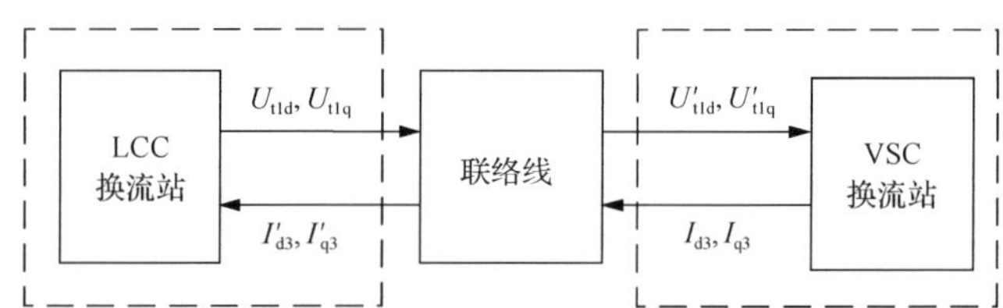

图 4-12 混合双馈入直流输电系统的接口模型

2. 混合双馈入直流输电系统的小信号模型

基于第 2 章的 LCC 系统模型、第 3 章的 VSC 模型及以上接口模型，可以建立混合双馈入直流输电系统的状态空间模型[4]，如式(4-18)所示。

$$\frac{\mathrm{d}\boldsymbol{X}}{\mathrm{d}t} = \boldsymbol{F}(\boldsymbol{X},\boldsymbol{U}) \tag{4-18}$$

将上述状态空间模型线性化可得到相应的小信号模型。

$$\frac{\mathrm{d}\Delta\boldsymbol{X}}{\mathrm{d}t} = \boldsymbol{A}\Delta\boldsymbol{X} + \boldsymbol{B}\Delta\boldsymbol{U} \tag{4-19}$$

式中，$\Delta\boldsymbol{X}$ 为 n 维状态变量矩阵的增量形式；$\Delta\boldsymbol{U}$ 为 r 维输入变量矩阵的增量形式；$\boldsymbol{A}$ 为 $n\times n$ 阶状态矩阵，$\boldsymbol{B}$ 为 $n\times r$ 阶输入矩阵；对于混合双馈入直流输电系统，有 $n=35$ 且 $r=3$；状态变量 $\boldsymbol{X}=[U_{t1d}, U_{t1q}, U_{cr2d}, U_{cr2q}, U_{cr3d}, U_{cr3q}, U_{cr4d}, U_{cr4q}, I_{Lr1d}, I_{Lr1q}, I_{Lr2d}, I_{Lr2q}, I_{s1d}, I_{s1q}, x_1, \theta_1, \omega_1, U_{t2d}, U_{t2q}, I_{s2d}, I_{s2q}, \theta_2, \omega_2, I_{d3}, I_{q3}, x_{01}, x_{02}, x_{03}, x_{04}, x_{12}, x_{22}, x_{32}, x_{42}, I_{v2d}, I_{v2q}]^{\mathrm{T}}$；输入变量 $\boldsymbol{U}=[\gamma_{ref}, U_{t2ref}, P_{2ref}]$，$U_{t2ref}$ 和 P_{2ref} 为 VSC 系统交线母线电压和有功功率参考值。相关状态变量及物理含义如表 4-3 所示。

表 4-3　混合双馈入直流输电系统的状态变量及其物理意义

子系统	物理意义	状态变量
交流系统 1	PCC 点电压	$U_{\mathrm{t1d}}, U_{\mathrm{t1q}}$
	交流滤波器	$U_{\mathrm{cr2d}}, U_{\mathrm{cr2q}}, U_{\mathrm{cr3d}}, U_{\mathrm{cr3q}}, U_{\mathrm{cr4d}}, U_{\mathrm{cr4q}}, I_{\mathrm{Lr1d}}, I_{\mathrm{Lr1q}}, I_{\mathrm{Lr2d}}, I_{\mathrm{Lr2q}}$
	交流系统电流	$I_{\mathrm{s1d}}, I_{\mathrm{s1q}}$
LCC 控制系统	关断角控制器	x_1
PLL_1	—	θ_1, ω_1
交流系统 2	PCC 点电压	$U_{\mathrm{t2d}}, U_{\mathrm{t2q}}$
	交流系统电流	$I_{\mathrm{s2d}}, I_{\mathrm{s2q}}$
联络线	联络线电流	$I_{\mathrm{d3}}, I_{\mathrm{q3}}$
VSC 及其控制系统	VCC 测量环节	$x_{01}, x_{02}, x_{03}, x_{04}$
	VCC 外环交流电压/有功功率控制	x_{32}, x_{42}
	VCC 内环控制	x_{12}, x_{22}
	VSC 出口侧交流电流 d、q 轴分量	$I_{\mathrm{v2d}}, I_{\mathrm{v2q}}$
PLL_2	—	θ_2, ω_2

4.3.3　混合双馈入直流输电系统小信号模型的验证

为了验证所建立的混合双馈入直流输电系统小信号模型的正确性，在 PSCAD/EMTDC 仿真平台上搭建了如图 4-11 所示的混合双馈入直流输电系统的仿真模型。

该混合双馈入直流输电系统中，LCC 子系统 2000MW，VSC 子系统 1500MW。初始系统运行于额定工况，LCC 与 VSC 子系统的交流系统强度分别为 $\mathrm{SCR}_1=1.5$、$\mathrm{SCR}_2=1.5$，联络线长度为 100km，单位长度电阻 0.028Ω/km，单位长度电抗 0.271H/km，单位长度对地电容 0.0068μF/km。分别设置如下不同的参考值阶跃工况，并与 PSCAD 下详细电磁暂态仿真结果对比，来验证小信号模型的正确性。

(1) t=3.0s 时，LCC 系统的关断角γ_{ref}从 1.0p.u.(15°) 阶跃下降到 0.95p.u.(14.25°)，t=5s 时恢复至 1.0p.u.。基于 MATLAB 和 PSCAD 的动态响应对比结果如图 4-13(a) 所示，从上至下分别为 LCC 子系统关断角γ、VSC 子系统有功功率 P_2、交流母线电压有效值 U_{t2} 的动态响应。

(2) t=3.0s 时，VSC 系统的 P_2 从 1.0p.u.(1500MW) 阶跃下降到 0.95p.u.(1425MW)，t=5s 时恢复至 1.0p.u.。基于 MATLAB 和 PSCAD 的动态响应对比结果如图 4-13(b) 所示，从上至下分别为γ、P_2、U_{t2} 的动态响应；

(3) t=3.0s 时，VSC 系统的 U_{t2} 从 1.0p.u.(500kV) 阶跃下降到 0.95p.u.(475kV)，t=5s 时恢复至 1.0p.u.。基于 MATLAB 和 PSCAD 的动态响应对比结果如图 4-13(c) 所示，从上至下分别为γ、P_2、U_{t2} 的动态响应。

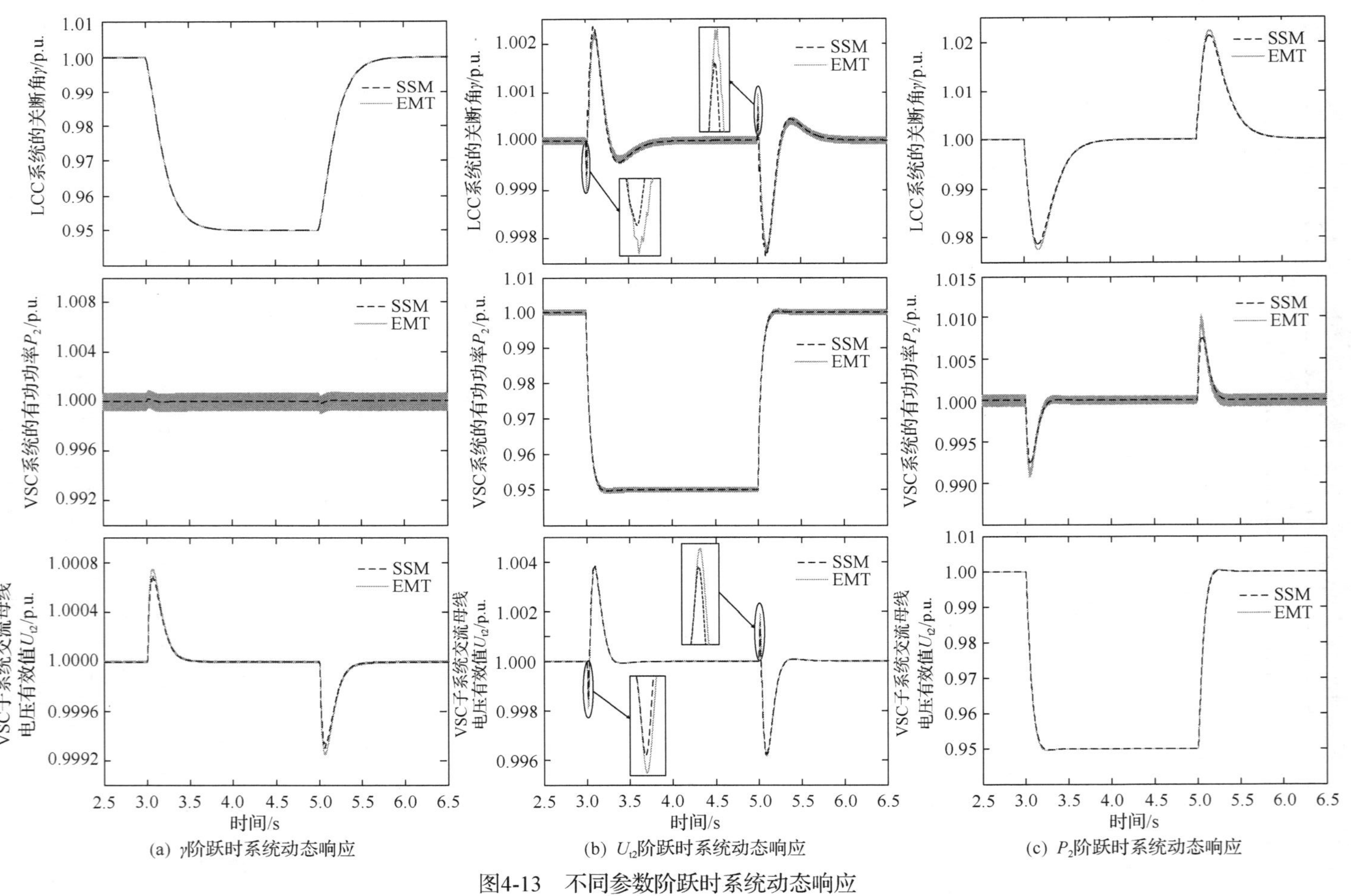

图4-13　不同参数阶跃时系统动态响应

图 4-13 中灰色波形是基于 PSCAD/EMTDC 的仿真结果，由于详细电磁暂态模型考虑了换流器谐波特性，所以在其波形中存在谐波成分；虚线波形是 MATLAB 中建立的小信号模型的动态响应结果，仅考虑了 LCC 和 VSC 基频开关函数特性。由图可知，在给定的γ、P_2、U_{t2}阶跃条件下，基于 PSCAD 的电磁暂态仿真波形和基于 MATALB 的小信号模型的动态响应基本一致，有效验证了本节所推导的混合双馈入直流输电系统小信号模型的正确性。

4.4　含 STATCOM 的 LCC-HVDC 系统的小信号模型

本节建立含 STATCOM 的 LCC-HVDC 系统的小信号模型，该系统包含 LCC 换流站及其控制系统、STATCOM 及其控制系统以及交流系统。其中，LCC 换流站控制系统包含定关断角控制和锁相环 PLL；STATCOM 控制系统包含经典电流矢量控制 VCC(其外环控制为定直流电压和定交流电压控制)和锁相环 PLL。由于 STATCOM 稳态运行时的外特性及控制原理与两电平 VSC 换流器类似，故本书中的 STATCOM 数学模型采用第 2 章两电平 VSC 的模型，所以本节主要介绍 STATCOM 与 VSC 建模的区别之处，以及 STATCOM 与 LCC-HVDC 系统之间的接口模型[5]。

4.4.1　含 STATCOM 的 LCC-HVDC 系统的结构

含 STATCOM 的 LCC-HVDC 系统(下文称为 LCC-HVDC-STATCOM 混合系统)结构如图 4-14(a)所示，其中，基于 VSC 技术的 STATCOM 并联接入 LCC-HVDC 的受端交流母线 PCC 处，其单线原理图如图 4-14(b)所示。图 4-14(a)中交流滤波器具体结构与 CIGRE 标准测试模型中的交流滤波器相同。

其中，LCC-HVDC 系统以逆变站为例，其换流单元采用 12 脉动换流器，并假设整流站在控制系统的作用下保持直流电流不变；u_t为系统交流母线电压，即公共连接点 PCC 电压，LCC 与 STATCOM 系统通过各自的 PLL 环节跟踪 PCC 处电压。

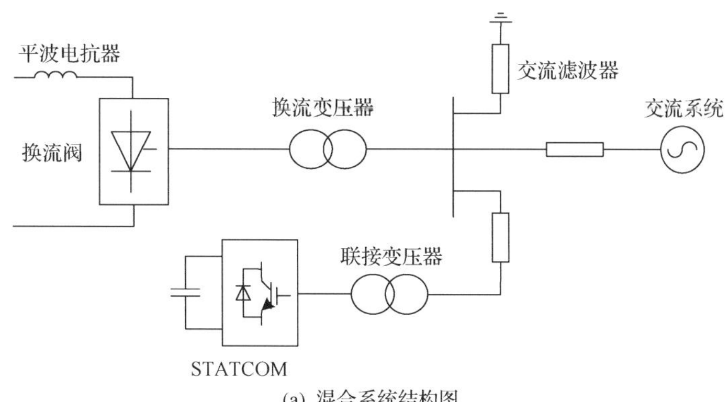

(a) 混合系统结构图

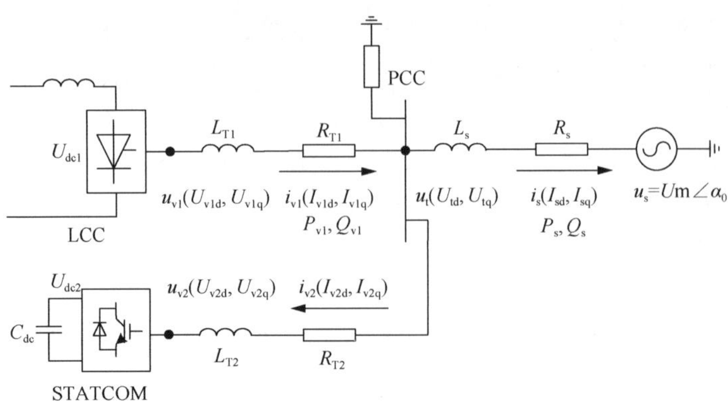

(b) 混合系统单线原理图

图 4-14　LCC-HVDC-STATCOM 混合系统结构

交流系统由戴维南等值电压源 u_s 表示，其等值系统电阻与电感分别为 R_s、L_s，流过电流为 i_s；对于 LCC 侧，R_{T1}、L_{T1} 分别为换流变压器的等值电阻和电感，u_{v1}、i_{v1} 分别为 LCC 换流器出口侧的交流电压与电流；对于 STATCOM 侧，R_{T2}、L_{T2} 分别为联接变压器的等值电阻和电感，u_{v2}、i_{v2} 为 STATCOM 出口侧的交流电压与电流。

LCC-HVDC-STATCOM 混合系统的控制系统结构如图 4-15 所示。其中 LCC 逆变站采用定关断角控制，γ、γ_{ref} 分别为关断角及其参考值；STATCOM 采用电流矢量控制，其外环控制方式为定直流电压和定交流电压控制，U_{dc2}、U_{dc2ref} 分别为 STATCOM 直流电压及其参考值，U_t、U_{tref} 分别为交流母线电压及其参考值。LCC

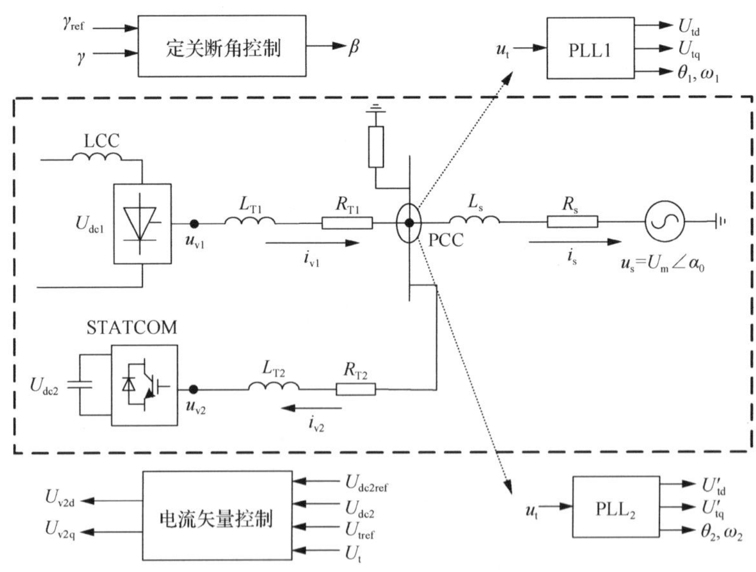

图 4-15　含 STATCOM 的 LCC-HVDC 系统的控制结构

与 STATCOM 系统通过各自的 PLL 环节同步至 PCC 点处电压，PLL_1 为 LCC 换流站的锁相环控制，输出的参考角频率和相位为 ω_1 和 θ_1；PLL_2 为 STATCOM 的锁相环控制，输出的参考角频率和相位为 ω_2 和 θ_2；由于 STATCOM 并联接入 LCC-HVDC 系统逆变侧同一交流母线，因此 PLL_1 与 PLL_2 的输入信号取自同一母线电压 u_t，如图所示。U_{td}、U_{tq} 与 U'_{td}、U'_{tq} 分别为母线电压 u_t 于 PLL_1 与 PLL_2 坐标系下的 d 轴、q 轴分量。

4.4.2　含 STATCOM 的 LCC-HVDC 系统小信号模型的建立

区别于 VSC 系统，STATCOM 不进行有功功率的传输，根据 STATCOM 的运行原理，STATCOM 在交直流侧的等效电路如图 4-16 所示。

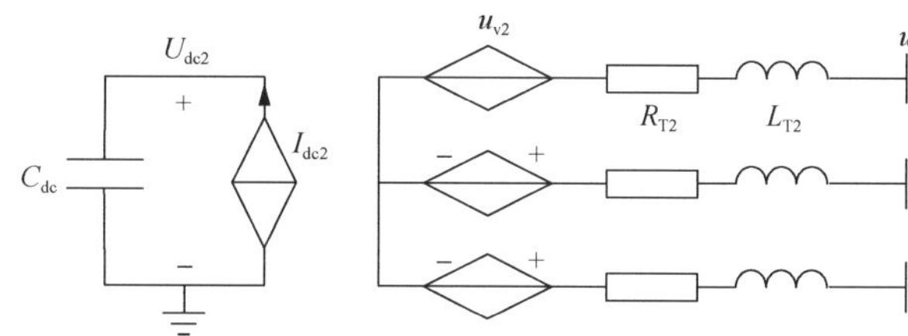

图 4-16　STATCOM 的交直流侧等效电路

忽略 STATCOM 换流器的损耗，交直流侧的有功功率相等，因此直流侧的等效电流源 I_{dc2} 可以表示为

$$I_{dc2}=\frac{1.5(U'_{td}I_{v2d}+U'_{tq}I_{v2q})}{U_{dc2}} \tag{4-20}$$

式中，U_{dc2} 为 STATCOM 的直流电压；U'_{td}、U'_{tq} 分别为母线电压 u_t 在 PLL_2(PLL_2 为 STATCOM 及其控制系统提供参考频率和相位)对应 dq 坐标系下的 d 轴、q 轴分量，I_{v2d}、I_{v2q} 分别为 STATCOM 出口侧交流电流 i_{v2} 在 PLL_2 对应 dq 坐标系下的 d 轴、q 轴分量。

相应的状态空间方程可表示为

$$C_{dc}\frac{dU_{dc2}}{dt}=\frac{1.5(U'_{td}I_{v2d}+U'_{tq}I_{v2q})}{U_{dc2}} \tag{4-21}$$

式中，C_{dc} 为 STATCOM 的直流侧电容。式(4-21)为 STATCOM 直流侧的状态空间模型，其交流侧的状态空间模型可参考第 3 章中两电平 VSC 的模型。

需要注意的是，LCC 换流站及交流系统是以 PLL_1 的输出作为参考频率和相位来建模的，而 STATCOM 及其控制系统是以 PLL_2 的输出作为参考频率和相位进行建模的，因此，在建立 LCC-HVDC-STATCOM 混合系统的小信号模型时，需要对不同 dq 坐标系下的电压与电流进行接口变换，接口模型如图 4-17 所示。

STATCOM 出口侧的交流电流 i_{v2} 在 PLL_2 对应 dq 坐标系下的 d 轴、q 轴分量为 I_{v2d}、I_{v2q}，而 LCC 换流站出口侧的交流电流 i_{v1} 在 PLL_1 对应 dq 坐标系下 d 轴、q 轴分量为 I_{v1d}、I_{v1q}。令交流系统以 PLL_1 对应 dq 坐标系为参考坐标系，需将 I_{v2d}、I_{v2q} 变换为 PLL_1 对应 dq 坐标系下的电流 I'_{v2d}、I'_{v2q} 后方可列写 PCC 点处的 KCL 方程。具体变换关系为

$$\begin{cases} I'_{v2d} = I_{v2d}\cos(\theta_1 - \theta_2) - I_{v2q}\sin(\theta_1 - \theta_2) \\ I'_{v2q} = I_{v2q}\cos(\theta_1 - \theta_2) + I_{v2d}\sin(\theta_1 - \theta_2) \end{cases} \tag{4-22}$$

式中，ω_1、θ_1 为 PLL_1 输出的角频率和相位，ω_2、θ_2 为 PLL_2 输出的角频率和相位。

此外，交流母线电压 u_t 在 PLL_1 对应 dq 坐标系下的 d 轴、q 轴分量为 U_{td}、U_{tq}，需将 U_{td}、U_{tq} 变换为 PLL_2 对应 dq 坐标系下的 U'_{td}、U'_{tq} 后才可用于 STATCOM 控制系统中。具体变换关系为

$$\begin{cases} U'_{td} = U_{td}\cos(\theta_2 - \theta_1) - U_{tq}\sin(\theta_2 - \theta_1) \\ U'_{tq} = U_{tq}\cos(\theta_2 - \theta_1) + U_{td}\sin(\theta_2 - \theta_1) \end{cases} \tag{4-23}$$

式(4-22)和式(4-23)即是 LCC 系统与 STATCOM 之间的接口模型，如图 4-17 所示。

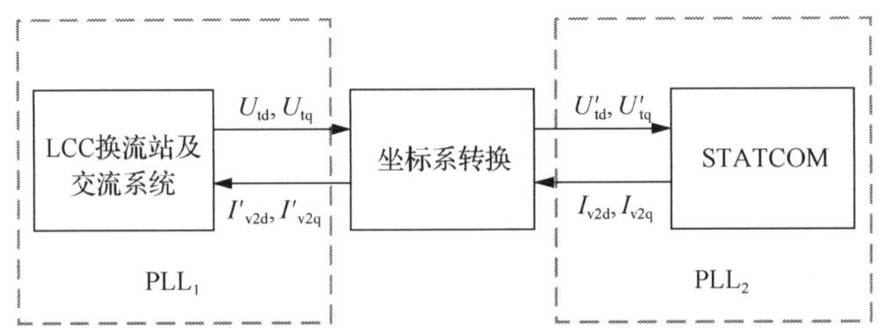

图 4-17　LCC-HVDC 与 STATCOM 之间的接口模型

综合 LCC 换流站及其控制系统模型、STATCOM 及其控制系统模型及式(4-22)与式(4-23)所述的接口模型，可以得到 LCC-HVDC-STATCOM 混合系统的小信号模型，如式(4-24)所示

$$\frac{\mathrm{d}\Delta \boldsymbol{X}}{\mathrm{d}t} = \boldsymbol{A}\Delta \boldsymbol{X} + \boldsymbol{B}\Delta \boldsymbol{U} \tag{4-24}$$

式中，$\Delta \boldsymbol{X}$ 为 n 维状态变量矩阵的增量形式；$\Delta \boldsymbol{U}$ 为 r 维输入变量矩阵的增量形式；$\boldsymbol{A}$ 为 $n \times n$ 阶状态矩阵，$\boldsymbol{B}$ 为 $n \times r$ 阶输入矩阵；对于含 STATCOM 的 LCC-HVDC

系统，有 n=31 且 r =3；状态变量 $\boldsymbol{X}$=[U_{td}, U_{tq}, U_{cr2d}, U_{cr2q}, U_{cr3d}, U_{cr3q}, U_{cr4d}, U_{cr4q}, I_{Lr1d}, I_{Lr1q}, I_{Lr2d}, I_{Lr2q}, I_{sd}, I_{sq}, x_γ, γ_m, θ_1, ω_1, U_{tdm}, U_{tqm}, I_{v2dm}, I_{v2qm}, x_1, x_2, x_3, x_4, I_{v2d}, I_{v2q}, U_{dc2}, θ_2, ω_2]^T；输入变量 $\boldsymbol{U}$=[γ_{ref}, U_{dc2ref}, U_{tref}]。各状态变量的含义及其物理意义如表 4-4 所示。

表 4-4　LCC-HVDC-STATCOM 混合系统中的状态变量及其物理意义

子系统	物理意义	状态变量
交流系统	交流母线电压 u_t	U_{td}, U_{tq}
	交流滤波器	U_{cr2d}, U_{cr2q}, U_{cr3d}, U_{cr3q}, U_{cr4d}, U_{cr4q}, I_{Lr1d}, I_{Lr1q}, I_{Lr2d}, I_{Lr2q}
	交流系统电流	I_{sd}, I_{sq}
LCC 控制系统	关断角控制器及测量环节	x_γ, γ_m
PLL_1	—	θ_1, ω_1
STATCOM 及其控制系统	外环 u_t 测量环节	U_{tdm}, U_{tqm}
	内环 i_{v2} 测量环节	I_{v2dm}, I_{v2qm}
	外环直流电压控制器	x_3
	外环交流电压控制器	x_4
	内环电流控制器	x_1, x_2
	内环电流	I_{v2d}, I_{v2q}
	直流电压	U_{dc2}
PLL_2	—	θ_2, ω_2

4.4.3　含 STATCOM 的 LCC-HVDC 系统小信号模型的验证

为验证所建立的小信号模型的正确性，在 PSCAD/EMTDC 仿真环境下搭建了如图 4-14 所示的混合系统模型，并通过下文参考值阶跃工况进行小信号模型的验证。其中，LCC 系统参数为 500kV/1000MW；STATCOM 系统参数为 100Mvar；交流系统参数为 SCR=2∠84°(230kV)。

1. 关断角阶跃工况

系统初始工作在额定运行状态(SCR=2.0，γ_{ref} =1.0p.u.，U_{tref} =1.0p.u.，U_{dc2ref} = 1.0p.u.)，3.0s 时 LCC 系统关断角参考值 γ_{ref} 从 1.0p.u.(15°)阶跃下降到 0.95p.u.(14.25°)，4.5s 时恢复至 1.0p.u.。基于小信号模型和 PSCAD 中电磁暂态仿真的动态响应对比结果如图 4-18 所示，分别对比了在关断角 γ_{ref} 发生阶跃时，系统关断角 γ、有功功率 P_s、交流母线电压有效值 U_t 及 STATCOM 直流电压 U_{dc2} 的动态特性。由图可知，在设定的关断角阶跃条件下，基于小信号模型的动态响应和基于 PSCAD 的电磁暂态仿真结果基本一致，验证了所推导小信号模型的正确性。需要注意的是，基于 MATLAB 的模型仅考虑了 LCC 和 STATCOM 的基频成分；而基于 PSCAD 的结果是考虑换流器谐波特性后的详细电磁暂态仿真结果，因此图 4-18、图 4-19 和图 4-20 中的 PSCAD 结果中存在谐波成分。

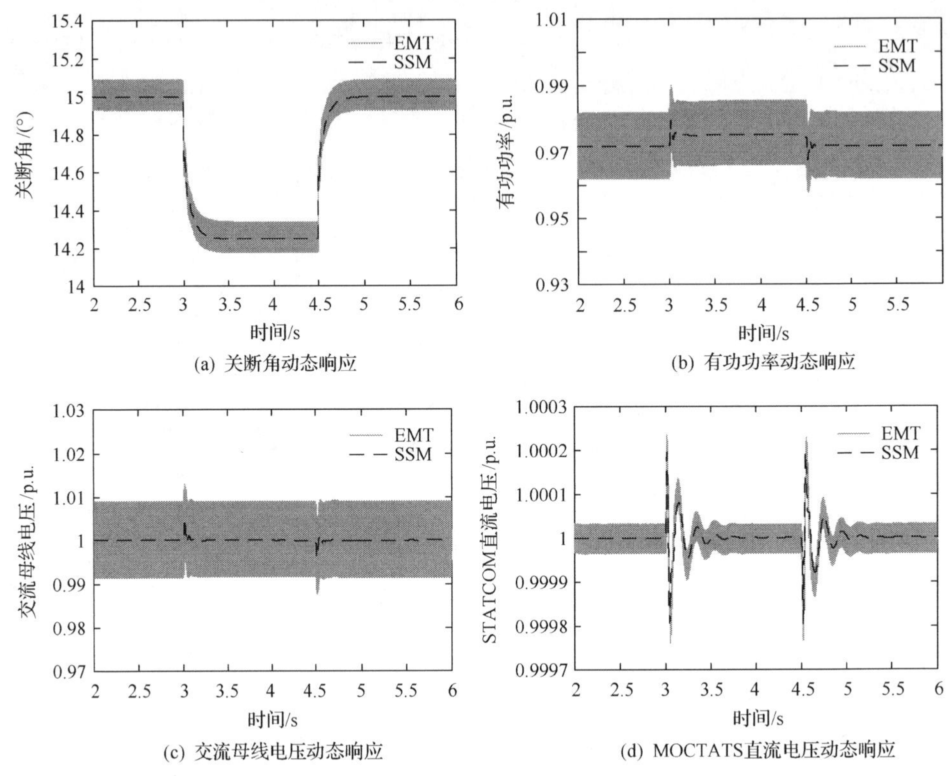

(a) 关断角动态响应 (b) 有功功率动态响应

(c) 交流母线电压动态响应 (d) MOCTATS直流电压动态响应

图 4-18 γ_{ref}阶跃时系统的动态特性

2. 交流母线电压阶跃工况

同样地，3.0s 时，交流母线电压参考值 U_{tref} 从 1.0p.u.阶跃下降到 0.95p.u.，4.5s 时，恢复至 1.0p.u.。基于小信号模型和电磁暂态仿真的动态响应对比结果如图 4-19 所示。可以看出，小信号模型的动态响应和电磁暂态仿真结果基本一致，进一步验证了所推导小信号模型的正确性。

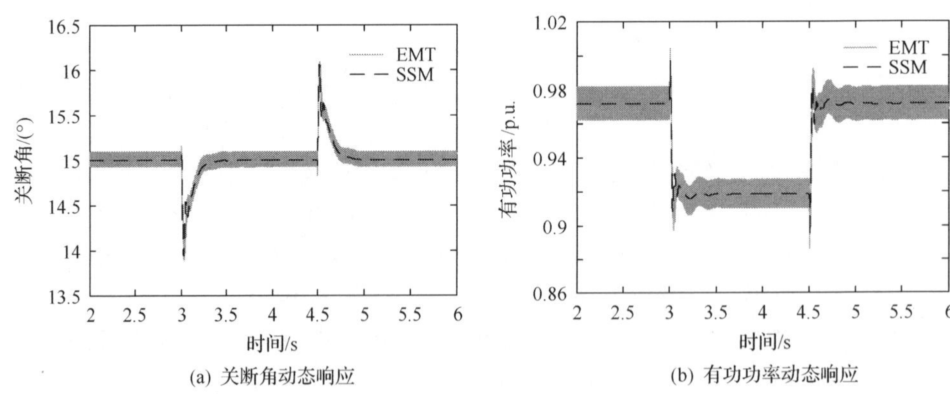

(a) 关断角动态响应 (b) 有功功率动态响应

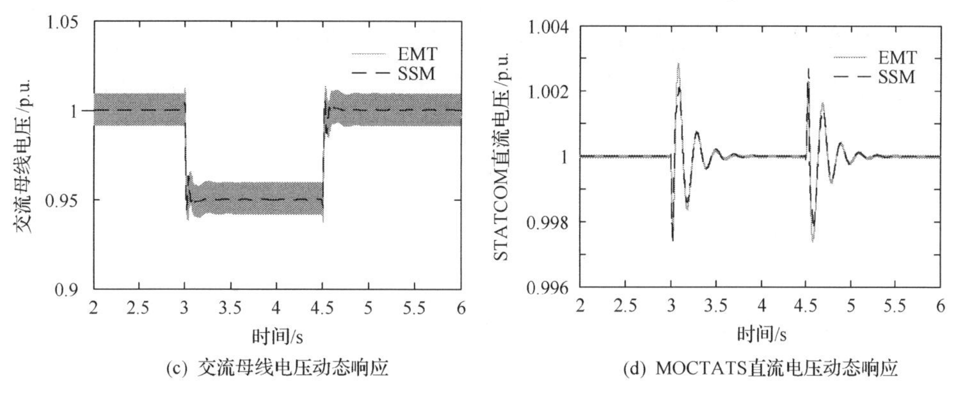

(c) 交流母线电压动态响应　　(d) MOCTATS直流电压动态响应

图 4-19　U_{tref}阶跃时系统的动态特性

3. STATCOM 直流电压阶跃工况

同样地，3.0s 时 STATCOM 直流电压参考值 U_{dc2ref}从 1.0p.u.阶跃下降到 0.95p.u.，4.5s 时恢复至 1.0p.u.。基于小信号模型和电磁暂态仿真的动态响应对比结果如图 4-20

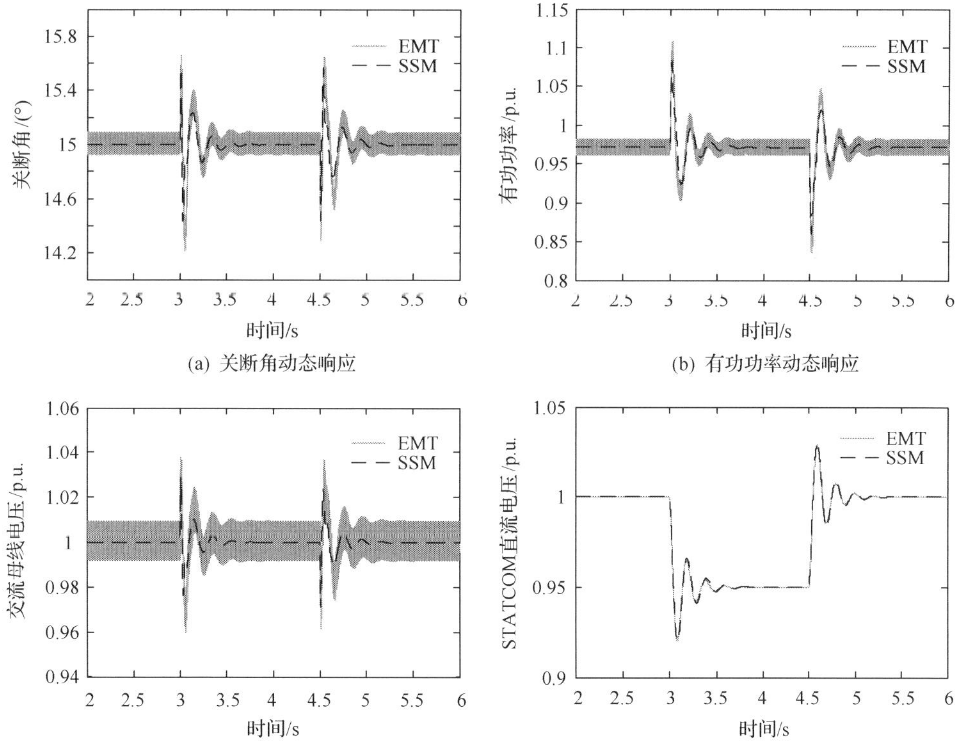

(a) 关断角动态响应　　(b) 有功功率动态响应

(c) 交流母线电压动态响应　　(d) MOCTATS直流电压动态响应

图 4-20　U_{dc2erf}阶跃时系统的动态特性

所示。由图可知，在设定的 STATCOM 直流电压阶跃条件下，基于小信号模型的动态响应与基于电磁暂态的仿真结果基本吻合，进一步验证了所推导小信号模型的正确性。

4.5　其他混合直流输电系统的小信号模型

本章仅以 4 种混合直流输电结构介绍小信号模型的建立和验证方法，对于其他类型的混合直流输电系统，也可采用类似的思路。

参 考 文 献

[1] 郭春义, 殷子寒, 王烨, 等. LCC-MMC 型混合直流输电系统小干扰动态模型. 中国电机工程学报, 2018, 38(16): 4705-4714.

[2] 郭春义, 殷子寒, 王烨, 等. LCC-MMC 型混合直流输电系统小干扰稳定性研究. 中国电机工程学报, 2019, 39(4): 1040-1051.

[3] Guo C Y, Zheng A R, Yin Z R, et al. Small-signal stability of hybrid multi-terminal HVDC system. International Journal of Electrical Power & Energy Systems, 2019, 109: 434-443.

[4] 郭春义, 赵剑, 刘炜, 等. 一种适用于混合多馈入直流输电系统的附加虚拟电阻阻尼控制方法. 中国电机工程学报, 2019, 39(12): 3400-3408.

[5] 郭春义, 蒋雯, 赵成勇, 等. 含 STATCOM 的 LCC-HVDC 系统的动态模型及小信号稳定性研究. 中国电机工程学报, 2018, 38(14): 4046-4055+4310.

第5章　柔性直流电网的小信号模型

本章建立基于 MMC 的柔性直流电网的小信号模型[1]，包括等值交流系统、MMC 换流站及直流架空线网络的数学建模。其中，所建立的换流器模型能够详细反映 MMC 内部复杂的谐波动态过程[2]，即子模块电容电压波动、桥臂环流及考虑环流抑制器的控制效果。首先，基于模块化的建模方式，通过建立模型接口，推导出柔性直流电网的非线性状态空间模型；然后，基于所建立的非线性状态空间模型，在系统某一运行点处进行线性化，获得相应的柔性直流电网小信号模型；最后，对 MATLAB 中建立的小信号模型与 PSCAD/EMTDC 中搭建的电磁暂态仿真模型进行动态响应特性的对比，来验证小信号模型的正确性，从而为后续的直流电网稳定性分析奠定模型基础。

5.1　柔性直流电网的非线性状态空间模型

基于 MMC 的四端柔性直流电网的结构如图 5-1 所示，单端 MMC 换流站的单相等效电路及 MMC 的三相拓扑结构如图 5-2 所示。其中，交流系统采用戴维南等效电路，即电压源 u_s 串联等效阻抗 $Z_s=R_s+j\omega L_s$ 形式；联接变压器采用等效损耗电阻 R_T 串联电感 L_T 的结构；交流侧 PCC 及换流器交流出口处的电压分别用 u_t、

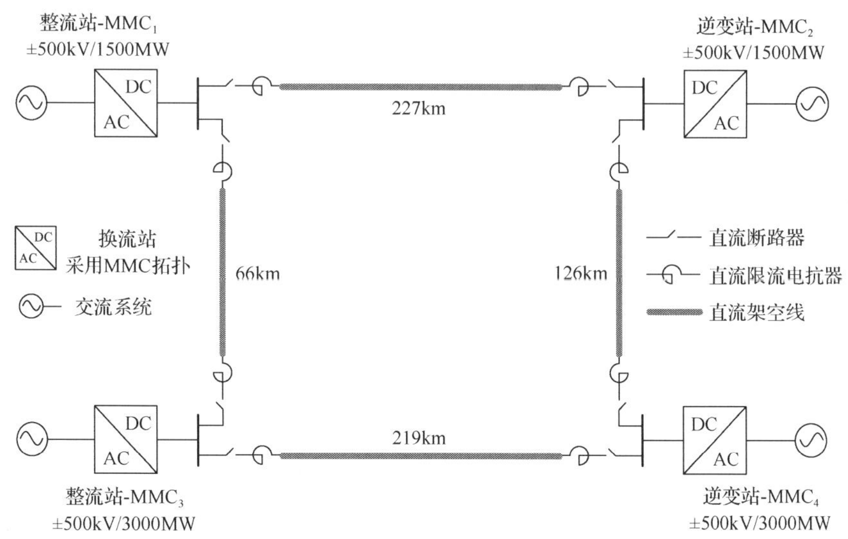

图 5-1　四端柔性直流电网系统示意图

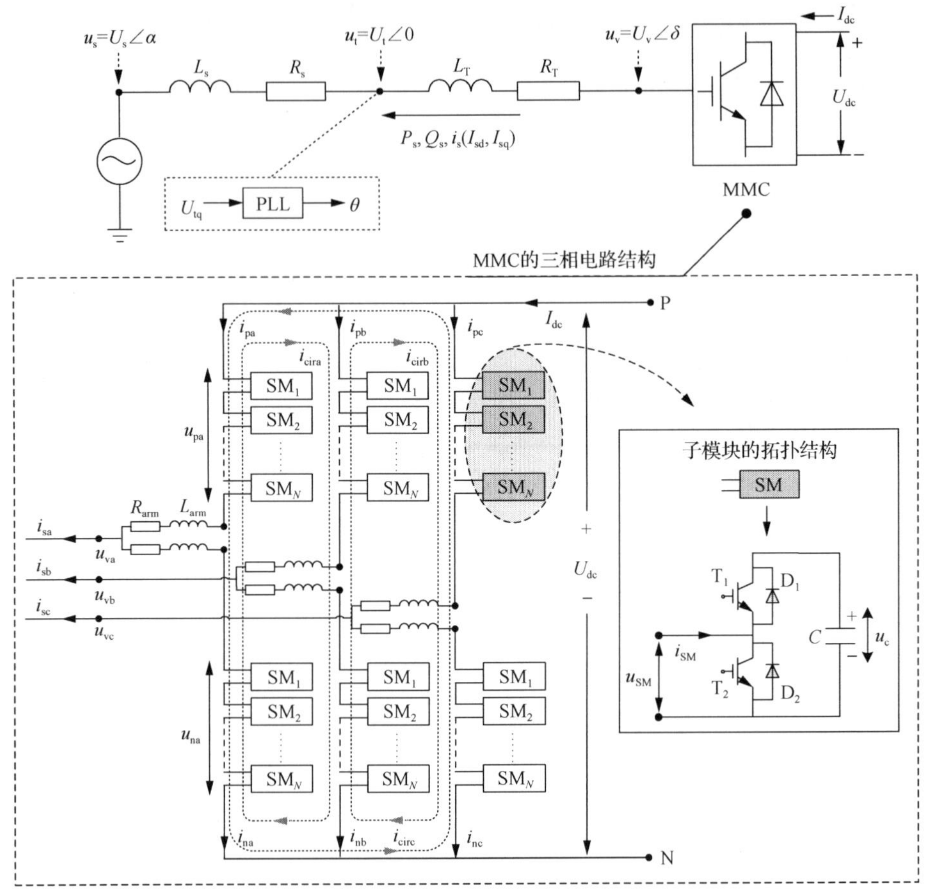

图 5-2　MMC 换流站的等效电路结构

u_v 表示；交流侧电流用 i_s 表示。在 MMC 拓扑中，N 表示各相上、下桥臂所串联的子模块数目；L_{arm}、R_{arm} 及 C 分别表示桥臂电感、桥臂电阻和子模块电容；各相上、下桥臂的电压及电流分别用 u_{pj}、u_{nj}、i_{pj}、i_{nj} (j=a, b, c) 表示；子模块电容电压记作 u_c；直流电压及直流电流分别记作 U_{dc}、I_{dc}。

5.1.1　单个 MMC 换流站模型的建立

对于单个 MMC 换流站，其非线性状态空间模型的一般形式如式(5-1)所示。式(5-1)中，状态变量矩阵 $\boldsymbol{X}_{station}$ 与输入变量矩阵 $\boldsymbol{U}_{station}$ 已在 3.2 节中介绍(参考公式(3-56))。

$$\frac{d\boldsymbol{X}_{station}}{dt}=\boldsymbol{F}(\boldsymbol{X}_{station},\boldsymbol{U}_{station}) \tag{5-1}$$

5.1.2　直流架空线网络模型的建立

直流架空线网络的等效电路如图 5-3 所示，每条直流架空线均采用 T 型等效结构的集中参数模型[3, 4]，其中，$L_{\mathrm{dc}x\_1}$、$L_{\mathrm{dc}x\_2}$ 为 MMC_x 站直流侧限流电抗器的等值电感；R_{lxy}、L_{lxy}、C_{lxy} 分别为 MMC_x 站-MMC_y 站间直流线路的等值电阻、电感和对地电容。图 5-3 中，实线箭头所标识的变量为架空线网络建模时所选取的状态变量，虚线箭头所标识的变量则为建模时的中间变量，可由系统状态变量表示。以 MMC_1 站- MMC_2 站间的直流线路为例，可列写其状态空间方程为

$$\begin{cases}(L_{\mathrm{dc}2\_1}+0.5L_{l12})\dfrac{\mathrm{d}I_{l12\_2}}{\mathrm{d}t}=U_{\mathrm{sc}12}-U_{\mathrm{dc}\_2}-0.5R_{l12}I_{l12\_2}\\ C_{l12}\dfrac{\mathrm{d}U_{\mathrm{sc}12}}{\mathrm{d}t}=-I_{l12\_1}-I_{l12\_2}\\ I_{l12\_1}=I_{\mathrm{dc}\_1}-I_{l13\_1}\end{cases} \tag{5-2}$$

式中，I_{dc_1} 为流入 MMC_1 站直流电流；I_{l12_1}、I_{l12_2}、I_{l13_1} 分别为流过直流限流电抗器 $L_{\mathrm{dc}1\_1}$、$L_{\mathrm{dc}2\_1}$、$L_{\mathrm{dc}1\_2}$ 的直流电流；R_{l12}、L_{l12} 和 C_{l12} 分别为 MMC_1-MMC_2 站间直流线路的等值电阻、等值电感和对地电容；$U_{\mathrm{sc}12}$ 为对地电容 C_{l12} 上的电压；U_{dc_2} 为 MMC_2 站直流电压；I_{l12_1} 为中间变量，可通过状态变量 I_{dc_1} 与状态变量 I_{l13_1} 作差进行消去。

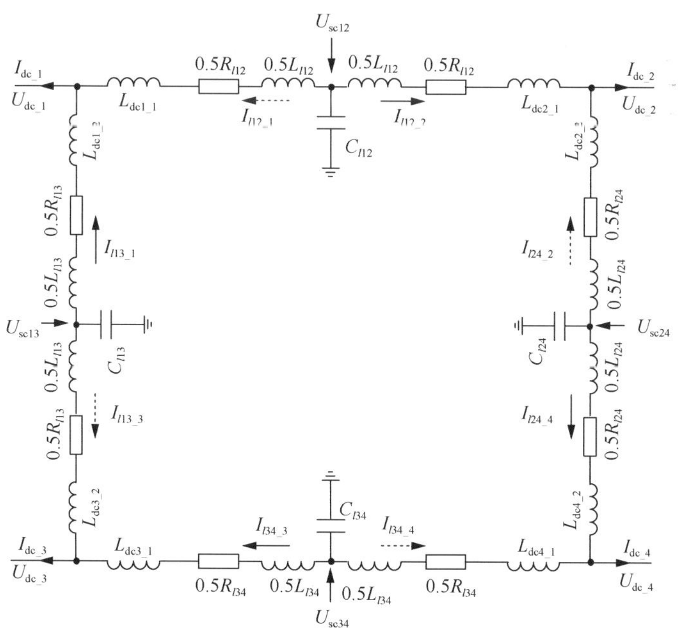

图 5-3　直流架空线网络的等效电路图

同理可列写其余各条直流架空线的状态空间方程，最终可得直流架空线网络的非线性状态空间模型，该模型共有 8 阶，其一般形式为

$$\begin{cases}\dfrac{\mathrm{d}\boldsymbol{X}_{\text{T-Line}}}{\mathrm{d}t}=\boldsymbol{F}(\boldsymbol{X}_{\text{T-Line}},\boldsymbol{U}_{\text{T-Line}})\\ \boldsymbol{Y}_{\text{T-Line}}=\boldsymbol{G}(\boldsymbol{X}_{\text{T-Line}},\boldsymbol{U}_{\text{T-Line}})\end{cases} \tag{5-3}$$

式中，状态变量 $\boldsymbol{X}_{\text{T-Line}}=[U_{\text{sc12}},U_{\text{sc13}},U_{\text{sc34}},U_{\text{sc24}},I_{l13\_1},I_{l34\_3},I_{l24\_4},I_{l12\_2}]_{8\times1}^{\text{T}}$；输入变量 $\boldsymbol{U}_{\text{T-Line}}=[I_{\text{dc}\_1},I_{\text{dc}\_2},I_{\text{dc}\_3},I_{\text{dc}\_4}]_{4\times1}^{\text{T}}$；输出变量 $\boldsymbol{Y}_{\text{T-Line}}=[U_{\text{dc}\_1},U_{\text{dc}\_2},U_{\text{dc}\_3},U_{\text{dc}\_4}]_{4\times1}^{\text{T}}$。

5.1.3 柔性直流电网非线性状态空间模型的建立

基于单个 MMC 换流站的非线性状态空间模型(25 阶)与直流架空线网络的非线性状态空间模型(8 阶)，可得四端柔性直流电网的非线性状态空间模型，该模型共有 108 阶，其矩阵形式的一般表达式为

$$\frac{\mathrm{d}\boldsymbol{X}}{\mathrm{d}t}=\boldsymbol{F}(\boldsymbol{X},\boldsymbol{U}) \tag{5-4}$$

式中，$\boldsymbol{X}$ 为状态变量矩阵；$\boldsymbol{U}$ 为输入变量矩阵，是各换流站控制方式参考指令的集合，其中 MMC_1 站、MMC_3 站、MMC_4 站均采用定有功功率和定无功功率控制方式，MMC_2 站采用定直流电压和定无功功率控制方式。状态变量矩阵 $\boldsymbol{X}$ 及输入变量矩阵 $\boldsymbol{U}$ 分别为

$$\boldsymbol{X}^{108\times1}=\begin{bmatrix}\boldsymbol{X}_{\text{station1}}^{25\times1}\\ \boldsymbol{X}_{\text{station2}}^{25\times1}\\ \boldsymbol{X}_{\text{station3}}^{25\times1}\\ \boldsymbol{X}_{\text{station4}}^{25\times1}\\ \boldsymbol{X}_{\text{T-Line}}^{8\times1}\end{bmatrix},\ \boldsymbol{U}^{8\times1}=\begin{bmatrix}P_{\text{ref}\_1}\\ Q_{\text{ref}\_1}\\ U_{\text{dcref}\_2}\\ Q_{\text{ref}\_2}\\ P_{\text{ref}\_3}\\ Q_{\text{ref}\_3}\\ P_{\text{ref}\_4}\\ Q_{\text{ref}\_4}\end{bmatrix}$$

5.1.4 柔性直流电网状态空间模型的验证

本小节通过对比 MATLAB 中非线性状态空间模型的动态特性与 PSCAD/

EMTDC 中详细电磁暂态模型的仿真结果，来验证 5.1.3 节中所建立的四端柔性直流电网状态空间模型的正确性。系统参数如表 5-1～表 5-3 所示，模型验证工况见表 5-4，直流电网初始运行于额定工况(以单极满功率运行为例，双极结果类似)，t=1.0s 时，MMC_3 站有功功率的参考指令 P_{ref_3} 从 1.0p.u.阶跃至 0.95p.u.，t=3.0s 时恢复至 1.0p.u.，基于 MATLAB 的非线性状态空间模型和基于 PSCAD 的电磁暂态仿真模型的动态响应结果如图 5-4 所示，具体监测量详见表 5-5。图 5-4 中，非线性状态空间模型结果为虚线，用“NLS”表示；电磁暂态仿真结果为实线，用“EMT”表示。

表 5-1 换流站的主要参数

换流站	MMC_1 站	MMC_2 站	MMC_3 站	MMC_4 站
模块数目 N	244	244	244	244
子模块电容 C_{SM}	8mF	8mF	15mF	15mF
桥臂电感 L_{arm}	100mH	100mH	50mH	50mH

表 5-2 直流架空线的主要参数

分布参数	单位长度电阻 r_0	单位长度电感 l_0	单位长度电容 c_0
每公里取值	0.0127Ω/km	0.88mH/km	0.013μF/km

表 5-3 各站的运行模式与控制方式

换流站	MMC_1 站	MMC_2 站	MMC_3 站	MMC_4 站
运行模式	整流运行	逆变运行	整流运行	逆变运行
控制方式	定有功功率 定无功功率	定直流电压 定无功功率	定有功功率 定无功功率	定有功功率 定无功功率

表 5-4 模型验证-MMC_3 站有功指令发生阶跃

时间	换流站	运行工况
t = 0s(各站初始运行状态)	MMC_1 站	P_{s_1}=1.0p.u.(750MW)，Q_{s_1}=0
	MMC_2 站	U_{dc_2}=1.0p.u.(500kV)，Q_{s_2}=0
	MMC_3 站	P_{s_3}=1.0p.u.(1500MW)，Q_{s_3}=0
	MMC_4 站	P_{s_4}= −1.0p.u.(1500MW)，Q_{s_4}=0
t = 1.0s	—	P_{ref_3} 从 1.0p.u.阶跃至 0.95p.u.
t = 3.0s	—	P_{ref_3} 从 0.95p.u.阶跃至 1.0p.u.

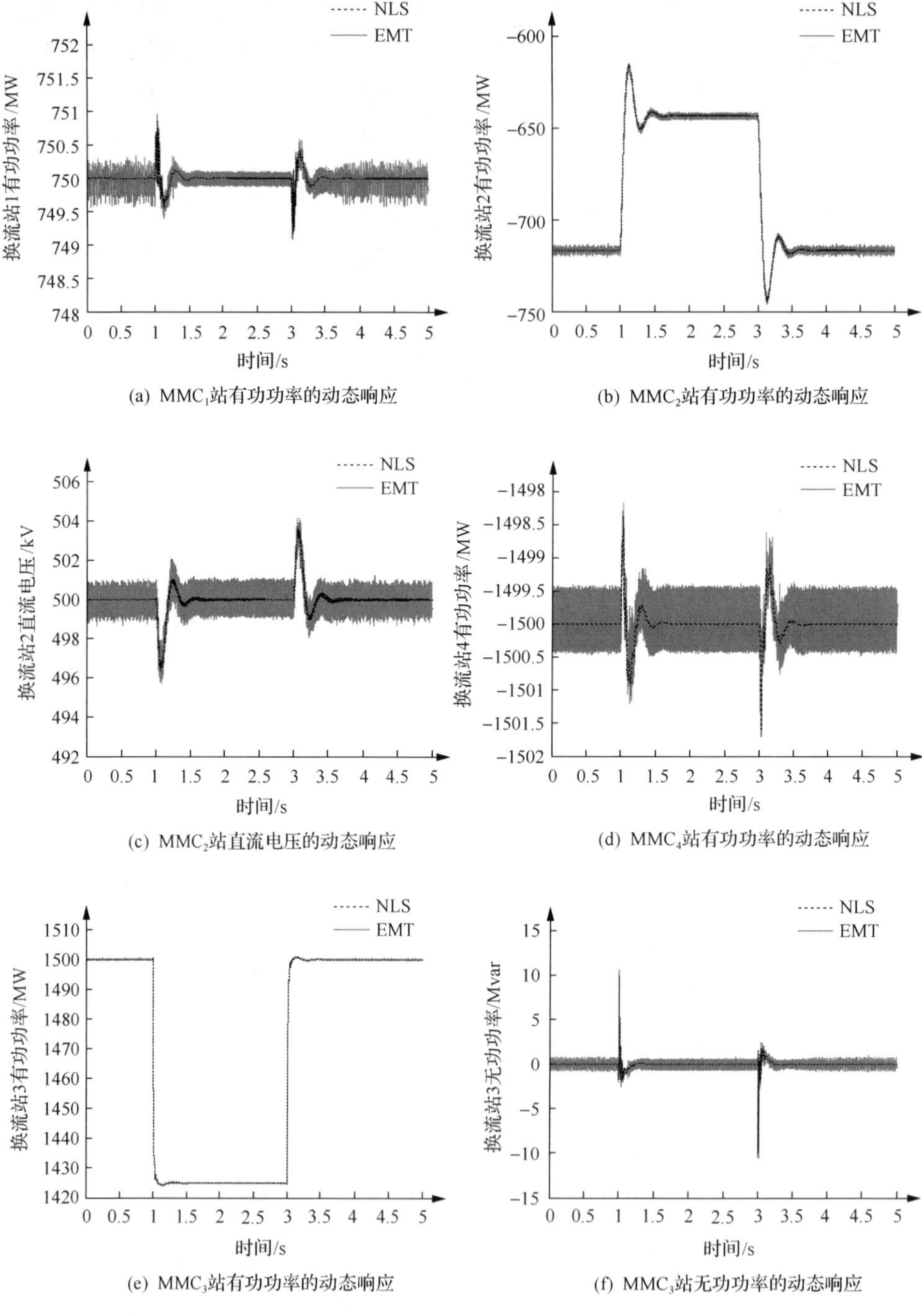

(a) MMC_1站有功功率的动态响应

(b) MMC_2站有功功率的动态响应

(c) MMC_2站直流电压的动态响应

(d) MMC_4站有功功率的动态响应

(e) MMC_3站有功功率的动态响应

(f) MMC_3站无功功率的动态响应

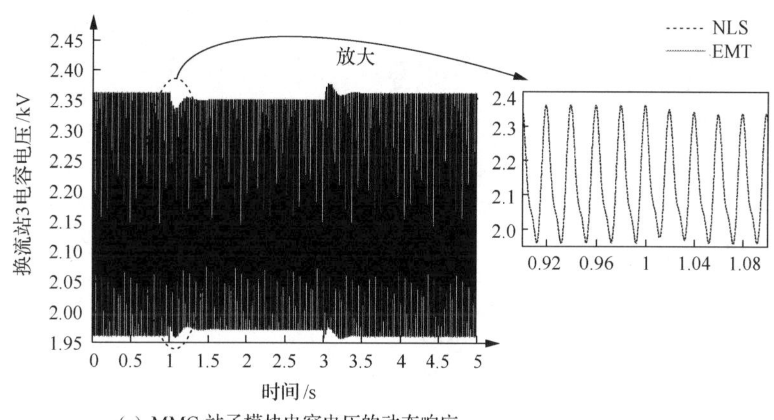

(g) MMC_3站子模块电容电压的动态响应

图 5-4　非线性状态空间模型的验证

表 5-5　模型验证-各换流站的监测量

换流站	监测量
MMC_1站	有功功率 P_{s_1}
MMC_2站	有功功率 P_{s_2}、直流电压 U_{dc_2}
MMC_3站	有功功率 P_{s_3}、无功功率 Q_{s_3}及子模块电容电压 u_{c_3}
MMC_4站	有功功率 P_{s_4}

由图 5-4 可知，在设定的有功指令阶跃条件下，基于 MATALB 的非线性状态空间模型的动态响应和基于 PSCAD 的电磁暂态仿真模型的动态响应基本一致，尤其是 MATLAB 中子模块电容电压的动态响应可以准确描述 PSCAD 中基于 IGBT 开关器件的电磁暂态模型的内部谐波动态特性(如图 5-4(g)所示)，故有效验证了所推导的四端柔性直流电网非线性状态空间模型的正确性。

5.2　柔性直流电网的小信号模型及验证

5.2.1　柔性直流电网小信号模型的建立

基于式(5-4)所示的四端柔性直流电网的非线性状态空间模型，本节通过在特定运行点处进行线性化，得到了相应的小信号模型，其一般形式为

$$\frac{\mathrm{d}\Delta \boldsymbol{X}}{\mathrm{d}t} = \boldsymbol{A}\Delta \boldsymbol{X} + \boldsymbol{B}\Delta \boldsymbol{U} \tag{5-5}$$

式中，$\Delta \boldsymbol{X}$ 为 n 维状态变量矩阵的增量形式；$\Delta \boldsymbol{U}$ 为 r 维输入变量矩阵的增量形式；$\boldsymbol{A}$ 为 $n \times n$ 阶状态矩阵，其特征根可用于进行小信号稳定性分析；$\boldsymbol{B}$ 为 $n \times r$ 阶输入矩阵，对于四端柔性直流电网有 n=108 且 r=8。

5.2.2　柔性直流电网小信号模型的验证

本节通过对比 MATLAB 中线性化小信号模型的动态特性与 PSCAD/EMTDC 中电磁暂态模型的仿真结果，验证 5.2.1 节中所建立的四端柔性直流电网小信号模型的正确性。系统参数如表 5-1～表 5-3 所示，同理 5.1.4 节中非线性模型的验证过程，令 MMC_3 站进行有功功率阶跃，如表 5-4 所示，基于 MATLAB 的线性化模型和基于 PSCAD 的电磁暂态仿真模型的动态响应结果如图 5-5 所示。

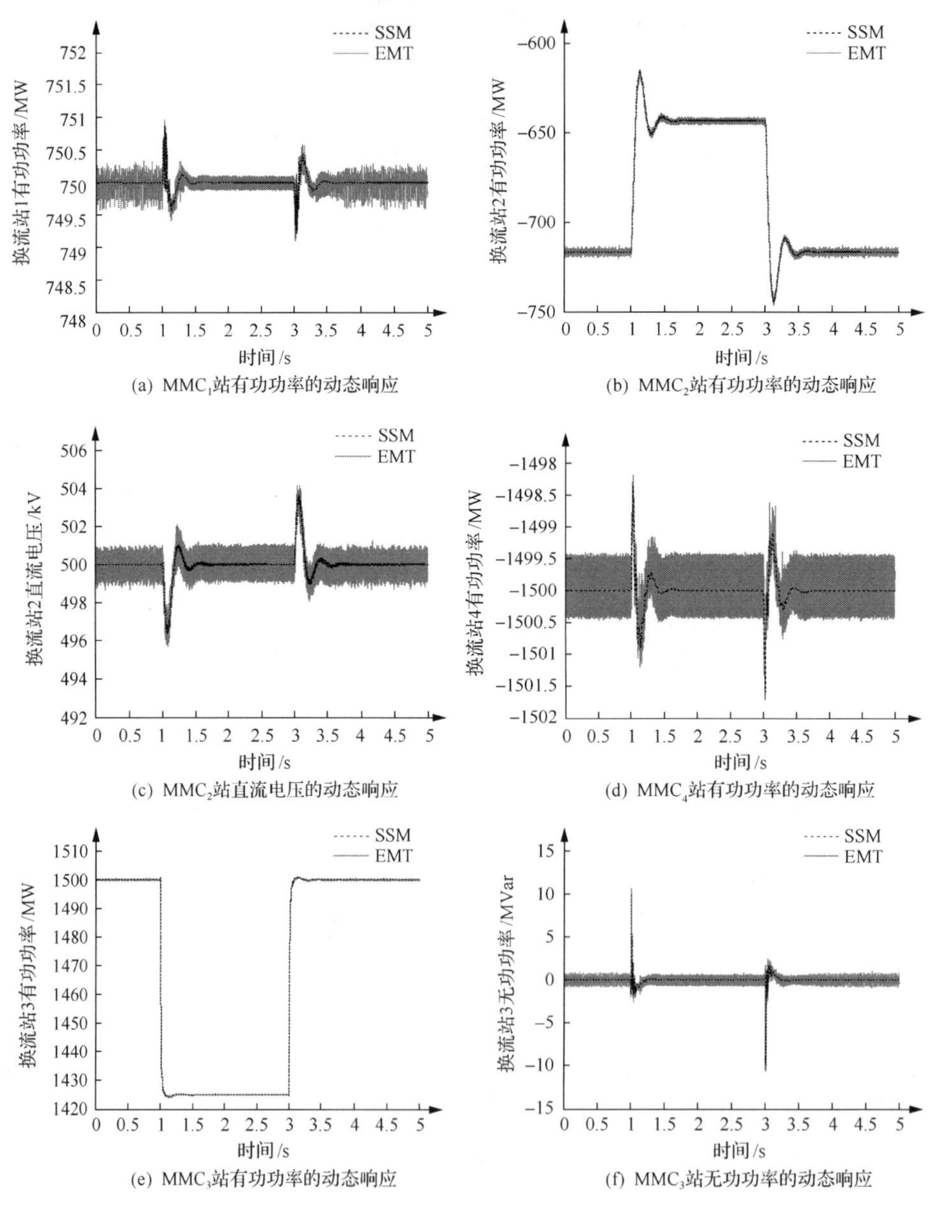

(a) MMC_1站有功功率的动态响应

(b) MMC_2站有功功率的动态响应

(c) MMC_2站直流电压的动态响应

(d) MMC_4站有功功率的动态响应

(e) MMC_3站有功功率的动态响应

(f) MMC_3站无功功率的动态响应

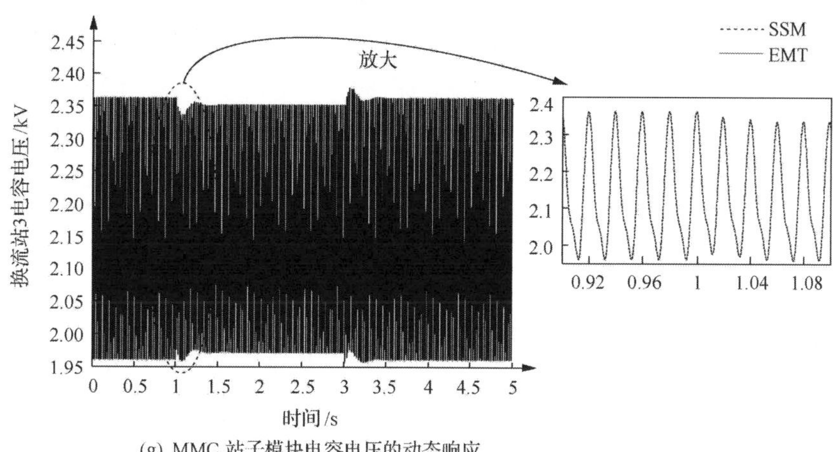

(g) MMC_3站子模块电容电压的动态响应

图 5-5　小信号模型的验证

由图 5-5 可知，在设定的有功指令阶跃的条件下，基于 MATALB 的线性化小信号模型的动态响应和基于 PSCAD 的电磁暂态仿真模型的动态响应基本一致，故有效验证了所推导的四端柔性直流电网小信号模型的正确性。

参 考 文 献

[1] Wang Y, Zhao C Y, Guo C Y. Small-Signal Dynamics of MMC based DC-Grid System// The 15th IET International Conference on AC and DC Power Transmission.Coventry: IET, 2019: 1-6.

[2] Li T, Gole A M, Zhao C Y. Harmonic instability in MMC-HVDC converters resulting from internal dynamics. IEEE Transactions on Power Delivery, 2016, 31(4): 1738-1747.

[3] Song Y, Breitholtz C. Nyquist stability analysis of an AC-gridconnected VSC-HVDC system using a distributed parameter DC cable model. IEEE Transactions on Power Delivery, 2016, 31(2): 898-907.

[4] Li Y, Tang G, Ge J, et al. Modelling and damping control of modular multilevel converter based DC grid. IEEE Transactions on Power Systems, 2018, 33(1): 723-735.

下篇　直流输电系统的小信号稳定性分析

本书上篇基于状态空间法，介绍了直流输电系统小信号模型的建立方法；下篇分别针对传统直流输电、柔性直流输电、混合直流输电(LCC-MMC 型混合直流输电、混合多端直流输电、混合多馈入直流输电、含 STATCOM 的 LCC-HVDC)及柔性直流电网开展小信号稳定性的相关研究。

第 6 章针对 LCC-HVDC 系统，研究锁相环 PLL 和定直流电压控制器对系统小信号稳定性的影响，并且从最大传输功率 MAP 和临界短路比 CSCR 角度出发，评价控制系统对 LCC-HVDC 小信号稳定裕度的影响。

第 7 章针对两电平 VSC 和 MMC 型柔性直流输电系统，研究其在联接弱交流电网时的小信号稳定性，提出频率同步控制和基于电网频率的附加双阻尼控制用以提高系统稳定性；对比分析不同无功控制方式(即定交流电压和定无功功率控制方式)对 MMC 系统稳定性的影响，提出一种基于小信号稳定性和运行约束条件的临界运行短路比评估方法。

第 8 章针对 LCC-MMC 型混合直流输电系统，揭示易引发系统失稳的弱阻尼振荡模态及其特征，研究主电路和控制系统参数对小信号稳定性的影响，提出一种附加频率-电压阻尼控制用以改善弱交流电网场景下系统的稳定性。

第 9 章针对混合多端直流输电系统，辨识系统的弱阻尼模态，基于关键参与状态变量对弱阻尼模态进行了分类，并探究交流系统强度、有功功率类控制环节以及 MMC 环流抑制控制器对系统小信号稳定性的影响。

第 10 章针对混合多馈入直流输电系统，研究了主电路和控制系统参数对系统小信号稳定性的影响，提出了附加虚拟电阻阻尼控制方法用以增强 LCC 与 VSC 之间的电气联系紧密度，从而有效抑制了由于交流系统强度下降而造成的系统小信号失稳；提供了一种基于控制参数灵敏度的参数优化方法，用以改善系统在弱交流电网场景下的稳定性和动态特性。

第 11 章针对含 STATCOM 的 LCC-HVDC 系统，揭示 STATCOM 与 LCC-HVDC 之间的耦合作用机理，研究 STATCOM 对 LCC-HVDC 系统最大传输功率 MAP 和小信号稳定裕度的影响，提出一种附加阻尼协调控制方法，可以有效抑制含 STATCOM 的 LCC-HVDC 系统的小信号失稳，并改善系统的暂态运行特性。

第 12 章针对柔性直流电网，探究控制器参数与交流系统强度在小信号稳定性方面的相互作用规律，提供可以降低柔性直流电网对交流系统强度需求的控制器参数调节方法，从而提升柔性直流电网的小信号稳定裕度。

第 6 章　LCC-HVDC 系统的小信号稳定性

本章以工作于定直流电压控制方式下的 LCC-HVDC 系统逆变站为例，基于第 2 章建立的小信号模型研究 LCC-HVDC 系统的小信号稳定性。由于在准稳态情况下，锁相环和定直流电压控制器对系统的稳定性有直接的影响[1]，本章基于此研究锁相环 PLL 和定直流电压控制器对系统小信号稳定性的影响，并且，从最大传输功率(maximum available power，MAP)和临界短路比(critical short circuit ratio，CSCR)角度出发评价控制系统对 LCC 逆变站小信号稳定裕度的影响。

6.1　系 统 参 数

当 LCC-HVDC 系统的直流电流在整流站定直流电流控制作用下基本保持不变时，LCC 逆变站的直流侧可以采用直流电流源模拟，本章基于此研究锁相环 PLL 和定直流电压控制器对工作于逆变方式的 LCC 系统小信号稳定性的影响。锁相环 PLL 和定直流电压控制器如图 2-3 和图 2-5 所示，LCC 系统参数如表 6-1 所示。

表 6-1　LCC 系统参数

LCC 系统	参数
额定直流电压、功率	500kV、1000MW
交流系统短路比 SCR	1.5∠75°
额定交流母线电压	1.0p.u.(230kV,50Hz)
额定交流系统电压	0.98 p.u.
换流变等效 L_T、R_T	0.152p.u.、0.008p.u.
PLL 增益($K_{iPLL}=5\times K_{pPLL}$)	$K_{pPLL}=10$
定直流电压控制器参数	$K_{pUdc}=20$、$K_{iUdc}=1000$

6.2　锁相环参数对系统小信号稳定性的影响

6.2.1　PLL 增益对系统小信号稳定性的影响

本小节研究 PLL 增益(K_{pPLL})对 LCC 系统小信号稳定性的影响[2]，设置除交流系统强度不同外其他参数均相同的两个案例。案例 1：系统运行于 SCR=1.5、P_{dc}=1.00p.u.、U_t=1.00p.u.的工作点；案例 2：系统运行于 SCR=1、P_{dc}=1.00p.u.、

U_t=1.00p.u.的工作点，通过对比两个案例中，PLL 增益变化时根轨迹的运动趋势，分析 PLL 对系统小信号稳定性的影响。两案例中的定直流电压控制器比例和积分增益参数均如表 6-1 所示。

令案例 1 中 K_{pPLL} 从 5 增大至 180，LCC 系统的根轨迹如图 6-1(a)所示；令案例 2 中 K_{pPLL} 从 5 变化至 100，LCC 系统的根轨迹如图 6-1(b)所示。由图 6-1 可知，SCR 为 1.5 和 1 时，当 K_{pPLL} 增加至 162 和 84 时，主导模态将穿越虚轴，因此 LCC 系统可以保持稳定运行的 K_{pPLL} 的最大允许值(临界值)分别为 162 和 84。下文所述的“主导模态”是指，处于某一稳定运行状态的系统当发生参数变化时，所有特征根中实部最先由负变为正的一组共轭特征根所对应的模态。

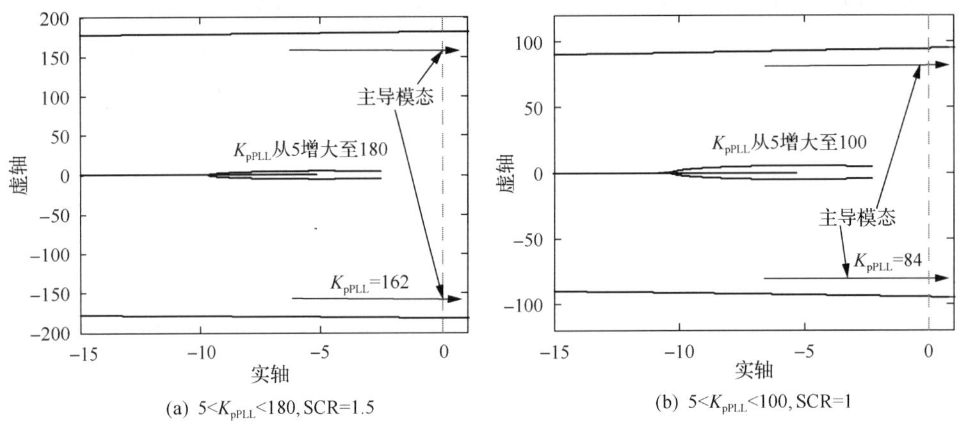

(a) 5<K_{pPLL}<180, SCR=1.5　　(b) 5<K_{pPLL}<100, SCR=1

图 6-1　LCC 系统的根轨迹

图 6-2 为 PSCAD/EMTDC 中 LCC 系统的动态响应验证结果，与图 6-1 对应。系统初始以额定工况运行，t=1s 时，案例 1 中 LCC 系统的 PLL 增益 K_{pPLL} 从 10 阶跃至 180，LCC 系统直流电压的响应如图 6-2(a)所示，图 6-2(b)为图 6-2(a)中不稳定区域的局部放大图。由图 6-2(a)、(b)可知，由于 K_{pPLL} 增大，系统出现了不稳定现象。图 6-2(c)为案例 2 中 LCC 系统 PLL 增益从 10 阶跃至 100 的直流电压响应结果，图 6-2(d)为图 6-2(c)中不稳定区域的局部放大图。同理，由图 6-2(c)和(d)可知，当 K_{pPLL} 在 t=1s 从 10 变为 100 后，案例 2 中的 LCC 系统逐渐失稳。

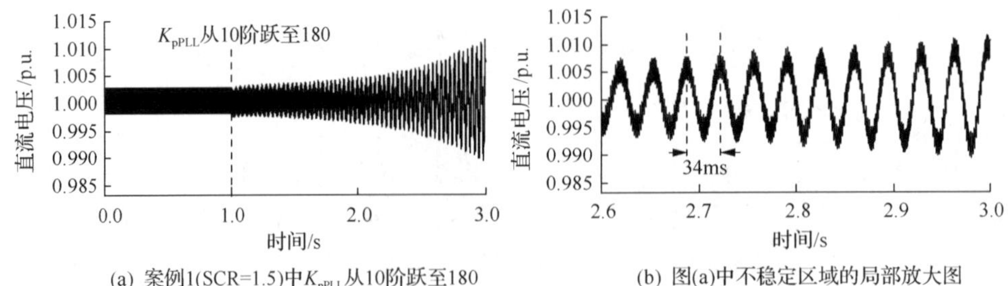

(a) 案例1(SCR=1.5)中K_{pPLL}从10阶跃至180　　(b) 图(a)中不稳定区域的局部放大图

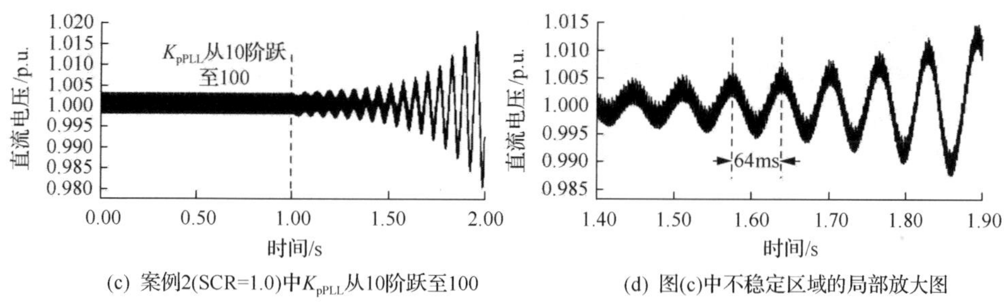

(c) 案例2(SCR=1.0)中K_{pPLL}从10阶跃至100　　(d) 图(c)中不稳定区域的局部放大图

图 6-2　K_{pPLL}阶跃变化时直流电压的动态响应

表 6-2 列出了图 6-2 中 LCC 系统不稳定时的系统特征根。表 6-2 中的案例 1，当 K_{pPLL}=180(SCR=1.5)时，引起系统失稳的主导模态的特征根为 5±184i，振荡周期为 34.1ms(2π/184)，与图 6-2(b)中电磁暂态仿真结果中的发散周期 34ms 基本一致。同样地，表 6-2 中案例 2 的特征根分析结果和图 6-2(d)电磁暂态仿真得到的系统发散周期分别是 64.8ms 和 64.0ms，也非常接近，电磁暂态仿真结果和特征分析结果的一致性也验证了图 6-1 根轨迹结果的正确性。特征根分析和仿真结果表明，在弱交流系统条件下，在可行域范围内较小的 PLL 增益 K_{pPLL} 值可以为系统提供较高的阻尼比，进而保证系统稳定运行。

表 6-2　系统特征根

案例 1：SCR=1.5，K_{pPLL}=180	案例 2：SCR=1，K_{pPLL}=100
−8903	−8917
−10000	−10000
−3805±4960i	−3779±4959i
−2942±4977i	−2923±4966i
−549±1630i	−546±1618i
−539±1076i	−544±1068i
−101±714i	−95±637i
−345	−246
−44±314i	−44±314i
5±184i	7±97i
−18	−23
−5	−5

6.2.2　SCR 对 PLL 增益可行域的影响

本小节研究 SCR 变化时(1≤SCR≤3)对 PLL 增益 K_{pPLL} 可行域的影响。系统运行在 P_{dc}=1.00p.u.、U_t=1.00p.u.的额定工作点(定电压控制器参数取 K_{pUdc}=20、

K_{iUdc}=1000)，SCR 取不同值时，通过逐渐改变 K_{pPLL} 并计算系统特征值，当主导模态穿越虚轴时对应的 K_{pPLL} 值便是可以保持系统稳定的 K_{pPLL} 临界值，K_{pPLL} 最大允许值随 SCR 的变化趋势如图 6-3 所示。注意，本书所述的主导模态是指当系统参数变化时，所有特征根中实部最先由负变正的一组共轭特征根所对应的模态。

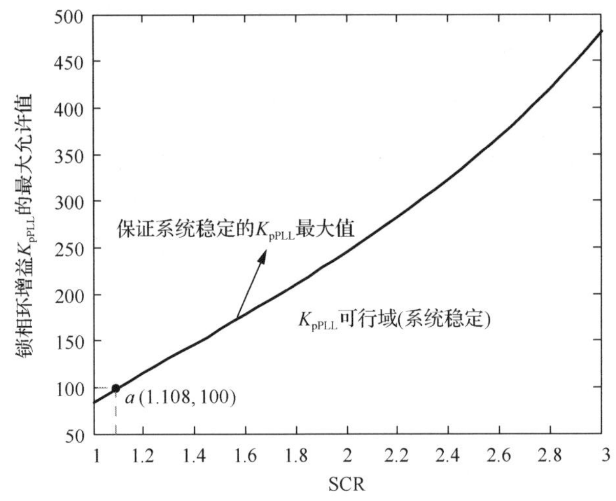

图 6-3　SCR 不同时 K_{pPLL} 的可行域（K_{pUdc}=20、K_{iUdc}=1000）

图 6-3 中 K_{pPLL} 临界值曲线下面的区域即为不同 SCR 值下 PLL 增益 K_{pPLL} 的可行域，图 6-3 表明：SCR 值越大，LCC 逆变站 K_{pPLL} 的临界值也越大，该结果与文献[3]也一致。由图 6-3 可知：①需要根据 SCR 的范围来合理选择 PLL 参数；②在短路比较小的情况下满足系统稳定性要求的 PLL 增益，在短路比较大的情况下也能保证系统稳定。

6.3　定直流电压控制器对系统小信号稳定性的影响

本节研究逆变侧定直流电压控制器参数 K_{pUdc} 和 K_{iUdc} 对 LCC 系统小信号稳定性的影响。系统运行于 P_{dc}=1.00p.u.、U_t=1.00p.u.、SCR=1，K_{pUdc} 从 50 减小至 1 (K_{iUdc}=1000) 时系统的根轨迹如图 6-4(a) 和 (b) 分别表示 K_{pPLL} 取 10 和 100 时的系统根轨迹。需要注意的是，由图 6-2(c) 和 (d) 可知，在 SCR=1 且 K_{pUdc}=20 时，K_{pPLL} 取 10 时，LCC 系统稳定，而 K_{pPLL} 取 100 时，系统不稳定。由图 6-4(a) 可知，随着 K_{pUdc} 在[1,50]内变化，系统始终保持稳定；由图 6-4(b) 可知，随着 K_{pUdc} 的减小，系统的稳定裕度下降，当 K_{pUdc}＜28.6 时，系统不稳定。由此可知，尽管 PLL 增益 K_{pPLL} 取 100 时系统不稳定，但 K_{pUdc} 在 28.6＜K_{pUdc}＜50

范围内均可以使系统保持稳定，因此合理的 K_{pUdc} 取值可以弥补 PLL 增益过大对系统稳定性的负面影响，使 LCC 系统保持稳定。

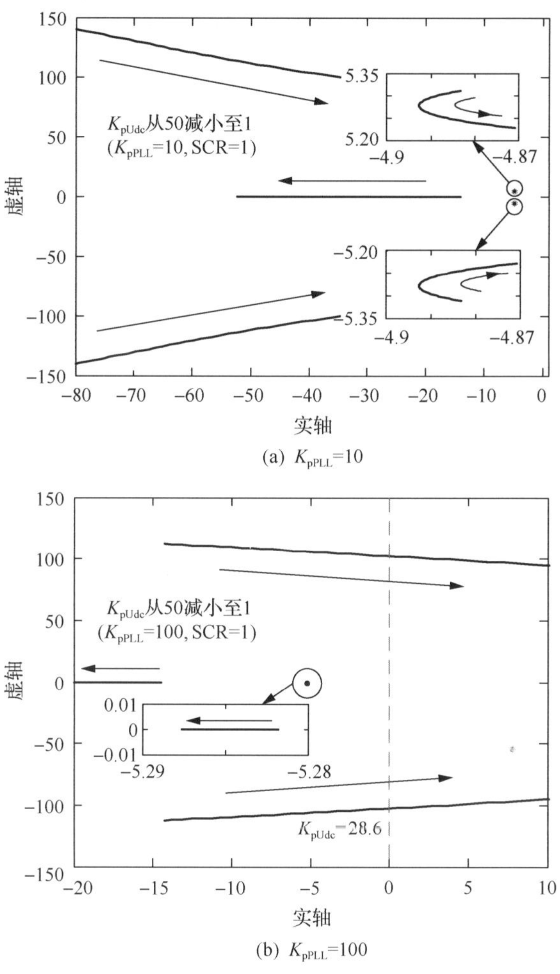

图 6-4　$1<K_{\mathrm{pUdc}}<50$ 时系统的根轨迹(K_{iUdc}=1000)

定直流电压控制器积分增益 K_{iUdc} 从 10 增大至 1000(K_{pUdc}=20)时系统的根轨迹如图 6-5 所示，其中图 6-5(a)、(b)分别表示 K_{pPLL} 取 10 和 100 时系统的根轨迹。由图 6-5(a)可知，当 K_{pPLL}=10 时，随着 K_{iUdc} 的增大，系统始终保持稳定；由图 6-5(b)可知，当 K_{pPLL}=100 时，随着 K_{iUdc} 的增大，系统的稳定裕度下降，当 $K_{\mathrm{iUdc}}>103$ 时，系统不稳定。换言之，尽管 K_{pPLL}=100 会使 LCC 系统(SCR=1)稳定性减弱(由图 6-1(b)和图 6-2(c)可知)，但当 K_{iUdc} 小于 103 时可以使系统稳定运行。

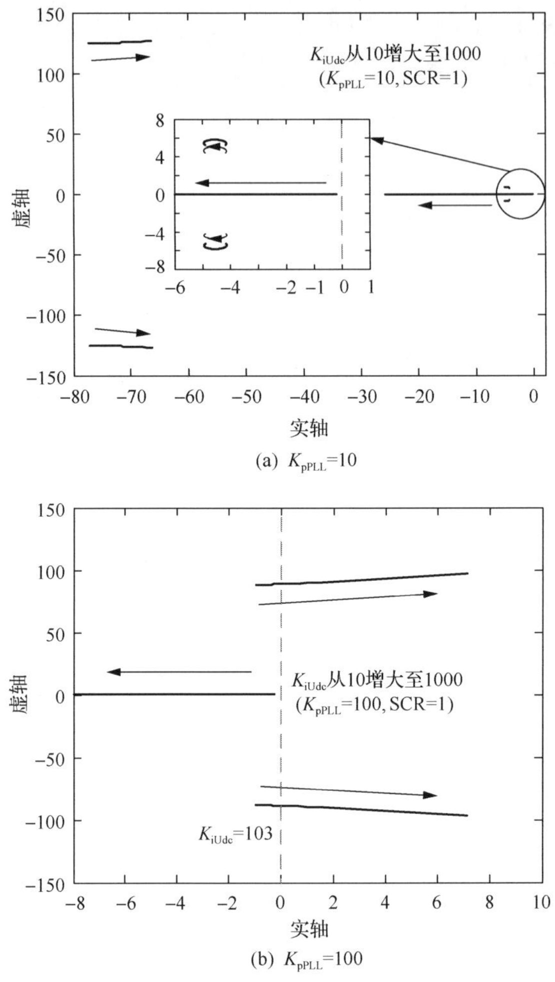

(a) K_{pPLL}=10

(b) K_{pPLL}=100

图 6-5　10<K_{iUdc}<1000 时系统的根轨迹(K_{pUdc}=20)

由图 6-4、图 6-5 可知，当 PLL 增益较大(K_{pPLL}=100)导致系统失稳时，较大的 K_{pUdc} 值(K_{pUdc}>28.6)或较小的 K_{iUdc} 值(K_{iUdc}<103)可以增强 LCC 系统的稳定性。因此，在弱交流电网下，可以通过选取较大的定直流电压控制器比例增益(K_{pUdc})以及较小的积分增益(K_{iUdc})来有效地抑制由 PLL 增益过大导致的系统振荡失稳现象。

为了验证以上特征根分析结果的正确性，基于 PSCAD 进行了时域仿真验证，LCC 系统在 PSCAD 中的时域仿真结果如图 6-6 所示。系统初始运行于额定状态，P_{dc}=1.00p.u.、U_t=1.00p.u.、SCR=1、K_{pPLL}=10、K_{pUdc}=20、K_{iUdc}=1000，初始运行点与图 6-2(c)中稳定区域的运行点相同。t=1s 时，K_{pPLL} 从 10 阶跃至 100，系统出现振荡失稳现象，结果与图 6-2(c)中不稳定的波形一致；t=2s 时，逆变站定直

流电压控制器的 K_{pUdc} 从 20 阶跃至 40，有效抑制了由于 PLL 增益过大(K_{pPLL}=100)而导致系统发生的振荡失稳现象，使系统逐渐恢复稳定运行。该结果与图 6-4(b)的根轨迹分析结论一致，表明即使在 K_{pPLL}=100(SCR=1.0)的情况下，K_{pUdc}＞28.6 也可以使系统保持稳定。

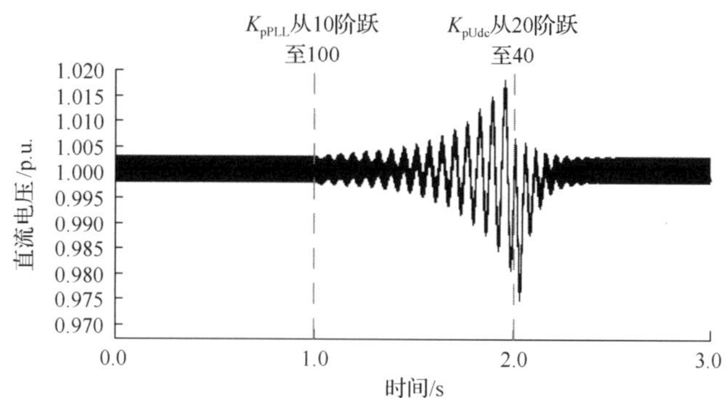

图 6-6　K_{pPLL} 与 K_{pUdc} 阶跃时直流电压响应(SCR=1)

6.4　PLL 增益对功率传输极限及临界短路比的影响

MAP 和 CSCR 是用于描述 LCC 系统运行极限的指标[4]，理论上的 MAP 和 CSCR 值可以通过求解稳态潮流方程得到[4,5]。然而文献[4]和[5]中方法的缺点在于没有考虑 PLL 与控制器参数的影响，因此得到的 MAP 和 CSCR 值实际上是不太准确的。本节基于特征值分析，给出了考虑 PLL 与逆变站定直流电压控制器参数影响后的 MAP 和 CSCR 值的计算方法。MAP 的确定方法如下：

(1) 当控制参数取值不同时，例如 PLL 增益 K_{pPLL}=10、20、50、100、150、200，分析 LCC 系统在不同功率运行点处的小信号稳定性，找到系统可以稳定运行的最大功率运行点。即保持 K_{pPLL} 不变，令直流侧电流/功率(U_{dc} 由逆变站定直流电压控制器保持在 1.00p.u.)从 0.85p.u.增大至 1.05p.u.，观察主导模态的阻尼比来判断系统是否稳定，从而得到在特定 K_{pPLL} 参数下 LCC 系统的 MAP。

(2) 在(1)的基础上同时考虑 LCC 系统的运行约束条件，即关断角 γ 最小限制(例如 $\gamma \geqslant 8°$)，交流系统母线 PCC 电压 U_t 的最大值限制(例如 $U_t \leqslant 1.10$p.u.)。

因此，MAP 值受限于最小关断角、最大 PCC 电压或小信号稳定极限。

根据以上计算方法，SCR 从 0.6 增大至 2 时，得到了 LCC 系统在 K_{pPLL}=100、K_{pUdc}=20 和 K_{iUdc}=1000 的 MAP 特性如图 6-7(a)所示，MAP 特性曲线由 BA、AC 两部分组成。对于每一个 SCR，有功功率从 0.85p.u.逐渐增加至 1.05p.u.，直到 LCC 系统达到限制条件之一，即最小关断角、最大 PCC 电压和小信号稳定极限，即可得到相应的 MAP 值。

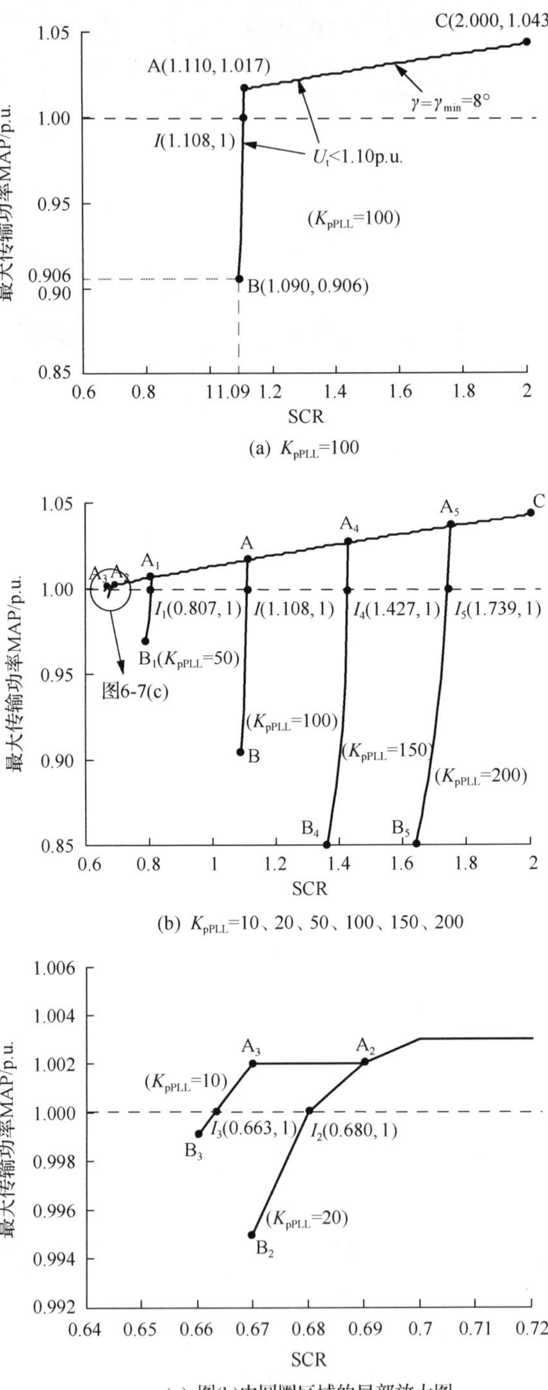

(a) K_{pPLL}=100

(b) K_{pPLL}=10、20、50、100、150、200

(c) 图(b)中圆圈区域的局部放大图

图 6-7　SCR 不同时 LCC 系统的 MAP

图 6-7(a)中 B 点对应于 SCR=1.090、MAP=0.906p.u.，此时 LCC 系统 PCC 电压 U_t 已达极限 1.10p.u.。如果 SCR＜1.090，交流母线电压将超过 1.10p.u.的限值，因此 SCR＜1.090 对应的 MAP 值并未在图 6-7(a)中给出。随着 SCR 增大，MAP 相应增加，由此得到了 BA 段的特性。图 6-7(a)中 A 点对应于 SCR=1.110、MAP=1.017p.u.，此时 LCC 系统已达 γ=8°的最小值极限；此外，A 点的 U_t=0.985，低于 1.10p.u.的限值。需要注意的是，对于 BA 段特性上的所有工作点，系统特征值全部位于左半平面，说明 LCC 系统是稳定的；当功率大于 BA 段上工作点时，系统主导模态会穿越虚轴，导致系统失稳。

随着 SCR 从 1.110(A 点)增大至 2.000，对应的 MAP 值从 1.017p.u.(A 点)增加到 1.043p.u.(C 点)，得到 AC 段的特性，该段特性达到了最小关断角为 8°的限值且每个点均满足交流母线电压始终低于 1.10p.u.的要求及系统小信号稳定的需求，如果 SCR 继续增大(SCR＞2)，则对应的 MAP 继续增加，特性曲线将沿着 AC 段逐渐上升。

根据 CSCR[4]的定义，当系统最大传输功率 MAP 恰巧为额定功率(即 MAP=1.0 p.u.)时，此时的 SCR 值即为传输额定功率时所允许的交流系统 CSCR，也就是说，当 SCR＜CSCR 时，系统在额定运行点处不能稳定运行。因此，图 6-7(a)的 BAC 特性曲线与水平线 MAP=1.00pu 的交点 I(1.108,1)表示 LCC 系统在 K_{pPLL}=100 时对应的 CSCR 为 1.108。

针对 K_{pPLL} 取 10、20、50、150、200 的 LCC 系统，采用上述同样的方法，得到相应的 MAP 特性，如图 6-7(b)中所示，其功率范围在 0.85p.u.～1.05p.u.变化。图 6-7(c)是图 6-7(b)圆圈区域的放大图。当分析较小的 K_{pPLL} 值(K_{pPLL}＜10)对 MAP 特性的影响时，发现 CSCR 值保持在 0.663 附近(图 6-7(c)中 K_{pPLL}=10 的 MAP 特性与 MAP=1.00p.u.的交点)，因此，PLL 增益 K_{pPLL}＜10 时对该 LCC 系统的 MAP 特性和 CSCR 影响基本可以忽略。

需要注意的是，如果 MAP 值是通过文献[4]和文献[5]中的方法计算得到的，由于没有考虑 PLL 和控制器参数的影响，K_{pPLL}=100 时系统的 MAP 特性将不再是图 6-7(b)中的 BAC 段，而将是 A_3AC 段，而 K_{pPLL}=100 时 MAP 值是不可能处于 A_3A 段的，由此说明文献[4]和文献[5]中的方法存在一定的局限性。

参考文献

[1] Guo C Y, Zhao C Y, Iravani R, et al. Impact of phase-locked loop on small-signal dynamics of the line commutated converter-based high-voltage direct-current station. IET Generation Transmission and Distribution, 2017, 11(5): 1311-1318.

[2] 郭春义, 宁琳如, 王虹富, 等. 基于开关函数的 LCC-HVDC 换流站动态模型及小干扰稳定性. 电网技术, 2017, 41(12): 3862-3870.

[3] Jovcic D, Pahalawaththa N, Zavahir M. Small signal analysis of HVDC-HVAC interactions. IEEE Transactions on Power Delivery, 1999, 14 (2): 525-530.

[4] IEEE Guide for Planning DC Links Terminating at AC Locations Having Low Short-Circuit Capacities. IEEE Standard 1204-1997, 1997.

[5] Guo C Y, Zhang Y, Gole A M, et al. Analysis of dual-Infeed HVDC with LCC-HVDC and VSC-HVDC. IEEE Transactions on Power Delivery, 2012, 27 (3): 1529-1537.

第 7 章　VSC-HVDC 系统的小信号稳定性

本章基于第 3 章中所建立的 VSC-HVDC 系统的小信号模型，进一步针对两种不同电压源型换流器，即两电平换流器和模块化多电平换流器，分别探究其联接有源交流网络时系统的小信号稳定性。本章内容主要由以下两部分构成：①研究 VSC-HVDC 联接弱交流电网时的小信号稳定性，该部分内容均针对弱交流电网场景下的两电平 VSC 系统，首先分析锁相环 PLL 的动态特性对 VSC 系统小信号稳定性的影响[1]，进而提出两种提高系统稳定性的控制方法，即频率同步控制(frequency based synchronization control，FSC)[2]和基于电网频率的附加双阻尼控制(supplementary frequency-based dual damping control，SFDDC)[3]，并通过特征根分析与 PSCAD/EMTDC 电磁暂态仿真验证所提控制方法的有效性。②研究 MMC-HVDC 系统的小信号稳定性，该部分内容首先对比分析不同无功控制方式(即定交流电压和定无功功率控制方式)对 MMC 系统稳定性的影响[4,5]，进而针对采用定无功功率控制方式的 MMC 系统，提出一种基于小信号稳定性和运行约束条件的临界运行短路比评估方法[6]。

7.1　VSC-HVDC 联接弱交流电网时的小信号稳定性

7.1.1　弱交流电网下 VSC-HVDC 系统小信号稳定性的分析

与传统直流输电相比，VSC-HVDC 采用可关断电力电子器件，具有可实现有功功率和无功功率的独立解耦控制、可向弱交流电网甚至无源网络供电以及有利于构造并联多端直流输电系统等诸多优点[7, 8]。目前，VSC-HVDC 广泛采用电流矢量控制 VCC，然而近几年的研究表明，基于 VCC 控制的 VSC-HVDC 联接弱交流电网运行时，很容易受到锁相环 PLL 动态特性的影响，进而出现系统所允许传输的有功功率受限甚至小信号失稳现象[8-11]。一方面，需要 PLL 具有较高的增益以满足系统响应速度的要求；另一方面，较高的 PLL 增益可能引发弱交流电网场景下 VSC 系统的振荡失稳现象。因此，本节基于第 3 章中所建立的两电平 VSC 系统的小信号模型，进一步分析弱交流电网场景下锁相环增益对 VSC 系统稳定性的影响[1]，系统参数如下表 7-1 所示。

表 7-1　两电平 VSC 系统主要参数

两电平 VSC 系统	参数
额定直流电压 U_{dc}	±200kV
额定直流功率 P_{dc}	500MW(1.0p.u.)
额定交流电压 u_t	230kV(1.0p.u.)
额定交流功率 P_s	500MW(1.0p.u.)
交流系统短路比 SCR	1.0
交流系统等值阻抗角	85°
联接电感 L	50.5mH(0.15p.u.)
电容 C	4.51μF(0.15p.u.)
外环有功控制比例及积分增益(K_{pP},K_{iP})	(0.5, 50)
外环交流电压控制比例及积分增益(K_{pU}, K_{iU})	(1.0, 50)
内环 d 轴电流比例及积分增益(K_{p1}, K_{i1})	(2.0, 100)
内环 q 轴电流比例及积分增益(K_{p2}, K_{i2})	(2.0, 100)
锁相环比例增益 K_{pPLL}	10
锁相环积分增益 K_{iPLL}(K_{iPLL}=5K_{pPLL})	50
电压测量时间常数(T_{mud}, T_{muq})/s	(0.02, 0.02)
电流测量时间常数(T_{mid}, T_{miq})/s	(0.0012, 0.0012)

1. 特征根分析

如表 7-1 所示，联接极弱交流电网(SCR=1.0)的 VSC 系统初始时刻运行于额定工况(U_t=1.0p.u.、P_s=1.0p.u.且锁相环的比例增益 K_{pPLL}=10)；保持 SCR 不变，令锁相环比例增益 K_{Ppll} 的取值从 10 逐渐增大到 150，同时，锁相环积分增益 K_{iPLL} 保持 K_{iPLL}=5K_{pPLL}，系统的特征根轨迹如图 7-1 所示，主导模态的阻尼比[12]的变化趋势如图 7-2 所示。

由图 7-1 可知，VSC 系统运行于 SCR=1.0、U_t=1.0p.u.、P_s=1.0p.u.工况时，随着锁相环比例增益 K_{pPLL} 值的增大，主导模态逐渐靠近虚轴，即系统的小信号稳定性逐渐减弱；当 K_{pPLL}＜120 时，所有特征根均保持位于左半复平面，表明 VSC 系统能够维持稳定运行；当 K_{pPLL}＞120 时，主导模态将穿越虚轴进入右半复平面，进而导致 VSC 系统振荡失稳。如图 7-2 中点 A(110, 0.05)所示，当 K_{pPLL}=110 时，主导模态的阻尼比为 5%；点 B(120, 0)表示当 K_{pPLL} = 120 时，主导模态的阻尼比恰为零。一般认为，当阻尼比＜5%时，该模态为弱阻尼模态，在系统运行中容易移动到右半复平面并造成系统失稳。结合图 7-1 与图 7-2 可知，当 110＜K_{pPLL}＜120 时，VSC 系统的运行状态虽然处于其稳定域内，但主导模态却呈现弱阻尼状态，因此该 K_{pPLL} 取值范围属于系统维持稳定运行的敏感区域。

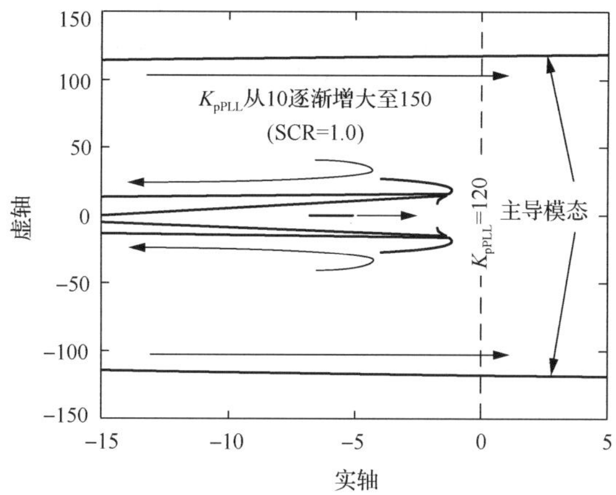

图 7-1　K_{pPLL} 取值变化时系统的特征根轨迹

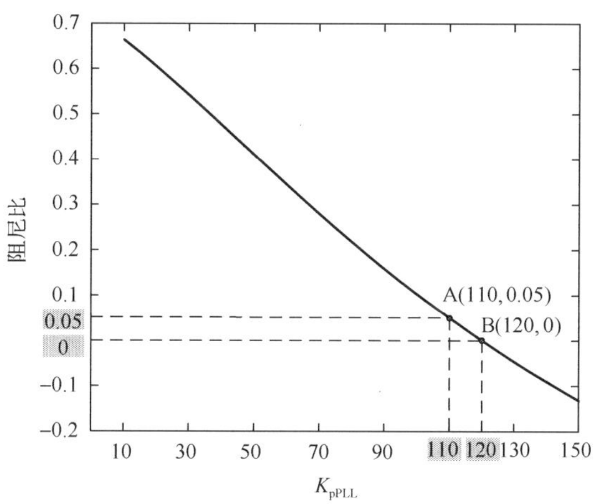

图 7-2　主导模态的阻尼比随 K_{pPLL} 的变化趋势

2. 主导模态识别及参与因子分析

由图 7-1 可知，交流系统 SCR = 1.0 时，锁相环比例增益的稳定域为 K_{pPLL}＜120，则若 K_{pPLL}=130 系统将会失去稳定。当 K_{pPLL}=130 时，系统的特征根及相应模态的振荡频率、阻尼比如表 7-2 所示。

由表 7-2 可知，当 K_{pPLL}=130 时，模态 6 已呈现出负阻尼特性，且其振荡频率为 18.89Hz。为验证表 7-2 中特征根分析的结果，进行如下仿真分析：VSC 系统初始运行于额定状态，t=0.5s 时，K_{pPLL} 由 10 阶跃至 130，系统有功功率的动态响应如图 7-3 所示。

表 7-2　K_{pPLL}=130 时系统的特征根及模态特征

模态	特征根	振荡频率/Hz	阻尼比
1	−205.49 ± j3261.06	519.01	0.0630
2	−201.83 ± j2685.77	427.45	0.0759
3	−177.09 ± j723.56	115.16	0.2380
4	−450.49	0.00	1.0000
5	−245.64	0.00	1.0000
6	5.4841 ± j118.69	18.89	−0.0460
7	−3.3685 ± j26.379	4.20	0.1270
8	−22.37	0.00	1.0000
9	−31.712 ± j3.1384	0.50	0.9950
10	−5.1074	0.00	1.0000

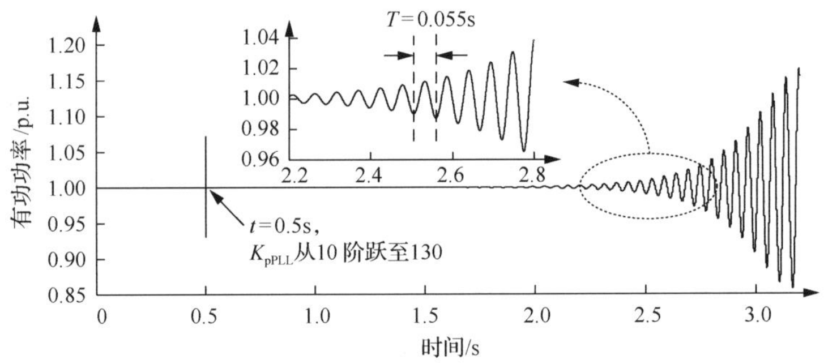

图 7-3　K_{pPLL} 阶跃时 VSC 系统有功功率的动态响应

由图 7-3 可知，当 K_{pPLL} 由 10 阶跃至 130 时，VSC 系统逐渐振荡发散，且振荡频率为 18.18Hz(1/0.055s)，与采用特征根分析得到的理论计算结果(即表 7-1 中模态 6 的振荡频率为 18.89Hz)基本一致，因此验证了所建立小信号模型的正确性与特征根分析结果的准确性。

进一步地，采用参与因子分析方法[12]对表 7-2 所示的主导模态(即模态 6)进行分析，取各状态变量中参与程度最高的作为基准，对其他的状态变量进行标幺化。当 $K_{pPLL}=130$ 时，导致系统失稳的主导模态(即模态 6)的参与因子分布如图 7-4 所示。

由图 7-4 可知，对该主导模态参与程度较高的状态变量有 U_{tdm}(75.86%)、θ(63.55%)、ω(96.52%)、U_{tq}(100%)，这些状态变量均与锁相环密切相关，因此锁相环对该主导模态所诱发的 VSC 系统小信号失稳现象具有关键影响作用。

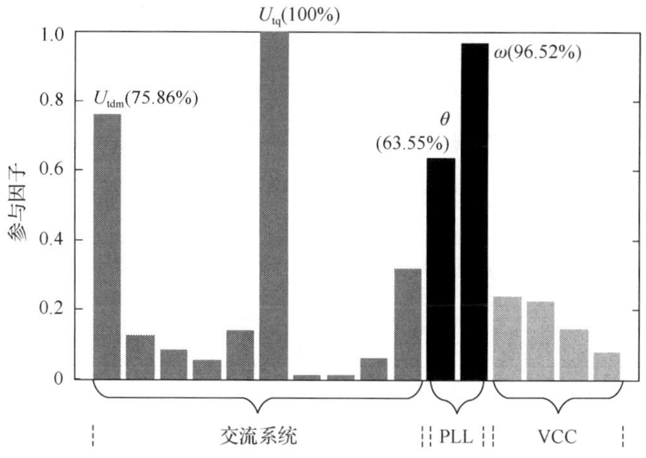

图 7-4　SCR=1.0 且 K_{pPLL}=130 时主导模态的参与因子分布

3. 不同 SCR 下 K_{pPLL} 的可行域

VSC 系统运行于额定工况(即 $U_t=1.0$p.u.、$P_s=1.0$p.u.)时，锁相环比例增益 K_{pPLL} 的可行域随 SCR 的变化规律，结果如图 7-5 所示。

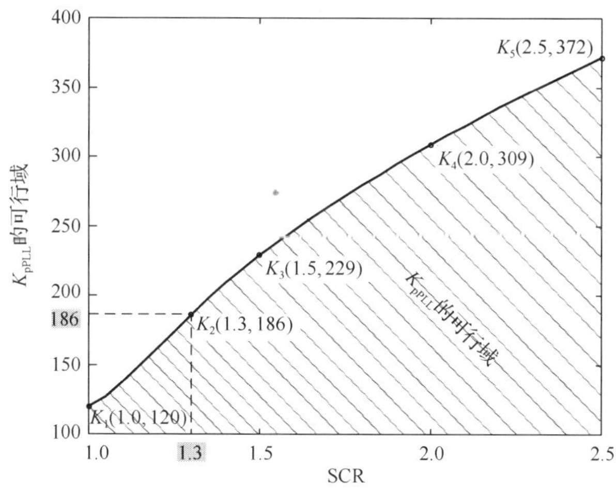

图 7-5　K_{pPLL} 的可行域随交流系统 SCR 的变化规律

在图 7-5 中，点 K_1(1, 120)表示当交流系统 SCR=1.0 时，若保证系统能够稳定输送额定功率 1.0p.u.，K_{pPLL} 的最大允许取值为 120，即此时其可行域为 $K_{pPLL}\leqslant 120$；同理，K_2(1.3, 186)表示当交流系统 SCR=1.3 时，若 K_{pPLL} 超过 186，系统将无法在额定工况下稳定运行；点 K_3～K_5 的坐标含义同点 K_1、K_2 类似。由此可见，随着 SCR 逐渐减小，VSC 系统的母线电压更容易受到扰动的影响，同时锁相环的动态特性也逐渐恶化，进而导致 VCC 的 dq 轴解耦特性被破坏，因此限制了锁相环比例增益 K_{pPLL} 的可行域。

7.1.2 弱交流电网下提高 VSC-HVDC 系统小信号稳定性的控制方法

1. 频率同步控制[2]

本小节针对联接弱交流电网的 VSC-HVDC 系统，提出一种新型控制策略，即频率同步控制(frequency based fynchronization control，FSC)，可有效抑制弱交流电网下由于 PLL 动态特性恶化所导致的系统振荡失稳现象，进而提高系统在弱交流电网下的稳定性。

FSC 控制策略，在保留 VCC 双闭环结构和 PLL 的基础之上，模拟同步发电机的外部机械特性，对内环电流控制器进行改进，引入频率同步分量和频率阻尼分量，可有效抑制 PLL 动态特性在弱交流系统下对 VSC-HVDC 系统稳定性的负面影响，从而增强系统在弱交流电网下的稳定性。

1) 频率同步控制 FSC 的提出

同步发电机的外部机械特性可表示为

$$\begin{cases} T_{\mathrm{m}} - T_{\mathrm{e}} - D\Delta\omega_{\mathrm{G}} = \dfrac{P_{\mathrm{m}}}{\omega_{\mathrm{G}}} - \dfrac{P_{\mathrm{e}}}{\omega_{\mathrm{G}}} - D\Delta\omega_{\mathrm{G}} = J\dfrac{\mathrm{d}\Delta\omega_{\mathrm{G}}}{\mathrm{d}t} \\ \dfrac{\mathrm{d}\theta_{\mathrm{G}}}{\mathrm{d}t} = \omega_{\mathrm{G}} \end{cases} \tag{7-1}$$

式中，T_{m}、T_{e} 为机械转矩和电磁转矩；P_{m}、P_{e} 为机械功率和电磁功率；D 为系统阻尼系数；ω 为同步发电机的转子电角速度；J 为同步发电机的转动惯量；$\Delta\omega$ 为电角速度差，可表示为 $\Delta\omega_{\mathrm{G}}=\omega_{\mathrm{G}}-\omega_0$，其中 ω_{G}、ω_0 分别为实际电角速度和额定电角速度；θ_{G} 为同步发电机的转子电角度。

在 PLL 锁相作用下，PCC 电压 $U_{\mathrm{tdm}}=U_{\mathrm{t}}$ 且 $U_{\mathrm{tqm}}=0$，VSC 与交流系统之间交换的有功功率 P_{sm} 及无功功率 Q_{sm} 可表示为

$$\begin{cases} P_{\mathrm{sm}} = U_{\mathrm{tdm}} I_{\mathrm{vdm}} \\ Q_{\mathrm{sm}} = -U_{\mathrm{tdm}} I_{\mathrm{vqm}} \end{cases} \tag{7-2}$$

由式(7-2)可知，当交流母线电压 U_{tdm} 保持不变时，VSC 传输的有功功率 P_{sm} 与 I_{vdm} 成正比，无功功率 Q_{sm} 与 I_{vqm} 成正比。因此，通过设计合理的电流控制器，调节 d 轴、q 轴电流分量，即可实现控制 VSC-HVDC 系统输出的有功和无功功率。将式(7-2)代入式(7-1)，并设 VSC 系统的有功功率设定值 P_{ref} 类似于同步发电机输入的机械功率 P_{m}，VSC 输出的有功功率 P_{sm} 类似于同步发电机的输出电磁功率

P_e，VSC 输出电压的参考相角 δ 类似于 θ_G，VSC 输出电压的电角速度 ω_1 类似于 ω_G，由此可以得到类似于同步发电机转子运动方程的 VSC 有功电流内环控制方程为

$$\begin{cases} \dfrac{d\delta}{dt} = \omega_1 \\ \dfrac{d\omega_1}{dt} = -K_d\Delta\omega - K_s(I_{vdm} - I_{dref}) \end{cases} \tag{7-3}$$

式中，I_{dref} 为 VSC 交流侧出口电流的 d 轴分量参考值，可由 VSC 外环控制的有功功率偏差 ΔP 通过 PI 环节得到；$K_d=D/J$ 为频率阻尼系数；$\Delta\omega = \omega_1 - \omega_0$；$K_s=U_{tdm}/(J\omega)$ 为频率同步系数。由于控制器中的 D 与 J 为虚拟量，所以具有较实际同步发电机更大的可选范围，这将有利于提高控制器的控制性能。

定交流电压控制器由外环和内环两部分组成，外环部分与 VSC 控制外环相同，即交流电压偏差 ΔU_t 通过 PI 环节得到 q 轴电流参考值 I_{qref}，内环将 I_{qref} 与 I_{vqm} 之间的偏差通过 PI 环节后得到电压参考幅值 E，并通过低通滤波环节得到 VSC 最终输出电压的幅值 E_m。

综上所述，所提出的频率同步控制 FSC 的结构如图 7-6 所示。

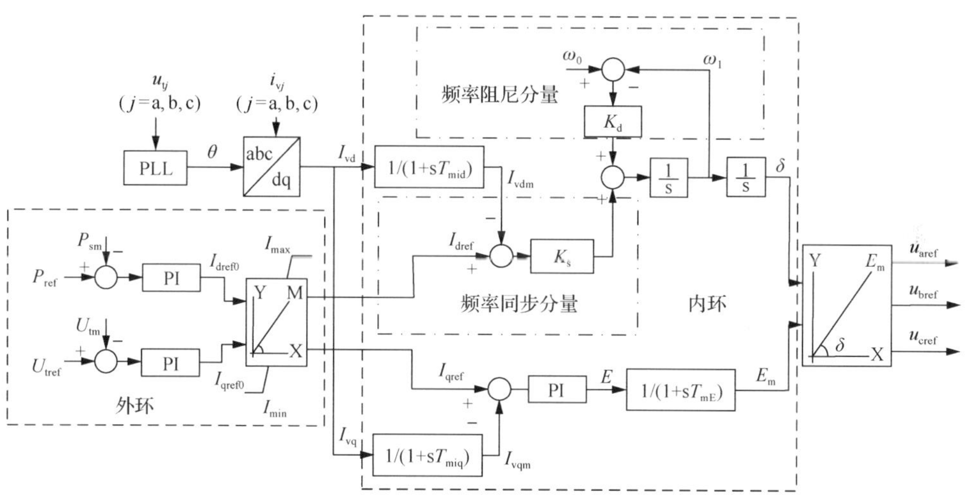

图 7-6　频率同步控制 FSC 的结构框图

图 7-6 中，频率同步分量为 $K_s(I_{vdm}-I_{dref})$；频率阻尼分量为 $K_d\Delta\omega$。相比已有的功率同步控制(power synchronization control，PSC)[10, 11]，本小节所提出的频率同步控制 FSC 主要具有以下特点：

(1) 保留了经典电流矢量控制器 VCC 的双闭环结构和锁相环 PLL，外环控制保持不变；PLL 对交流母线电压进行跟踪，并将输出的相角参考 θ 仅作为 VSC-HVDC 系统电压、电流 dq 变换的参考相角，而不作为 VSC 换流器输出参考电压的同步相

角信号。采用了经典电流矢量控制的双环结构，因此保留了可以限制内环电流参考值的功能，可在一定程度上限制流过 VSC 换流器的电流，防止 VSC 换流器过流损坏。

(2) 内环的有功电流控制环节根据同步发电机的外部机械特性和 VSC 系统的潮流方程得到，引入了频率同步分量和频率阻尼分量，由此生成的时变相角信号 δ 作为 VSC 输出参考电压的相角，其功能也类似于 PLL，可有效增强 VSC-HVDC 系统在弱交流电网下的稳定性，抑制 PLL 动态特性在弱交流系统下对 VSC-HVDC 系统稳定性的负面影响。

2) 基于 FSC 方法的 VSC 系统的小信号模型及验证

本小节建立基于 FSC 方法的 VSC 系统的小信号模型，并通过 PSCAD 仿真验证了模型的准确性，为后续基于 FSC 方法的 VSC 系统稳定性分析奠定了模型基础。

根据图 7-6 所示 FSC 控制结构示意图可知，仅需修改 3.1.3 节中两电平 VSC-HVDC 控制模型中描述内环电流控制环节和 VSC 输出电压的状态空间方程(3-9)，具体如式(7-4)和(7-5)所示：

$$\begin{cases}\dfrac{\mathrm{d}\delta}{\mathrm{d}t}=\omega_1\\ \dfrac{\mathrm{d}\omega_1}{\mathrm{d}t}=K_{\mathrm{s}}\{K_{\mathrm{iP}}x_1+K_{\mathrm{pP}}[P_{\mathrm{ref}}-(U_{\mathrm{tdm}}I_{\mathrm{vdm}}+U_{\mathrm{tqm}}I_{\mathrm{vqm}})]-I_{\mathrm{vdm}}\}+K_{\mathrm{d}}(\omega_0-\omega_1)\\ \dfrac{\mathrm{d}E_{\mathrm{m}}}{\mathrm{d}t}=(E-E_{\mathrm{m}})/T_{\mathrm{mE}}\\ E=K_{\mathrm{i2}}x_3+K_{\mathrm{p2}}(I_{\mathrm{qref}}-I_{\mathrm{vqm}})\end{cases} \tag{7-4}$$

$$\begin{cases}U_{\mathrm{vd}}=\sqrt{\dfrac{3}{2}}E_{\mathrm{m}}\cos(\delta_0+\delta-\theta)\\ U_{\mathrm{vq}}=\sqrt{\dfrac{3}{2}}E_{\mathrm{m}}\sin(\delta_0+\delta-\theta)\end{cases} \tag{7-5}$$

式中，δ_0 是 VSC 输出电压 u_{v} 相对交流母线电压 u_{t} 的初始相位角；K_{pP}、K_{iP} 和 K_{p2}、K_{i2} 分别为有功功率外环控制器和内环 q 轴电流控制器的比例、积分增益。将式(7-4)～式(7-5)替换 3.1.3 节两电平 VSC 内环控制及输出电压方程(3-9)后，构成了基于 FSC 方法的 VSC-HVDC 系统的非线性状态空间模型。在系统某一稳态运行点处进行线性化，即可得基于 FSC 方法的两电平 VSC 系统的小信号模型，其一般形式为

$$\frac{\mathrm{d}\Delta\boldsymbol{X}}{\mathrm{d}t}=\boldsymbol{A}\Delta\boldsymbol{X}+\boldsymbol{B}\Delta\boldsymbol{U} \tag{7-6}$$

式中，状态变量矩阵 $\boldsymbol{X}=[I_{\mathrm{vd}}, I_{\mathrm{vq}}, I_{\mathrm{sd}}, I_{\mathrm{sq}}, U_{\mathrm{td}}, U_{\mathrm{tq}}, I_{\mathrm{vdm}}, I_{\mathrm{vqm}}, U_{\mathrm{tdm}}, U_{\mathrm{tqm}}, \theta, \omega, x_1, x_2, x_3, x_4, \delta, \omega_1, E_{\mathrm{m}}]_{19\times1}^{\mathrm{T}}$；当采用 PV 控制时，输入变量矩阵 $\boldsymbol{U}=[P_{\mathrm{ref}}, U_{\mathrm{tref}}]_{2\times1}^{\mathrm{T}}$；$\boldsymbol{A}$ 为状态矩阵；$\boldsymbol{B}$ 为输入矩阵。

为了验证所建立小信号模型的正确性，在 PSCAD/EMTDC 中搭建了基于 FSC 方法的两电平 VSC 系统的详细电磁暂态仿真模型，主电路及控制系统参数如表 7-3 和表 7-4 所示。

表 7-3　VSC 系统参数

VSC 系统	参数
受端交流系统 u_{s}	1.0p.u.
交流系统短路比 SCR	1.0
交流系统等值阻抗角	80°
额定交流母线电压 u_{t}	1.0p.u.(230kV, 50Hz)
额定直流功率 P_{s}	1.0p.u.(300MW)
联接变压器等值电感 L_{T}	0.15p.u.
滤波电容 C_{f}	0.15p.u.

表 7-4　VSC 的控制系统参数

VSC 系统控制器	参数
外环有功控制比例及积分增益($K_{\mathrm{pP}}, K_{\mathrm{iP}}$)	(0.01, 0.25)
外环交流电压控制比例及积分增益($K_{\mathrm{pU}}, K_{\mathrm{iU}}$)	(0.25, 2.0)
内环 q 轴电流比例及积分增益($K_{\mathrm{p2}}, K_{\mathrm{i2}}$)	(1.0, 400)
锁相环比例增益 K_{pPLL}	100
锁相环积分增益 K_{iPLL}(K_{iPLL}=5 K_{pPLL})	500
频率阻尼系数 K_{d}	5000
频率同步系数 K_{s}	100
电压测量时间常数($T_{\mathrm{mud}}, T_{\mathrm{muq}}$)/s	(0.002, 0.002)
电流测量时间常数($T_{\mathrm{mid}}, T_{\mathrm{miq}}$)/s	(0.002, 0.002)
低通滤波器时间常数 T_{mE}/s	0.002

基于FSC的VSC系统的小信号模型与详细电磁暂态仿真模型验证结果如图7-7所示，VSC-HVDC 的有功功率设定值在 2.0s 从 1.0p.u.阶跃到 0.95p.u.，并在 3.5s 时恢复至 1.0p.u.，VSC-HVDC 线性化小信号模型与非线性电磁暂态仿真模型的动态响应对比结果如图 7-7(a)所示；同样地，VSC-HVDC 系统交流电压设定值在 2.0s 时由 1.0p.u.变化至 0.95p.u.，并在 3.5s 时恢复至额定值 1.0p.u.，小信号模型与详细电磁暂态仿真模型的动态响应对比结果如图 7-7(b)所示。由图 7-7 可以看出，基于 MATLAB 的小信号模型与基于 PSCAD/EMTDC 的电磁暂态模型的动态特性

具有很好的一致性，因此验证了所建立小信号模型的正确性。

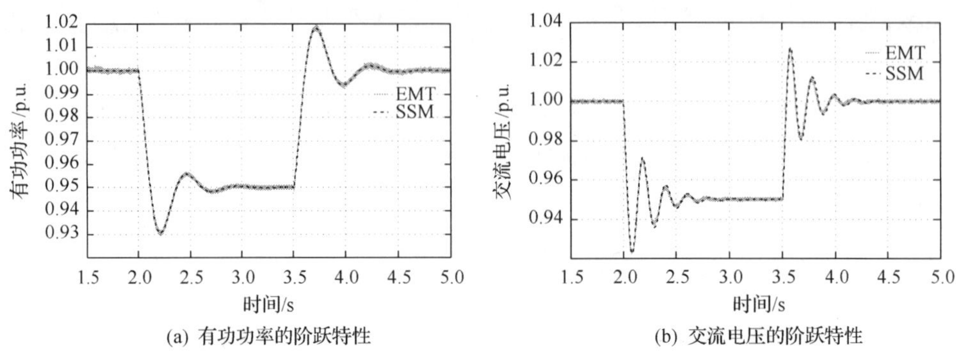

(a) 有功功率的阶跃特性　　(b) 交流电压的阶跃特性

图 7-7　基于 FSC 控制的 VSC 系统小信号模型的验证

3) FSC 方法对 VSC 系统小信号稳定性的影响

(1) 频率阻尼系数 K_d 对 VSC 系统的影响。

改变频率阻尼系数 K_d，可改变 FSC 控制器向 VSC 系统提供的频率阻尼分量的大小，进而影响 VSC 系统在弱交流电网下的稳定性。系统初始运行于额定状态且 SCR=1.0，取频率同步系数 K_s=100，其他参数如表 7-3 和表 7-4 所示，使 K_d 在 50～5000 范围内变化，基于小信号模型可求得系统状态矩阵 $\boldsymbol{A}$ 的特征值轨迹如图 7-8 所示，图中箭头方向标明了随着 K_d 增大系统特征根移动的方向。从图中可看出，当 K_d 取值较小(K_d<315)时，系统有一对具有正实部的特征根(即主导模态)，表明系统不能稳定运行；增大 K_d 的值，即增加频率阻尼分量，由图中所标箭头方向可知主导模态穿越虚轴进入左半复平面，此时 VSC 系统能够保持稳定运

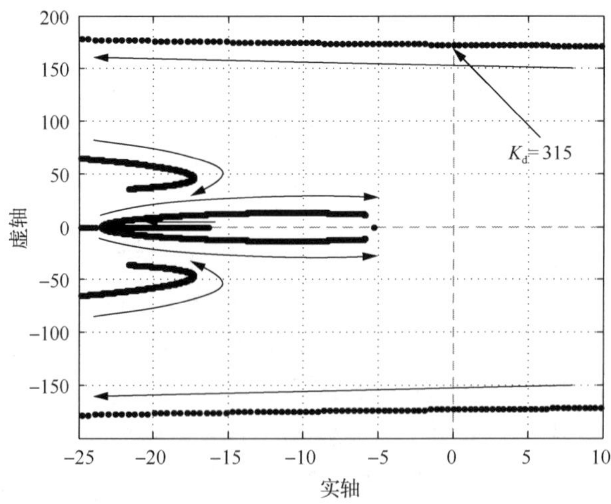

图 7-8　特征值轨迹(K_s=100, 50<K_d<5000)

行；继续增大 K_d 的值，主导模态逐渐远离虚轴进入左半复平面，而其他特征根在参数变化范围内仍然保持在左半复平面内。根据以上分析可知，基于 FSC 的 VSC 系统在连接弱交流电网时，为保证系统具有良好的稳定性，需适当增大 K_d 的值，即增加系统的功率阻尼分量可增强 VSC 系统联接弱交流电网的稳定性。

基于 PSCAD/EMTDC 下的详细电磁暂态仿真模型，图 7-9 给出了 FSC 控制器参数 K_d 在 3.0s 时由 4000(稳定)阶跃至 300(失稳)过程中有功功率的动态响应。从图中可以看出，3.0s 后系统逐渐振荡失稳，其振荡周期 T 可由系统特征根计算得到，表 7-5 左列给出了 K_d=300 时 VSC 系统的特征值，其具有一对实部大于零的特征根 (5.19±j172.11)，由此可计算得到系统的振荡发散周期 $T=2\pi/172.11=36.5$ms，与图 7-9 中 36ms 基本一致，因此验证了图 7-8 特征根结果的正确性。

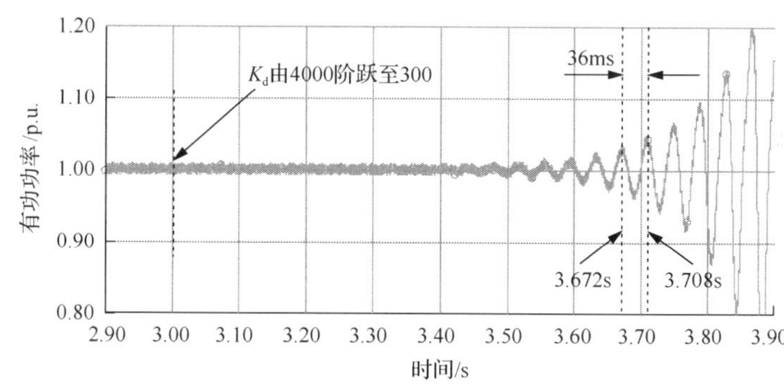

图 7-9　K_d 阶跃时 VSC 系统的有功功率特性(K_s=100)

表 7-5　VSC 系统的特征根(SCR=1.0)

K_s=100，K_d=300	K_s=1100，K_d=4000
−10.53±j2558.24	−3997.50
−15.74±j2556.62	−18.26±j2560.52
−11.04±j1922.66	−3.95±j1924.67
−530.20	4.60±j243.45
−200.15±j275.40	−445.67
−311.41±j146.59	−302.96±j121.53
5.19±j172.11	−238.23
−59.01±j58.68	−47.17±j64.87
−31.73	−27.88
−18.62	−20.10
−5.29	−5.29
−500	−500
−500	−500
−500	—

(2)频率同步系数 K_s 对 VSC 系统的影响。

采用同样的思路，分析频率同步系数 K_s 对 VSC 系统小信号稳定性的影响。选取 K_d= 4000，其他参数如表 7-3 和表 7-4 所示，令 K_s 在 50～1500 范围内变化，根据系统状态矩阵 $\boldsymbol{A}$ 求得的特征根轨迹如图 7-10(a)所示，图中箭头方向标明了随着 K_s 增大系统特征根移动的方向。从图中可以看出，当 K_s 取值较小(K_s<1053)时，系统所有的特征根都保持在左半复平面，表明 VSC 系统能够稳定运行；继续增大 K_s 时，存在两对距虚轴较近的特征根，其中一对穿过虚轴进入右半复平面，导致系统失稳。根据以上分析可知，基于 FSC 的 VSC 系统在联接弱交流电网时，为保证系统具有良好的稳定性，K_s 的取值不宜过大。

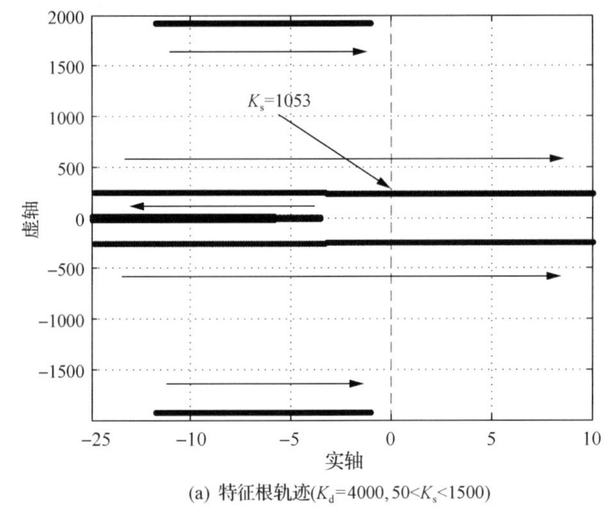

(a) 特征根轨迹(K_d=4000, 50<K_s<1500)

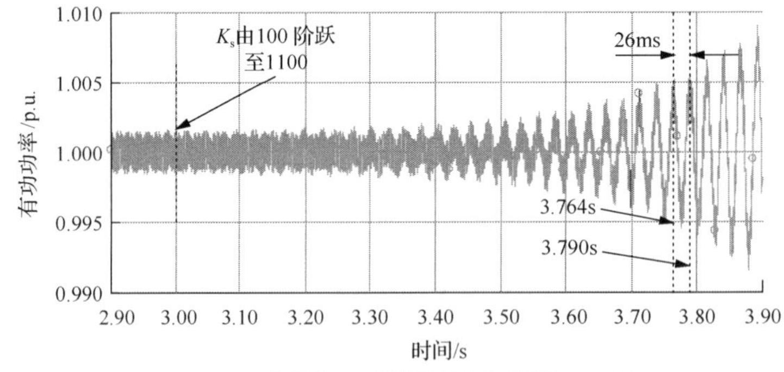

(b) K_s阶跃时VSC系统的有功功率特性(K_d= 4000)

图 7-10　K_s 对系统特征值的影响及仿真验证

基于 PSCAD/EMTDC 下的详细电磁暂态仿真模型，图 7-10(b)给出了 FSC 控制器参数 K_s 在 3.0s 时由 100(稳定)阶跃至 1100(失稳)过程中有功功率的动态响应。从图中可以看出，3.0s 后系统逐渐振荡失稳，其振荡周期 T 可由系统特征根计算得到，表 7-5 右列给出了 K_s=1100 时 VSC 系统的特征根，其具有一对实部大于零的特征根(4.60±j243.45)，由此可计算得到系统的振荡发散周期 T=2π/243.45=25.8s，与图 7-10(b)中的发散周期 26ms 基本一致，因此验证了图 7-10(a)特征根结果的正确性。

4)FSC 方法的有效性分析

(1)不同频率同步系数 K_s 和频率阻尼系数 K_d 下锁相环增益的可行域。

本小节研究频率同步系数 K_s 和频率阻尼系数 K_d 对系统锁相环增益系数 K_{pPLL} 可行域的影响。当 K_s 或 K_d 不变时，逐渐增大锁相环增益系数 K_{pPLL} 的值，判断主导模态的实部是否由负变为正从而确定 K_{pPLL} 的可行域。分别选取频率同步系数 K_s 为 100、500 和 1000，得到不同频率阻尼系数 K_d 下可保证系统稳定的 PLL 增益系数 K_{pPLL} 的临界值，临界值构成的临界线如图 7-11(a)中的点划线、虚线、实线所示，临界线右侧的区域则为 PLL 增益系数 K_{pPLL} 的可行域。图 7-11(a)中临界线的斜率都很大，以 K_s=100 为例，当 K_d>315 时，VSC 系统对于任何 K_{pPLL} 值都是稳定的。同理，K_s 为 500 和 1000 时，只要 K_d 的值大于临界值，VSC 系统对于任何 K_{pPLL} 值都是稳定的。图 7-11(b)分别选取频率阻尼系数 K_d 为 1000、2000 和 4000，得到不同频率同步系数 K_s 下可保证系统稳定的 PLL 增益系数 K_{pPLL} 的临界值，临界值构成的临界线如图中的点划线、虚线、实线所示，临界线左侧的区域则为 PLL 增益系数 K_{pPLL} 的可行域。图 7-11(b)中临界线的斜率都很大，表明当 K_d 不变，只要 K_s 的值小于临界值，VSC 系统对于任何 K_{pPLL} 值都是稳定的。

为了验证图 7-11 特征根分析结果的正确性，设定 VSC 交流系统 SCR=1.0，FSC 控制器 K_d=1000，K_s=100，在 2.5s 时，K_{pPLL} 由 5 阶跃至 50，在 3.5s 时，K_{pPLL} 由 50 阶跃至 500，基于 PSCAD/EMTDC 的 VSC 有功功率的动态响应如图 7-12

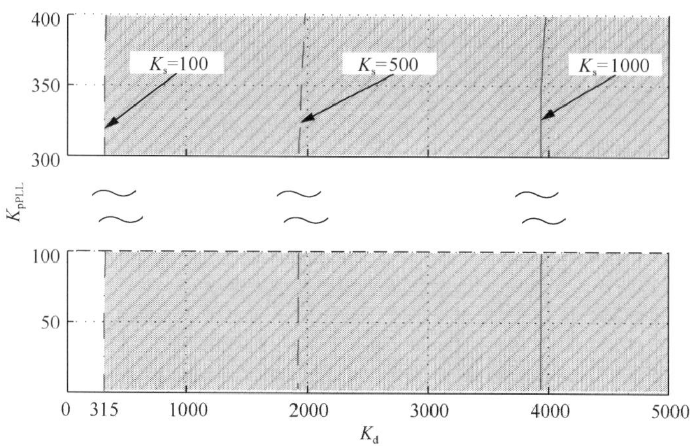

(a) K_{pPLL}的可行域随K_d的变化趋势(K_s=100, 500, 1000)

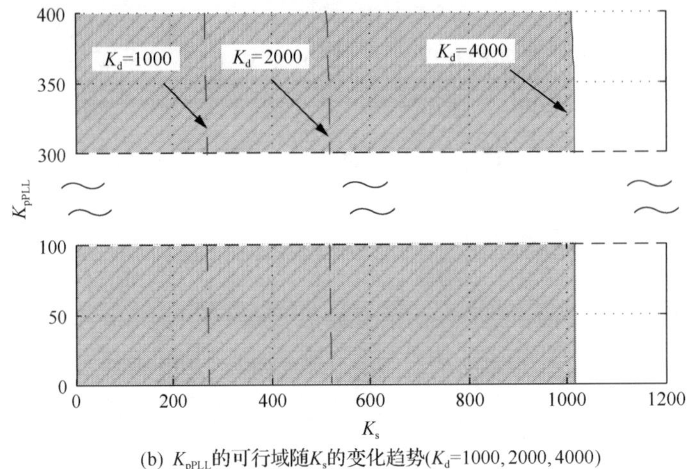

(b) K_{pPLL}的可行域随K_s的变化趋势(K_d=1000, 2000, 4000)

图 7-11 不同频率阻尼系数和频率同步系数下 K_{pPLL} 的可行域

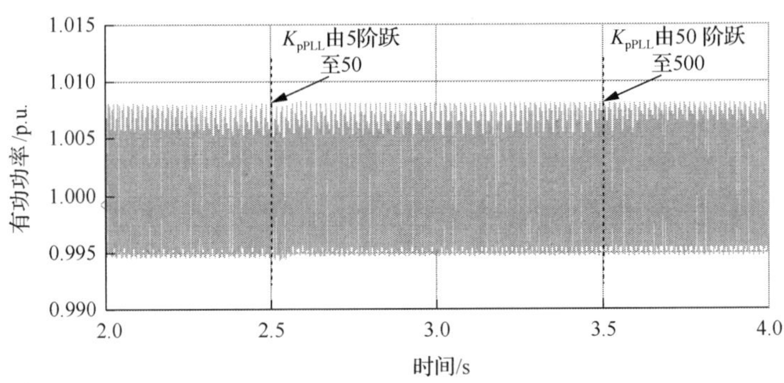

图 7-12 K_{pPLL} 阶跃时 VSC 系统有功功率的动态响应(K_d=1000, K_s=100)

所示。由结果可知，K_{pPLL} 的阶跃扰动对 VSC 系统的稳定性几乎无影响，VSC 能够稳定输出额定有功功率，从而验证了弱交流系统工况下采用 FSC 控制可有效抑制高 PLL 增益导致的系统振荡失稳问题。

(2) 不同 SCR 下频率同步系数 K_s 和频率阻尼系数 K_d 的可行域。

分别选取频率同步系数 K_s 为 50、100 和 500，不同受端交流系统 SCR 下频率阻尼系数 K_d 的可行域如图 7-13 所示，图中实线、虚线、点划线分别为 K_s 取值 50、100 和 500 时不同 SCR 对应的最小允许 K_d 值，其上方的阴影区域即为频率阻尼系数 K_d 的可行域。从图中可知，随着交流系统 SCR 的增大，频率阻尼系数 K_d 的可行域逐渐减小；且从图中可以看出，减小频率同步系数 K_s 的值能够增大频率阻尼系数 K_d 的可行域。值得注意的是，虽然随着受端交流系统 SCR 的增大，频率阻尼系数 K_d 的可行域有所减小，但整个控制系统依然具有较大的参数调节范围来满足 VSC 系统联接不同强度交流系统的需求。

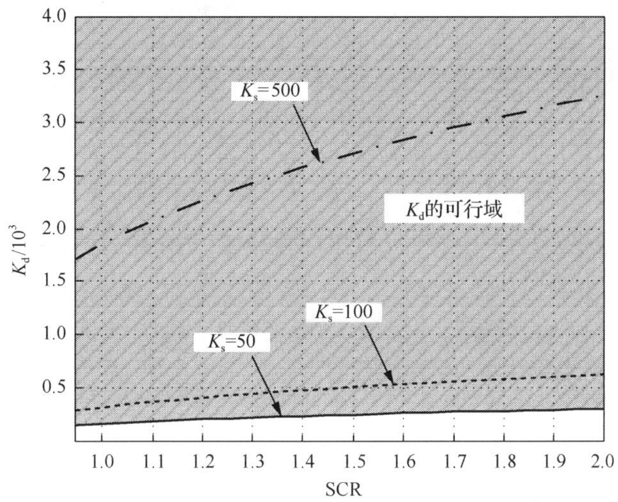

图 7-13　不同 SCR 下频率阻尼系数 K_d 的可行域

为了验证图 7-13 的结果，基于 PSCAD/EMTDC 的电磁暂态模型进行了验证。图 7-14 是基于 PSCAD/EMTDC 的仿真验证波形，在 1.5s 时 VSC 系统所联接交流系统的 SCR 由 1.0 阶跃至 1.5，并在 2.5s 时再次阶跃至 2.0。图中对比了频率同步系数 K_s=100 时，取两组不同频率阻尼系数(K_d = 600 和 K_d=1000)时系统的有功功率特性。当 K_d=600 时，系统在 SCR 由 1.0 阶跃至 1.5 时经历一衰减振荡过程后能够保持稳定，而在 SCR 由 1.5 阶跃至 2.0 后系统振荡发散失稳(由图 7-13 可知，此时 K_d=600 不在 SCR=2.0 时的稳定区域内)；而当 K_d=1000 时，VSC 系统在以上 SCR 阶跃过程中经历衰减振荡过程后始终能够保持稳定，且其振荡幅度对比 K_d=600 时平缓了很多(由图 7-13 可知 K_d 在上述过程中一直保持在稳定区域内)。仿真结果与特征根分析结果(图 7-13)的一致性，表明增大频率阻尼系数 K_d 可以增强 VSC 系统在弱交流电网下的稳定性；此外虽然随着交流系统 SCR 的增强，K_d 的可行域有所减小，但依旧有较大的参数调节范围来满足系统的控制需求。

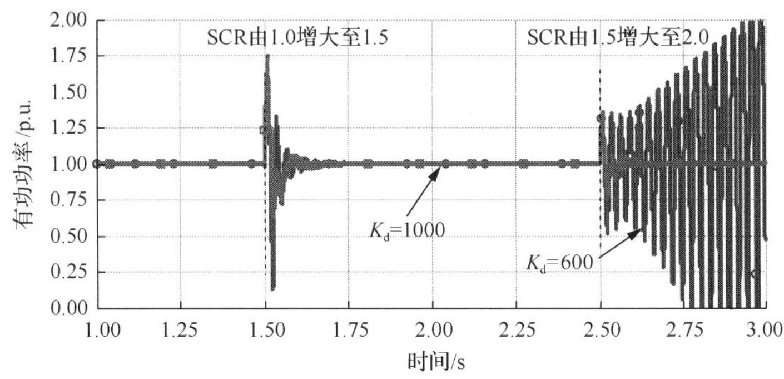

图 7-14　SCR 阶跃时 VSC 系统有功功率的动态响应(K_s = 100)

同样地，为了分析不同 SCR 下频率同步系数 K_s 的可行域，分别选取频率阻尼系数 K_d 为 1000、4000 和 8000，研究不同交流系统 SCR 下频率同步系数 K_s 的可行域，结果如图 7-15 所示，图中的点划线、虚线、实线分别为 K_d 取值 1000、4000 和 8000 时不同 SCR 对应的最大允许 K_s 值，其下方的阴影区域即为频率同步系数 K_s 的可行域。从图中可知，随着交流系统 SCR 的增大，频率同步系数 K_s 的可行域也逐渐减小；且从图中可以看出，增大频率阻尼系数 K_d 的值能够增大频率同步系数 K_s 的可行域。值得注意的是，虽然随着交流系统 SCR 的增大，频率同步系数 K_s 的稳定域有所减小，但整个控制系统依然具有较大的参数调节范围来满足 VSC 系统联接不同强度交流系统的需求。

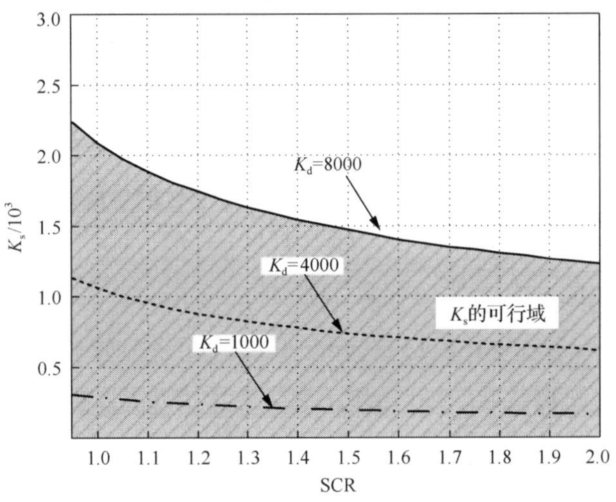

图 7-15　不同 SCR 下频率同步系数 K_s 的可行域

为了验证图 7-15 的结果，基于 PSCAD/EMTDC 的电磁暂态模型进行了验证。图 7-16 是基于 PSCAD/EMTDC 的仿真验证波形，在 1.5s 时 VSC 所联接交流系统的 SCR 由 1.0 阶跃至 1.5，并在 2.5s 时再次阶跃至 2.0。图中对比了频率阻尼系数 K_d=4000 时，取两组不同频率同步系数（K_s=400 和 K_s=700）时系统的有功功率特性。当 K_s=700 时，系统在 SCR 由 1.0 阶跃至 1.5 时经历一衰减振荡过程后能够保持稳定，而在 SCR 由 1.5 阶跃至 2.0 后系统振荡发散失稳（由图 7-16 可知，此时 K_s=700 不在 SCR=2.0 时的稳定区域间内）；而当 K_s=400 时系统在以上 SCR 阶跃过程中经历衰减振荡过程后始终能够保持稳定，且其振荡幅度对比 K_s = 700 时平缓了很多（由图 7-16 可知 K_s 在上述过程中一直保持在稳定区域内）。仿真结果与特征根分析结果（图 7-15）的一致性，表明减小频率同步系数 K_s 可以增强 VSC 系统在弱交流电网下的稳定性；此外虽然随着交流系统 SCR 的增强，K_s 的可行域有所减小，但依旧有较大的参数调节范围来满足系统的控制需求。

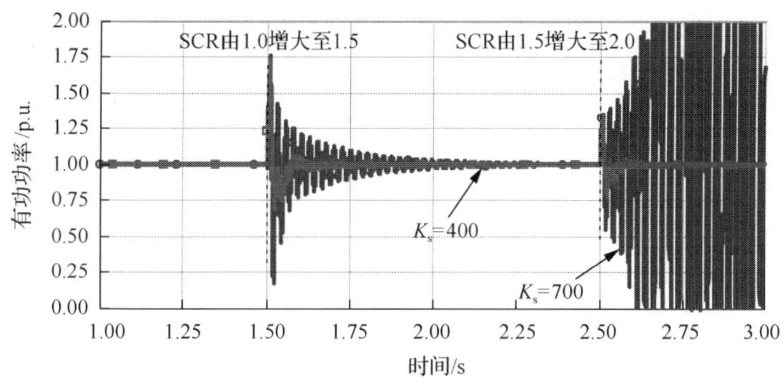

图 7-16　SCR 阶跃时 VSC 系统有功功率的动态响应(K_d=4000)

需要指出的是，所提出的 FSC 控制方法主要针对 VSC 联接极弱交流电网的特殊工况，而当 VSC 联接较强交流电网时，经典电流矢量控制 VCC 能够很好地满足系统的控制需求。

(3) 不同 SCR 下基于 FSC 方法的 VSC 系统的最大功率传输极限 MAP。

本小节基于 VSC 系统的小信号模型，计及 FSC 控制系统的影响，计算 VSC 系统的最大功率传输极限 MAP，具体计算过程如图 7-17 所示。

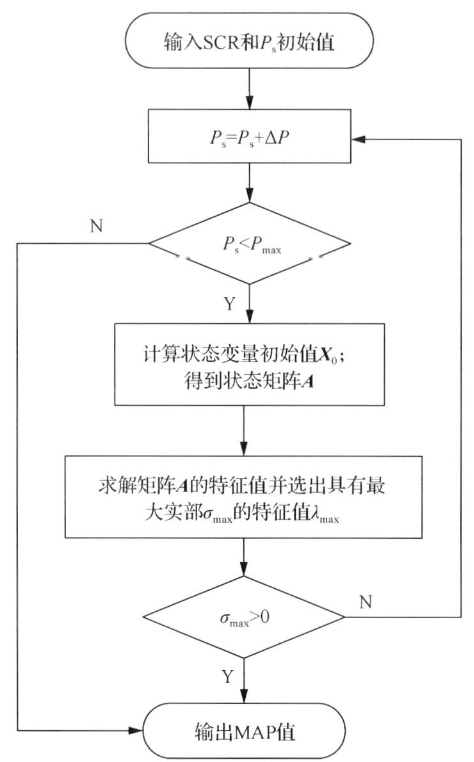

图 7-17　基于 FSC 的 VSC 系统 MAP 的计算流程图

步骤 1：输入交流电网的 SCR 数值和 VSC 系统的有功功率 P_s 初始值。

步骤 2：改变 P_s 的数值，并将其与理论极限有功功率 P_{max}(理论极限即不考虑控制系统作用时，通过 VSC 系统的准稳态潮流方程确定的最大功率值)进行比较，若 $P_s > P_{max}$ 则返回输出 MAP，否则执行步骤 3。

步骤 3：计算 VSC 系统传输有功功率 P_s 时状态变量的初始值 $\boldsymbol{X_0}$ 及状态矩阵 **A**，求解状态矩阵 $\boldsymbol{A}$ 的特征值，并从中选出具有最大实部的特征值 $\lambda_{max}=\sigma_{max}+j\gamma$。

步骤 4：将 σ_{max} 与 0 比较，若 $\sigma_{max}<0$，则返回步骤 2 继续求解；当 $\sigma_{max}>0$ 恰好满足时，即 VSC 系统处于临界稳定状态，此时的 P_s 值即为该 SCR 下 VSC 可传输的最大有功功率值 MAP，输出该值并改变 SCR 值返回步骤 1，继续求解不同 SCR 下的 MAP 值。

表 7-6 给出了 VSC 处于逆变运行状态、K_s=100 及 K_d=4000，VSC 所联接交流电网的 SCR 不同时，系统可传输的最大有功功率 MAP 值与理论极限有功功率 P_{max}。从表中可以看出，在所选的 FSC 控制器参数下，VSC 系统可传输的最大有功功率 MAP 与有功功率理论极限值 P_{max} 相同，即在该控制器参数下 VSC 换流器可以传输理论极限功率，因此 FSC 方法可以提高 VSC-HVDC 系统在弱/极弱交流电网下的有功功率输送能力。图 7-18(a)～(c)是不同交流电网阻抗角下，理论极限有功功率 P_{max} 与考虑控制系统作用后可传输的最大有功功率 MAP 之间的对比图，从图中可看出，MAP 与 P_{max} 基本重合。

为了进一步验证表 7-6 的结果，表 7-7 给出了 VSC 所联接交流电网的 SCR 不同时 PSCAD 仿真得到的功率极限 P_{EMT*} 与 MAP 值的对比，仿真结果与理论分析也基本一致。同时，图 7-18 中也标注了仿真结果(即方形、圆形和三角形图标对应的功率值)，由此进一步验证了表 7-6 和图 7-18 结果的正确性。

表 7-6　不同 SCR 下 VSC 系统的 P_{max} 与 MAP 值对比

SCR	φ=70°		φ=80°		φ=90°	
	P_{max}	MAP	P_{max}	MAP	P_{max}	MAP
0.9	1.2080	1.2080	1.0563	1.0563	0.9000	0.9000
1.0	1.3420	1.3420	1.1737	1.1737	1.0000	1.0000
1.2	1.6107	1.6107	1.4083	1.4083	1.2000	1.2000
1.4	1.8790	1.8790	1.6430	1.6430	1.4000	1.4000
1.6	2.1473	2.1473	1.8777	1.8777	1.6000	1.6000
1.8	2.4157	2.4157	2..1123	2.1123	1.8000	1.8000
2.0	2.6843	2.6843	2.3470	2.3470	2.0000	2.0000

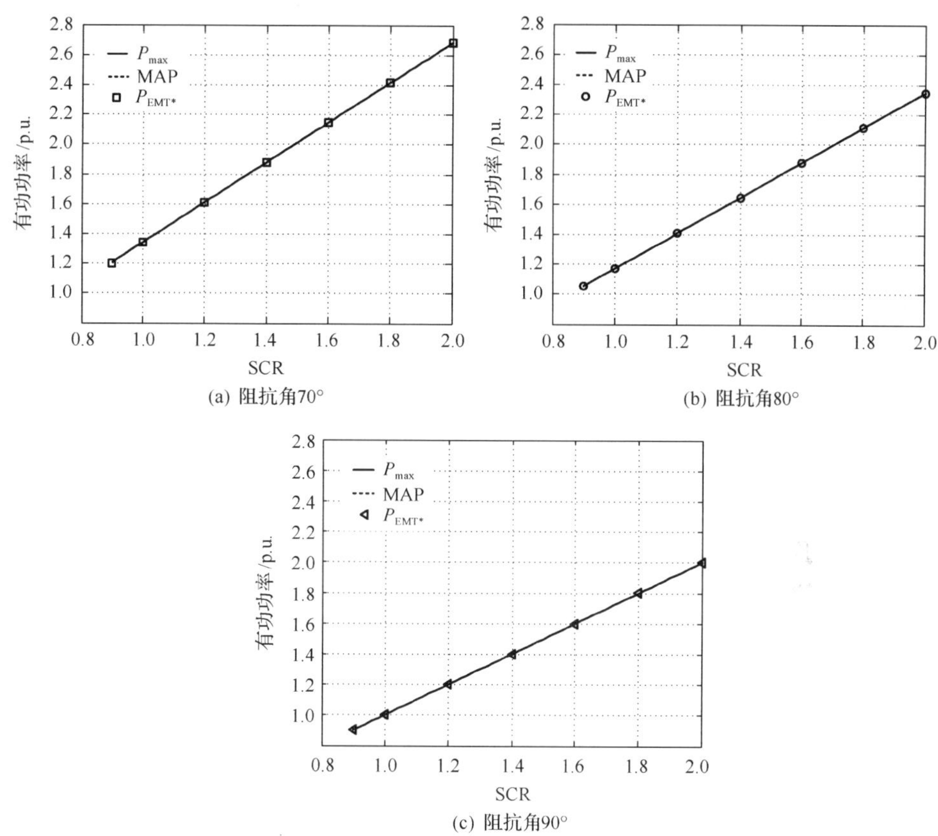

图 7-18　SCR 不同时 VSC 系统的 P_{max}、P_{EMT*}与 MAP 的对比结果

表 7-7　不同 SCR 下的 VSC 系统的 P_{EMT*}与 MAP

SCR	φ=70°		φ=80°		φ=90°	
	P_{max}	P_{EMT*}	P_{max}	P_{EMT*}	P_{max}	P_{EMT*}
0.9	1.2080	1.2077	1.0563	1.0561	0.9000	0.8996
1.0	1.3420	1.3418	1.1737	1.1736	1.0000	0.9999
1.2	1.6107	1.6104	1.4083	1.4083	1.2000	1.1999
1.4	1.8790	1.8788	1.6430	1.6430	1.4000	1.3999
1.6	2.1473	2.1473	1.8777	1.8777	1.6000	1.6000
1.8	2.4157	2.4156	2..1123	2.1123	1.8000	1.8000
2.0	2.6843	2.6842	2.3470	2.3470	2.0000	2.0000

(4) 交流电网频率扰动下采用 FSC 方法的 VSC 系统的动态特性。

图 7-19 为交流电网频率受到扰动时，基于 FSC 控制的 VSC 系统动态响应仿真波形。设定交流电网频率在 1.0s 时由 50Hz 减小至 49.9Hz，并在 2.0s 恢复至 50Hz，图 7-19 (a) 为 FSC 输出频率 ($\omega_1/2\pi$) 和 PLL 输出频率 ($\omega/2\pi$) 的动态特性，从图中可

知，FSC 输出频率具有与 PLL 类似的频率跟踪特性，能够跟随交流电网频率的变化；图 7-19(b)为交流电网频率扰动下 FSC 控制输出的频率阻尼分量、频率同步分量以及两者叠加之和的输出量，从图中可知，在扰动过程中，频率阻尼分量和频率同步分量具有相反的变化趋势，两者作用之和基本保持不变，从而保证了 VSC 可以在频率扰动下稳定地输出功率；图 7-19(c)为 VSC 输出有功功率和交流母线电压波形，从图中可知，在交流电网频率的扰动过程中，FSC 控制可以使 VSC 系统输出有功功率和交流母线电压均维持在额定值，由此验证了 FSC 控制在交流电网频率扰动下的良好抗扰特性。

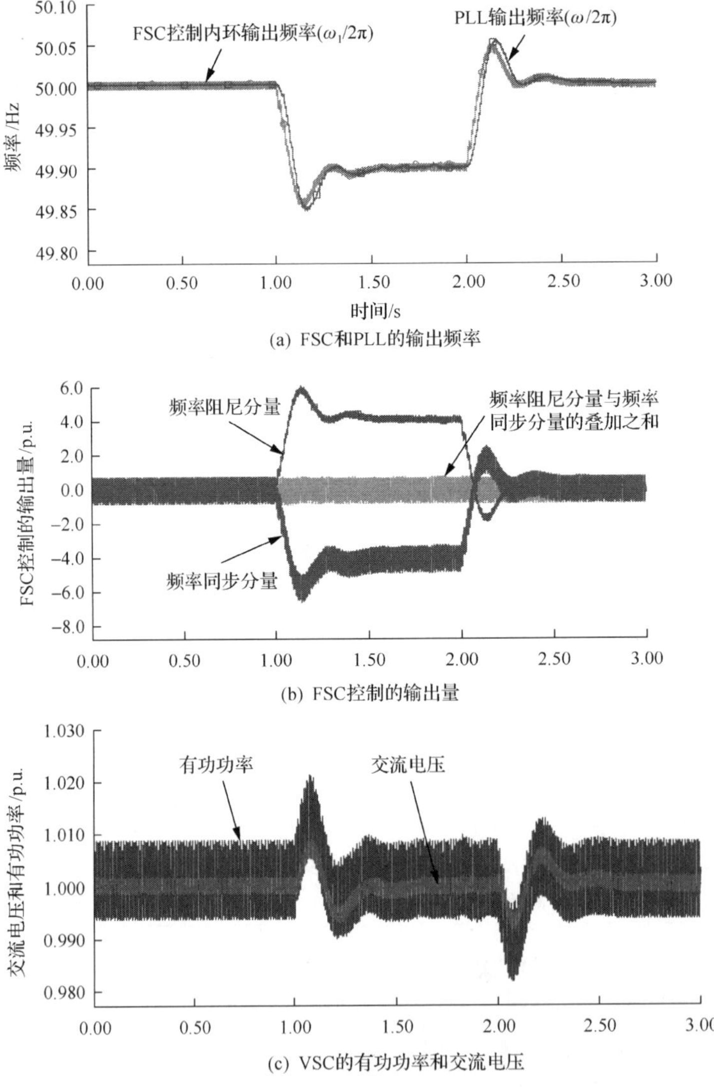

(a) FSC和PLL的输出频率

(b) FSC控制的输出量

(c) VSC的有功功率和交流电压

图 7-19　交流电网频率扰动下采用 FSC 方法的 VSC 系统的动态特性

(5) 负荷变化时采用 FSC 方法的 VSC 系统的动态特性。

图 7-20 为负荷变化时基于 FSC 控制的 VSC 系统的动态响应仿真波形。初始状态时，VSC 系统运行在额定工况(SCR=1.0)，换流器允许通过的最大电流 I_{max} 设为 1.1p.u.，I_{max} 的含义如图 7-6 所示。有功功率负荷在 3s 时由 1.00pu 分别增加到 1.05 p.u.、1.10 p.u.和 1.15p.u.。

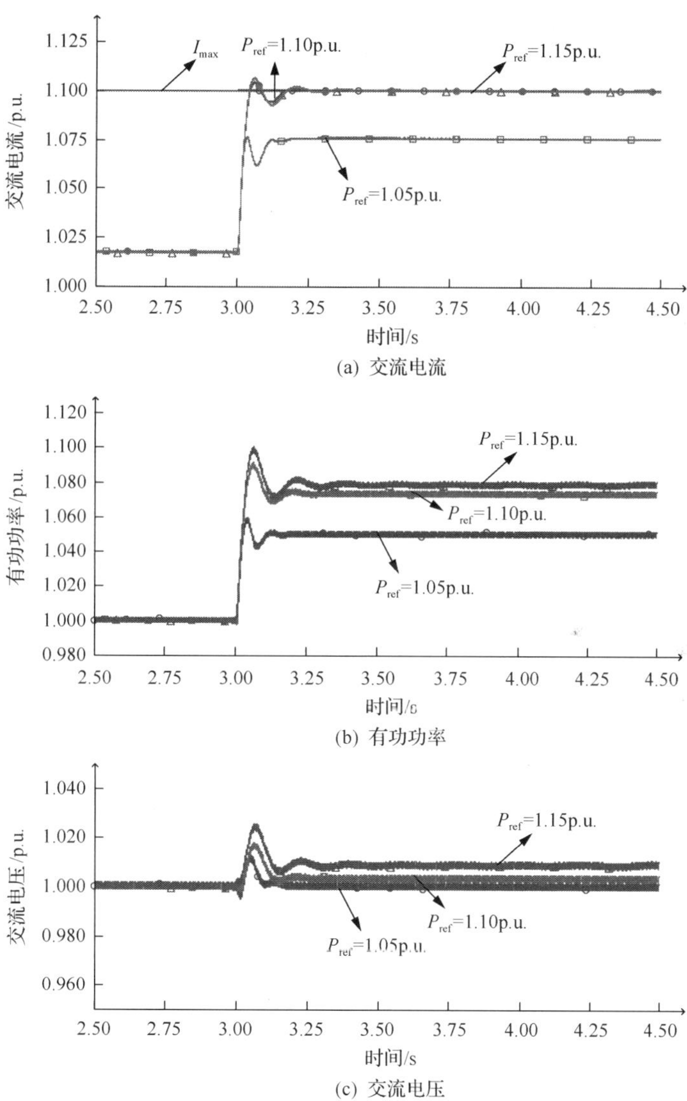

图 7-20　系统负荷变化时采用 FSC 方法的 VSC 系统的动态特性

由图 7-20(a)可知，当有功功率负荷从 1.00p.u.变化到 1.05p.u.时，交流电流小于 I_{max}。因此，有功功率最终达到参考值 1.05p.u.，如图 7-20(b)所示。当有功功率负荷从 1.00p.u.变化到 1.10p.u.和 1.15p.u.时，同时考虑无功功率的输出，VSC 交流侧的电流将超过 I_{max}，但经过 FSC 外环的电流限制作用，最终可将其限制在换流器允许通过的最大值 I_{max}=1.10p.u.，上述动态调节过程如图 7-20(a)所示。由图 7-20(b)(c)可知，当有功功率负荷变化到 1.10p.u.和 1.15p.u.时，由于超过了换流器的最大允许电流，流过换流器的电流被限制在 I_{max}，导致有功功率和交流电压在一定程度上偏离了参考值。通过上述仿真结果，可以看出基于 FSC 方法的 VSC 系统在负荷发生变化时具有很好的限流能力。

(6)采用 FSC 方法的 VSC 系统的限流及恢复特性。

本小节分析交流侧发生最严重的三相直接接地短路故障时，采用 FSC 方法的 VSC 系统的限流及恢复特性。在严重交流故障情况下，由于 FSC 方法内环响应速度很难满足 VSC 换流器的限流保护控制功能，所以在严重故障发生后，需要将 FSC 的内环控制切换至电流矢量控制 VCC 的内环控制，并将内环参考值 I_{dref} 和 I_{qref} 分别设为 0 和 1.0p.u.，从而一方面达到快速限流来保护 VSC 换流器的目的，另一方面使 VSC 换流器一直处于热备用状态，有利于故障后的系统恢复。

基于 FSC 的 VSC 系统在交流电网强度 SCR=1.0 的工况下，0.2s 时交流侧发生三相直接短路接地故障，0.4s 时故障切除，整个过程中 VSC 系统的动态响应结果如图 7-21 所示。由图 7-21(a)可知，当检测到交流故障发生后，FSC 通过切换

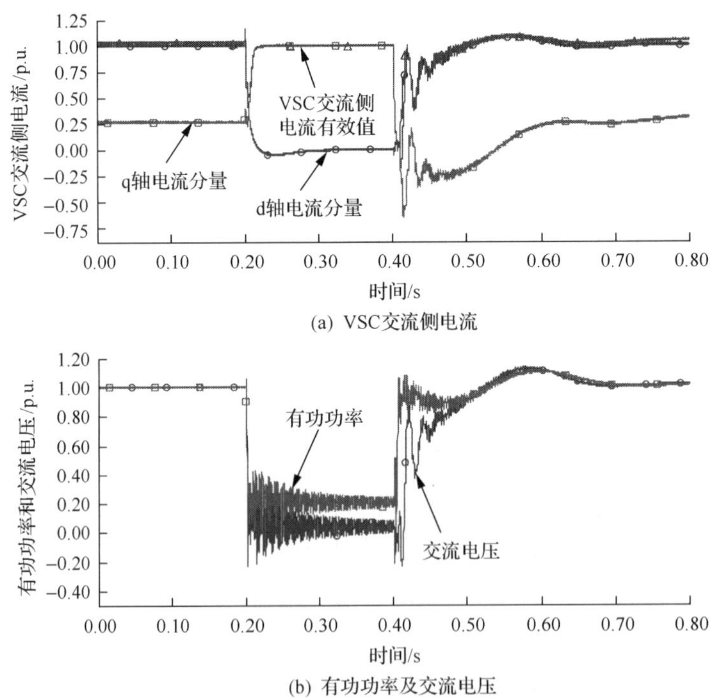

(a) VSC交流侧电流

(b) 有功功率及交流电压

图 7-21　三相直接短路故障下采用 FSC 方法的 VSC 系统的限流及恢复特性

至 VCC 内环控制器，可将故障电流限制在换流器允许的范围之内(故障期间，流过 VSC 换流器的最大电流为 1.2p.u.)；由图 7-21(b)可知，故障期间 VSC 输出有功功率和交流侧母线电压都降至 0，故障清除后，切换 VCC 电流内环控制器至 FSC 控制，在 FSC 作用下 VSC 交流侧电压和输出有功功率在恢复过程中波动较小，系统能够恢复稳定运行。考虑到交流电网强度极弱(SCR=1.0)，同时故障又为最严重的三相直接短路故障，因此图 7-21 所示的故障期间采用 FSC 方法的 VSC 系统的限流及恢复特性是可以接受的。

5) 小结

为提高 VSC-HVDC 系统的稳定裕度和最大功率传输能力，本小节提出了 FSC 方法[2]，建立了基于 FSC 的 VSC-HVDC 系统的小信号模型，并通过特征根分析及 PSCAD/EMTDC 电磁暂态仿真对弱交流电网场景下采用 FSC 方法的两电平 VSC-HVDC 系统的运行特性进行了综合评价。结果表明，FSC 能够有效提高 VSC 系统在弱交流电网下的有功功率传输能力，并增强系统稳定性，具体结论如下：

(1) 通过引入频率阻尼分量，能够有效提高 VSC-HVDC 连接极弱受端交流电网工况下的稳定性，增大频率阻尼系数 K_d，系统的稳定性提高，而增大频率同步分量则会降低系统的稳定裕度。

(2) 当受端交流系统 SCR 增大时，频率阻尼系数 K_d 与频率同步系数 K_s 的可行域虽有所减少，但依然有较大的可调范围，增大 K_d 或减小 K_s 均可以提高系统的稳定性。

(3) 采用 FSC 方法的 VSC-HVDC 在弱交流系统工况下的最大传输功率 MAP 与理论功率极限值基本一致，表明 FSC 能够提高 VSC 系统在弱交流电网下有功功率的传输能力。

(4) 采用 FSC 方法的 VSC-HVDC 在交流电网频率扰动下具有良好的频率跟踪特性和功率传输抗干扰特性。

(5) FSC 可以使 VSC 系统在负荷发生变化时具有很好的限流能力，然而在严重交流故障下，需切换至 VCC 的内环控制来限制流过换流器的电流，故障清除后可切换回 FSC 控制使 VSC 系统恢复稳定运行。

2. 基于电网频率的附加双阻尼控制[3]

本小节针对联接弱交流电网的 VSC-HVDC 系统，提出了一种简单而有效的新型附加控制——基于电网频率的附加双阻尼控制(SFDDC，以下简称“附加双阻尼控制”)，用以消除由于锁相环动态特性恶化所引起的系统失稳问题。所提出的 SFDDC 方法基于锁相环 PLL 所跟踪的电网频率，在 VCC 控制器的有功类和无功类外环分别引入阻尼分量，即功率阻尼分量 P_{Dk} 及电压阻尼分量 U_{Dv}。经特征值分析及 PSCAD 仿真研究表明，所提出的 SFDDC 方法能有效提高 VSC-HVDC 系统在极弱交流电网(SCR=1.0)场景下的功率传输能力，消除锁相环动态特性恶化所引起的系统失稳问题；同时，在极弱交流电网发生最严重的三相短路直接接地故障时，相比于前述的 FSC 方法，SFDDC 方法无需切换控制策略便具备故障限流能力。下面将针对 SFDDC 方法的提出、模型的建立、对小信号稳定性的影响及其有效性等方面进行详细介绍。

1)附加双阻尼控制 SFDDC 的提出

图 7-4 所展示的主导模态在 SCR=1.0 且 K_{pPLL}=130 时的参与因子分布结果，VSC 系统的 16 个状态变量分为三组，即分别属于交流系统、锁相环 PLL 及电流矢量控制 VCC。由图 7-4 可知，参与程度较高的 4 个状态变量，即 U_{tq}(100%)、ω(96.52%)、U_{tdm}(75.86%)和 θ(63.55%)，成为影响主导模态运动趋势(如图 7-1 所示)的主要因素。基于上述状态变量的参与程度，并结合图 3-3 所示的锁相环控制原理可知，锁相环输出的角频率(ω)对 VSC 系统的稳定性具有重要影响，具体表现为：①ω(96.52%)具有较高的参与程度，且 θ(63.55%)的本质正是 ω 对时间的积分；②VSC 系统的三相瞬时电压、电流进行 dq 坐标变换用于电流矢量控制时，依赖于锁相环所输出的跟踪频率 ω，故上述参与程度较高的状态变量 U_{tq}(100%)、U_{tdm}(75.86%)的生成也与 ω 密切相关。因此，锁相环的动态特性(尤其是在联接弱交流电网时)对 VSC 系统的小信号稳定性具有显著的影响。由图 7-5 可知，对于弱交流电网场景下的 VSC 系统而言，锁相环的比例增益 K_{pPLL} 的取值越小越好；然而，锁相环的增益过小将会降低系统的动态响应速度[8]。

为进一步确定对主导模态运动趋势(图 7-1)影响最灵敏的控制器参数(下文称为“灵敏参数”)，采用参数灵敏度方法[13]进行分析，该方法在识别灵敏参数(即判断“调节何种控制器”)的同时，能够揭示出主导模态随灵敏参数取值变化时的运动规律(即确定“如何调节灵敏参数的取值以提高系统小信号稳定性”)。图 7-22 给出了 VSC 系统运行于 SCR=1.0 且 K_{pPLL}=10 时，主导模态对不同控制器参数的灵敏度，其中，①每个参数灵敏度的符号(如横轴“+”/“−”所示)表示主导模态随相应控制器参数取值的增大而在复平面内运动的方向，即“+”表示主导模态将向复平面右侧移动、“−”表示主导模态将向复平面左侧移动；②每个参数灵敏度数值的绝对值大小反映了主导模态运动速度的快慢，也即主导模态对该控制器参数变化时的敏感程度。

由图 7-22 可知，主导模态的运动趋势受外环定有功功率控制器的积分增益 K_{iP} 和外环定交流电压控制器的积分增益 K_{iU} 的影响较大。此外，随着 K_{iP} 取值的增大，主导模态将移向复平面右侧，表明 VSC 系统的小信号稳定性恶化；随着 K_{iU} 取值的增大，主导模态将移向复平面左侧，表明 VSC 系统的小信号稳定性增强。

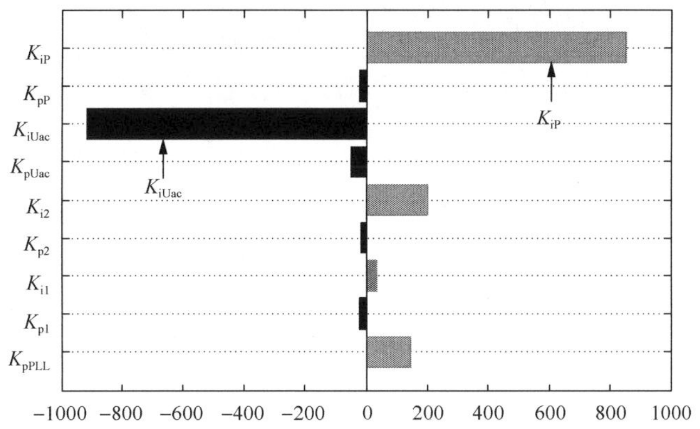

图 7-22　SCR=1.0 且 K_{pPLL}=10 时主导模态对不同控制器参数的灵敏度

综上的主导模态参与因子和参数灵敏度分析结果，考虑将锁相环 PLL 的输出角频率 ω 与电网额定角频率 ω_0 间的偏差量，记作 $\Delta\omega$ ($\Delta\omega=\omega-\omega_0$)，用作所提附加控制的输入信号；而后将该角频率偏差量 $\Delta\omega$ 与两个不同的阻尼系数(D_k、D_v)分别相乘，构成两个阻尼分量，分别引入至电流矢量控制的定有功功率外环与定交流电压外环中。图 7-23 即给出了所提出的基于电网频率的附加双阻尼控制 SFDDC 的控制原理图。

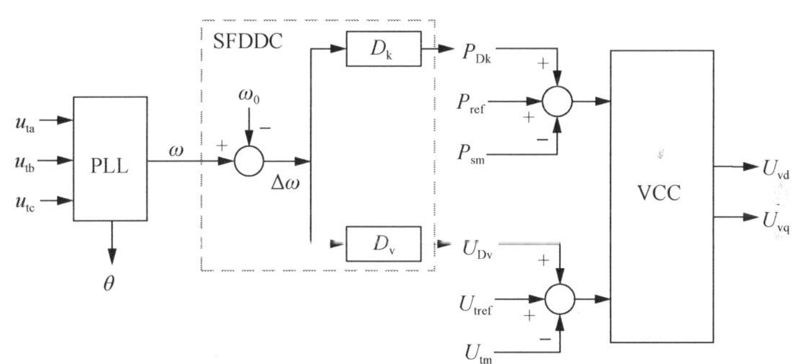

图 7-23　SFDDC 的控制原理图

图 7-23 中，虚线方框内显示的即为所提 SFDDC 方法的控制结构，该方法向 VCC 的外环控制器中引入了双阻尼分量，即功率阻尼分量 P_{Dk} ($P_{Dk}=D_k\cdot\Delta\omega$) 和电压阻尼分量 U_{Dv} ($U_{Dk}=D_v\cdot\Delta\omega$)。由此可见，SFDDC 方法仅需通过合理地选择阻尼系数 D_k 和 D_v 的取值，便可将其灵活地嵌入原有控制系统中。

2) 含 SFDDC 方法的 VSC 系统的小信号模型及其验证

本小节将建立 SFDDC 方法投入时 VSC 系统的小信号模型，并进一步通过 PSCAD/EMTDC 仿真验证其正确性。

由图 7-23 所示的 SFDDC 控制原理图易知，仅需修改 3.1.3 节中两电平

VSC-HVDC 控制系统模型中描述 VCC 动态特性的非线性方程，即式(3-7)、式(3-8)中定有功功率、定交流电压控制方式所对应的方程，而无需引入新的状态变量，具体为

$$\begin{cases}\dfrac{\mathrm{d}x_3}{\mathrm{d}t}=P_{\mathrm{ref}}-\dfrac{3}{2}(U_{\mathrm{tdm}}I_{\mathrm{vdm}}+U_{\mathrm{tqm}}I_{\mathrm{vqm}})+D_{\mathrm{k}}(\omega-\omega_0),\quad I_{\mathrm{dref}}=K_{\mathrm{pP}}\dfrac{\mathrm{d}x_3}{\mathrm{d}t}+K_{\mathrm{iP}}x_3\\ \dfrac{\mathrm{d}x_4}{\mathrm{d}t}=U_{\mathrm{tref}}-\sqrt{\dfrac{3}{2}(U_{\mathrm{tdm}}^2+U_{\mathrm{tqm}}^2)}+D_{\mathrm{v}}(\omega-\omega_0),\quad I_{\mathrm{qref}}=K_{\mathrm{pU_{ac}}}\dfrac{\mathrm{d}x_4}{\mathrm{d}t}+K_{\mathrm{iU_{ac}}}x_4\end{cases} \tag{7-7}$$

基于 3.1 节中式(3-2)、式(3-4)～式(3-6)、式(3-9)以及上述修正方程式(7-7)，可得 SFDDC 方法投入控制系统时两电平 VSC 系统的非线性状态空间模型(仍为 16 阶)，其一般形式为

$$\frac{\mathrm{d}\boldsymbol{X}}{\mathrm{d}t}=\boldsymbol{F}(\boldsymbol{X},\boldsymbol{U}) \tag{7-8}$$

式中，状态变量同式(3-10)，即 $\boldsymbol{X}=[I_{\mathrm{vd}},I_{\mathrm{vq}},I_{\mathrm{sd}},I_{\mathrm{sq}},U_{\mathrm{td}},U_{\mathrm{tq}},I_{\mathrm{vdm}},I_{\mathrm{vqm}},U_{\mathrm{tdm}},U_{\mathrm{tqm}},\theta,\omega,x_1,x_2,x_3,x_4]_{16\times1}^{\mathrm{T}}$；输入变量 $\boldsymbol{U}=[P_{\mathrm{ref}},U_{\mathrm{tref}}]_{2\times1}^{\mathrm{T}}$。

将式(7-8)所示的非线性状态空间模型在系统某一稳态运行点处进行线性化，即可得含 SFDDC 方法的两电平 VSC 系统的小信号模型，其一般形式为

$$\frac{\mathrm{d}\Delta\boldsymbol{X}}{\mathrm{d}t}=\boldsymbol{A}\Delta\boldsymbol{X}+\boldsymbol{B}\Delta\boldsymbol{U} \tag{7-9}$$

式中，$\Delta\boldsymbol{X}$ 为 16 维状态变量的增量矩阵；$\Delta\boldsymbol{U}$ 为 2 维输入变量的增量矩阵；$\boldsymbol{A}$ 为修正后的 16 阶状态矩阵；$\boldsymbol{B}$ 为修正后的 16×2 阶输入矩阵。

进一步地，为验证所建立的含 SFDDC 方法的 VSC 系统小信号模型的正确性，下面将分别进行有功功率及交流电压的阶跃测试，对比 MATLAB 中小信号模型和 PSCAD/EMTDC 中电磁暂态仿真模型的动态响应。初始时刻，VSC 系统运行于 SCR = 1.0、U_{t}=1.0p.u.、P_{s} = 1.0p.u.的额定工况下，且 K_{pPLL}=10、D_{k}=0.5、D_{v}=0.5，具体阶跃过程如下。

(1)有功功率阶跃。

保持交流电压指令值不变，t= 1.0s 时，有功功率的参考值 P_{ref} 从 1.0p.u.阶跃下降至 0.95p.u.；t = 3.0s 时，P_{ref} 从 0.95p.u.恢复至 1.0p.u.。该阶跃过程基于 MATLAB 和 PSCAD 的响应结果如图 7-24 所示。

由图 7-24 可知，在设定的有功功率阶跃条件下，基于 MATLAB 小信号模型的动态响应和基于 PSCAD 的电磁暂态仿真结果基本一致，因此验证了所推导小信号模型的正确性。

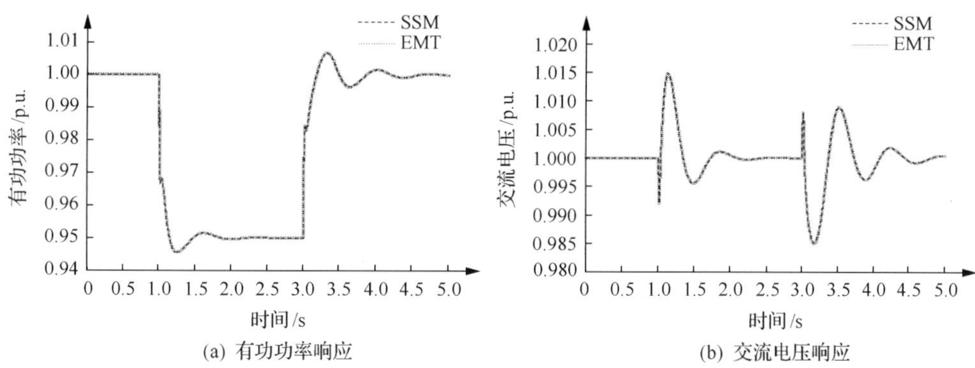

图 7-24　有功功率阶跃时 VSC 系统的动态响应(SFDDC 投入且 D_k=0.5、D_v=0.5)

(2)交流电压阶跃。

同样地，保持有功功率指令值不变，U_{tref} 在 t=1.0s 时从 1.0p.u.阶跃上升至 1.05p.u.，在 t = 3.0s 时重新恢复至 1.0p.u.。该阶跃过程基于 MATLAB 和 PSCAD 的对比结果如图 7-25 所示。

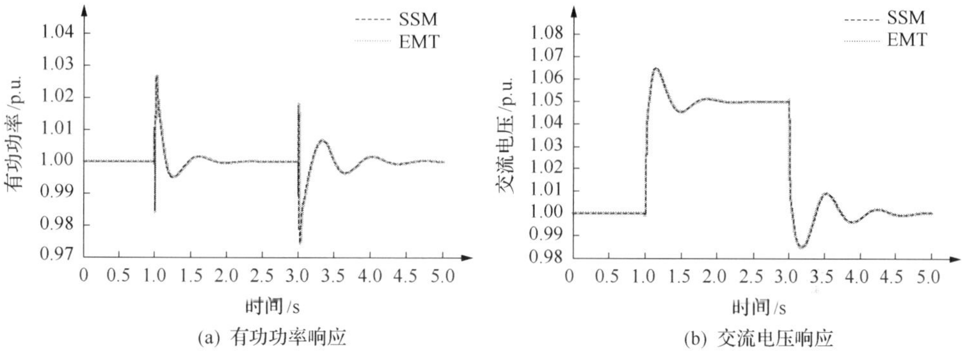

图 7-25　交流电压阶跃时 VSC 系统的动态响应(SFDDC 投入且 D_k=0.5、D_v=0.5)

由图 7-25 可知，在设定的交流电压阶跃条件下，小信号模型的动态响应和电磁暂态仿真结果基本一致，进一步验证了所推导小信号模型的正确性。

3) 阻尼系数 D_k 与 D_v 对 VSC 系统小信号稳定性的影响

由图 7-1 可知，对于联接极弱交流电网(SCR = 1.0)且运行于额定工况(U_t = 1.0p.u.、P_s =1.0p.u.)的 VSC 系统而言，当锁相环的比例增益 K_{Ppll} = 130 时，系统将会失去稳定。本小节将进一步研究：①当 K_{pPLL} = 130 时，阻尼系数 D_k、D_v 的取值对系统特征根轨迹的影响；②当 K_{pPLL} 取不同数值时，阻尼系数 D_k、D_v 保障系统稳定运行的可行域。

当 K_{pPLL} = 130 时，令电压阻尼系数 D_v = 0，逐渐改变功率阻尼系数 D_k 的取值，使其从 0 增大至 2.0，VSC 系统的特征根轨迹如图 7-26(a)所示。

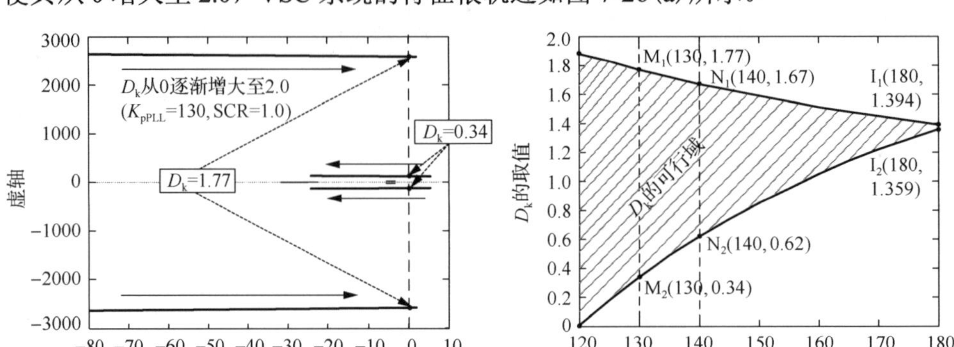

(a) 当K_{pPLL}=130时变化D_k的取值系统所对应的特征根轨迹　(b) 不同K_{pPLL}取值时保证系统稳定运行的D_k的可行域

图 7-26　SCR=1.0 且 D_v=0 时 D_k 的可行域

由图 7-26(a)可知，当 SCR = 1.0、K_{pPLL} = 130 且电压阻尼系数 D_v = 0 时，随着功率阻尼系数 D_k 的取值从零不断增加，主导模态首先由复平面右侧移向左侧，并在 D_k 增至 0.34 时穿越虚轴进入左半复平面，表明 VSC 系统开始进入稳定运行状态；而后，随着 D_k 取值的继续增加，主导模态将发生转变，即如图 7-26 所示的当 D_k 增至 1.77 时，一组新的共轭特征根穿越虚轴进入右半复平面，预示着 VSC 系统将会失去稳定。由此可知，当功率阻尼系数 D_k 的取值在(0.34, 1.77)范围内变化时，所有特征根均保持位于左半复平面，表明 VSC 系统能够维持稳定运行，即当 SCR = 1.0、K_{pPLL} = 130 且电压阻尼系数 D_v = 0 时，功率阻尼系数 D_k 的可行域为(0.34,1.77)。进一步地，研究在 SCR = 1.0 且电压阻尼系数 D_v = 0 条件下，当锁相环的比例增益 K_{pPLL} 取不同数值(120＜K_{pPLL}＜180)时，保证 VSC 系统维持稳定运行的功率阻尼系数 D_k 的可行域，结果如图 7-26(b)所示。图 7-26(b)中，对于横轴上每个确定的 K_{pPLL} 值，令功率阻尼系数 D_k 的取值在[0, 2.0]范围内变化(同时保证 D_v = 0)，通过判别系统所有特征根的实部是否为负，进而得到每个 K_{pPLL} 取值下功率阻尼系数 D_k 的可行域。

同理，当 K_{pPLL} = 130 时，令功率阻尼系数 D_k = 0，逐渐改变电压阻尼系数 D_v 的取值使其从 0 增大至 2.5，VSC 系统的特征根轨迹如图 7-27(a)所示。

由图 7-27(a)可知，当 SCR = 1.0、K_{pPLL} = 130 且功率阻尼系数 D_k = 0 时，随着电压阻尼系数 D_v 的取值从零不断增加，主导模态逐渐由复平面右侧移向左侧，并在 D_v 增至 0.36 时穿越虚轴进入左半复平面，表明 VSC 系统开始进入稳定运行状态；当电压阻尼系数 D_v＞0.36 时，所有特征根均位于左半复平面，表明 VSC

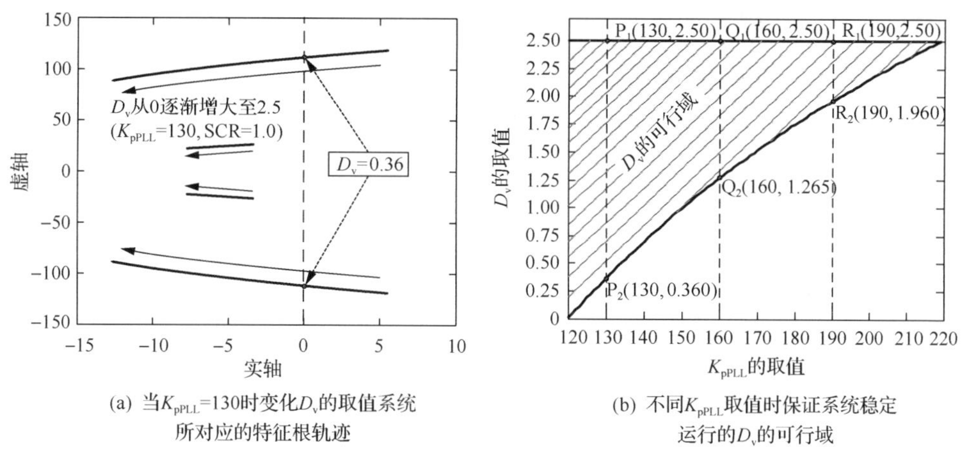

(a) 当K_{pPLL}=130时变化D_v的取值系统所对应的特征根轨迹　　(b) 不同K_{pPLL}取值时保证系统稳定运行的D_v的可行域

图 7-27　SCR=1.0 且 D_k=0 时 D_v 的可行域

系统能够维持稳定运行状态。因此，当 SCR = 1.0、K_{pPLL} = 130 且功率阻尼系数 D_k = 0 时，保障 VSC 系统运行稳定性的电压阻尼系数 D_v 的取值不得低于 0.36。值得注意的是，D_v 的取值不能过高，考虑到：①电力系统的电能质量要求所允许的频率偏差为±0.2Hz（即占额定频率 50Hz 的±0.4%）；②如图 7-23 所示，SFDDC 给 VCC 控制器定交流电压外环引入了交流电压阻尼分量 U_{Dv}，可将该分量的大小控制在 U_{tref} 的±1%范围以内，以避免额外为 VSC 系统引入较大的电压扰动。如此，D_v 取值的上限即为 2.5（±1%/±0.4% = 2.5）。综上所述，即当 SCR = 1.0、K_{pPLL} = 130 且功率阻尼系数 D_k = 0 时，电压阻尼系数 D_v 的可行域为(0.36, 2.5)。进一步地，研究在 SCR = 1.0 且功率阻尼系数 D_k = 0 条件下，当锁相环的比例增益 K_{pPLL} 取不同数值（120＜K_{pPLL}＜220）时，保证 VSC 系统维持稳定运行的电压阻尼系数 D_v 的可行域，结果如图 7-27(b)所示。

图 7-26(b)、图 7-27(b)所示的不同 K_{pPLL} 取值时保证系统稳定运行的 D_k、D_v（分别单独投入）的可行域结果，为 SFDDC 控制中两个阻尼系数的选取提供了理论依据。基于此，进一步探究弱交流电网场景下，采用不同的[D_k, D_v]取值组合对锁相环比例增益 K_{pPLL} 可行域的影响。

如图 7-28(a)所示，对于联接极弱交流电网（SCR=1.0）且运行于额定工况（U_t = 1.0p.u.、P_s =1.0p.u.）的 VSC 系统而言，当电压阻尼系数 D_v 分别取 0、0.5、1.0、1.5、2.0 时，令功率阻尼系数 D_k 的取值连续在[0, 2.0]范围内变化，仍采用前述“系统所有特征根实部均为负”的判别方法，获得不同[D_k, D_v]取值组合下保证系统稳定运行的 K_{pPLL} 最大值。例如，图 7-28(a)中的点 O_1(0.6, 180)即表示在 SCR=1.0 场景下，若选择 D_k = 0.6、D_v=1.0，保证 VSC 系统稳定运行的锁相环比例增益 K_{pPLL} 的最大允许值为 180。

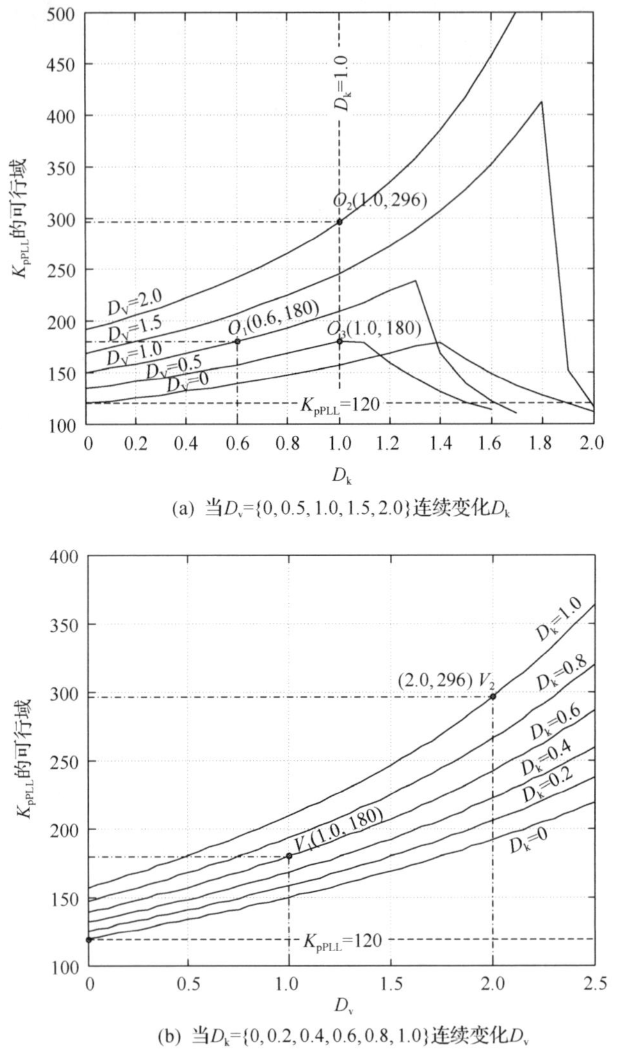

(a) 当D_v={0, 0.5, 1.0, 1.5, 2.0}连续变化D_k

(b) 当D_k={0, 0.2, 0.4, 0.6, 0.8, 1.0}连续变化D_v

图 7-28　SCR=1.0 条件下 K_{pPLL} 的可行域

由图 7-28(a)可知，对于某一确定的电压阻尼系数 D_v 而言，随着功率阻尼系数 D_k 取值的不断增加，锁相环的比例增益 K_{pPLL} 的最大允许值呈现先增加后减小的变化趋势。当 D_k<1.0 时，对于每个 D_v 值，K_{pPLL} 的最大允许值总是随着 D_k 取值的增加而呈现单调递增的变化趋势。因此，为了保证 D_k 所选取的数值对于 K_{pPLL} 可行域的拓宽具有较保守的积极作用，推荐在 D_k≤1.0 范围内选择功率阻尼系数 D_k 的值，以便配合不同的电压阻尼系数 D_v 共同发挥作用。

如图 7-28(b)所示，对于联接极弱交流电网(SCR = 1.0)且运行于额定工况(U_t=1.0p.u.、P_s=1.0p.u.)的 VSC 系统而言，当功率阻尼系数 D_k 分别取 0、0.2、

0.4、0.6、0.8、1.0 时，令电压阻尼系数 D_v 的取值连续在[0, 2.5]范围内变化，仍采用前述“系统所有特征根实部均为负”的判别方法，获得不同$[D_k, D_v]$取值组合下保证系统稳定运行的 K_{pPLL} 最大值。例如，图 7-28(b)中的点 V_1(1.0, 180)即表示在 SCR=1.0 场景下，若选择 D_k = 0.6、D_v =1.0，保证 VSC 系统稳定运行的锁相环比例增益 K_{pPLL} 的最大允许值为 180，该点 V_1(1.0, 180)与图 7-28(a)中的点 O_1(0.6, 180)所表示的含义一致。类似地，图 7-28(b)中的点 V_2(2.0, 296)与图 7-28(a)中的点 O_2(1.0, 296)所表示的含义也一致。

由图 7-28(b)可知，对于某一确定的功率阻尼系数 D_k 而言，随着电压阻尼系数 D_v 取值的不断增加，K_{pPLL} 的最大允许值呈现单调递增的变化趋势，该特性使得 SFDDC 投入时在参数设置、配合与调节方面具有一定的灵活性。

进一步地，在 PSCAD/EMTDC 中进行详细的电磁暂态仿真，来验证上述考虑 SFDDC 投入时 VSC 系统的特征根分析结果。初始时刻，VSC 联接极弱交流电网(SCR = 1.0)且运行于额定状态(U_t = 1.0p.u.、P_s = 1.0p.u.)，锁相环的比例增益 K_{pPLL}=10(系统可以稳定运行)；t = 0.5s 时，K_{pPLL} 由 10 阶跃至 130(系统失去稳定)；t =3.0s 时，按照如下 3 种$[D_k, D_v]$的取值组合投入 SFDDC：①D_k = 0.6，D_v = 0；②D_k = 0，D_v = 1.0；③D_k = 0.6，D_v = 1.0，VSC 系统的有功功率、交流侧电压及电流有效值的动态响应分别如图 7-29 所示。

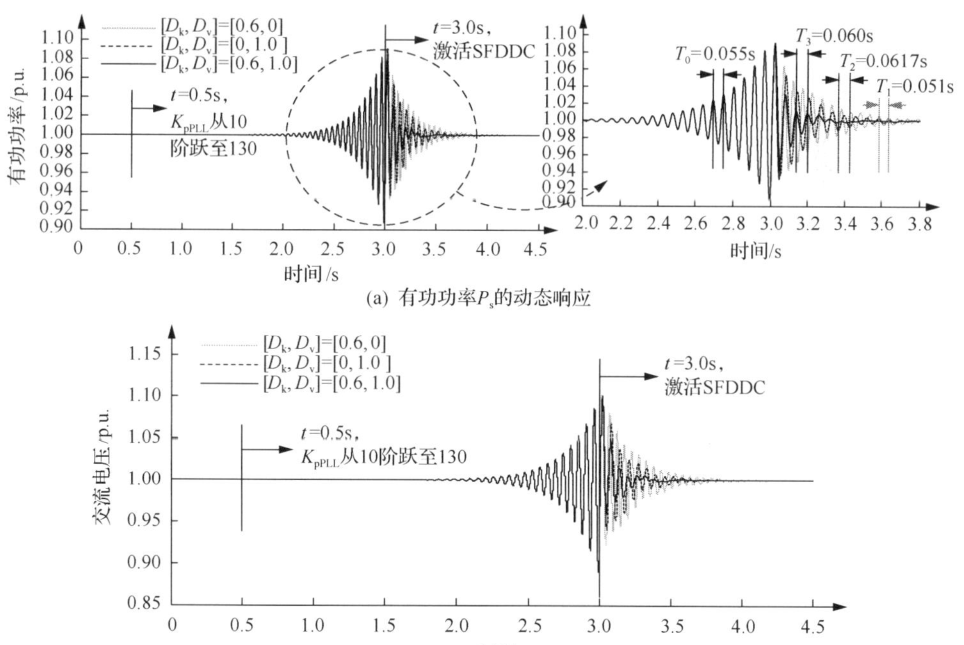

(a) 有功功率P_s的动态响应

(b) PCC点交流电压U_t的动态响应

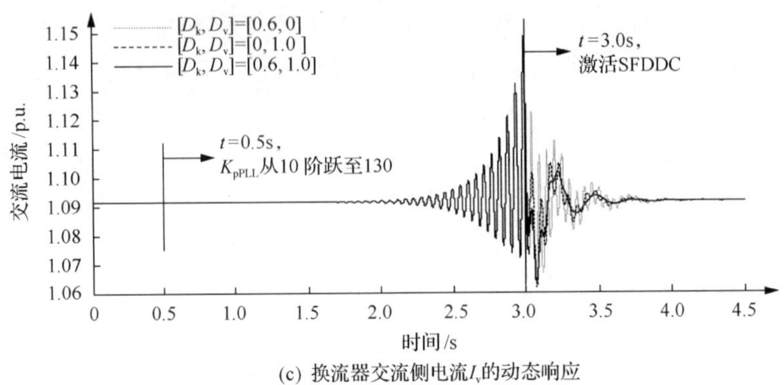

(c) 换流器交流侧电流I_v的动态响应

图 7-29 SCR=1.0 且 K_{pPLL}=130,不同的[D_k, D_v]取值组合下 VSC 系统的动态响应

由图 7-29 可知，运行于 SCR=1.0、$K_{pPLL}=130$ 时失稳的 VSC 系统，按照上述 3 种[D_k, D_v]的取值组合投入 SFDDC 后，VSC 系统均可逐渐达到稳定运行状态。其中，当 $D_k=0.6$ 且 $D_v=0$ 时，SFDDC 可以使 VSC 系统恢复稳定运行，这验证了图 7-26(b)所给出的功率阻尼系数 D_k 的可行域结果；当 $D_k=0$ 且 $D_v=1.0$ 时，SFDDC 可以使 VSC 系统恢复稳定运行，这验证了图 7-27(b)所给出的电压阻尼系数 D_v 的可行域结果；当 $D_k=0.6$ 且 $D_v=1.0$ 时，SFDDC 可以使 VSC 系统恢复稳定运行，这验证了图 7-28 的结果，即在 SCR=1.0 条件下，当 $D_k=0.6$、$D_v=1.0$ 时所允许的锁相环比例增益 K_{pPLL} 的最大取值为 180。再者，由图 7-29 可知，功率阻尼分量和电压阻尼分量同时投入时，能够更有效地使联接极弱交流电网的 VSC 系统恢复稳定运行。

采用特征根分析方法，表 7-8 给出了未投入 SFDDC 和投入 SFDDC 且[D_k, D_v]的取值组合不同时 VSC 系统的特征根结果。其中，第一列元素中实部为正的模态为弱交流电网场景下由于锁相环增益过大导致 VSC 系统失稳时的主导模态。

表 7-8 投入 SFDDC 前后 VSC 系统的特征根(SCR=1.0，K_{pPLL}=130)

未投入 SFDDC	投入 SFDDC		
D_k=0, D_v=0	取值组合 1 D_k=0.6, D_v=0	取值组合 2 D_k=0, D_v=1.0	取值组合 3 D_k=0.6, D_v=1.0
−205.49±j3261.1	−293.33±j3281.8	−173.24±j3566.8	−253.20±j3580.9
−201.83±j2685.8	−117.84±j2662.2	−174.80±j2972.1	−97.29±j2956.4
−177.09±j723.56	−160.62±j723.56	−182.65±j689.97	−171.48±j691.04
−450.49	−443.67	−554.08	−552.99
−245.64	−256.46	−222.71	−227.81
5.484±j118.69	−4.371±j124.69	−6.142±j102.25	−12.21±j106.04
−3.369±j26.38	−4.157±j24.82	−5.209±j24.67	−5.869±j23.31
−22.37	−22.35	−22.38	−31.63±j4.066
−31.71±j3.138	−31.71±j3.244	−31.63±j3.966	−22.35
−5.107	−5.11	−5.112	−5.114

由表 7-8 可知，未投入 SFDDC 时($D_k = 0$, $D_v = 0$)主导模态的振荡频率为 18.89Hz(118.69/2π)，这与图 7-29(a)中 0.5～3s 期间 VSC 系统失稳发散的振荡频率 18.18Hz($1/T_0$=1/0.055s)基本一致；同理，表 7-8 中投入 SFDDC 后当[D_k, D_v]取 3 组数值时主导模态的振荡频率，与图 7-29(a)中 3s 之后 VSC 系统恢复稳定时的振荡频率($1/T_1$、$1/T_2$、$1/T_3$)也基本一致。因此，上述电磁暂态仿真结果与特征根分析结果的一致性，进一步验证了所提出 SFDDC 方法提高 VSC 系统稳定裕度的有效性。

4) SFDDC 方法的有效性分析

为更加全面地探讨 SFDDC 方法的有效性，本小节从如下三个方面对投入 SFDDC 后 VSC 系统的运行特性进行全面分析：①SFDDC 方法对 VSC 系统最大传输功率 MAP[13]和交流电网临界短路比 CSCR[13]的影响；②SFDDC 方法对 VSC 系统在功率大范围变化时动态性能的影响；③SFDDC 方法对 VSC 系统在发生最严重的三相短路直接接地故障时暂态性能的影响。

(1) SFDDC 方法对 VSC 系统 MAP 及 CSCR 的影响。

基于特征根分析方法，首先针对联接弱交流电网且未投入 SFDDC 的 VSC 系统，研究当锁相环比例增益 K_{pPLL} 分别取 10、50、130、150、180 时，VSC 系统能够传输的 MAP 在不同交流电网强度(即 SCR，此处考虑其在 0.95～1.50 范围内变化)下的变化规律，绘制 MAP-SCR 特性曲线如图 7-30(a)所示。

图 7-30(a)中各条特性曲线反映了不同 K_{pPLL} 取值下 VSC 系统的 MAP 随交流电网 SCR 改变时的变化趋势，例如，点 A(1.063,1.0)所在的曲线表示当 K_{pPLL}=130 时，VSC 系统的 MAP 随 SCR 改变时的变化趋势；该点 A(1.063,1.0)表明当 K_{pPLL}=130 时，若使 VSC 能够传输 1.0p.u.的有功功率，交流电网的 SCR 不得低于 1.063，换言之，如果 SCR＜1.063 则 VSC 系统所能传输的最大有功功率将低于 1.0p.u.，否则 VSC 系统将会失去稳定。

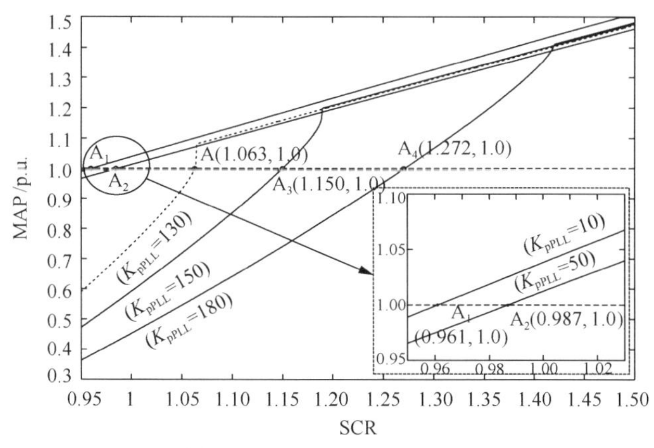

(a) 未投入SFDDC时不同K_{pPLL}取值下的MAP特性

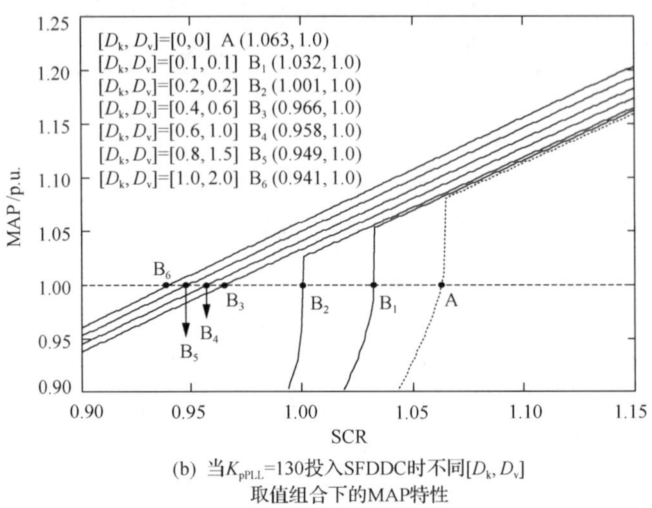

(b) 当K_{pPLL}=130投入SFDDC时不同$[D_k, D_v]$取值组合下的MAP特性

图 7-30　VSC 系统的 MAP-SCR 特性曲线

由图 7-30(a)可知，VSC 系统所能传输的 MAP 受限于交流电网强度，依据临界短路比 CSCR 的定义[14]，即保证 VSC 系统能够稳定运行于额定有功功率(即P_s=1.0p.u.)时交流电网所允许的最小短路比，图 7-30(a)中各条特性曲线与MAP=1.0p.u.所对应的水平线的交点，即点 A_1(0.961,1.0)、点 A_2(0.987,1.0)、点 A(1.063,1.0)、点 A_3(1.150,1.0)、点 A_4(1.272,1.0)，其横坐标即分别为 K_{pPLL}=10、50、130、150、180 时的 CSCR 值。由此可见，CSCR 随 K_{pPLL} 的增加呈现上升趋势，表明 VSC 系统所允许的最小 SCR 值增加，即 VSC 系统的稳定裕度随锁相环比例增益 K_{pPLL} 的增加而降低。综上分析可得，较大的锁相环增益会对弱交流电网场景下 VSC 系统的功率传输能力及稳定裕度造成负面影响。

进一步地，针对联接弱交流电网且运行于较大锁相环增益(例如，K_{pPLL}=130)条件下的 VSC 系统，研究当投入 SFDDC 且取不同的$[D_k, D_v]$值(即$[D_k, D_v]$=[0, 0]、[0.1, 0.1]、[0.2, 0.2]、[0.4, 0.6]、[0.6, 1.0]、[0.8, 1.5]、[1.0, 2.0])时，VSC 系统的 MAP 值随 SCR 的变化规律，绘制 MAP-SCR 特性曲线如图 7-30(b)所示。

图 7-30(b)中各条特性曲线反映了不同的$[D_k, D_v]$取值组合下 VSC 系统的 MAP 随 SCR 的变化趋势，例如，点 A(1.063,1.0)所在的曲线表示当 K_{pPLL}=130 且$[D_k, D_v]$ = [0, 0]时，VSC 系统的 MAP 随 SCR 的变化趋势，该条特性曲线即为图 7-30(a)中点 A(1.063, 1.0)所在的特性曲线。类似地，图 7-30(b)中各条特性曲线与 MAP=1.0p.u.所对应的水平线的交点，即点 A(1.063, 1.0)、点 B_1(1.032, 1.0)、点 B_2(1.001, 1.0)、点 B_3(0.966, 1.0)、点 B_4(0.958, 1.0)、点 B_5(0.949, 1.0)、点 B_6(0.941,1.0)，其横坐标即分别为$[D_k, D_v]$ = [0, 0]、[0.1, 0.1]、[0.2, 0.2]、[0.4, 0.6]、

[0.6, 1.0]、[0.8, 1.5]、[1.0, 2.0]时的 CSCR 值，具体见表 7-9。

表 7-9　K_{pPLL}=130、SFDDC 参数[D_k, D_v]取值不同时 VSC 系统的 CSCR 值

[D_k, D_v]的取值	CSCR
[0, 0]	1.063
[0.1, 0.1]	1.032
[0.2, 0.2]	1.001
[0.4, 0.6]	0.966
[0.6, 1.0]	0.958
[0.8, 1.5]	0.949
[1.0, 2.0]	0.941

由表 7-9 可见，SFDDC 方法可以有效降低 VSC 系统的 CSCR 值，即提升了 VSC 系统的稳定裕度；换言之，在弱交流电网场景下，当 SCR 不变时，投入 SFDDC 并选择合适的[D_k, D_v]值可以扩大锁相环增益的可行域，从而使 VSC 系统可以选择较大的 PLL 增益来提高其频率跟踪的响应速度。由此可得如下结论，SFDDC 方法可以有效抑制联接弱交流电网的 VSC 系统由于锁相环增益过大而引发的失稳问题，显著提高 VSC 系统在弱交流电网场景下的功率传输能力及稳定裕度。

(2) SFDDC 方法对 VSC 系统动态性能的影响。

本部分基于 PSCAD/EMTDC 进行详细的电磁暂态仿真，初始时刻 VSC 联接极弱交流电网(SCR = 1.0)且运行于额定状态(U_t = 1.0p.u.、P_s =1.0p.u.)，锁相环的比例增益为 K_{pPLL} = 130 且投入 SFDDC，并设置 D_k = 0.6、D_v = 1.0；随后，令有功功率的参考值进行如表 7-10 所示的阶跃，VSC 系统的有功功率、PCC 点交流电压的动态响应分别如图 7-31 所示。

表 7-10　K_{pPLL}=130 并投入 SFDDC 时 VSC 系统所进行的有功功率阶跃

时间	有功功率阶跃
t = 0s	P_{ref}=1.0p.u.(U_t=1.0p.u.)
t = 1.0s	P_{ref} 从 1.0p.u.阶跃至 0.75p.u.
t = 3.0s	P_{ref} 从 0.75p.u.阶跃至 0.50p.u.
t = 5.0s	P_{ref} 从 0.50p.u.阶跃至 0.70p.u.
t = 6.0s	P_{ref} 从 0.70p.u.阶跃至 0.80p.u.
t = 7.0s	P_{ref} 从 0.80p.u.阶跃至 0.90p.u.
t = 8.0s	P_{ref} 从 0.90p.u.阶跃至 1.0p.u.

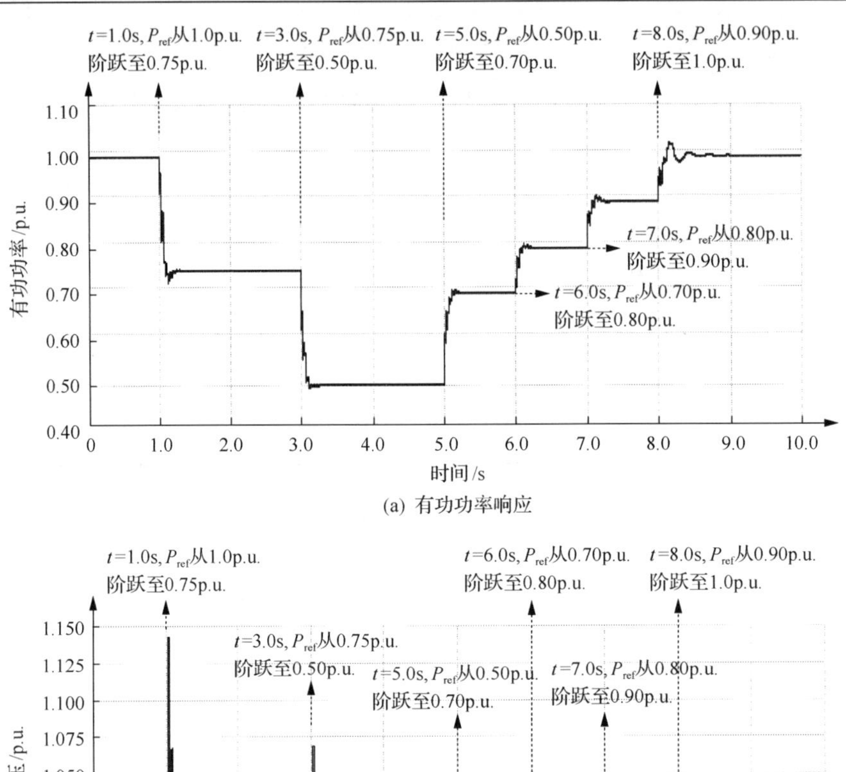

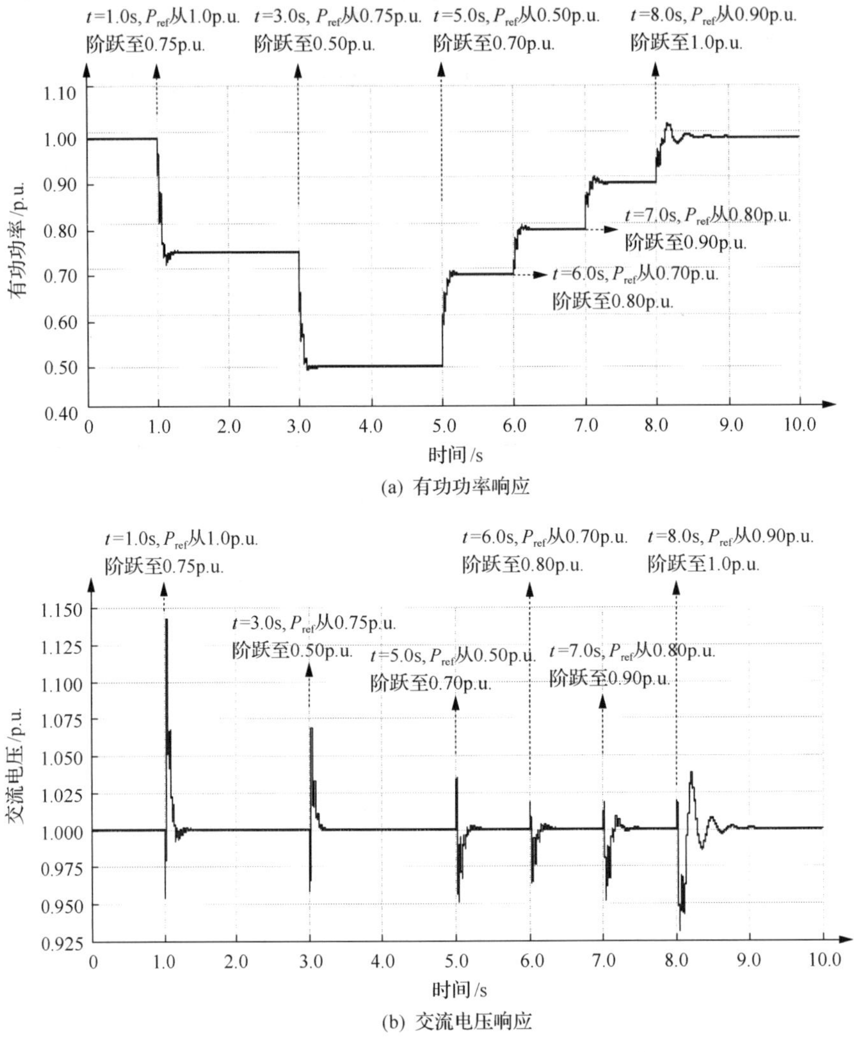

(a) 有功功率响应

t=1.0s, P_{ref}从1.0p.u. 阶跃至0.75p.u.
t=6.0s, P_{ref}从0.70p.u. 阶跃至0.80p.u.
t=8.0s, P_{ref}从0.90p.u. 阶跃至1.0p.u.
t=3.0s, P_{ref}从0.75p.u. 阶跃至0.50p.u.
t=5.0s, P_{ref}从0.50p.u. 阶跃至0.70p.u.
t=7.0s, P_{ref}从0.80p.u. 阶跃至0.90p.u.
交流电压/p.u.
1.150 1.125 1.100 1.075 1.050 1.025 1.000 0.975 0.950 0.925
0 1.0 2.0 3.0 4.0 5.0 6.0 7.0 8.0 9.0 10.0
时间/s

(b) 交流电压响应

图 7-31　VSC 系统在功率阶跃时的动态特性

由图 7-31 可知，VSC 联接极弱交流电网（SCR = 1.0）且运行于较大锁相环增益（K_{pPLL} = 130）时，SFDDC 方法可以使 VSC 系统在功率大范围变化时具有良好的动态响应特性。

（3）SFDDC 方法对 VSC 系统暂态性能的影响。

本部分研究仍基于 PSCAD/EMTDC 进行详细的电磁暂态仿真，初始时刻 VSC 联接极弱交流电网（SCR = 1.0）且运行于额定状态（U_t = 1.0p.u.、P_s =1.0p.u.），锁相环比例增益 K_{pPLL} = 130 且投入 SFDDC 并设置 D_k = 0.6、D_v = 1.0；随后，t = 0.2s 时交流母线（PCC 点）处发生最严重的三相短路直接接地故障，故障持续时间为 0.1s；为了在三相接地故障发生时有效地限制流过 VSC 的故障电流，令 VCC 闭锁外环控制器(SFDDC 也失效)，同时设定内环控制器的电流参考值为 I_{dref}=0、I_{qref}=1.0p.u.；故障消失后，恢复 VCC 及 SFDDC 控制。上述过程中 VSC 系统的动态响应结果如图 7-32 所示。

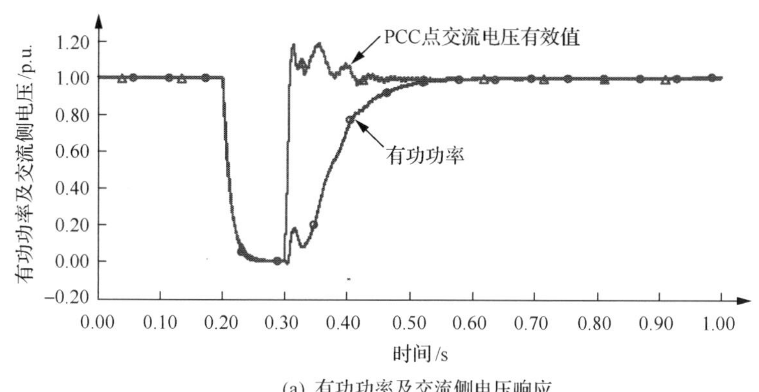

(a) 有功功率及交流侧电压响应

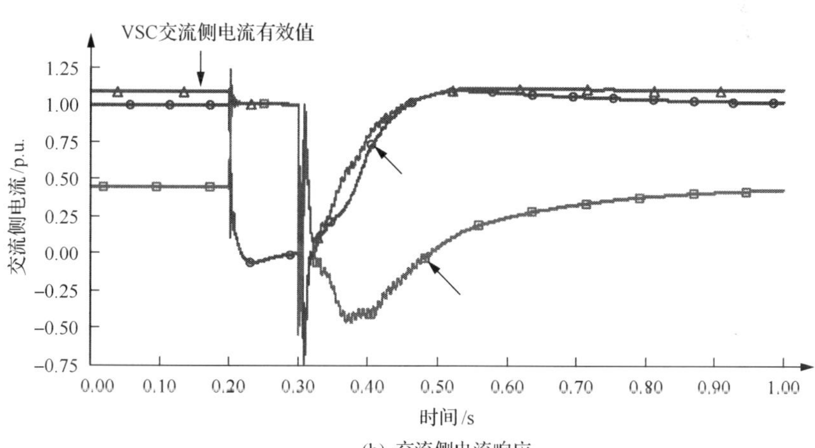

(b) 交流侧电流响应

图 7-32　VSC 系统在三相接地故障时的暂态特性

图 7-32(a)为 VSC 系统有功功率 P_s 和 PCC 处交流电压有效值 U_t 的动态响应；图 7-32(b)为 VSC 交流侧电流的 d 轴分量 $\sqrt{\frac{3}{2}}I_{vd}$、q 轴分量 $\sqrt{\frac{3}{2}}I_{vq}$ 及其有效值 $I_v\left(\sqrt{\frac{3}{2}(I_{vd}^2+I_{vq}^2)}\right)$ 的动态响应。由图 7-32 可见，故障期间流过换流器的最大电流为 1.22p.u.，在允许的范围内；同时，有功功率在故障清除后的 150ms 内即恢复到 0.9p.u.。考虑到 VSC 系统运行在极弱交流电网（SCR=1.0）和较大的锁相环增益（K_{pPLL}=130）条件下，投入 SFDDC 后，VSC 系统在最严重的三相短路直接接地故障期间仍具有良好的限流及恢复特性。

5) 小结

为提高 VSC-HVDC 系统的稳定裕度和最大功率传输能力，本节提出了 SFDDC 方法[3]，通过特征根分析以及 PSCAD/EMTDC 电磁暂态仿真研究，对投入 SFDDC 时 VSC-HVDC 系统的运行特性进行了综合评价。结果表明，SFDDC 方法可以有效抑制联接弱交流电网（甚至 SCR=1.0）的 VSC 系统由于锁相环增益过大而发生的失稳现象，显著提高 VSC 系统在弱交流电网场景下的功率传输能力及稳定裕度。

(1) 当交流电网强度 SCR 保持不变时，投入 SFDDC 并选择合适的[D_k, D_v]值可以扩大锁相环增益的可行域，从而使 VSC 系统可以选择较大的 PLL 增益来提高其频率跟踪的响应速度，例如，在极弱交流电网 SCR=1.0 条件下，所提出的 SFDDC 方法可使 K_{pPLL} 的最大允许值从 120 扩展至 200。

(2) 当交流电网强度 SCR 保持不变时，投入 SFDDC 并选择合适的[D_k, D_v]值可以显著提高 VSC 系统在弱交流电网场景下所传输的最大有功功率 MAP。

(3) 在最严重的三相短路直接接地故障期间，SFDDC 可使 VSC 系统在极弱交流电网 SCR=1.0、较高锁相环增益 K_{pPLL}=130 的场景下，仍具有良好的故障限流及恢复特性。

7.2 MMC-HVDC 的小信号稳定性

7.2.1 不同无功控制方式对 MMC 系统小信号稳定性的影响

本节基于第 3 章所建立的 MMC 系统小信号模型，针对 MMC 系统不同无功控制方式下的 4 种运行模式，即①整流模式采用 PV 控制；②整流模式采用 PQ 控制；③逆变模式采用 PV 控制；④逆变模式采用 PQ 控制，对比分析了 MMC 系统的小信号稳定性[4, 5]，系统参数如表 7-11 所示。

表 7-11　MMC 的系统参数

MMC 系统	参数
额定直流功率	500MW
额定直流电压	320kV (/±160kV)
交流系统短路比	SCR=5.0
交流系统阻抗角	85°
联接变压器的等值电感 L_T 与电阻 R_T	0.025H, 0Ω
桥臂子模块个数 N	200
桥臂电感 L_{arm} 与等效损耗电阻 R_{arm}	0.06H, 0.4Ω
子模块电容容值 C	10000μF
PLL 控制器参数	K_{pPLL}= 0.1 (基于角频率的标幺值)，K_{iPLL}= 5K_{pPLL}

续表

MMC 系统	参数
外环 d 轴控制器参数	$K_{pP} = 0.5, K_{iP} = 50$
外环 q 轴控制器参数	$K_{pQ}\ (K_{pUac}) = 0.5, K_{iQ}\ (K_{iUac}) = 20$
内环 d 轴电流控制器参数	$K_{p1} = 2, K_{i1} = 100$
内环 q 轴电流控制器参数	$K_{p2} = 2, K_{i2} = 100$
CCSC 控制器参数	$K_{pcir} = 1, K_{icir}=100$
PLL q 轴电压测量环节时间常数	$T_{mpll} = 0.005s$
VCC 电压测量环节时间常数	$T_{mud} = T_{muq} =0.02s$
VCC 电流测量环节时间常数	$T_{mid} = T_{miq} =0.0012s$

首先，采用特征根分析方法，对比研究了 PV、PQ 控制方式下 MMC 系统分别工作于整流、逆变模式时，交流系统强度(SCR)及其阻抗角对 MMC 系统小信号稳定性的影响；然后，采用参与因子分析方法[12]，识别出可能诱发系统振荡失稳的关键因素；最后，基于灵敏度分析方法[13]，获得显著影响系统主导模态运动趋势的控制器参数(即“灵敏参数”)。特征根分析和详细电磁暂态仿真结果表明，MMC 联接弱交流系统时在 PV、PQ 控制方式下，导致系统振荡失稳的主导模态的特征存在本质区别；PV 相比 PQ 控制方式更适用于联接弱交流系统；PV 控制方式下，主导模态对定交流电压外环控制参数及锁相环控制参数的灵敏度较高；PQ 控制方式下，主导模态对环流抑制控制参数的灵敏度较高。

1. PV 和 PQ 控制方式下交流系统强度对 MMC 小信号稳定性的影响

本节基于所建立的 MMC 系统小信号模型，采用特征根分析法，对比研究 PV、PQ 控制方式下 MMC 系统分别工作于整流、逆变模式时，交流系统强度(即 SCR)及其阻抗角对 MMC 系统小信号稳定性的影响[4, 5]。

1) SCR 对 PV、PQ 控制方式下的 MMC 系统小信号稳定性的影响

初始状态时，交流系统 SCR = 5.0 且阻抗角为 85°，MMC 系统运行于额定工况，如表 7-12 所示。

表 7-12　MMC 系统初始运行工况

工作模式	PV 控制方式	PQ 控制方式
整流模式	$P_s = 1.0$p.u.，$U_t = 1.0$ p.u.	$P_s = 1.0$p.u.，$Q_s = 0$
逆变模式	$P_s = -1.0$p.u.，$U_t = 1.0$ p.u.	$P_s = -1.0$p.u.，$Q_s = 0$

(1) MMC 工作于整流模式。

整流模式下，保持系统其他参数不变，使 SCR 逐渐从 5.0 减小至 1.0，PV、

PQ 控制方式下 MMC 系统的根轨迹如图 7-33(a)、(b)所示。

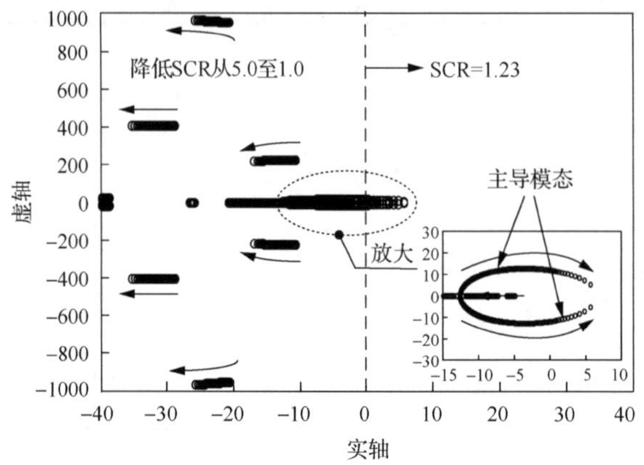

(a) 整流模式时采用PV控制

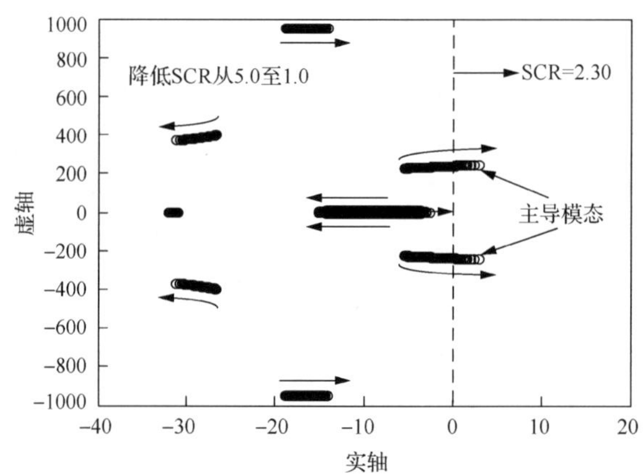

(b) 整流模式时采用PQ控制

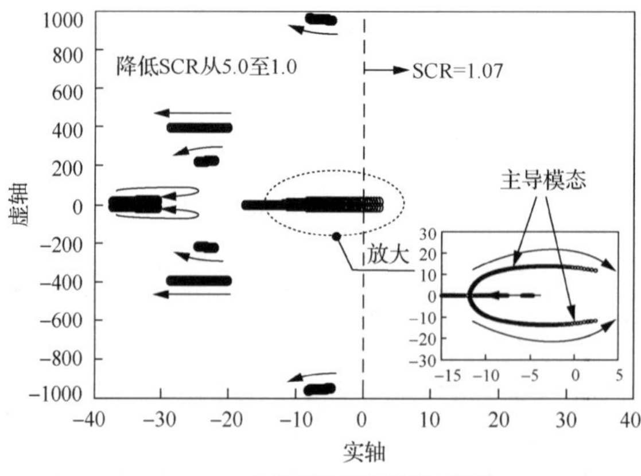

(c) 逆变模式时采用PV控制

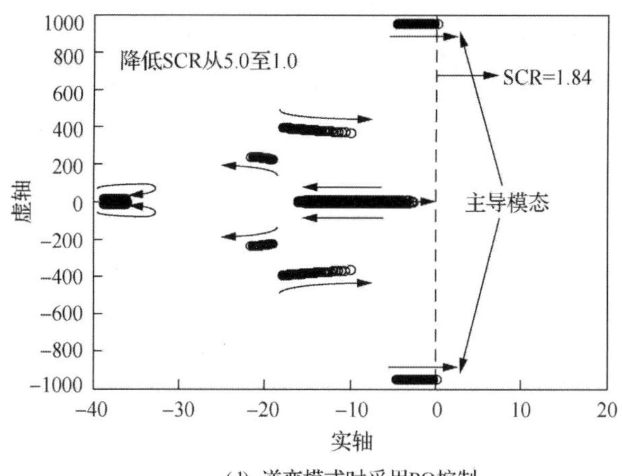

(d) 逆变模式时采用PQ控制

图 7-33　SCR 变化时 MMC 系统的特征根轨迹

由图 7-33(a)可知，PV 控制方式下 MMC 工作于整流模式时，随着交流系统 SCR 逐渐降低，主导模态逐渐靠近虚轴，系统稳定性减弱。当 SCR＞1.23 时，所有特征根都保持在复平面左侧，表明系统能够稳定运行；当 SCR＜1.23 时，主导模态将穿越虚轴进入复平面右侧，从而导致系统振荡失稳。这里定义 MMC 系统在传输额定有功功率时能使系统稳定运行的最小短路比为临界短路比 CSCR。因此，在给定表 7-11 的系统参数情况下，PV 控制方式下 MMC 工作于整流模式时 CSCR=1.23。

由图 7-33(b)可知，PQ 控制方式下 MMC 工作于整流模式时，随着交流系统 SCR 逐渐降低，主导模态逐渐靠近虚轴，系统稳定性减弱。同理，在给定表 7-11 的系统参数情况下，PQ 控制方式下 MMC 工作于整流模式时 CSCR=2.30。

(2) MMC 工作于逆变模式。

MMC 工作在逆变模式时，保持系统其他参数不变，同样变化 SCR 使其从 5.0 逐渐降低至 1.0，PV、PQ 控制方式下 MMC 系统的根轨迹分别如图 7-33(c)(d)所示。

由图 7-33(c)可知，PV 控制方式下 MMC 工作于逆变模式时，系统的小信号稳定性随 SCR 的逐渐减小而降低，且当 SCR＜1.07 时，主导模态移动至复平面右侧，引发系统小信号失稳。相应地，在给定表 7-11 所示的系统参数下，PV 控制方式下 MMC 工作于逆变模式时 CSCR=1.07。

同理，由图 7-33(d)可知，PQ 控制方式下 MMC 工作于逆变模式时 CSCR= 1.84。

通过上述对比发现：①PV(或 PQ)控制方式下的 MMC 系统分别工作于整流、逆变模式时，能够使系统稳定运行的临界短路比不同，即系统的小信号稳定性存在差异；②PV 控制方式相比 PQ 控制方式更加适用于联接弱交流系统，这也与人们的普遍认识相一致。

2）交流系统阻抗角对 PV、PQ 控制方式下的 MMC 系统小信号稳定性的影响

进一步地，基于表 7-12 所示的 MMC 系统的额定运行工况，绘制交流系统阻抗角在 75°～90°范围内变化时，PV、PQ 两种控制方式下 MMC 系统的 CSCR 变化趋势，结果如图 7-34 所示。此外，表 7-13 给出了交流系统阻抗角分别为 80°、85°、90°且 SCR=CSCR 时，主导模态所对应的特征根及振荡频率。

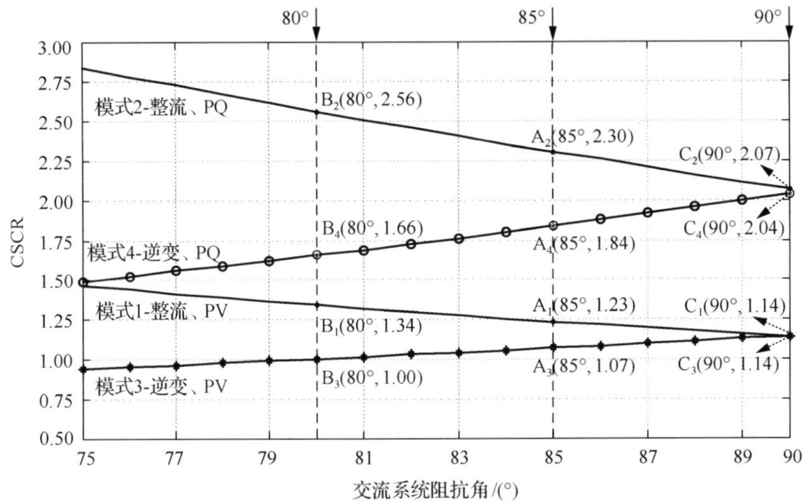

图 7-34　CSCR 随交流系统阻抗角变化的特性曲线

表 7-13　不同电网阻抗角时 MMC 系统主导模态的特征

阻抗角			80°	85°	90°
整流模式	PV	CSCR	1.34	1.23	1.14
		特征根	−0.1160±j11.63	−0.0083±j12.01	−0.0646±j12.33
		振荡频率	1.85Hz	1.91Hz	1.96Hz
	PQ	CSCR	2.56	2.30	2.07
		特征根	−0.0215±j238.8	−0.0033±j239.0	−0.1565±j238.8
		振荡频率	38.01Hz	38.03 Hz	38.00Hz
逆变模式	PV	CSCR	1.00	1.07	1.14
		特征根	−0.1774±j13.50	−0.2899±j13.19	−0.0986±j12.68
		振荡频率	2.15Hz	2.10Hz	2.02Hz
	PQ	CSCR	1.66	1.84	2.04
		特征根	−0.6828±j949.9	−0.1931±j949.9	−0.0396±j949.8
		振荡频率	151.2Hz	151.2Hz	151.2Hz

由表 7-13 可知，当 MMC 工作于整流模式时：①PV 和 PQ 控制方式下均呈现 CSCR 随阻抗角的增大而减小的变化趋势，即系统稳定裕度随阻抗角的增大

而提高；②任一阻抗角时，PV 控制方式下 CSCR 更小，即相比 PQ 控制，PV 控制方式下系统的稳定裕度更高。而当 MMC 工作于逆变模式时：①与整流模式相反，PV 和 PQ 控制方式下 MMC 系统的稳定裕度随阻抗角的增大而降低；②与整流模式相同，任一阻抗角时，PV 控制方式下 CSCR 更小，即系统稳定裕度更高。

2. 主导模态的特征辨识

由上述分析可知，当交流系统的阻抗角为 85°，MMC 工作于整流模式时，PV 控制方式下 CSCR= 1.23、PQ 控制方式下 CSCR=2.30；MMC 工作于逆变模式时，PV 控制方式下 CSCR= 1.07、PQ 控制方式下 CSCR=1.84。当交流系统(阻抗角为 85°) SCR=CSCR 时，主导模态所对应的特征值与振荡频率见表 7-13。进一步地，采用参与因子和灵敏度分析两种方法，来识别影响主导模态运动轨迹的关键因素。

1) 主导模态的关键参与状态变量

采用参与因子分析方法，对表 7-13 中阻抗角为 85°时不同控制方式下 MMC 系统的主导模态进行分析，得到系统各个状态变量对主导模态的参与程度。以参与程度最高的状态变量为基准，对其他状态变量的参与因子进行标幺化，所得整流和逆变模式下主导模态的参与因子结果如图 7-35 所示。

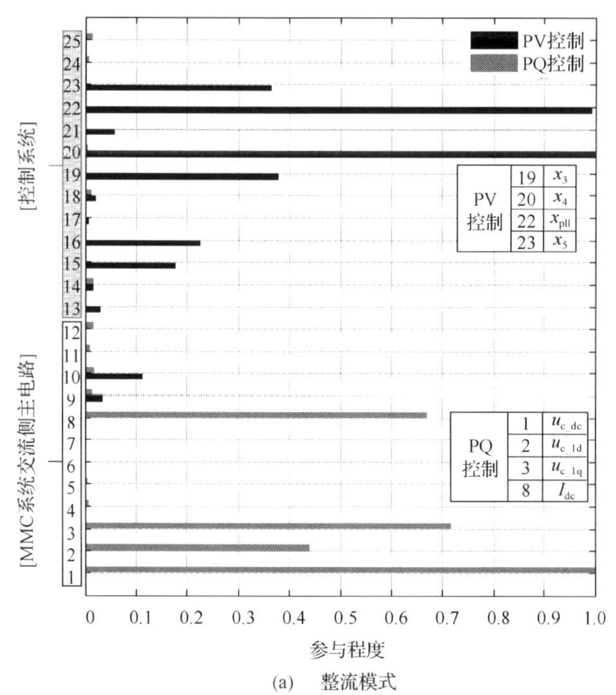

(a) 整流模式

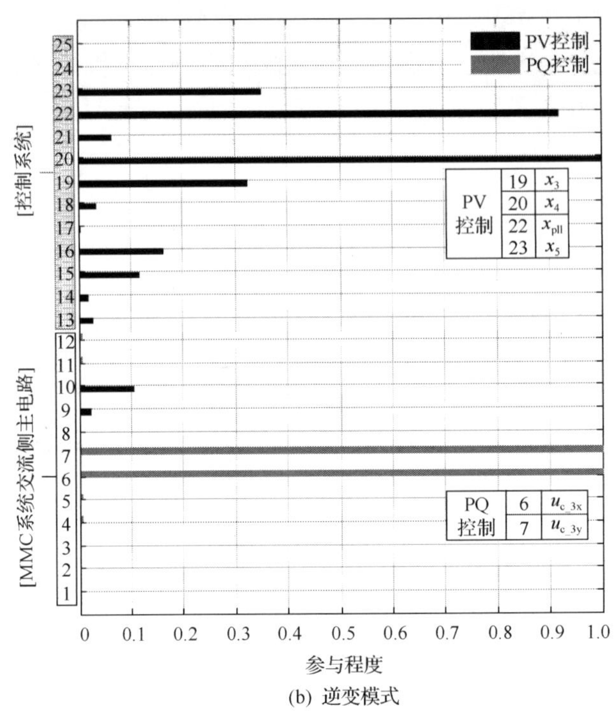

(b) 逆变模式

图 7-35　各状态变量对主导模态的参与因子

由图 7-35(a)可知，工作于整流模式的 MMC 在 PV、PQ 控制方式下，当交流系统 SCR 等于 CSCR 时，主导模态的参与因子分析结果存在较大差异。在给定表 7-11 所示的系统参数下，采用 PV 控制方式时，状态变量 x_3、x_4、x_{pll} 及 x_5 对主导模态的参与程度较高，采用 PQ 控制方式时，u_{c_dc}、u_{c_1d}、u_{c_1q} 及 I_{dc} 的参与程度较高，上述状态变量的物理含义如表 7-14 所示。

表 7-14　主导模态的主要参与状态变量及物理含义

运行模式		主要参与状态变量	物理含义
整流模式	PV 控制	x_3、x_4	VCC 定有功功率外环、定交流电压外环控制器状态变量
		x_{pll}、x_5	PLL 控制器状态变量
	PQ 控制	u_{c_dc}、u_{c_1d}、u_{c_1q}	子模块电容电压的直流分量、基频分量
		I_{dc}	直流电流
逆变模式	PV 控制	x_3、x_4	VCC 定有功功率外环、定交流电外环控制器状态变量
		x_{pll}、x_5	PLL 控制器状态变量
	PQ 控制	u_{c_3x}、u_{c_3y}	子模块电容电压的三倍频分量

由图 7-35(b) 可知，工作于逆变模式的 MMC 在 PV、PQ 控制方式下，当交流系统 SCR 等于 CSCR 时，主导模态的参与因子分析结果同样存在较大差异。在给定表 7-11 所示的系统参数下，采用 PV 控制方式时状态变量 x_3、x_4、x_{pll} 及 x_5 对主导模态的参与程度较高，而采用 PQ 控制方式时 $u_{\mathrm{c\_3x}}$ 和 $u_{\mathrm{c\_3y}}$ 的参与程度较高，相关状态变量的物理含义见表 7-14。

由此可见，由于交流系统强度降低导致 MMC 系统失稳时：①PQ 控制方式下，整流、逆变模式下对主导模态参与程度较高的状态变量有所不同；②相比于 PV 控制方式，PQ 控制方式下与 MMC 内部动态行为相关的状态变量的参与程度明显更高，说明 MMC 内部谐波动态过程对采用 PQ 控制时的系统小信号稳定性影响要大于采用 PV 控制时的影响。

图 7-35 所示的主导模态参与因子的差异，导致了不同无功控制方式下 MMC 系统在弱交流电网场景失稳时的振荡频率有明显的不同。如表 7-13 中阻抗角为 85°时，整流运行的 MMC 在 PV 控制下的振荡频率为 1.91Hz，而在 PQ 控制下的振荡频率为 38.03Hz；逆变运行的 MMC 在 PV 控制下的振荡频率为 2.10Hz，而在 PQ 控制下的振荡频率为 151.2Hz。

2) 主导模态对控制参数的灵敏度

本部分采用灵敏度分析方法来进一步识别表 7-13 中阻抗角为 85°时，显著影响 MMC 系统主导模态运动轨迹的灵敏控制参数。

控制器参数灵敏度的实部和虚部分别代表主导模态沿实轴和虚轴移动的灵敏度。由于模态所对应特征值的实部可确定系统的小信号稳定性，所以这里重点分析灵敏度的实部。主导模态对各控制器参数的灵敏度结果如图 7-36 所示，各控制器参数灵敏度的符号(即图 7-36 中横坐标的“+” / “–”)用以描述当增大该控制器参数时主导模态的移动方向，“+”(“–”)表示向右半复平面(左半复平面)移动；各控制器参数灵敏度的大小用以描述主导模态的运动速度，即反映主导模态对该控制参数的敏感程度。

由图 7-36 可知，当 MMC 系统采用 PQ 控制方式时(整流方式和逆变模式)，主导模态对环流抑制控制器参数 K_{pcir} 的灵敏度较高，且主导模态将随 K_{pcir} 的增大而向复平面的右半平面移动，表明系统的小信号稳定性将随 K_{pcir} 的增大而降低；PV 控制方式下，VCC 定交流电压外环控制器参数 K_{pUac} 及锁相环控制器参数 K_{pPLL} 对主导模态的灵敏度较高，且主导模态将随 K_{pUac} 的增大而向复平面的左侧移动，随 K_{pPLL} 的增大而向复平面的右侧移动，即系统的小信号稳定性将随 K_{pUac} 的增大而增强，随 K_{pPLL} 的增大而降低。

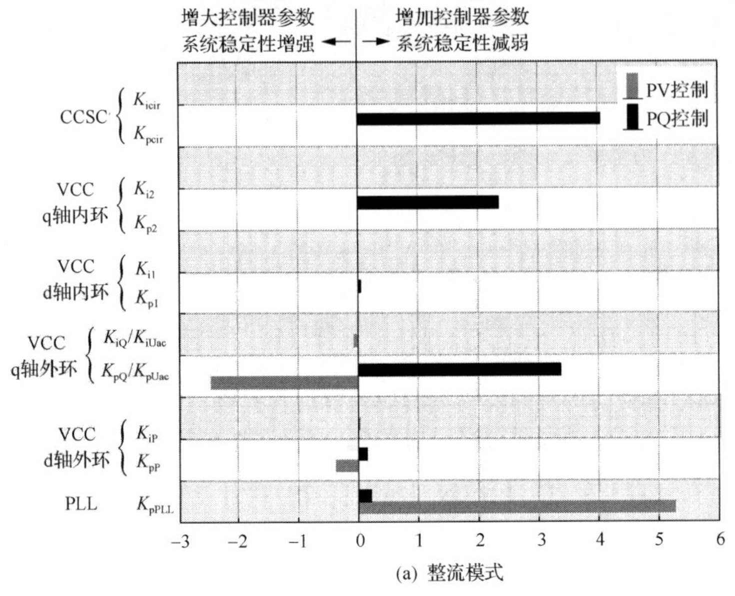

(a) 整流模式

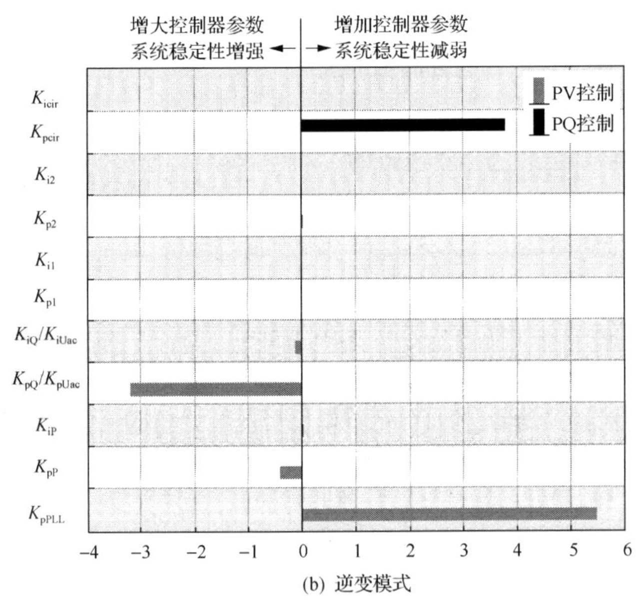

(b) 逆变模式

图 7-36　主导模态对各控制器参数的灵敏度

为了验证图 7-36 所得灵敏度结果的正确性，以整流运行的 MMC 系统为例，通过特征根分析和详细电磁暂态仿真进行验证。由表 7-13 可知，当交流系统的阻抗角为 85°，MMC 工作于整流模式时，PV 控制方式下系统的 CSCR=1.23、PQ 控制方式下 CSCR=2.30，基于特征根分析法研究当控制器参数变化(如表 7-15 所示)时系统的根轨迹，结果如图 7-37 所示。

表 7-15 整流模式时 PV、PQ 控制下控制器参数的变化过程

整流模式	PV 控制方式	PQ 控制方式
初始工况	SCR=1.20 (交流系统阻抗角为 85°) P_s=1.0p.u.，U_t=1.0p.u.， K_{pPLL}=0.1	SCR=2.20 (交流系统阻抗角为 85°) P_s= 1.0p.u.，Q_s=0， K_{pcir} =1.0
参数变化	K_{pPLL} 从 0.1 逐渐减小至 0.001	K_{pcir} 从 1.0 逐渐减小至 0.1

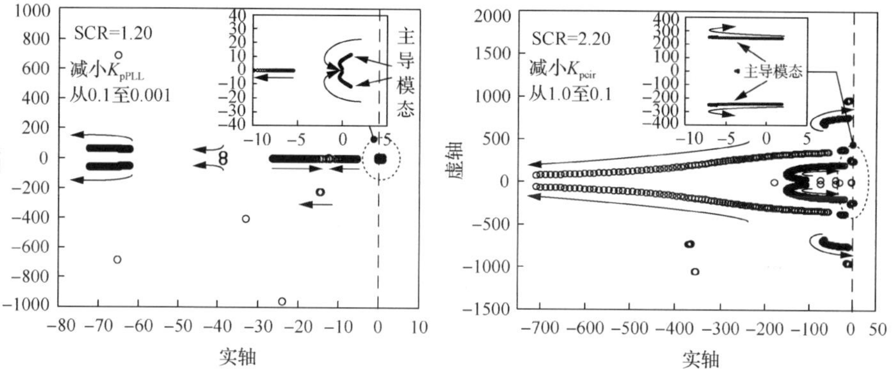

(a) 整流模式时采用PV控制

(b) 整流模式时采用PQ控制

图 7-37 控制器参数变化时 MMC 系统的特征根轨迹

由图 7-37(a)可知，MMC 工作于整流模式且采用 PV 控制时，当交流系统 SCR 低于 CSCR 而导致系统失稳时(SCR=1.20，CSCR=1.23)，逐渐减小锁相环控制器的参数 K_{pPLL}，主导模态将从复平面右侧逐渐移向左侧，表明系统稳定性随 K_{pPLL} 的减小而提高；由图 7-37(b)可知，MMC 工作于整流模式且采用 PQ 控制时，当交流系统 SCR 低于 CSCR 而导致系统失稳时(SCR=2.20，CSCR=2.30)，逐渐减小 CCSC 控制器的参数 K_{pcir}，主导模态将从复平面右侧逐渐移向左侧，表明系统稳定性随 K_{pcir} 的减小而提高。因此，图 7-37 特征根分析结果验证了图 7-36(a)整流运行状态下 MMC 系统的主导模态对控制参数的灵敏度结果。

为进一步验证图 7-36 中整流站采用 PV 或 PQ 控制方式时相应控制器参数(K_{pPLL} 或 K_{pcir})对 MMC 系统小信号稳定性的影响，基于 PSCAD/EMTDC 进行如表 7-16 所设定的仿真案例分析，MMC 系统有功功率响应如图 7-38 所示。

由图 7-38(a)可知，t=4s 当 SCR 由 1.4 阶跃降至 1.2 时，PV 控制方式下工作于整流模式的 MMC 系统逐渐发散；由图 7-38(b)可知，当 SCR 由 2.4 阶跃降至 2.2 时，PQ 控制方式下工作于整流模式的 MMC 系统逐渐发散。同时，由表 7-13 可知，MMC 工作在整流状态时(阻抗角为 85°)，PV 和 PQ 控制方式下的临界短路比 CSCR 分别为 1.23 和 2.30，因此，图 7-38 结果进一步验证了表 7-13 所示的整流模式下 CSCR 的正确性。同理，通过详细电磁暂态仿真也可以验证 MMC 工作于逆变模式下 CSCR 的正确性。

表 7-16　整流模式时的仿真案例

仿真案例	PV 控制方式	PQ 控制方式
t=0s	SCR= 2.0 (交流系统阻抗角为 85°) P_s = 1.0p.u.，U_t= 1.0p.u.， K_{pPLL} = 0.1	SCR= 3.0 (交流系统阻抗角为 85°) P_s = 1.0p.u.，Q_s=0， K_{pcir} = 1.0
t=1.0s	SCR 从 2.0 阶跃降至 1.4	SCR 从 3.0 阶跃降至 2.4
t=4.0s	SCR 从 1.4 阶跃降至 1.2	SCR 从 2.4 阶跃降至 2.2
t=5.5s	SCR 保持 1.2，K_{pPLL} 从 0.1 减小至 0.02	SCR 保持 2.2，K_{pcir} 从 1.0 减小至 0.2

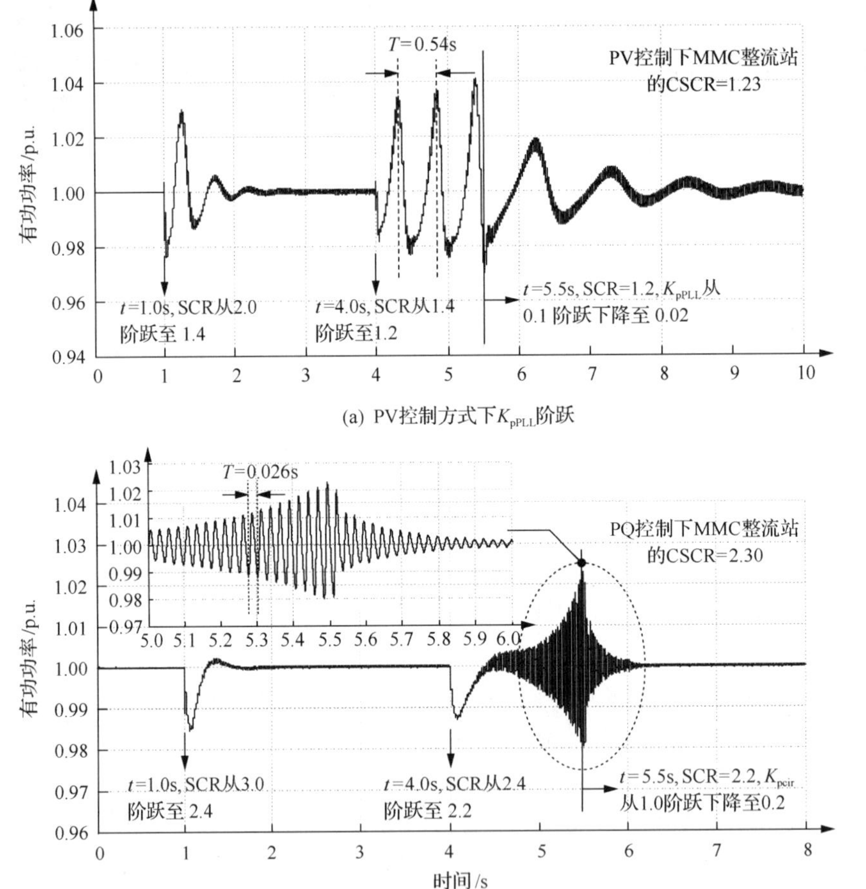

图 7-38　整流模式下 MMC 系统的有功功率特性

MMC 出现小信号失稳现象后，t=5.5s，将 PV 控制方式下的 PLL 增益 K_{pPLL} 从 0.1 减小至 0.02，或将 PQ 控制方式下的环流抑制控制器增益 K_{pcir} 从 1.0 减小至 0.2，都可以使 MMC 系统逐渐恢复稳定状态。该结果进一步验证了图 7-36 整流运行状态下 MMC 系统主导模态对控制参数的灵敏度结果，可以为 MMC 不同控制方式下控制参数的选取提供有价值的理论指导。

进一步地，当交流系统阻抗角在 75°～90°范围内变化时，图 7-39 给出了采用不同控制方式下 MMC 系统的临界短路比 CSCR 与灵敏参数的特性曲线，以便更加直观地展现灵敏参数在不同阻抗角下提高系统稳定裕度的有效性。其中，当灵敏参数变化时 CSCR 值减小，表明 MMC 的小信号稳定性增强。需要注意的是，图 7-39(b)(c) 中 CSCR 随灵敏参数的变化趋势与图 7-36 均一致，而图 7-39(d) 中逆变运行的 MMC 在 PQ 方式下当 CCSC 比例增益 K_{pcir} 减小到 0.2 时，CSCR 值没有按照预期的趋势减小，从而使系统的稳定性增强(由图 7-36 可知减小 K_{pcir} 可增强 MMC 系统稳定性)，反而有所增大。这是由于减小 K_{pcir} 到一定程度后，继续减小 K_{pcir} 主导模态的运动趋势会由向右半复平面移动变为向左半复平面移动，即主导模态的运动发生“调头现象”。因此，弱交流电网场景下在选择 CCSC 比例增益时，并不是越小越好，应当根据系统参数和运行工况进行合理选择。

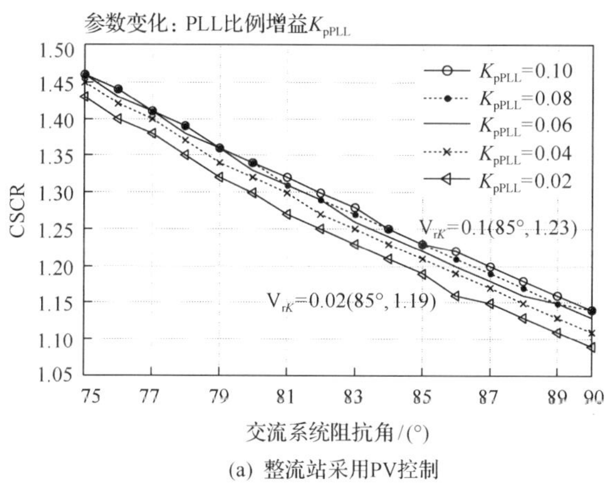

(a) 整流站采用PV控制

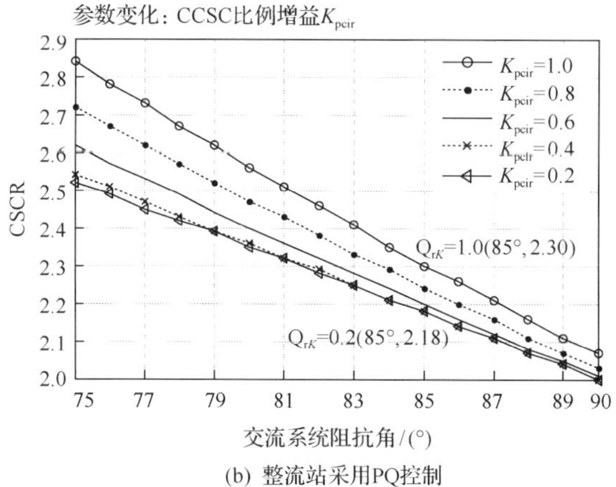

(b) 整流站采用PQ控制

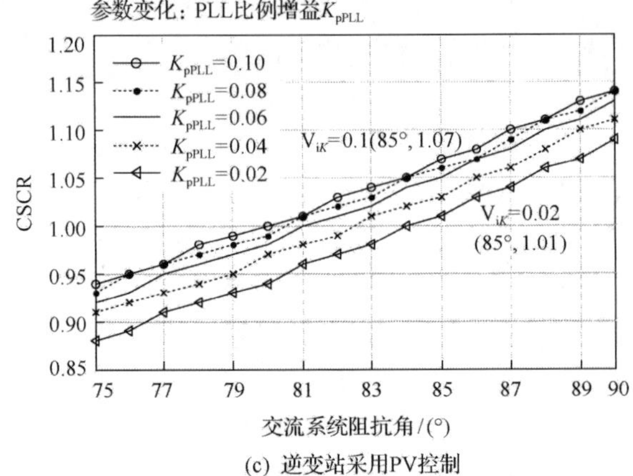

(c) 逆变站采用PV控制

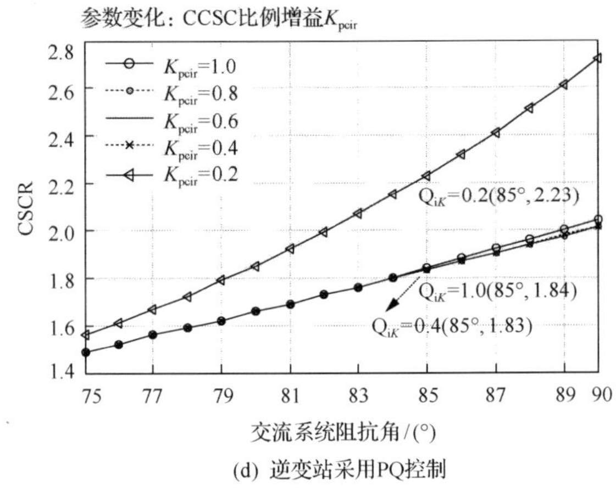

(d) 逆变站采用PQ控制

图 7-39　控制器参数对 MMC 系统稳定裕度的影响

通过上述分析，可得如下结论：

(1) MMC 系统采用 PV 和 PQ 控制方式时，整流和逆变模式下能够使系统稳定运行的临界短路比有所不同，即系统的小信号稳定性在不同运行模式之间存在明显差异；整流模式的 CSCR 随阻抗角的增大而减小，即系统稳定裕度随阻抗角的增大而提高，而逆变模式则恰好相反。

(2) MMC 系统工作于整流和逆变模式时，PV 和 PQ 控制方式下主导模态的特征(包括振荡频率、状态变量参与因子及控制器参数灵敏度等)存在本质区别；相比于 PQ 控制，PV 控制方式下系统的稳定裕度更高(即 CSCR 更小)，表明 PV 比 PQ 控制方式更加适用于 MMC 联接弱交流系统。

(3) PV 控制方式下，主导模态对 VCC 定交流电压外环控制器参数 K_{pUac} 及锁相环控制器参数 K_{pPLL} 的灵敏度较高，且系统的小信号稳定性随 K_{pUac} 的增大而增强、随 K_{pPLL} 的增大而降低；PQ 控制方式下，主导模态对环流抑制控制器参数 K_{pcir}

的灵敏度较高，且系统的小信号稳定性在一定参数范围内随 K_{pcir} 的增大而降低。

7.2.2　临界运行短路比评估方法

基于 7.2.1 节中 PV、PQ 控制方式下 MMC 系统的小信号稳定性研究，可知 PQ 控制方式下 MMC 系统分别工作于整流、逆变模式时，交流系统强度 SCR 和阻抗角对 MMC 系统小信号稳定性的影响。本节将深入研究 PQ 控制方式下的 MMC 系统分别工作于整流、逆变模式时，不同的功率运行点对系统临界短路比(CSCR)的影响；进一步地，考虑交流侧 PCC 处的电压约束条件(电压允许波动范围为额定值的±5%)，提出了综合小信号稳定性和交流母线电压约束条件的临界运行短路比(critical operating scr，COSCR)指标[5]，不仅可以定量描述 MMC 系统的小信号稳定极限，而且可以反映 MMC 系统的运行电压约束条件。

1. 无功功率运行点对 MMC 系统小信号稳定性的影响

由上节可知，当交流系统阻抗角为 85°、P_s=1.0 p.u.(逆变模式为–1.0p.u.)、Q_s= 0 时，整流模式下 MMC 系统的 CSCR= 2.30，逆变模式下 CSCR= 1.84。

当 MMC 系统传输额定有功功率(整流模式 P_s=1.0p.u.，逆变模式 P_s= –1.0 p.u.)且交流系统阻抗角为 85°时，设定不同的无功功率 Q_s 运行点，基于所建立的 MMC 系统小信号模型，逐渐改变短路比 SCR，并计算系统的特征根来判断 MMC 系统是否处于临界稳定状态，即可得到不同的无功功率 Q_s 运行点时整流、逆变模式下 MMC 系统的临界短路比 CSCR，然后，通过稳态潮流方程可以计算得到该临界稳定状态时 PCC 点的电压 U_t，结果如表 7-17 所示。

表 7 17　无功功率运行点对 MMC 系统小信号稳定性的影响

无功功率运行点 Q_s/p.u.		MMC 换流器的无功功率(“–”代表发出)					无功为零	MMC 换流器的无功功率(“+”代表吸收)				
		–0.5	–0.4	–0.3	–0.2	–0.1	0	0.1	0.2	0.3	0.4	0.5
整流模式	CSCR	1.42	1.54	1.67	1.82	2.02	2.31	2.69	3.18	3.81	4.57	5.48
	CSCR 工况时 PCC 电压 U_t (p.u.)	0.919	0.874	0.819	0.774	0.774	0.790	0.803	0.816	0.829	0.842	0.854
	COSCR	1.44	1.65	1.97	2.48	3.27	4.39	5.81	7.46	×	×	×
逆变模式	CSCR	1.07	1.19	1.32	1.47	1.64	1.84	2.13	2.56	3.18	4.08	5.39
	CSCR 工况时 PCC 电压 U_t (p.u.)	1.055	0.991	0.917	0.857	0.807	0.783	0.801	0.824	0.846	0.869	0.891
	COSCR	×	1.19	1.34	1.59	1.98	2.60	3.52	4.78	6.31	×	×

注：1. 表格中“CSCR 工况”是指当 SCR 恰为 CSCR 时所对应的工况；

2. 表格中结果“×”表示当换流器处于该无功运行点且传输额定有功功率时，在给定 SCR 范围(1.0≤SCR≤8.0)内均无法满足 PCC 电压的约束条件。

由表 7-17 可知，当 MMC 系统处于临界稳定状态(即 SCR=CSCR)时，PCC 电压 U_t 有可能不在允许范围内(即 $\Delta U_t > \pm 5\%$)，这是由于，MMC 系统处于 PQ 控制模式时 PCC 点电压会根据功率运行点不同而改变。

为了考虑 MMC 系统的运行约束条件，提出了综合小信号稳定性和交流母线电压约束条件($\Delta U_t \leqslant \pm 5\%$)的临界运行短路比 COSCR 指标，不仅可以定量描述 MMC 系统的小信号稳定极限，而且可以反映系统的运行电压约束条件。

COSCR 的计算步骤为：①MMC 系统传输额定有功功率，给定特定的无功功率运行点；②逐渐改变系统 SCR($1.0 \leqslant \text{SCR} \leqslant 8.0$)，通过特征根分析系统是否失稳，得到 MMC 可以稳定运行的所有 SCR 值，以及相应 SCR 条件下的 PCC 电压 U_t，即得到 U_t 随 SCR 的变化趋势；③基于所得到的 U_t 随 SCR 的变化趋势，即可得到 PCC 电压允许范围内 MMC 系统的临界运行短路比 COSCR。

MMC 系统传输额定有功功率时，不同的无功功率 Q_s 运行点下，整流、逆变模式时 PCC 电压 U_t 与 SCR 的关系如图 7-40 所示，其中，图 7-40 中所标记的各点的坐标如表 7-18 所示。以整流模式(如图 7-40(a)所示)下无功功率运行点为零时为例，点 A(2.31, 0.790)的横坐标表示 MMC 系统工作在 P_s=1.0p.u.、Q_s=0 时，所允许的最小 SCR 为 2.31，即该功率运行点下 CSCR=2.31；纵坐标表示当交流系统强度 SCR=2.31 时 PCC 处电压 U_t= 0.790p.u.。点 B(4.39, 0.95)表示当 PCC 电压满足约束条件时($\Delta U_t \leqslant \pm 5\%$)，系统可以稳定运行的最小短路比为 4.39，即 COSCR=4.39。同理，图 7-40(a)中 A_1～A_7 可以给出不同无功功率运行点下的 CSCR 值，B_1～B_4 可以给出不同无功功率运行点下的 COSCR 值，图 7-40(a)中阴影区域即为 PCC 电压的允许范围。通过类似方法，可以得到逆变模式下 MMC 系统 U_t 与 SCR 的关系曲线、CSCR 及所提出的 COSCR 值，结果如图 7-40(b)所示。同时，为了方便对比，图 7-40 中 MMC 不同无功功率运行点下整流和逆变模式的临界运行短路比 COSCR 也总结在表 7-17 中。

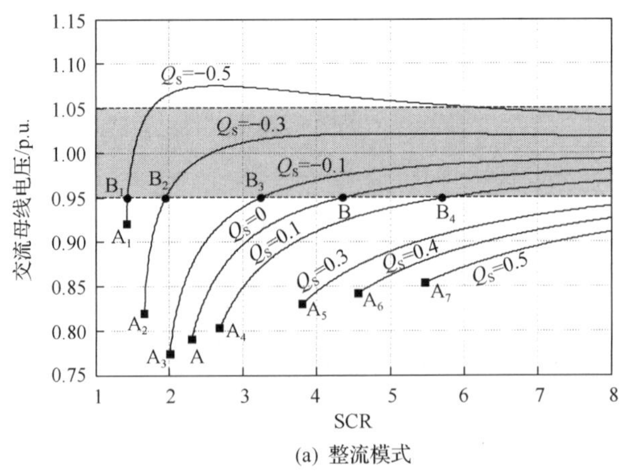

(a) 整流模式

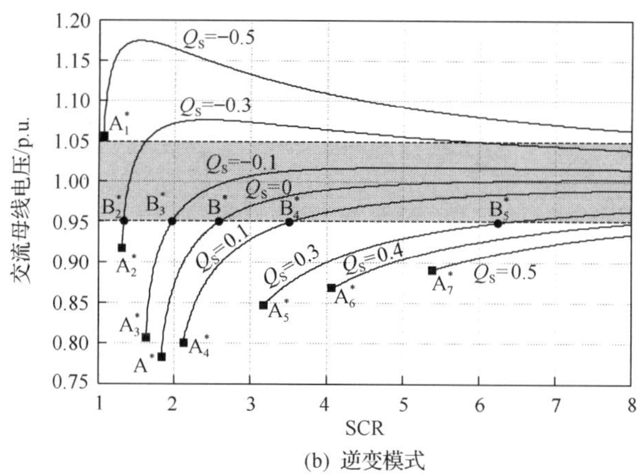

(b) 逆变模式

图 7-40　无功功率运行点变化时 PCC 电压 U_t 与 SCR 的关系

表 7-18　图 7-40 中各点所对应的坐标

无功功率运行点 Q_s/p.u.	整流模式		逆变模式	
−0.5	A_1(1.42,0.919)	B_1(1.44,0.95)	A_1^*(1.07,1.055)	
−0.3	A_2(1.67,0.819)	B_2(1.97,0.95)	A_2^*(1.32,0.917)	B_2^*(1.34,0.95)
−0.1	A_3(2.02,0.774)	B_3(3.27,0.95)	A_3^*(1.64,0.807)	B_3^*(1.98,0.95)
0	A (2.31,0.790)	B (4.39,0.95)	A^*(1.84,0.783)	B^*(2.60,0.95)
0.1	A_4(2.69,0.803)	B_4(5.81,0.95)	A_4^*(2.13,0.801)	B_4^*(3.52,0.95)
0.3	A_5(3.81,0.829)		A_5^*(3.18,0.846)	B_5^*(6.31,0.95)
0.4	A_6(4.57,0.842)		A_6^*(4.08,0.869)	
0.5	A_7(5.48,0.854)		A_7^*(5.39,0.891)	

由表 7-17 和图 7-40 可知，无论 MMC 处于整流还是逆变运行模式：①MMC 发出的无功功率越多，CSCR 值越小，即系统的稳定裕度越高；②当 MMC 运行于 CSCR 工况时，PCC 电压 U_t 可能超出允许范围；③所提出的 COSCR 指标，不仅可以定量描述 MMC 系统的小信号稳定极限，而且可以反映系统的运行电压约束条件；④在考虑电压越限约束后得到的 COSCR 值比 CSCR 值有所增加，表明 MMC 系统的稳定裕度减小。

2. 有功功率运行点对 MMC 系统小信号稳定性的影响

由上述分析可知，当交流系统阻抗角为 85°且 P_s= 1.0p.u.(逆变模式为−1.0 p.u.)时，MMC 发出的无功功率越多，CSCR 越小，即系统稳定裕度越高。本部分研究当 MMC 系统分别工作于整流和逆变模式且 Q_s=0 时，不同的有功功率运行点对 MMC 临界稳定裕度的影响。

与表 7-17 同理，表 7-19 给出了 MMC 系统分别工作于整流和逆变模式且 Q_s=0 时，不同的有功功率运行点下 MMC 系统的临界短路比 CSCR*、CSCR*工况时 PCC 电压 U_t、COSCR 值。计算步骤为：①MMC 系统无功功率输出 Q_s=0，给定有功功率运行点；②逐渐改变系统 SCR（1.0≤SCR≤8.0），通过特征根分析，得到 MMC 可以稳定运行的所有 SCR 值及相应 SCR 条件下的 PCC 电压 U_t，其中，最小的 SCR 即为 CSCR*；③根据电压约束条件得到 COSCR 值。

表 7-19　有功功率运行点对 MMC 系统小信号稳定性的影响

整流模式				逆变模式			
有功运行点 P_s/p.u.	CSCR*	CSCR*工况时 PCC 电压 U_t/p.u.	COSCR	有功运行点 P_s/p.u.	CSCR*	CSCR*工况时 PCC 电压 U_t/p.u.	COSCR
1.1	2.63	0.815	4.82	–1.1	2.05	0.807	2.86
1.0	2.31	0.790	4.39	–1.0	1.84	0.783	2.60
0.9	2.02	0.762	3.95	–0.9	1.65	0.772	2.34
0.8	1.76	0.730	3.51	–0.8	1.47	0.779	2.08
0.7	1.53	0.714	3.07	–0.7	1.28	0.759	1.82
0.6	1.31	0.710	2.63	–0.6	1.10	0.772	1.56

注：表格中“CSCR 工况”是指当交流系统强度（SCR）恰为临界短路比（CSCR）时所对应的工况。

由表 7-19 可知，无论 MMC 处于整流还是逆变运行模式：①MMC 传输的有功功率越少，CSCR*的值越小，即系统的稳定裕度越高；②当 MMC 运行于 CSCR*工况时，PCC 电压 U_t 可能超出 5%波动范围；③在考虑电压约束条件后得到的 COSCR 值比 CSCR*值有所增大，同样表明 MMC 系统的稳定裕度有所减小。

通过上述分析，可知：①PQ 控制模式下的 MMC 系统分别工作于整流、逆变模式时，能够使系统稳定运行的临界短路比不同，即系统的小信号稳定性存在明显差异；②无论整流或逆变模式，MMC 发出的有功功率越小，CSCR 值越小，即系统的稳定裕度越高；③不同有功功率运行点下，COSCR 指标可以定量描述 MMC 系统的小信号稳定极限。

参 考 文 献

[1] 王烨，宁琳如，赵成勇，等. VSC-HVDC 联接弱交流系统下的新型附加频率阻尼控制方法. 中国电机工程学报，2018, 38(10): 2989-2998+3149.

[2] Guo C Y, Liu W, Zhao C Y, et al. A Frequency-based Synchronization Approach for the VSC-HVDC Station Connected to a Weak AC Grid. IEEE Transactions on Power Delivery, 2017, 32(3): 1460-1470.

[3] Wang Y, Guo C Y, Zhao C Y. A novel supplementary frequency-based dual damping control for VSC-HVDC system under weak AC grid. International Journal of Electrical Power and Energy Systems, 2018(103): 212-223.

[4] 郭春义, 殷子寒, 赵成勇. MMC-HVDC 系统在整流和逆变工作模式下的小干扰稳定性对比研究. 中国电机工程学报, 2018, 38(24): 7349-7358+7461.

[5] Wang Y, Guo C Y, Zhao C Y. Comparison Study of Small-Signal Stability of MMC-HVDC System in Different Control Modes. International Journal of Electrical Power and Energy Systems, 2019(111): 425-435.

[6] 王烨, 赵成勇, 郭春义. 基于小干扰稳定性和运行约束条件的 MMC 系统临界运行短路比评估方法. 中国电机工程学报, 2019, 39(10): 2853-2863.

[7] Harnefors L, Bongiorno M, Lundberg S. Input-admittance calculation and shaping for controlled voltage-source converters. IEEE Transactions on Industrial Electronics, 2007, 54(6): 3323-3334.

[8] Zhou J Z, Gole A M. VSC transmission limitations imposed by AC system strength and AC impedance characteristics//The 10th IET International Conference on AC and DC Power Transmission. Birmingham: IET, 2012: 1-6.

[9] Zhou J Z, Ding H, Fan S T, et al. Impact of short-circuit ratio and phase-locked-loop parameters on the small-signal behavior of a VSC-HVDC converter. IEEE Transactions on Power Delivery, 2014, 29(5): 2287-2296.

[10] Zhang L D. Modeling and control of VSC-HVDC links connected to weak AC systems. Stockholm: KTH Doctoral thesis, 2010.

[11] Zhang L D, Harnefors L, Nee H P. Interconnection of two very weak AC systems by VSC-HVDC links using power-synchronization control. IEEE Transactions on Power Systems, 2011, 26(1): 344-355.

[12] Kundur P. Power System Stability and Control. New York: McGraw-Hill, 1993.

[13] D'Arco S, Suul J A, Fosso O B. Automatic Tuning of Cascaded Controllers for Power Converters Using Eigenvalue Parametric Sensitivities. IEEE Transactions on Industry Applications, 2015, 51(2): 1743-1753.

[14] IEEE Guide for Planning DC Links Terminating at AC Locations Having Low Short-Circuit Capacities. IEEE Standard 1204-1997. 1997.

第 8 章　LCC-MMC 型混合直流输电系统的小信号稳定性

本章基于第 4.1 节所建立的 LCC-MMC 型混合直流输电系统的小信号模型[1]，通过特征根和参与因子分析方法，研究主电路和控制系统参数对 LCC-MMC 型混合直流输电系统小信号稳定性的影响[2, 3]，并提出一种新型附加频率-电压阻尼控制(supplementary frequency-voltage damping control，SFVDC)，来改善系统的小信号稳定性。

8.1　系统振荡模态分析

LCC-MMC 型混合直流输电系统的结构图 4-1 所示，LCC 换流站采用定直流电流控制方式，MMC 换流站采用定直流电压控制和定交流电压控制方式，其主电路和控制系统参数如表 8-1～表 8-3 所示。

表 8-1　LCC 系统参数

LCC 系统	参数
容量	1000MW
LCC 侧交流系统 1 短路比(SCR_1)	3∠85°
交流系统电压(U_{t_1})	1.0p.u
换流变压器的等效损耗电感和电阻(L_{T_1}, R_{T_1})	0.18p.u., 0p.u.
锁相环 PLL_1	K_{pPLL_1}=10, K_{iPLL_1}=50
定直流电流控制器参数	K_{pIdc}=1, K_{iIdc}=100
直流电流测量时间常数	T_{mIdc}=5ms

表 8-2　MMC 系统参数

MMC 系统	参数
容量	1000MW
MMC 侧交流系统 2 短路比(SCR_2)	1.5∠85°
交流系统电压(U_{t_2})	1.0p.u
联接变压器的等效损耗电感和电阻(L_{T_2},R_{T_2})	0.15p.u., 0p.u.
桥臂电感，桥臂电阻，子模块电容(L_{arm}，R_{arm}，C)	0.055H, 1Ω,0.01F

续表

MMC 系统	参数
锁相环 PLL_2	K_{pPLL_2}=10, K_{iPLL_2}=50
外环定直流电压控制器参数	K_{pUdc} =3, K_{iUdc} = 150
外环定交流电压控制器参数	K_{pUac} =1, K_{iUac} = 150
内环 d 轴控制器参数	K_{p1} =0.5, K_{i1} = 5
内环 q 轴控制器参数	K_{p2} =0.5, K_{i2} = 5
环流抑制控制器	K_{pcir}=0.1, $K_{icir\ r}$=10
电压测量时间常数	T_{mud}=T_{muq}=2 ms
电流测量时间常数	T_{mid}=T_{miq}= 0.2 ms

表 8-3 直流系统参数

平波电抗器 L_{dc_1}	0.3 H
架空线参数	
电阻 R_0	0.0127 Ω/km
电感 L_0	0.88 mH/km
电容 C_0	0.013 μF/km
长度	500 km

在表 8-1～表 8-3 所示的系统参数下，LCC-MMC 型混合直流输电系统所有振荡模态的特征根、振荡频率、阻尼比以及相应模态的主要参与状态变量如表 8-4 所示，状态变量的物理含义可见 4.1 节的表 4-1。

表 8-4 振荡模态和主要参与状态变量

模态	特征根	振荡频率/Hz	阻尼比/%	主要参与状态变量
1	–3243.8±j5115.9	877.9	50.69	U_{td_1}, U_{tq_1}, U_{cr2d_1}, U_{cr2q_1}, I_{Lr1d_1}, I_{Lr1q_1}
2	–3102.8±j4734.3	753.5	54.81	U_{td_1}, U_{tq_1}, U_{cr2d_1}, U_{cr2q_1}, I_{Lr1d_1}, I_{Lr1q_1}
3	–4841.8±j80.7	12.84	99.98	I_{sdm_2}, I_{sqm_2}
4	–500.7±j1767.1	281.2	27.26	U_{td_1}, U_{tq_1}, U_{cr2d_1}, U_{cr2q_1}, U_{cr3d_1}, U_{cr3q_1}, I_{Lr1d_1}, I_{Lr1q_1}, I_{Lr2d_1}, I_{Lr2q_1}, I_{sd_1}, I_{sq_1}
5	–467.8±j1081.6	172.1	39.70	U_{td_1}, U_{tq_1}, U_{cr2d_1}, U_{cr2q_1}, U_{cr3d_1}, U_{cr3q_1}, I_{Lr2d_1}, I_{Lr2q_1}, I_{sd_1}, I_{sq_1}, I_{dc_1}
6	–101.8±j1056.1	168.1	9.60	U_{td_1}, U_{tq_1}, U_{cr2d_1}, U_{cr2q_1}, U_{cr3d_1}, U_{cr3q_1}, I_{Lr2d_1}, I_{Lr2q_1}, I_{sd_1}, I_{sq_1}, I_{dc_1}, U_{cdc},I_{dc_2}
7	–0.36±j973.4	154.9	0.037	$u_{c\_3x\_2}$, $u_{c\_3y\_2}$,
8	–0.44±j881.8	140.3	0.050	I_{sd_1}, I_{sq_1}, I_{dc_1}, U_{cdc},I_{dc_2}
9	–25.5±j751.7	119.6	3.40	$u_{c\_2d\_2}$, $u_{c\_2q\_2}$, $u_{c\_3x\_2}$, $u_{c\_3y\_2}$, I_{cird_2}, I_{cirq_2}
10	–15.1±j380.6	60.57	3.97	U_{cr2d_1}, U_{cr2q_1}, U_{cr3d_1}, U_{cr3q_1}, I_{sd_1}, I_{sq_1}, I_{dc_1}, $u_{c\_1d\_2}$, $u_{c\_1q\_2}$, I_{dc_2}, I_{sd_2}, I_{sq_2}

续表

模态	特征根	振荡频率/Hz	阻尼比/%	主要参与状态变量
11	–42.9±j389.9	62.06	10.95	$u_{c\_1d\_2}$, $u_{c\_1q\_2}$, I_{sd_2}, I_{sq_2}, U_{tdm_2}, U_{tqm_2}, x_{4_2}
12	–167.3±j287.6	45.78	50.28	$u_{c\_1d\_2}$,$u_{c\_1q\_2}$, I_{sd_2}, I_{sq_2}, U_{tdm_2}, U_{tqm_2}, x_{4_2}
13	–51.97±j322.8	51.37	15.89	$u_{c\_dc\_2}$, $u_{c\_1d\_2}$,$u_{c\_1q\_2}$, I_{sd_2}, I_{sq_2}, I_{cird_2}, I_{cirq_2}, U_{tdm_2}, U_{tqm_2}, x_{4_2}
14	–43.79±j314.2	50.00	13.81	U_{cr3d_1}, U_{cr3q_1}, U_{cr4d_1}, $U_{cr4q,\_1}$
15	–86.30±j164.3	26.15	46.50	I_{cird_2}, I_{cirq_2}, U_{tdm_2}, U_{tqm_2}, x_{4_2},f_{1_2}, f_{2_2}
16	–80.45±j116.0	18.46	56.98	I_{sd_1}, I_{sq_1}, x_{1_1},I_{dcm_1}, I_{dc_1}, $u_{c\_dc\_2}$,I_{dc_2}, x_{4_2}
17	–34.92±j36.19	5.76	69.43	x_{1_1},I_{dcm_1}, $u_{c\_dc\_2}$,x_{3_2},f_{1_2}, f_{2_2}
18	–6.89±j33.88	5.39	19.93	x_{1_1},$u_{c\_dc\_2}$, x_{3_2}, x_{4_2}, x_{PLL_2}, f_{1_2}, f_{2_2}
19	–4.70±j4.89	0.78	69.37	x_{2_1}, x_{PLL1}
20	–4.11±j4.98	0.79	63.61	x_{5_2}, x_{PLL_2}

从表 8-4 可知，模态 7、8、9、10 的阻尼比很低(分别为 0.037%、0.05%、3.4%、3.97%)，当系统发生扰动时，这些模态易导致系统发生失稳现象，而由表中的主要参与状态变量结果可知，模态 7 参与度较高的状态变量为子模块电容电压三倍频分量，模态 8 与 LCC 换流站所联接的交流系统的电流和直流系统相关的状态变量密切相关，模态 9 参与度较高的状态变量为 MMC 内部谐波状态变量，模态 10 与 LCC 换流站所联接的交流系统以及 MMC 内部谐波相关的状态变量密切相关。因此，MMC 换流站内部谐波、LCC 换流站所联接的交流系统以及直流系统相关的状态变量为易导致混合直流输电系统发生小信号失稳的主要因素。然而，当系统参数发生变化时，系统特征根也随之变化，可能使原来阻尼比较强的模态转变为弱阻尼模态，导致系统小信号稳定性发生变化。下文将详细研究主电路参数和控制系统参数对 LCC-MMC 型混合直流输电系统小信号稳定性的影响。

8.2 主电路参数和控制系统参数对系统小信号稳定性的影响

8.2.1 主电路参数的影响

1. 交流系统强度的影响

对 LCC-MMC 型混合直流输电系统初始状态时，混合直流输电系统运行在额定工况，$SCR_{\_1}$=3∠85°, $SCR_{\_2}$=1.5∠85°，LCC 换流站定直流电流控制参考值 I_{dcref_1}=1.0p.u.，MMC 换流站定直流电压控制参考值 U_{dcref_2}=1.0p.u.，MMC 换流站定交流电压控制参考值 U_{tref_2} =1.0p.u.。保持其他参数不变，改变整流站 $SCR_{\_1}$ 由

5 变到 2，可得系统根轨迹，结果如图 8-1(a)所示；同样可得逆变站 SCR_2 由 1.5 变到 0.95 时系统根轨迹曲线，结果如图 8-1(b)所示。

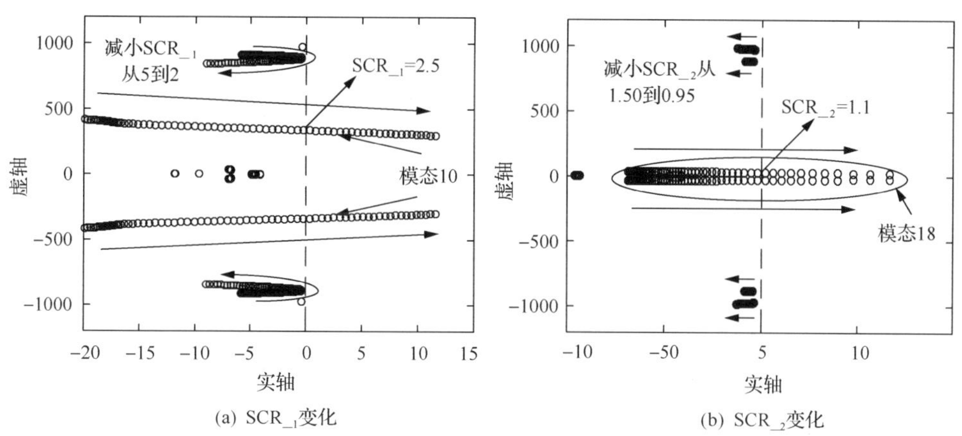

图 8-1　交流系统强度变化时系统的根轨迹

由图 8-1(a)可知，随着 SCR_1 逐渐减小，主导模态(模态 10)向虚轴靠近，系统稳定裕度逐渐降低，直到 SCR_1=2.5，系统达到临界稳定状态，当 SCR_1 小于 2.5 时，系统将振荡失稳。同理，从图 8-1(b)可以看出，随着 SCR_2 的降低，系统稳定裕度降低，当 SCR_2 小于 1.1 时，系统将小信号失稳。

由图 8-1 可知，整流站和逆变站所联接的交流系统短路比的临界值分别为 SCR_1=2.5 和 SCR_2=1.1，当短路比低于临界值时，系统发散失稳。基于如下两个案例，采用参与因子方法进一步研究对比了交流系统强度对混合直流输电系统小信号稳定性的影响。

案例 1：对混合直流输电系统运行在 SCR_1=2.5、SCR_2=1.5 时的主导模态(模态 10)进行分析，以参与程度最高的状态变量为基准对各状态变量进行标幺化，得到主导模态状态变量的参与因子结果，如图 8-2 中黑色柱状图所示。

案例 2：混合直流输电系统运行在 SCR_1=3、SCR_2=1.1，此时主导模态(模态 18)状态变量的参与因子如图 8-2 中灰色柱状图所示。

由图 8-2 可知，案例 1 中参与度较高的状态变量来自交流系统 1(U_{cr2d_1}、U_{cr2q_1}、U_{cr3d_1}、U_{cr3q_1}、I_{sd_1}、I_{sq_1})、直流系统(I_{dc_1})和定直流电流控制(x_{1_1}、I_{dcm_1})；而案例 2 中参与度较高的状态变量来自 MMC 换流站($u_{c\_dc\_2}$)、定直流电流控制(x_{1_1})和 MMC 控制系统(包括锁相环 PLL、电流矢量外环控制和环流抑制控制)。通过分析上述结果可知，当联接的交流系统强度减弱而导致混合直流输电系统稳定裕度降低甚至失稳时，可通过调节参与度较高的控制系统参数来提高系统的稳定性。

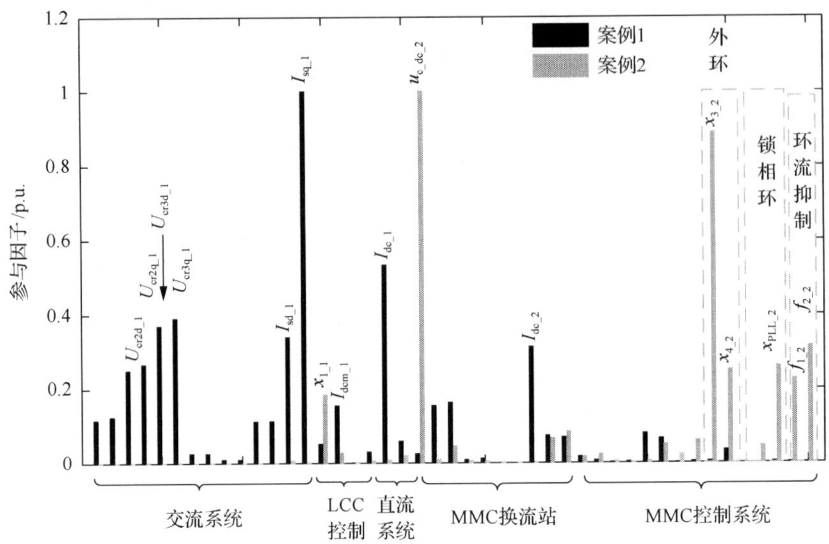

图 8-2　主导模态下各状态变量的参与因子

2. LCC 换流站平波电抗器的影响

混合直流输电系统初始运行于额定工况，改变电抗参数由 0.2H 到 0.5H，其他参数保持不变，系统根轨迹如图 8-3 所示。

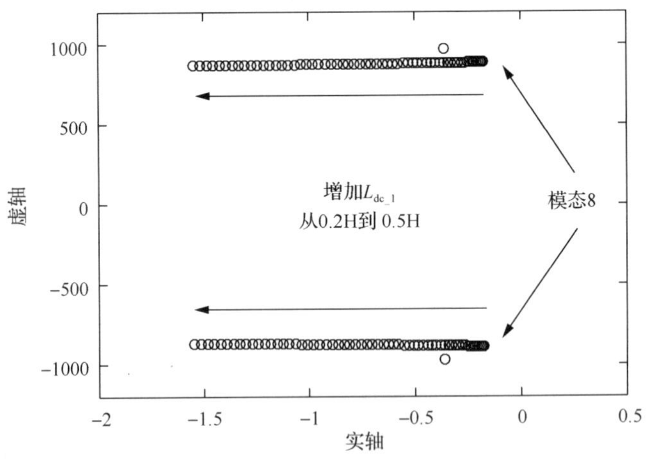

图 8-3　L_{dc_1}变化时系统的根轨迹

从图中可以看出，随着平波电抗器 L_{dc_1} 的增加，此时系统的主导模态(模态8)向左半复平面移动，表明系统的稳定性逐渐增强。

3. MMC 换流站主要参数的影响

1) 子模块电容的影响

LCC-MMC 型混合直流输电系统初始运行于额定工况，改变电容参数 C 由 0.005F 到 0.015F，其他参数保持不变，系统的特征根结果如图 8-4 所示。

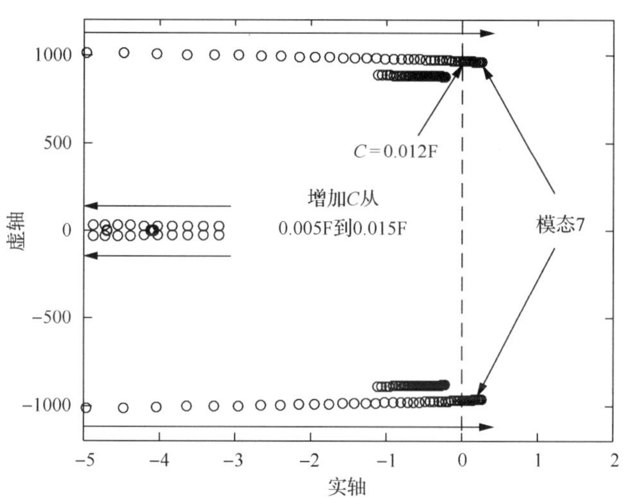

图 8-4　子模块电容值 C 变化时系统的根轨迹

从图中可以看出，随着子模块电容值 C 的增加，主导模态(模态 7)逐渐靠近虚轴，系统的稳定性逐渐降低。因此，增大电容值 C 虽然可以减小子模块电容电压的波动，但是可能会减小系统的稳定裕度。在本案例中，当子模块电容值高于 0.012F 时，混合直流输电系统会发生小信号失稳现象。

在 PSCAD/EMTDC 中进行仿真分析，来验证图 8-4 由特征根分析得到的结果：①取子模块电容值 C 为 0.012F，其他参数见表 8-1～表 8-3，在 1.0s 时施加一个小扰动，这里将 MMC 换流站交流系统电压参考值 U_{tref_2} 在 1.0s 时从额定值降低至 0.95p.u.，MMC 换流站内部环流 dq 轴分量的响应结果如图 8-5 灰色波形所示；②取子模块电容 C 为 0.010F，其他参数与表 8-1～表 8-3 保持一致，在 1.0s 时，U_{tref_2} 同样从额定值降低至 0.95p.u.，此时 MMC 换流站内部环流 dq 轴分量的响应结果如图 8-5 黑色波形所示。由图 8-5 可知，当子模块电容 C 为 0.010F 时，系统发生的小扰动后可以保持稳定运行；然而 C 为 0.012F 时，系统发生小扰动后出现了振荡失稳现象，振荡周期为 6.57ms(频率为 154.3Hz)。通过特征根分析可知，当 C=0.012F 时，图 8-4 中模态 7 的振荡周期为 6.51ms ($T=2\pi/\omega=2\pi/964.78=6.51$ms，$\omega$ 为 C=0.012F 时模态 7 特征根的虚部)，与图 8-5 仿真结果中的振荡周期基本一致，进一步验证了图 8-4 特征根结果的正确性。

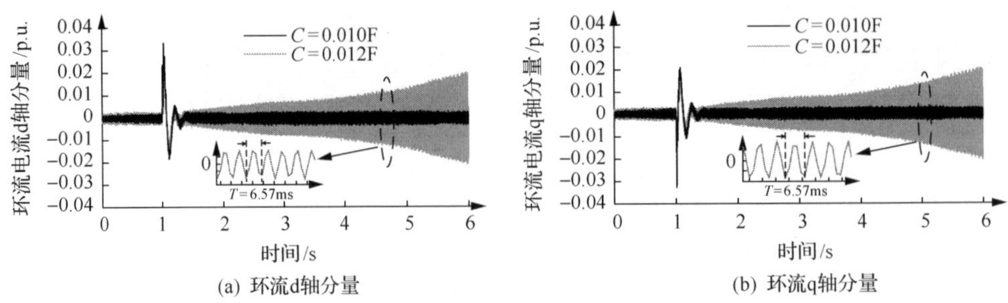

图 8-5　不同子模块电容值下 MMC 换流站交流电压小扰动时环流响应特性

对 C=0.012F 时的模态 7 进行参与因子分析可得，参与度最高的状态变量为 MMC 换流站子模块电容电压的三倍频分量($u_{c\_3x\_2}$、$u_{c\_3y\_2}$)。因此，需要选择合适的子模块电容值避免可能引起的振荡失稳现象。

2) 桥臂电感的影响

LCC-MMC 型混合直流输电系统初始运行于额定工况，逐渐增加桥臂电感 L_{arm}，使其从 0.035H 增加至 0.060H，其他参数保持不变，系统根轨迹如图 8-6 所示。

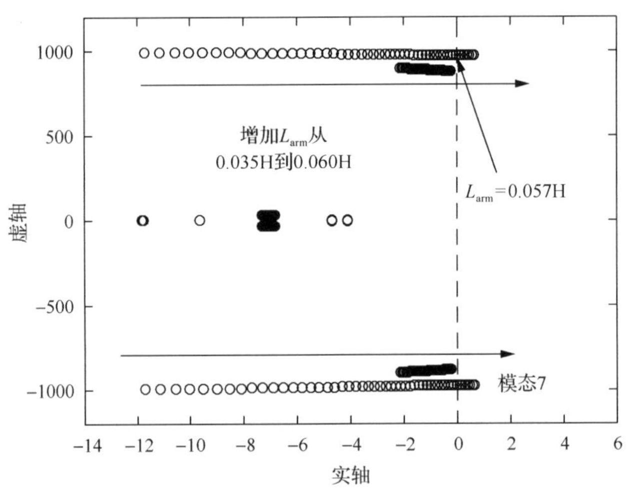

图 8-6　L_{arm} 变化时系统的根轨迹

由图 8-6 可知，随着 MMC 桥臂电感参数 L_{arm} 的增大，主导模态 7 逐渐靠近虚轴，表明稳定裕度减小、稳定性降低，当 L_{arm} 大于 0.057H 时，系统将发生振荡失稳现象。因此，同样需要选择合适的桥臂电感参数，来保证系统的稳定裕度。

为了进一步验证上述结论，基于 PSCAD/EMTDC 所建立的电磁暂态模型，使 L_{arm} 在 1.0s 从 0.055H 增加至 0.065H，其他参数保持不变，MMC 换流站交流母线电压的动态响应如图 8-7 所示。从图中可以看出，当 L_{arm}=0.065H 时，混合直流输电系统出现了振荡失稳现象，振荡周期为 6.50ms(频率 153.8Hz)，与特征根分析得到的理论计算结果 6.49ms（$T=2\pi/\omega=2\pi/968.24=6.49\text{ms}$，$\omega$ 为 $L_{arm}=0.065\text{H}$ 时模态 7 特征根的虚部）基本一致，因此进一步验证了图 8-6 特征根分析结果的正确性。

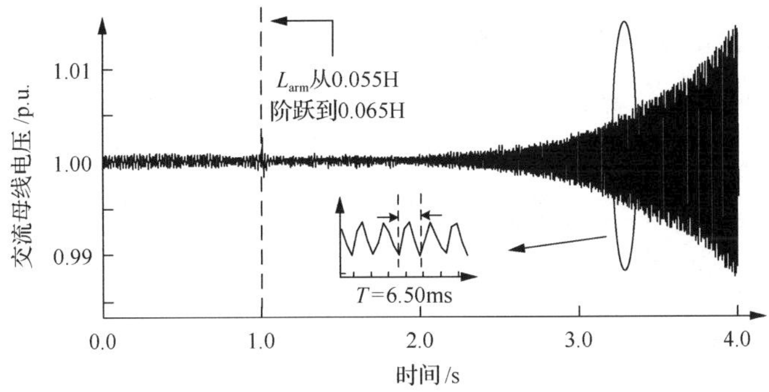

图 8-7　L_{arm} 阶跃时 MMC 换流站交流母线电压特性

由图 8-6 可知，桥臂电感的增加可能会引发模态 7 导致的系统失稳，而由表 8-4 可知，模态 7 主要参与状态变量为 MMC 换流站子模块电容电压的三倍频分量（$u_{c\_3x\_2}$、$u_{c\_3y\_2}$）。因此，当 L_{arm} 较大时，可能引起振荡频率为三倍频的系统失稳现象。

8.2.2　控制系统参数的影响

1. LCC 换流站 PLL_1 的影响

LCC-MMC 型混合直流输电系统初始运行于额定工况，参数与表 8-1～表 8-3 一致，仅改变 PLL_1 比例增益 K_{pPLL_1} 从 10 增加至 1000，且锁相环积分增益 $K_{iPLL\_1}=5K_{pPLL\_1}$，系统的根轨迹如图 8-8 所示。

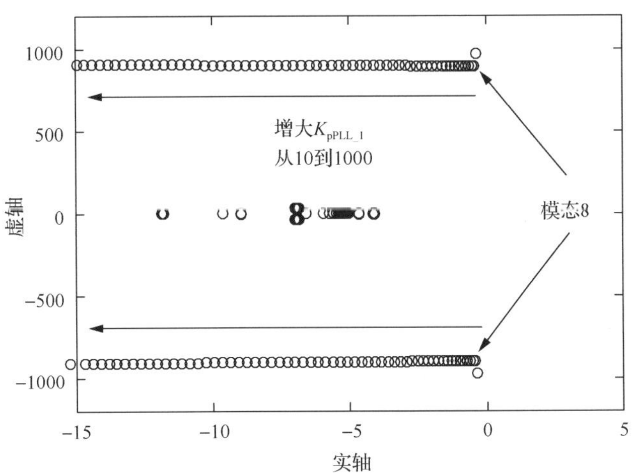

图 8-8　K_{pPLL_1} 变化时系统的根轨迹

由图 8-8 可知，当锁相环比例增益 K_{pPLL_1} 从 10 增加至 1000 时，主导模态 8 逐渐远离虚轴，因此系统的稳定性逐渐增强。

2. LCC 换流站定直流电流控制的影响

初始状态时，混合直流输电系统运行于额定工况，参数与表 8-1～表 8-3 保持一致，仅改变定直流电流控制器比例增益 K_{pIdc} 从 0.1 增加至 2，系统的根轨迹如图 8-9(a)所示；仅改变定直流电流控制器积分增益 K_{iIdc} 从 100 增加至 500，系统的根轨迹如图 8-9(b)所示。

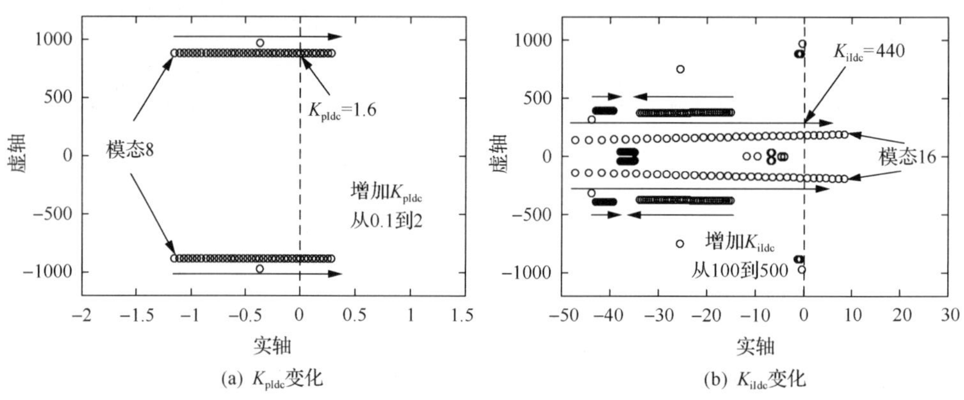

(a) K_{pIdc}变化 (b) K_{iIdc}变化

图 8-9 定直流电流控制参数变化时系统的根轨迹

由图 8-9(a)所示，定直流电流控制器比例参数 K_{pIdc} 对模态 8 有较大影响，随着 K_{pIdc} 的增加，模态 8 的特征根向实轴正方向移动，直到穿越虚轴，引起系统的小信号失稳；由图 8-9(a)可以得到，K_{pIdc} 的临界值为 K_{pIdc}=1.6。由图 8-9(b)所示，随着积分增益 K_{iIdc} 的增加，一个新的弱阻尼模态出现，即图 8-9(b)和表 8-4 中的模态 16，且模态 16 逐渐靠近虚轴，表明系统稳定性下降；当 K_{iIdc}＞440，模态 16 穿越虚轴，将引起系统的小信号失稳现象。

3. MMC 换流站 PLL_2 的影响

初始状态时，混合直流输电系统运行于额定工况，仅改变 PLL_2 比例增益 K_{pPLL_2} 从 10 增加至 150，并且积分增益 K_{iPLL_2}=5K_{pPLL_2}，其他参数保持不变，所得根轨迹如图 8-10 所示。

由图 8-10 可知，主导模态 13 随 K_{pPLL_2} 的增大逐渐靠近虚轴，系统稳定性逐渐降低，当 K_{pPLL_2} 增加到 135 时，系统达到临界稳定状态，继续增加 K_{pPLL_2} 系统将发生小信号不稳定现象。

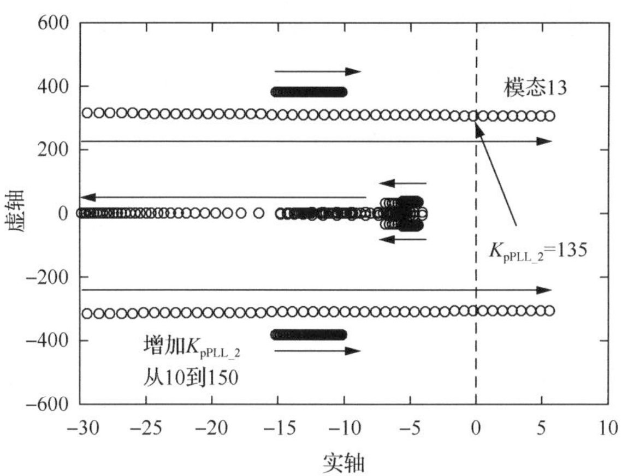

图 8-10 K_{pPLL_2}变化时系统的根轨迹

K_{pPLL_2}分别为 10 和 135 时，对主导模态 13 进行参与因子分析，取模态 13 中参与程度最高的状态变量为基准，对各个状态变量的参与程度进行标幺化，结果如图 8-11 所示。从图 8-11 可知，MMC 交流母线电压测量值(U_{tdm_2}、U_{tqm_2})、外环定交流电压状态变量(x_{4_2})、MMC 锁相环状态变量(x_{PLL_2})的参与程度在K_{pPLL_2}=135 时比K_{pPLL_2}=10 时有显著地提升，表明此时影响系统稳定性的主要状态变量与 MMC 的锁相环和外环定交流电压控制器密切相关。

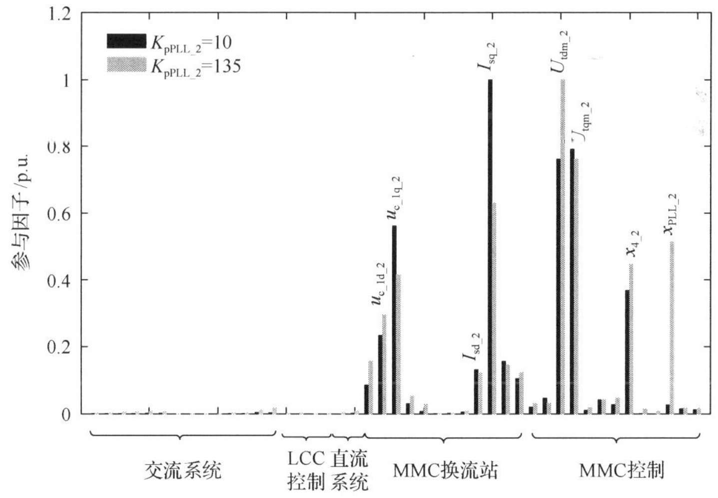

图 8-11 模态 13 各状态变量的参与因子

4. MMC 换流站定直流电压控制的影响

LCC-MMC 型混合直流输电系统初始运行于额定工况，比例增益K_{pUdc}从 3 逐渐增大到 30，其他参数与表 8-1～表 8-3 保持一致，系统根轨迹如图 8-12(a)所示；积分增益 K_{iUdc} 从 150 逐渐增大到 500，其他参数保持不变，系统根轨迹如图 8-12(b)所示。

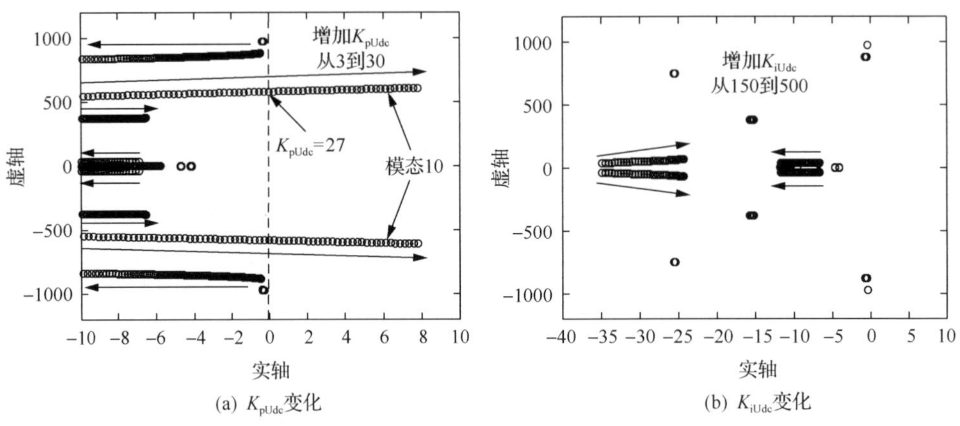

(a) K_{pUdc}变化　　(b) K_{iUdc}变化

图 8-12　定直流电压控制参数变化时系统的根轨迹

由图 8-12(a)可知，主导模态 10 随着 K_{pUdc} 的增大逐渐靠近虚轴，即系统的稳定裕度随着 K_{pUdc} 的增大而降低；当 K_{pUdc}=27 时，系统达到临界稳定状态。由图 8-12(b)可知，积分增益 K_{iUdc} 从 150 增加到 500 时，系统特征根全部位于左半复平面，表明系统在该范围内均可稳定运行。

5. MMC 换流站定交流电压控制的影响

LCC-MMC 型混合直流输电系统初始运行于额定工况，比例增益 K_{pUac} 从 1 增加至 2，其他参数保持不变，结果如图 8-13(a)所示；积分增益 K_{iUac} 从 150 增加

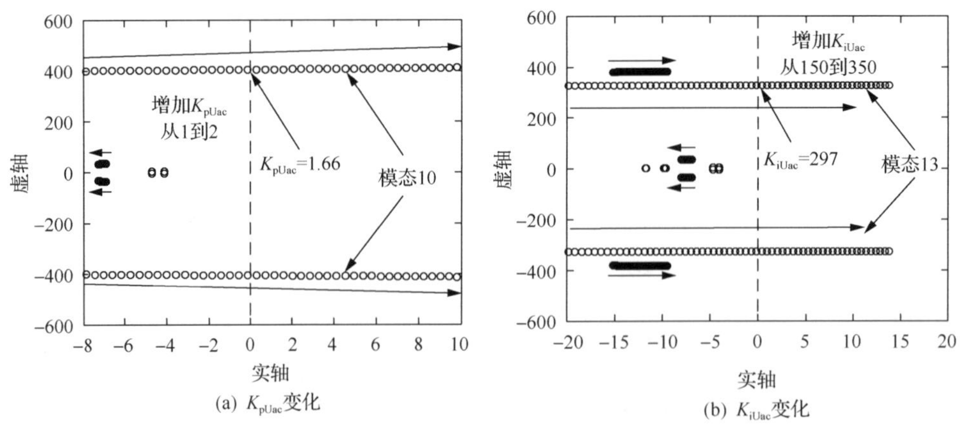

(a) K_{pUac}变化　　(b) K_{iUac}变化

图 8-13　定交流电压控制参数变化时系统的根轨迹

至 350，其他参数保持不变，图 8-13(b)为根轨迹结果。由图 8-13 可知，K_{pUac}(K_{iUac})的增大会导致系统的稳定性逐渐减弱，定交流电压外环控制参数分别为 K_{pUac}=1.66、K_{iUac}=297 时，系统达到临界稳定状态，即当 K_{pUac}＞1.66 或 K_{iUac}＞297 时，系统会出现小信号失稳现象。

基于 PSCAD/EMTDC 所建立的电磁暂态模型，LCC-MMC 型混合直流输电系统参数与表 8-1～表 8-3 一致，对图 8-13 的特征根结果进行了如下仿真验证：

(1) t=1s 时，将 MMC 换流站定交流电压控制的比例增益 K_{pUac} 由 1 阶跃至 2，图 8-14(a)所示为 MMC 侧交流母线电压的响应特性。由图 8-14(a)可知，K_{pUac} 阶跃至 2 时，系统逐渐失稳，振荡周期为 15.2ms；由特征根分析可得，当 K_{pUac}=2 时，主导模态 10 的振荡周期为 15.1ms(T=2π/ω =2π/415.5=15.1ms，ω为 K_{pUac}=2 时模态 10 特征根的虚部)，与图 8-14(a)仿真得到的振荡周期 15.2ms 基本一致，由此验证了图 8-13(a)特征根结果的正确性。

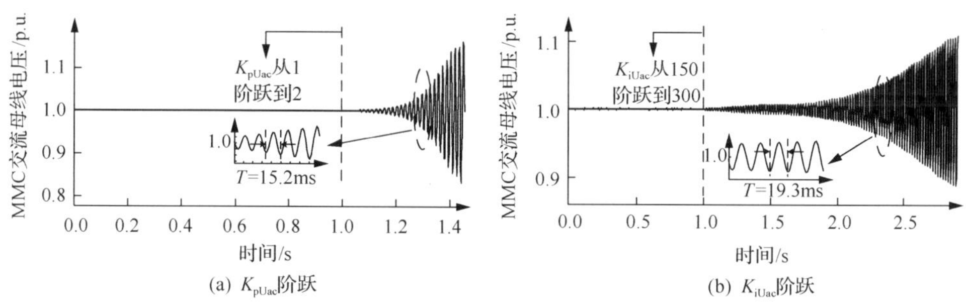

图 8-14　定交流电压控制参数阶跃时 MMC 交流母线电压特性

(2) t=1s 时，将 MMC 换流站定交流电压控制的积分增益 K_{iUac} 由 150 阶跃至 300，图 8-14(b)为 MMC 换流站交流母线电压的响应特性，图 8-14(b)结果表明，K_{iUac} 阶跃至 300 时，系统逐渐发散，振荡周期为 19.3ms；由特征根分析可知当 K_{iUac}=300 时，主导模态 13 的振荡周期为 19.3ms(T=2π/ω=2π/326.2=19.3ms，ω为 K_{iUac}=300 时模态 13 特征根的虚部)，与图 8-14(b)中仿真得到的振荡周期一致，由此验证了图 8-13(b)特征根分析得到的 K_{iUac} 临界值的结果。

6. MMC 换流站环流抑制控制的影响

LCC-MMC 型混合直流输电系统比例增益 K_{pcir} 从 0.1 增加至 5，其他参数保持不变，系统根轨迹如图 8-15(a)所示；积分增益 K_{icir} 从 10 增加至 800，其他参数保持不变，系统根轨迹如图 8-15(b)所示。从图 8-15(a)可知看出，比例增益 K_{pcir}＜0.52 时，随着 K_{pcir} 的增大，主导模态 7 远离虚轴，系统稳定性逐渐增强；增大到 K_{pcir}=0.52 后，随着 K_{pcir} 的增大模态 7 逐渐靠近虚轴，系统稳定性逐渐减弱；当 K_{pcir}＞2.3 时，混合直流输电系统将不再稳定。图 8-15(b)表示，

随着 K_{icir} 的增加，模态 7 和模态 9 先远离虚轴，混合直流输电系统的稳定裕度增加；继续增加 K_{icir} 时，模态 9 在 $K_{icir}>245$ 后逐渐靠近虚轴，混合直流输电系统的稳定裕度减小。因此，CCSC 的控制参数对系统的稳定性有很大影响，需合理选择。

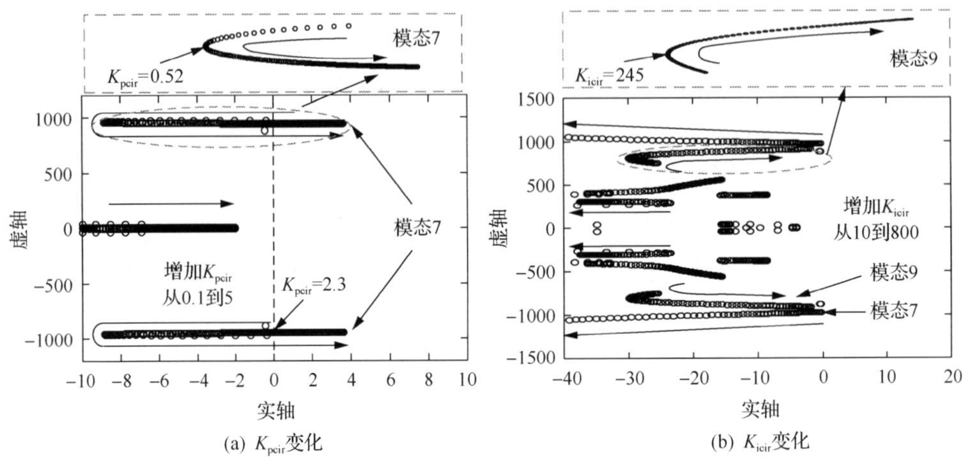

图 8-15　CCSC 参数变化时系统的根轨迹

为了更加直观地表示主电路参数和控制系统参数对 LCC-MMC 型混合直流输电系统小信号稳定性的影响，表 8-5 总结了主电路参数、控制系统参数分别为临界值时，混合直流输电系统的主导模态及主要参与状态变量。

表 8-5　主导模态与主要参与状态变量

参数	临界值	主导模态	主要参与状态变量
SCR_1	2.5	10	U_{cr2d_1}, U_{cr2q_1}, U_{cr3d_1}, U_{cr3q_1}, I_{sd_1}, I_{sq_1}, I_{dc_1}, $u_{c\_1d\_2}$, $u_{c\_1q\_2}$, I_{dc_2}, I_{sd_2}, I_{sq_2}
SCR_2	1.1	18	x_{1_1},$u_{c\_dc\_2}$, x_{3_2}, x_{4_2}, x_{PLL_2},f_{1_2},f_{2_2}
C	0.012F	7	$u_{c\_3x\_2}$, $u_{c\_3y\_2}$,
L_{arm}	0.057H	7	$u_{c\_3x\_2}$, $u_{c\_3y\_2}$,
K_{pIdc}	1.6	8	I_{sd_1}, I_{sq_1}, I_{dc_1}, U_{cdc},I_{dc_2}
K_{iIdc}	440	16	I_{sd_1}, I_{sq_1}, x_{1_1},I_{dcm_1}, I_{dc_1},I_{dc_2}
K_{pPLL_2}	135	13	$u_{c\_dc\_2}$, $u_{c\_1d\_2}$,$u_{c\_1q\_2}$, I_{sd_2}, I_{sq_2}, I_{cird_2}, I_{cirq_2}, U_{tdm_2}, U_{tqm_2}, x_{4_2}
K_{pUdc}	27	10	$u_{c\_dc\_2}$, $u_{c\_1d\_2}$, $u_{c\_1q\_2}$, $u_{c\_2d\_2}$, $u_{c\_2q\_2}$,I_{dc_2}, I_{sd_2}, I_{sq_2}, U_{tdm_2}, U_{tqm_2}, x_{4_2}
K_{pUac}	1.66	10	$u_{c\_1d\_2}$, $u_{c\_1q\_2}$, I_{dc_2}, I_{sd_2}, I_{sq_2}, U_{tdm_2}, U_{tqm_2}, x_{4_2}
K_{iUac}	297	13	$u_{c\_dc\_2}$, $u_{c\_1d\_2}$,$u_{c\_1q\_2}$, I_{sd_2}, I_{sq_2}, I_{cird_2}, I_{cirq_2}, U_{tdm_2}, U_{tqm_2}, x_{4_2}
K_{pcir}	2.3	7	u_{c_3x}, u_{c_3y},

表 8-5 给出了易引起系统发生振荡失稳的主导模态及主要参与状态变量(物理

含义可见表 4-1)，为分析失稳原因及探索提高系统小信号稳定性的方法提供了突破点。

8.3　提高系统稳定裕度的附加控制方法

8.3.1　附加频率-电压阻尼控制方法

由图 8-1 的结果可知，当 MMC 联接交流系统的短路比接近 1.1 时，混合直流输电系统将出现振荡失稳现象，即在受端极弱交流系统场景下，LCC-MMC 型混合直流输电系统不能稳定运行，而这与该混合直流系统逆变侧采用 MMC 来使其应用于弱交流甚至极弱交流系统场景的目标相悖，在一定程度上限制了该类型混合直流输电系统的应用范围，因此有必要研究提高 LCC-MMC 型混合直流输电系统在弱交流甚至极弱交流系统场景下稳定性的控制方法。

由图 8-2 的参与因子结果可知，弱受端交流系统下易引起系统失稳的主导模态中，参与程度较高的状态变量来源于 LCC 定电流控制(x_{1_1})、MMC 换流站子模块电容电压直流分量($u_{c\_dc\_2}$)和 MMC 控制系统($x_{3\_2}, x_{4\_2}, x_{PLL\_2}, f_{1\_2}, f_{2\_2}$)，各主要参与状态变量及物理意义见表 4-1。综合考虑如下两个方面：①锁相环作为主电路和控制系统的主要桥梁，通过锁相为控制系统提供参考频率和相位，其弱系统下的动态特性对系统稳定性有关键影响；②MMC 的定直流电压控制是混合系统有功功率平衡和稳定传输的基础，因此下文从 MMC 定直流电压控制器和锁相环的角度出发，来提高混合系统的小信号稳定性。

控制方法原理如图 8-16 所示，将 MMC 换流站 PLL_2 输出的角频率(ω_2)与额定角频率(ω_0)的偏差值与引入的阻尼控制系数 K_d 的乘积反馈到 MMC 换流站定直流电压控制器外环，从而构成附加频率-电压阻尼控制器(supplementary frequency-voltage damping control，SFVDC)。该控制可提高系统的小信号稳定性，使 LCC-MMC 型混合直流输电系统在联接极弱受端交流电网时可以保持稳定运行。

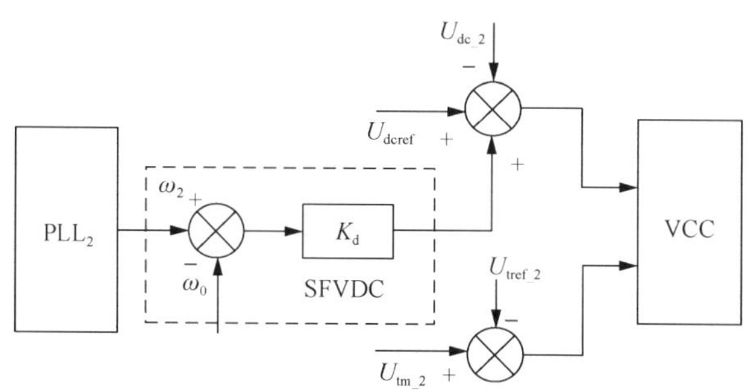

图 8-16　附加频率-电压阻尼控制原理图

8.3.2 基于附加频率-电压阻尼控制的小信号模型及验证

由图 8-16 可知，建立含附加频率-电压阻尼控制 SFVDC 的 LCC-MMC 型混合直流输电系统的小信号模型，只需在 4.1 节模型的基础上将 MMC 外环定直流电压控制的状态空间模型修改为

$$\begin{cases} \dfrac{\mathrm{d}x_{3\_2}}{\mathrm{d}t}=U_{\mathrm{dcref}}-U_{\mathrm{dc\_2}}+K_{\mathrm{d}}(\omega_2-\omega_0) \\ I_{\mathrm{dref}}=K_{\mathrm{pUdc}}\dfrac{\mathrm{d}x_{3\_2}}{\mathrm{d}t}+K_{\mathrm{iUdc}}x_{3\_2} \end{cases} \tag{8-1}$$

将包含式(8-1)的 LCC-MMC 型混合直流输电系统的状态空间模型在特定运行点线性化后，即可得到含 SFVDC 控制的小信号模型。

为了验证所建立的含 SFVDC 控制的混合直流输电系统小信号模型的正确性，设定 LCC 换流站定直流电流控制参考值 $I_{\mathrm{dcref\_1}}$ 发生阶跃，对比分析基于 MATLAB 的小信号模型和基于 PSCAD/EMTDC 的电磁暂态仿真模型的动态响应。系统初始运行于额定工况，$\mathrm{SCR}_{\_1}=3\angle85°$，$\mathrm{SCR}_{\_2}=1.5\angle85°$，LCC 换流站的 $I_{\mathrm{dcref\_1}}=1.0$ p.u.，MMC 换流站定直流电压控制参考值 $U_{\mathrm{dcref_2}}=1.0$p.u.，MMC 换流站定交流电压控制参考值 $U_{\mathrm{tref_2}}=1.0$p.u.，阻尼系数 $K_{\mathrm{d}}=0.5$，在 t=3.0s 时，LCC 换流站的 $I_{\mathrm{dcref\_1}}$ 从 1.0p.u.阶跃到 0.95p.u.，4.5s 时恢复至 1.0p.u.，其他参考值保持不变，系统的动态响应对比结果如图 8-17 所示。

由图 8-17 可知，基于 MATLAB 的小信号模型(SSM)和基于 PSCAD 的详细电磁暂态模型(EMT)的动态响应具有良好的一致性，验证了含 SFVDC 的系统小信号模型的正确性。

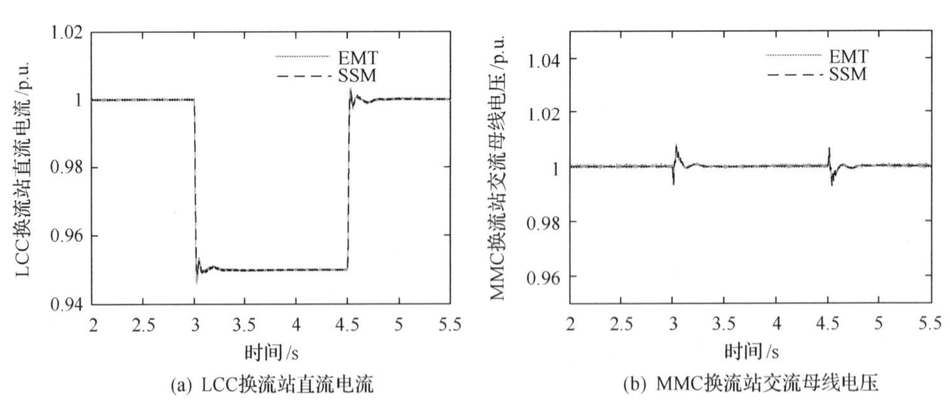

(a) LCC换流站直流电流　　(b) MMC换流站交流母线电压

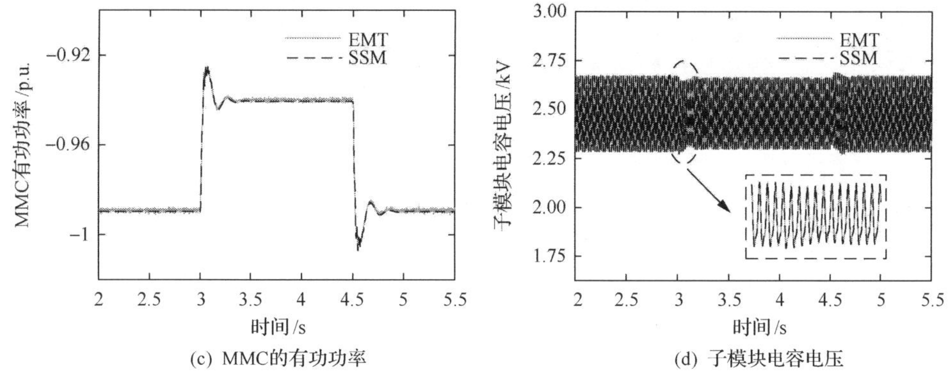

(c) MMC的有功功率　　(d) 子模块电容电压

图 8-17　直流电流阶跃时混合直流输电系统的动态特性对比

8.3.3　附加频率-电压阻尼控制对系统小信号稳定性的影响

1. 附加频率-电压阻尼控制对 PLL 增益可行域的影响

1) 阻尼系数 K_d 对高 PLL 增益下系统小信号稳定性的影响

由图 8-1 交流系统强度变化时系统的根轨迹和图 8-2 参与因子分析结果可知，当 LCC-MMC 型混合直流输电系统逆变侧交流系统强度 $SCR_{\_2}$ 降低而导致系统失稳时，MMC 换流站锁相环 PLL 参与程度较高，同时，由图 8-10MMC 换流站锁相环 PLL 增益变化时系统根轨迹结果可知，PLL 增益降低可提高系统小信号稳定性，然而较低的 PLL 增益会降低其频率跟踪速度。因此，在弱交流电网场景下，一方面，需要减小 PLL 增益来保证其小信号稳定性，另一方面，需要增大 PLL 增益来满足响应速度，两者是存在矛盾的，而 SFVDC 控制可以在增大 PLL 增益可行域的同时仍然保证系统的稳定运行。

图 8-10 的结果显示，当 LCC-MMC 型混合直流输电系统运行在额定值($SCR_1=3\angle 85°$, $SCR_2=1.5$)，MMC 换流站 PLL_2 的控制器参数 K_{pPLL_2}>135 时，将发生小信号不稳定现象。采用含有 SFVDC 控制的混合直流输电系统小信号模型，研究附加控制方法对 MMC 锁相环 PLL 增益可行域的影响。令系统初始运行于 K_{pPLL_2}=150 条件下，其他参数与表 8-1～表 8-3 相同，改变 K_d 使其在 0～0.5 的范围内增加，系统的根轨迹如图 8-18 所示。

由图 8-18 可知，当 K_{pPLL_2}=150 时，随着阻尼系数 K_d 的增大，主导模态 13 的特征根向左半复平面移动；当 K_d＞0.09 时，模态 13 穿越虚轴，进入左半稳定复平面，表明系统恢复了稳定运行能力。在此过程中，模态 8 向实轴正方向移动，模态 8 的阻尼比下降，表明系统稳定裕度逐渐降低；在 K_d>0.24 时，模态 8 穿越虚轴，进入右半复平面，引起了系统的小信号不稳定现象。由上述分析可知，当 K_{pPLL_2}=150 时，能使系统稳定运行的阻尼系数的可行域为 0.09＜K_d＜0.24。

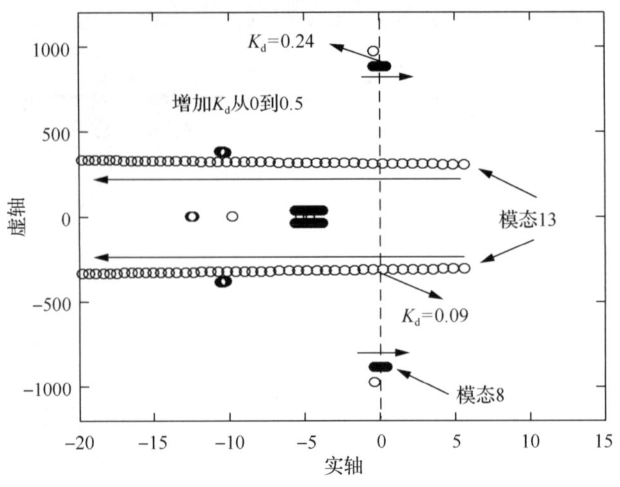

图 8-18　K_d变化时系统的根轨迹

混合直流输电系统运行于额定值($SCR_1=3\angle 85°$，$SCR_2=1.5$)，当 K_{pPLL_2}=150 时，通过特征根方法对以下两种案例进行进一步分析，案例 1：混合直流输电系统不包含 SFVDC 控制，即 K_d=0；案例 2：混合直流输电系统包含 SFVDC 控制，且 K_d=0.2，模态对比结果如所表 8-6 示。表 8-6 给出了系统所有振荡模态的特征根、阻尼比和振荡频率，由表 8-6 可知，案例 1 中模态 13 阻尼比为负值，表明系统此时处于不稳定状态，且失稳振荡频率为 48.8Hz；案例 2 中模态 13 的阻尼比为正数 2.27%，系统可以稳定运行。由上述分析可知，SFVDC 控制的投入可以增强系统的阻尼比，提升系统的小信号稳定性

表 8-6　K_{pPLL_2}=150，K_d=0.2 时系统振荡模态

模态	案例 1(K_d=0)			案例 2(K_d=0.2)		
	特征根	振荡频率/Hz	阻尼比	特征根	振荡频率/Hz	阻尼比
1	−3243.8±j5515.9	877.9	50.7	−3243.8±j5515.9	877.9	50.7
2	−3102.8±j4734.3	753.5	54.8	−3102.8±j4734.3	753.5	54.8
3	−4900.6	0	100	4918.3	0	100
4	−500.7±j1767.1	281.2	27.3	−500.7j1767.1	281.2	27.3
5	−467.8±j1081.6	172.1	39.7	−467.8±j1081.6	172.1	39.7
6	−101.8±j1056.7	168.1	9.59	−101.8±j1056.0	168.1	9.59
7	−0.36±j973.4	154.9	0.036	−0.35±j973.4	154.9	0.036
8	−0.35±j881.9	140.4	0.039	−0.050±j881.7	119.8	0.057
9	−25.42±j752.3	119.7	3.37	−25.26±j752.4	119.8	3.36
10	−69.59±j401.0	63.8	17.1	−77.11±j402.6	64.0	18.8
11	−10.21±j380.7	60.6	2.68	−10.24±j381.0	60.6	2.69

续表

模态	案例 1 (K_d=0)			案例 2 (K_d=0.2)		
	特征根	振荡频率/Hz	阻尼比	特征根	振荡频率/Hz	阻尼比
12	−160.7±j299.4	47.7	47.3	−157.1±j303.7	48.3	45.9
13	5.58±j306.8	48.8	−1.81	−7.26±j320.1	50.9	2.27
14	−43.79±j314.2	50.0	13.8	−43.80±j3142	50.0	13.8
15	−78.68±j177.2	28.2	40.6	−81.47±j175.9	28.0	42.0
16	−79.82±j113.3	18.0	57.6	−79.58±j112.9	18.0	57.6
17	−34.21±j42.74	6.80	62.5	−32.12±j42.01	6.68	60.7
18	−5.56±j38.97	6.20	14.1	−4.83±j38.45	6.12	12.5
19	−4.70±j4.87	0.78	69.4	−4.70±j4.87	0.78	69.4

为了进一步验证 SFVDC 控制的有效性，基于 PSCAD/EMTDC 进行了如下的电磁暂态仿真：初始状态时，混合直流输电系统运行于额定工况，在 t=1.0s 时，令 K_{pPLL_2} 从 10 阶跃上升至 150，其他参数保持不变，t=1.8s 时，令 SFVDC 控制投入运行，在此过程中，有功功率的动态响应如图 8-19 所示。由图 8-19 可知，K_{pPLL_2} 阶跃至 150 后，系统逐渐振荡发散，振荡频率为 48.4Hz，与表 8-6 案例 1 模态 13 的振荡频率 48.8Hz 基本一致。当投入 SFVDC 控制后，混合直流系统逐渐收敛稳定，频率为 50.3Hz，与表 8-6 中案例 2 模态 13 的振荡频率 50.9Hz 也基本一致。因此，SFVDC 控制可提升高 PLL 增益下的系统小信号稳定性。

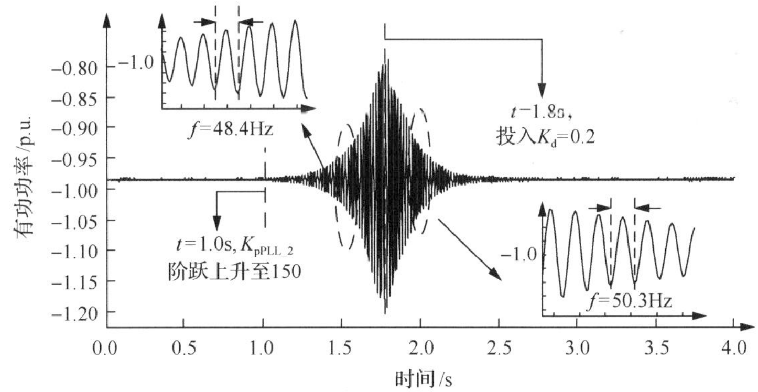

图 8-19　K_{pPLL_2}=150 时投入 SFVDC (K_d=0.2) 前后系统的有功功率响应特性

2) 阻尼系数 K_d 与 PLL 增益 K_{pPLL_2} 可行域的耦合关系

从图 8-18 可知，SFVDC 控制的阻尼系数 K_d 有一定的取值范围，如果 K_d 过小，由控制所提供的附加阻尼较小，不足以使混合直流系统稳定运行在较大的锁相环增益 K_{pPLL_2} 下，无法充分发挥 SFVDC 控制的作用；若 K_d 过大，可能出现新的不稳定模态从而诱发混合直流系统振荡失稳。

由图 8-10 可知，当 LCC-MMC 型混合直流输电系统运行于额定工况时，MMC 换流站 PLL_2 的控制器参数 K_{pPLL_2} 的临界值为 135，因此，从 135 逐渐增加 K_{pPLL_2}，基于含 SFVDC 控制的混合直流输电系统的小信号模型，求取使系统能够稳定运行的 K_d 可行域，结果如图 8-20 所示。

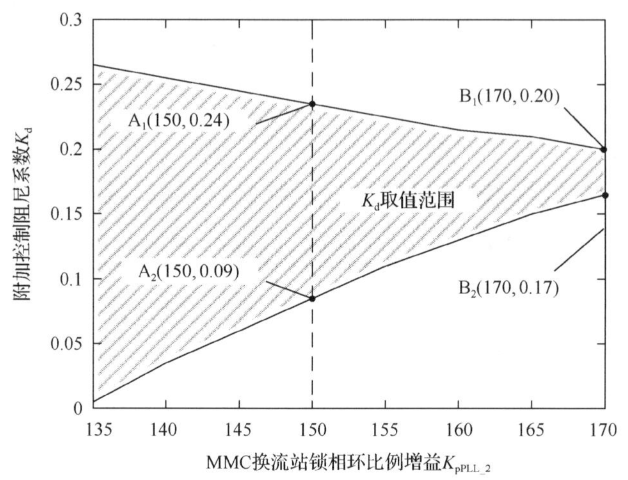

图 8-20　不同 K_{pPLL_2} 参数下 K_d 可行域

图 8-20 阴影部分为 K_d 在不同 K_{pPLL_2} 参数下的可行域，A_1 点(150,0.24)和 A_2 点(150,0.09)表示 K_{pPLL_2} 等于 150 时，附加控制阻尼系数 K_d 上限和下限值分别为 0.24 和 0.09。因此，K_{pPLL_2} 为 150 时，阻尼系数 K_d 的可行域为(0.09，0.24)。同理，当 K_{pPLL_2}=170 时，阻尼系数 K_d 的可行域为(0.17，0.20)。因此，投入 SFVDC 控制并选取合适的阻尼系数 K_d，可有效增大弱交流场景下 MMC 换流站 PLL 参数的可行范围。

需要注意的是，随着 K_{pPLL_2} 的增加，K_d 的可行范围逐渐减小，当 K_{pPLL_2} 过大时，将不存在合适的阻尼系数 K_d 使系统稳定运行。为了获得投入 SFVDC 控制后 K_{pPLL_2} 参数的上限，计算当系统运行条件为 SCR_1=3，SCR_2=1.5，K_d 取值不同时 K_{pPLL_2} 的上限值，结果如图 8-21 所示。

由图 8-21 可知，0＜K_d＜0.185 时，随着 K_d 的增加，MMC 换流站 PLL_2 增益 K_{pPLL_2} 的上限制(最大允许值)逐渐上升，表明 K_{pPLL_2} 的可行范围逐渐增大；K_d=0.185 时，K_{pPLL_2} 的上限达到最大值 177；继续增加阻尼系数，K_{pPLL_2} 上限值开始减小；K_d＞0.265 时，K_{pPLL_2} 上限值低于未投入 SFVDC 控制时的 K_{pPLL_2} 限值，即减小了 K_{pPLL_2} 的可行范围。因此，通过合理选择 SFVDC 控制的阻尼系数 K_d，可增大弱交流场景下 MMC 换流站 PLL 参数的可行范围，有效抑制 LCC-MMC 型混合直流输电系统联接弱受端交流系统时高锁相环增益引发的系统失稳现象。

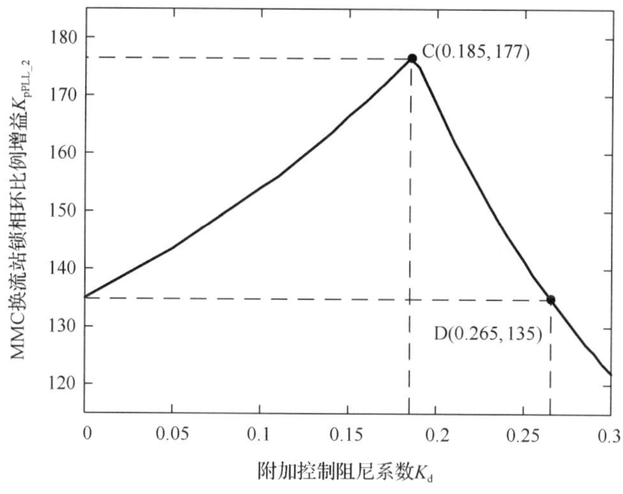

图 8-21　不同 K_d 参数下 K_{pPLL_2} 取值上限

2. 极弱交流系统下附加频率-电压阻尼控制对系统小信号稳定性的影响

1) 极弱受端交流系统下阻尼系数 K_d 对系统小信号稳定性的影响

由 8.2.1 节分析可知，未投入 SFVDC 时，系统在联接极弱受端交流系统时($SCR_{\_2}$<1.1)出现小信号失稳现象。为了研究极弱受端交流系统下 SFVDC 对系统小信号稳定性的影响，以 $SCR_{\_2}$=1.0 为例，分析投入 SFVDC 前后系统特征根的变化。

阻尼系数 K_d 由 0 增大至 5 时，系统的根轨迹如图 8-22 所示。由图 8-22 可知，

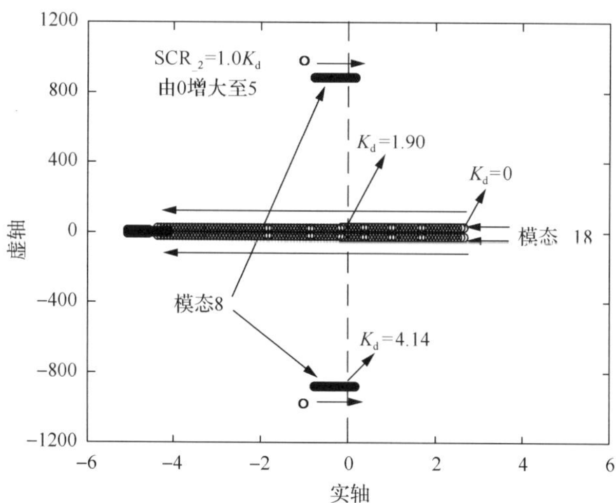

图 8-22　K_d 变化时系统的根轨迹($SCR_{\_2}$=1.0)

系统未投入 SFVDC 时(K_d=0)，模态 18 的特征根处于右半平面，系统不能稳定运行。投入 SFVDC 后，随着 K_d 的增大，模态 18 向负实轴方向移动，当 $K_d>1.90$ 时，模态 18 穿越虚轴进入左半平面，系统稳定运行；与此同时，模态 8 向实轴正方向移动，$K_d>4.14$ 时，模态 8 穿越虚轴进入右半平面，系统失稳。

上述结果表明，在极弱受端交流系统下，SFVDC 的投入可以提升系统的小信号稳定性，同时，在本小节的算例中附加阻尼系数 K_d 有一定的可行域($1.90<K_d<4.15$)。若 K_d 过小，SFVDC 所提供的附加阻尼较小，无法充分发挥其作用；若 K_d 过大，可能出现新的不稳定模态，从而诱发 LCC-MMC 型混合直流输电系统出现失稳现象。

2)极弱受端交流系统下附加频率-电压阻尼控制的有效性验证

为了验证上一小节的理论分析结果，基于 PSCAD 电磁暂态模型进行以下仿真研究：t=0s 时，系统运行于额定工况，此时系统未投入 SFVDC；$2.0<t<3.0$s 时，SCR_2 由 1.5 逐渐下降至 1.0；t=3.5s 时，投入 SFVDC 控制，附加阻尼系数 K_d=3.0。此过程中系统动态响应特性如图 8-23 所示，图 8-23(a)为系统传输有功功率响应，图 8-23(b)为 MMC 交流母线电压响应，图 8-23(c)为 LCC 直流电流响应。

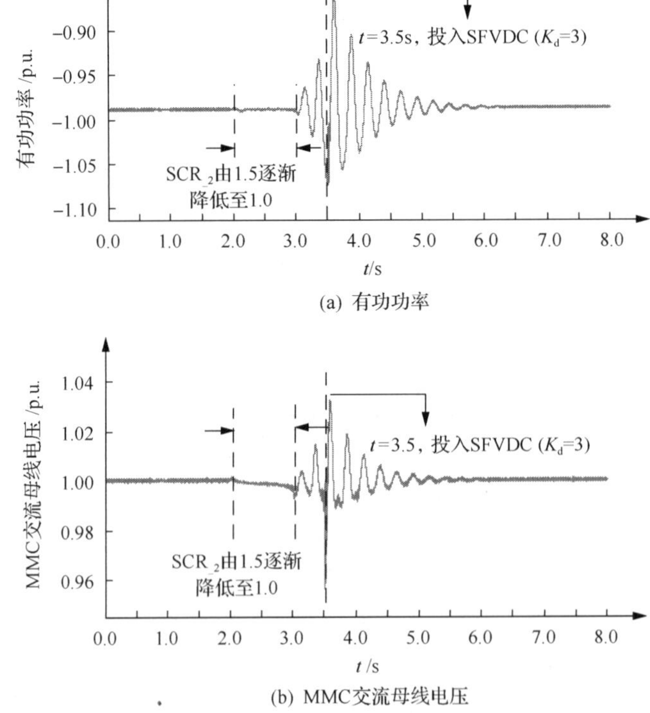

(a) 有功功率

(b) MMC交流母线电压

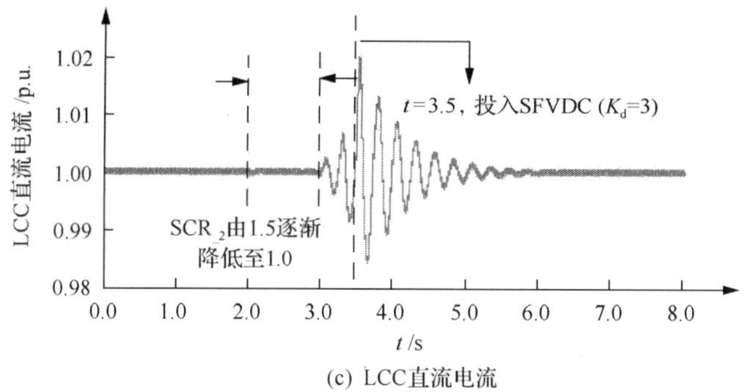

(c) LCC直流电流

图 8-23　SCR_2=1.0 混合直流系统动态特性

由图 8-23 可知，未投入 SFVDC 时，SCR_2 降低至 1.0 后，系统有功功率、MMC 交流母线电压和 LCC 直流电流逐渐振荡失稳；投入 SFVDC 后，系统逐渐振荡收敛并恢复稳定运行状态。由此说明 SFVDC 方法可有效抑制极弱受端交流系统场景下 LCC-MMC 型混合直流输电系统的小信号失稳现象，验证了所提控制对于提高系统小信号稳定性的有效性。

3) 附加频率-电压阻尼控制对受端交流系统临界短路比的影响

LCC-MMC 型混合直流输电系统受端交流系统所允许的最小短路比(即临界短路比 CSCR)越低，表明系统在联接弱受端交流系统时保持稳定运行的能力越强。为了研究所提出的 SFVDC 方法对受端交流系统临界短路比的影响，在投入 SFVDC 时逐渐改变附加阻尼系数 K_d，观察 CSCR 随 K_d 的变化趋势，其结果如图 8-24 所示。

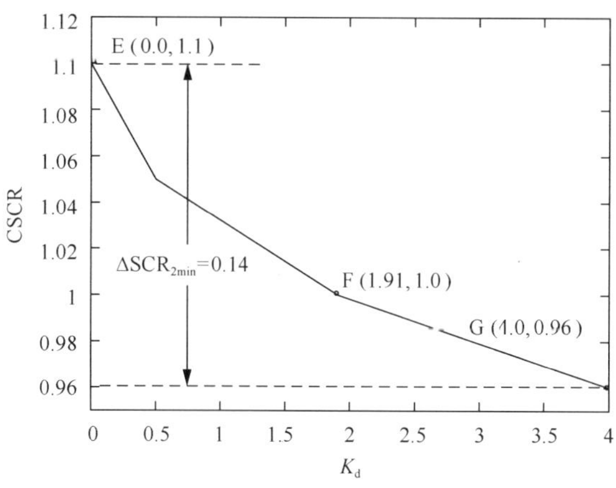

图 8-24　K_d 变化时的 CSCR

由图 8-24 可知，在 K_d 由 0 变化至 4 的过程中，CSCR 随着 K_d 的增大而有所降低(ΔCSCR=0.14)。同时可以观察到，点 E(0.0,1.1)表明，系统未投入 SFVDC

时 CSCR=1.1，与 8.2.1 节图 8-1 的分析结果吻合；点 F(1.91,1.0)表明，K_d 增加至 1.91 时，CSCR 可以降低至 1.0，此结果与 8.3.2 节图 8-22 的分析结果一致，因此进一步验证了前述特征根结果的正确性。

以上结果表明，SFVDC 能够降低受端交流系统 CSCR，使得系统能够在联接更弱的受端交流系统时仍保持稳定运行，降低了系统稳定运行对于受端交流系统强度的要求。

8.3.4 附加频率-电压阻尼控制对系统动态特性的影响

本小节进一步研究了在极弱受端交流系统下(SCR_2=1.0)，SFVDC 控制投入后 LCC-MMC 型混合直流系统在较大有功功率扰动下的动态响应特性。基于 PSCAD 电磁暂态模型进行以下仿真研究：初始时，系统稳定运行于 SCR_2=1.0，K_d=3.0 工况，需要注意的是，若不投入 SFVDC，系统无法在 SCR_2=1.0 的工况下稳定运行；接着按照表 8-7 所示的阶跃设置对整流侧 LCC 直流电流参考值 I_{dcref_1} 进行阶跃，以此模拟系统中的有功功率扰动。I_{dcref_1} 阶跃过程中系统的动态响应特性如图 8-25 所示。

表 8-7　系统仿真工况

时间/s	直流电流参考值
t=1.0	I_{dcref_1} 从 1.0p.u.阶跃至 0.75p.u.
t=2.0	I_{dcref_1} 从 0.75p.u.阶跃至 0.50p.u.
t=4.0	I_{dcref_1} 从 0.50p.u.阶跃至 0.60p.u.
t=5.0	I_{dcref_1} 从 0.60p.u.阶跃至 0.70p.u.
t=6.0	I_{dcref_1} 从 0.70p.u.阶跃至 0.85p.u.

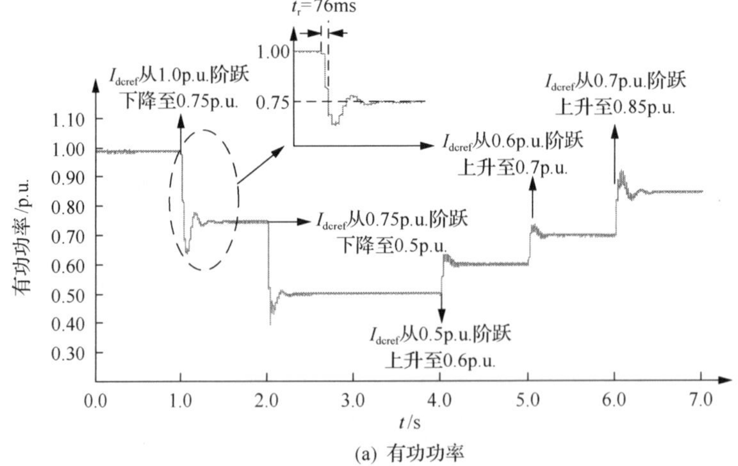

(a) 有功功率

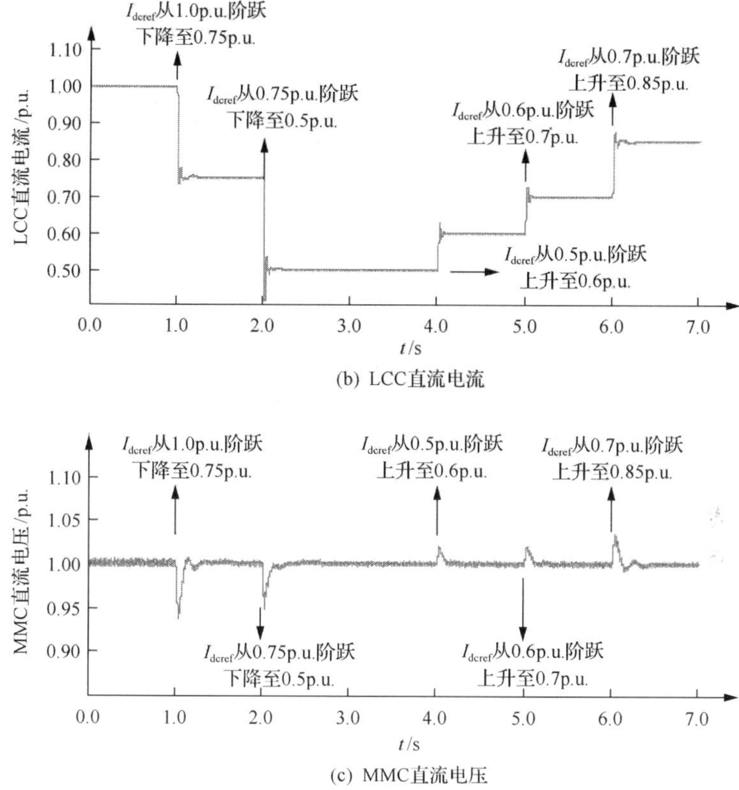

(b) LCC直流电流

(c) MMC直流电压

图 8-25 $SCR_{\_2}$=1.0 时系统在 I_{dcref_1} 阶跃下的动态响应特性

由图 8-25 可知，t=1.0s 时，I_{dcref_1} 由 1.0p.u.阶跃下降至 0.75p.u.后，系统传输有功功率能够在较短时间内过渡到新的稳定状态，动态响应特性良好，同时可以观察到 LCC 直流电流响应和 MMC 直流电压响应均具有良好的动态特性。

同样地，在其他时刻 I_{dcref_1} 进行阶跃后，系统均能够迅速且平稳地过渡到新的稳定运行状态。以上结果表明，在极弱受端交流系统($SCR_{\_2}$=1.0)情况下，含 SFVDC 的 LCC-MMC 型混合直流输电系统在有功功率大扰动下仍能够稳定运行，且具有良好的动态响应特性。

参 考 文 献

[1] 郭春义, 殷子寒, 王烨, 等. LCC-MMC 型混合直流输电系统小干扰动态模型. 中国电机工程学报, 2018, 38(16): 4705-4714.

[2] 郭春义, 殷子寒, 王烨, 等. LCC-MMC 型混合直流输电系统小干扰稳定性研究. 中国电机工程学报, 2019, 39(4): 1040-1051.

[3] Guo C Y, Yin Z H, Zhao C Y, et al. Small-signal dynamics of hybrid LCC-VSC HVDC systems.International Journal of Electrical Power & Energy Systems, 2018(98): 362-372.

第 9 章　混合多端直流输电系统的小信号稳定性

本章针对整流侧为 LCC、逆变侧为两个 MMC 的混合三端直流输电系统，基于 4.2 节建立的小信号模型，研究系统的小信号稳定性。首先，基于特征根与参与因子分析方法，揭示系统的弱阻尼模态，然后根据状态变量的参与程度对弱阻尼模态进行了分类，最后研究交流系统强度、有功功率类控制环节以及 MMC 环流抑制控制器对系统小信号稳定性的影响。

9.1 系 统 参 数

本章研究的混合三端直流输电系统的结构如图 4-6 所示[1]，整流侧 LCC_1 采用定直流电流控制，此外还包括锁相环 PLL；逆变侧 MMC_2、MMC_3 控制系统包括电流矢量控制 VCC、锁相环 PLL 及环流抑制控制器 CCSC，其中，MMC_2 采用定直流电压与定无功功率的控制方式，MMC_3 换流站采用定有功功率与定无功功率的控制方式，系统参数如表 9-1～表 9-3 所示。

表 9-1　混合三端直流输电系统的主电路参数

混合三端直流输电系统主电路	参数
LCC_1 换流站电压和容量	±500kV/3000MW
MMC_2 换流站电压和容量	±500kV/2000MW
MMC_3 换流站电压和容量	±500kV/1000MW
交流系统 1 短路比 SCR_1	3∠80°
交流系统 2 短路比 SCR_2	2∠85°
交流系统 3 短路比 SCR_3	2∠85°
PCC_1、PCC_2、PCC_3 点电压	1.0pu
LCC_1 换流变压器漏抗 L_{T_1}	0.18pu
MMC_2 联结变压器漏抗 L_{T_2}	0.15pu
MMC_3 联结变压器漏抗 L_{T_3}	0.15pu
MMC_2、MMC_3 子模块数量	200、200
MMC_2 桥臂电感、桥臂电阻	50 mH、1Ω
MMC_3 桥臂电感、桥臂电阻	100 mH、1Ω
MMC_2 子模块电容	10000μF
MMC_3 子模块电容	5000μF

表 9-2　混合三端直流输电系统的控制系统参数

混合三端直流输电系统控制系统	参数
LCC_1 的 PLL	K_{pPLL_1}=10, K_{iPLL_1}=50
LCC_1 定直流电流控制器	K_{pIdc}=1, K_{iIdc}=100
LCC_1 电流测量时间常数	T_{mIdc}=5ms
MMC_2、MMC_3 定直流电压/定有功功率控制器	K_{pUdc_2}=5, K_{iUdc_2}=150 K_{pP_3}=5, K_{iP_3}=150
MMC_2、MMC_3 定无功功率控制器	K_{pQ_2}=0.5, K_{iQ_2}=150 K_{pQ_3}=0.5, K_{iQ_3}=150
MMC_2、MMC_3 内环 d 轴控制器	K_{p1_2}=1, K_{i1_2}=5 K_{p1_3}=1, K_{i1_3}=5
MMC_2、MMC_3 内环 q 轴控制器	K_{p2_2}=1, K_{i2_2}=5 K_{p2_3}=1, K_{i2_3}=5
MMC_2、MMC_3 环流抑制控制器	K_{pcir_2}=1, K_{icir_2}=100 K_{pcir_3}=1, K_{icir_3}=100
MMC_2、MMC_3 的 PLL	K_{pPLL_2}=10, K_{iPLL_2}=50 K_{pPLL_3}=10, K_{iPLL_3}=50
MMC_2、MMC_3 电压测量时间常数	T_{mud}=T_{muq}=2ms
MMC_2、MMC_3 电流测量时间常数	T_{mid}=T_{miq}=0.2ms

表 9-3　直流系统参数

直流系统	参数
LCC 平波电抗器 L_{dc_1}	0.29H
线路 1、线路 2、线路 3 长度	800km、400km、300km
单位长度电阻 R_0	0.0127Ω/km
单位长度电感 L_0	0.88mH/km
单位长度电容 C_0	0.013μF/km

9.2　系统振荡模态分析

混合三端直流输电系统运行于额定状态，整流侧 LCC_1 直流电流参考值 I_{dcref_1}=1.0p.u.，逆变站 MMC_2 直流电压参考值 U_{dcref_2}=1.0p.u.，MMC_3 直流功率参考值 P_{ref_3}=–1.0p.u.(流入换流器为正方向)。基于特征根和参与因子分析方法，系统在额定工作点的特征值、振荡频率和阻尼比如表 9-4 所示。由于高阻尼比的振荡模态对系统稳定性影响较小，所以表 9-4 中仅列出了阻尼比小于 10%的模态。为了确定系统状态变量对各模态的贡献程度，表 9-4 还列出了关键状态变量及参与因子，相关状态变量的物理含义见表 4-2。参与因子可以通过右特征向量和左特征向量计算得到，此外，从右特征向量中还可以得到状态变量对于特定模态的相位偏移[2]。

表 9-4　振荡模态及其特征

模态	特征值	振荡频率/Hz	阻尼比/%	参与因子/%	模态类型
1	–6.52±j1637.8	260.7	0.398	I_{dc_2}(10.71), I_{dc_3}(49.70), U_{cdc_2}(30.92), U_{cdc_3}(100), I_{dc_1N}(3.99), I_{dc_3N}(75.70)	换流站与直流线路耦合模态
2	–5.22±j1163.0	185.1	0.449	I_{dc_2}(69.83), I_{dc_3}(29.27), U_{cdc_1}(6.31), U_{cdc_2}(100), U_{cdc_3}(28.72), I_{dc_1N}(37.58)	换流站与直流线路耦合模态
3	–94.01±j1010.1	160.8	9.27	U_{td_1}(20.85), U_{tq_1}(19.30), U_{cr2d_1}(46.32), U_{cr2q_1}(42.10), U_{cr3d_1}(96.54), U_{cr3q_1}(67.33), I_{Lr2d_1}(38.86), I_{Lr2q_1}(22.52), I_{sd_1}(100), I_{sq_1}(96.98), I_{dc_1}(28.03)	交流系统 1 模态
4	–2.96±j947.2	150.8	0.313	$u_{c\_3x\_2}$(100), $u_{c\_3y\_2}$(100)	MMC_2 换流站模态
5	–2.78±j947.1	150.7	0.293	$u_{c\_3x\_3}$(100), $u_{c\_3y\_3}$(100)	MMC_3 换流站模态
6	–1.15±j566.5	90.16	0.204	I_{dc_1}(53.21), I_{dc_2}(8.40), I_{dc_3}(10.4), U_{cdc_1}(100), I_{dc_1N}(42.05), I_{sq_1}(15.89)	换流站与直流线路耦合模态
7	–10.58±j110.6	17.59	9.52	U_{cdc_2}(26.65), I_{dc_2}(34.43), U_{cdc_3}(100), I_{dc_3}(38.46), I_{dc_3N}(58.61)	MMC_3 换流站与直流线路耦合模态

从表 9-4 可以看出，模态 1、模态 2、模态 4、模态 5 和模态 6 阻尼比很小(分别为 0.398%、0.449%、0.313%、0.293%和 0.204%)，后文中将对这些模态进行进一步的分析。对于模态 1，主要参与状态变量 I_{dc_2}(I_{dc_3})是 MMC_2(MMC_3)站的直流电流，其与 MMC 内部的桥臂电流有直接关系，同时也受到子模块电容电压的影响；而其他的主要参与状态变量 U_{cdc_2}、U_{cdc_3}、I_{dc_1N} 和 I_{dc_3N} 都是直流线路相关的状态变量。由此可知，模态 1 体现了直流线路和换流站之间的耦合，这里定义该模态为“换流站与直流线路耦合模态”。由表 9-4 可知，模态 2 和模态 6 也体现了类似的耦合作用，因此也属于“换流站与直流线路耦合模态”。对于模态 4 和模态 5，参与程度最高的是子模块电容电压三倍频分量的相关状态变量，因此这里将模态 4 和 5 定义为“MMC 换流站模态”，这也表明，MMC 内部谐波对整个混合三端直流输电系统的小信号稳定性有很大影响。而对于模态 3 和模态 7，其阻尼比分别为 9.27%和 9.52%，通过分析各自的主要参与状态变量，这里将其分别定义为“交流系统 1 模态”和“MMC_3 换流站与直流线路耦合模态”。由表 9-4 可知，“换流站与直流线路耦合模态”(包括模态 1、2、6)和“MMC 换流站模态”(包括模态 4、5)的阻尼比很小，下文将对这两类模态进行更详细的分析。

9.2.1　换流站与直流线路耦合模态

模态 1、2 与 6 的参与因子如图 9-1 所示，按照参与程度从大到小顺序排列，图 9-1(a)中，模态 1 的主要参与状态变量为(U_{cdc_3}、I_{dc_3N}、I_{dc_3}、U_{cdc_2}、I_{dc_2}、I_{dc_1N})，图 9-1(b)中，模态 2 的主要参与状态变量为(U_{cdc_2}、I_{dc_2}、I_{dc_1N}、I_{dc_3}、U_{cdc_3})，图 9-1(c)中，模态 6 的主要参与状态变量为(U_{cdc_1}、I_{dc_1}、I_{dc_1N}、I_{sq_1}、I_{dc_3}、I_{dc_2})，上述状态变量的物理含义可见表 4-2 所示。由图 9-1 可知，模态 1、2 和 6 都显示出换流站与直流线路的耦合。以模态 6 为例，LCC_1 站(I_{dc_1})、MMC_2 站(I_{dc_2})和

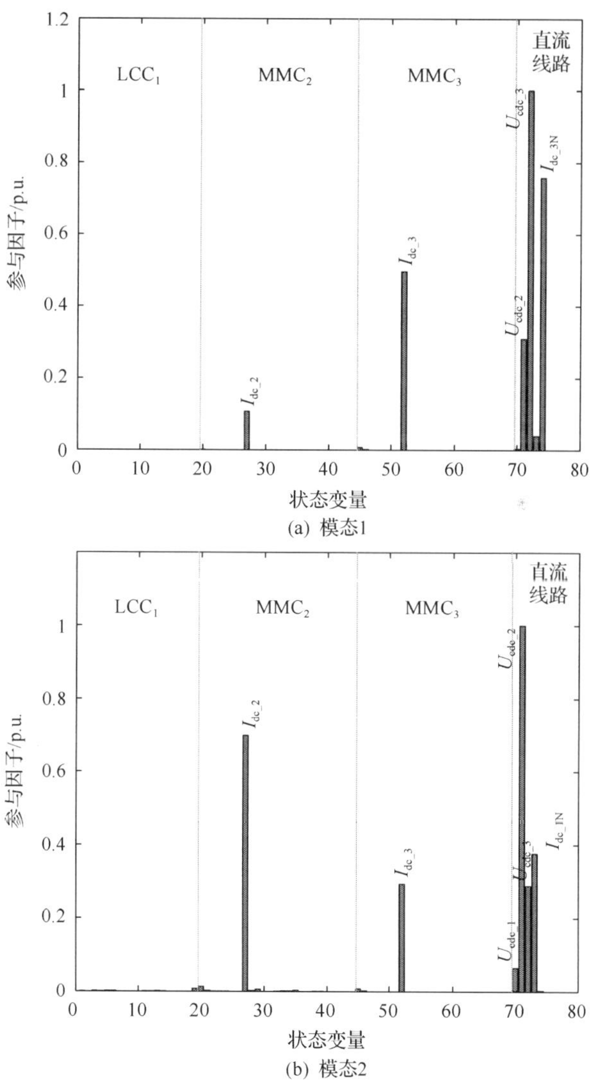

(a) 模态1

(b) 模态2

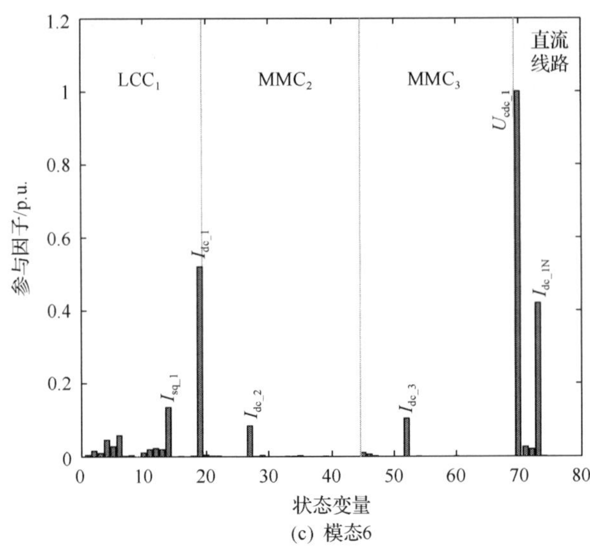

(c) 模态6

图 9-1　换流站与直流线路耦合模态的参与因子

MMC_3站(I_{dc_3})通过直流线路(U_{cdc_1}和I_{dc_1N})耦合。需要注意的是，虽然模态 1、2、6 具有不同的参与状态变量，但是它们都具有类似的直流线路和换流站的耦合，因此把它们归为同一类模态。

图 9-2 表示模态 1、模态 2 和模态 6 主要状态变量的相位偏移，相位偏移值如表 9-5 所示，相关状态变量的物理含义见表 4-2。从图 9-2(a)可知，U_{cdc_3}和U_{cdc_2}相差 180°，I_{dc_2}和I_{dc_3}也相差 180°，因此MMC_2和MMC_3的相关状态变量在模态 1 中“反调”；由图 9-2(b)可知，MMC_2的状态变量I_{dc_2}(U_{cdc_2})与MMC_3的状态变量I_{dc_3}(U_{cdc_3})之间的相位偏移差非常小，因此在模态 2 中MMC_2和MMC_3“同调”；从图 9-2(c)可以看出，I_{dc_1}与I_{dc_2}(I_{dc_3})几乎 180°异相，I_{dc_2}和I_{dc_3}的相位接近，因此在模态 6 中LCC_1站的直流电流与 MMC 站的直流电流“反调”。

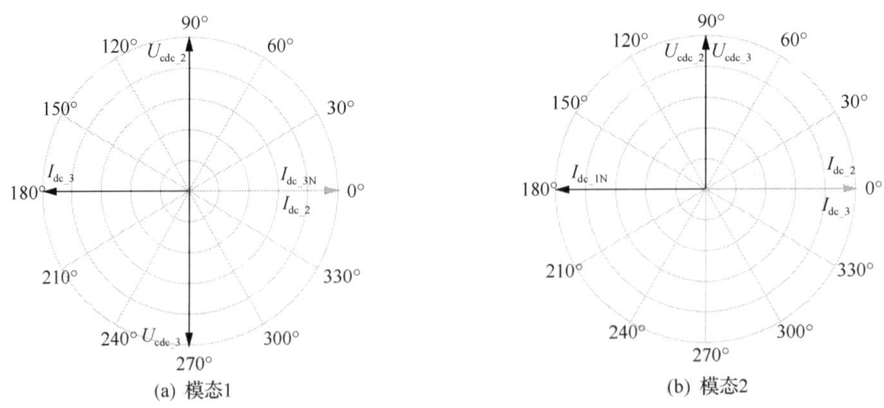

(a) 模态1　　(b) 模态2

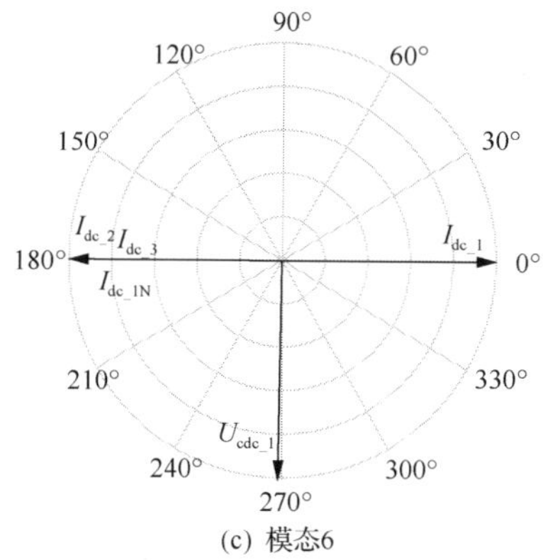

(c) 模态6

图 9-2　换流站与直流线路耦合模态的相位偏移

表 9-5　弱阻尼模态状态变量的相位偏移

模态	状态变量的相位偏移
1	I_{dc_2}(359.52°), I_{dc_3}(179.98°), U_{cdc_2}(89.58°), U_{cdc_3}(269.76°), I_{dc_3N}(0°)
2	I_{dc_2}(359.94°), I_{dc_3}(0°), U_{cdc_2}(89.95°), U_{cdc_3}(89.63°), I_{dc_1N}(180.59°)
4	$u_{c\_3x\_2}$(274.95°), $u_{c\_3y\_2}$(4.95°)
5	$u_{c\_3x\_3}$(5.42°), $u_{c\_3y\_3}$(95.42°)
6	I_{dc_1}(357.47°), I_{dc_2}(179.86°), I_{dc_3}(180°), U_{cdc_1}(268.94°), I_{dc_1N}(180.39°)

9.2.2　MMC 换流站模态

模态 4、5 的参与因子如图 9-3 所示，模态 4、5 主要参与变量的相移如图 9-4 所示，同时也在表 9-5 中给出。由图 9-3 可知，模态 4 的主要参与状态变量是 MMC_2 站的子模块电容电压的三倍频分量；同样，模态 5 的主要参与状态变量是 MMC_3

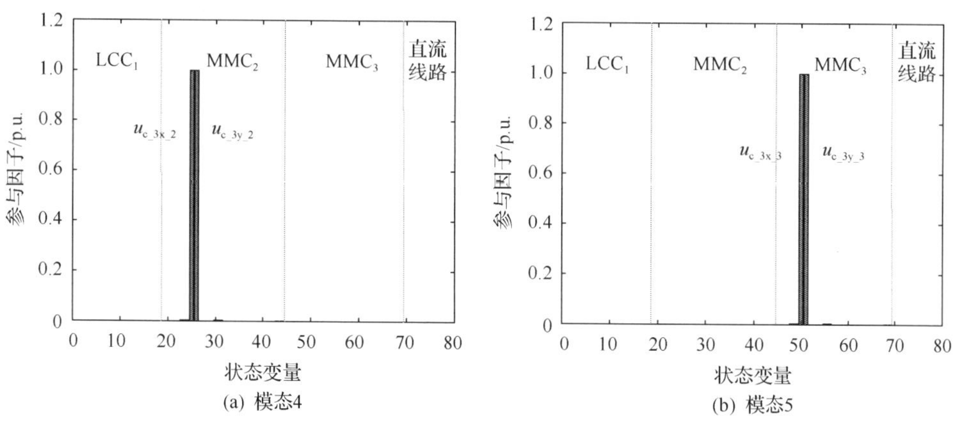

图 9-3　MMC 换流站模态的参与因子

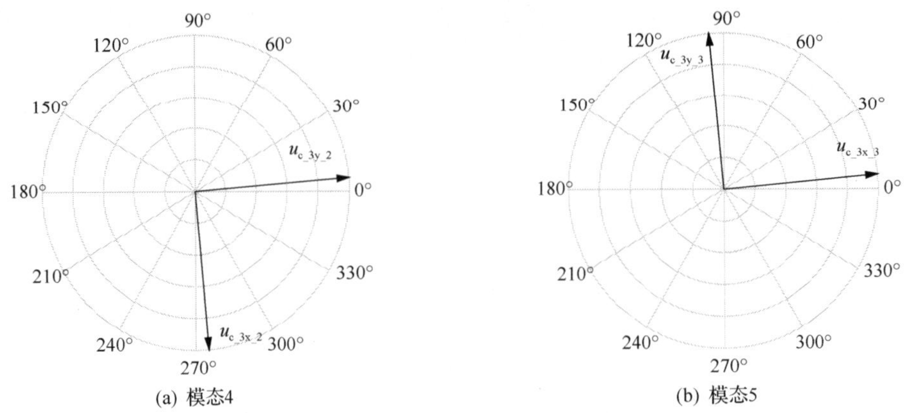

图 9-4　MMC 换流站模态的相位偏移

站的子模块电容器电压的三倍频分量，因此属于“MMC 换流站模态”。由图 9-4 可知，模态 4(5) 中电容电压三倍频的 d、q 轴分量相位偏移相差 90°，这与 dq 变换的物理含义也一致。

9.3　交流系统强度对系统小信号稳定性的影响

由于交流系统的强度对混合多端直流输电系统的小信号稳定性有直接影响，本节研究三个换流站交流系统的强度(SCR)对系统小信号稳定性的影响。

混合三端直流输电系统初始运行于额定状态，系统参数见表 9-1～表 9-3。从 3 至 2 逐渐减小 LCC 侧交流系统 1 的 SCR_1，系统的根轨迹如图 9-5 所示，其中箭

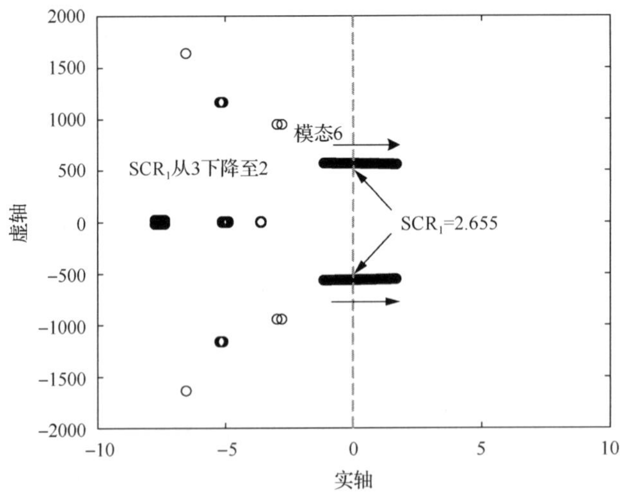

图 9-5　SCR_1 从 3 降低至 2 时系统的根轨迹

头标明了减小 SCR_1 时主导模态的移动方向。从图中可以看出，随着 SCR_1 的减小，模态 6 向右半平面移动，当 $SCR_1<2.655$ 时，模态 6 穿越虚轴进入右半平面，系统将发生小信号失稳现象。

从 3 至 1.8 逐渐减小 MMC_2 站交流系统 2 以及 MMC_3 站交流系统 3 的 SCR_2 和 SCR_3，系统的根轨迹如图 9-6 所示。由图 9-6(a)可知，随着 SCR_2 的减小，新的弱阻尼模态(模态 8)向右半平面移动，当 $SCR_2<1.843$ 时，模态 8 进入右半平面，表明系统此时不稳定。由图 9-6(b)可知，随着 SCR_3 的减小，模态 5 向右半平面移动，但始终保持在左半平面。需要注意的是，$SCR_2=1.838$(图 9-6(a)所示)和 $SCR_3=1.826$(图 9-6(b)所示)为不考虑控制系统影响时混合三端直流输电系统传输额定功率所允许的 SCR_2 和 SCR_3 的理论最小值，可以通过准稳态潮流方程求得，因此 $SCR_2<1.838$ 及 $SCR_3<1.826$ 的系统根轨迹并未在图 9-6 中标出。

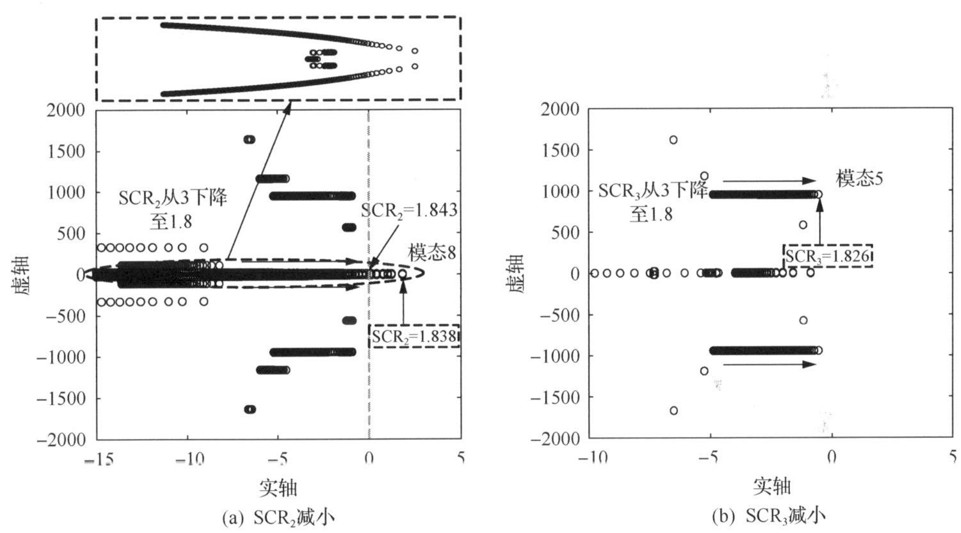

(a) SCR_2减小　(b) SCR_3减小

图 9-6　SCR_2、SCR_3 从 3 降低至 1.8 时系统的根轨迹

与表 9-4 对比可知，图 9-6(a)的模态 8 为新出现的弱阻尼模态。额定参数下模态 8 的主要参与状态变量为(x_{1_2}、$u_{c\_dc\_2}$、$u_{c\_dc\_3}$、x_{1_1}、x_{2_2})。x_{1_2} 和 x_{2_2} 是 MMC_2 站 VCC 控制的相关状态变量；$u_{c\_dc\_2}$($u_{c\_dc\_3}$)是 MMC_2(MMC_3)站子模块电容电压直流分量的相关状态变量；x_{1_1} 是 LCC 直流电流控制器的相关状态变量。因此，模态 8 体现了换流站与控制系统之间的相互作用。

9.4　有功功率类控制环节对系统小信号稳定性的影响

从图 9-1 和图 9-2 可知，换流站与直流线路耦合模态(模态 1、2 和 6)的主要参与状态变量来自不同换流站(LCC 和 MMC)直流侧和直流线路的电流、电压。这些直流侧电流和电压的状态变量与直流侧有功功率密切相关，因此混合三端直流系统中不同换流站的有功功率类控制环节(定直流电流/定直流电压/定直流功率控制器)对系统小信号稳定性有很大影响。本节分析 LCC_1 站的定直流电流控制器、MMC_2 站的定直流电压控制器和 MMC_3 站的定有功功率控制器对混合三端直流系统小信号稳定性的影响。

混合三端直流输电系统初始运行于额定状态，系统参数见表 9-1～表 9-3。逐渐增大 LCC_1 站定直流电流控制器的比例增益 K_{pIdc}，系统的根轨迹如图 9-7 所示。从图 9-7 可以看出，随着 K_{pIdc} 的增加，模态 6 向右半平面移动，当 $K_{\mathrm{pIdc}}>2.2$ 时系统将振荡失稳。图 9-7 表明，较小的 K_{pIdc} 值可以为混合三端直流输电系统提供较高的阻尼比。

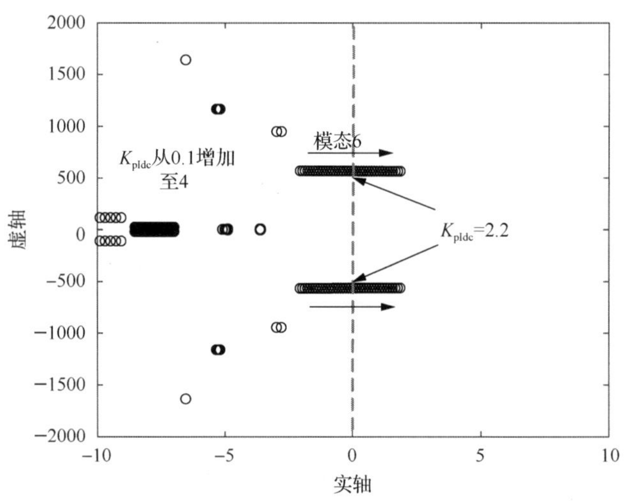

图 9-7　K_{pIdc} 从 0.1 增大至 4 时系统的根轨迹

MMC_2 站定直流电压控制器的比例增益 $K_{\mathrm{pUdc\_2}}$ 对系统稳定性的影响如图 9-8 所示。从图 9-8 中可以看出，随着 $K_{\mathrm{pUdc\_2}}$ 的增加，模态 2 朝虚轴移动(即阻尼比下降)，$K_{\mathrm{pUdc\_2}}>15$ 时系统将不稳定。因此，减小 $K_{\mathrm{pUdc\_2}}$ 值可提高系统的小信号稳定性。

为了验证图 9-8 的特征根分析结果，在 PSCAD/EMTDC 中搭建混合三端直流输电系统的电磁暂态模型，系统初始运行于额定状态，t=5s 时，MMC_2 站定直流电压控制器的比例增益 $K_{\mathrm{pUdc\_2}}$ 由 5 阶跃至 25，系统的动态响应结果如图 9-9 所示。从图 9-9 中可以看出，$K_{\mathrm{pUdc\_2}}$ 在 t=5s 时从 5 阶跃至 25 后，系统逐渐不稳定，该结果与图 9-8 中 $K_{\mathrm{pUdc\_2}}$ 的可行域也基本一致($K_{\mathrm{pUdc}}<15$)。当 $K_{\mathrm{pUdc\_2}}$=25 时，PSCAD 中模态 2 的振荡周期(图 9-9(d))和小信号模型中模态 2 的振荡周期(特征根为 6.89±

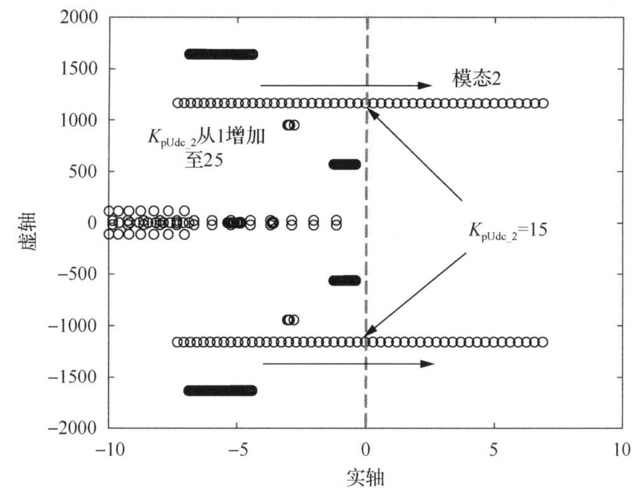

图 9-8　K_{pUdc_2} 从 1 增大至 25 时系统的根轨迹

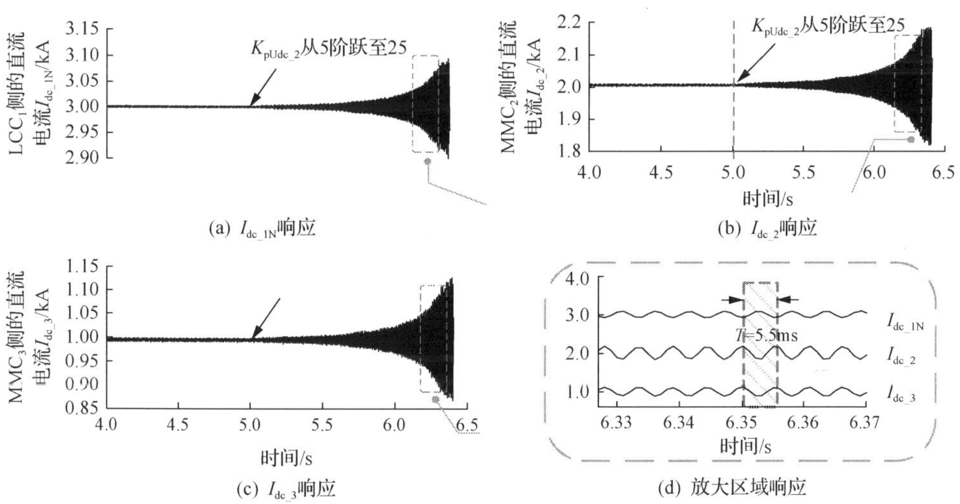

(a) I_{dc_1N}响应　(b) I_{dc_2}响应

(c) I_{dc_3}响应　(d) 放大区域响应

图 9-9　K_{pUdc_2} 从 5 阶跃至 25 时系统的动态响应

j1161.8) 分别是 5.5ms 和 5.4ms ($2\pi/1161.8$)，两者基本一致，也进一步验证了图 9-8 特征根分析结果的正确性。此外，由图 9-9(d) 可知，I_{dc_1N} 与 I_{dc_2}、I_{dc_3} 的振荡相位相差 180°，这与图 9-2(b) 中模态 2 的相位偏移结果也一致。特征根结果与 PSCAD/EMTDC 仿真结果的一致性，很好地验证了上述分析的正确性。

逐渐增大 MMC_3 站的定有功功率控制器比例增益 K_{pP_3} 从 1 至 1000，系统的特征根结果如图 9-10 所示。从图 9-10 中可以看出，随着 K_{pP_3} 的增加，系统特征值变化很小，表明 K_{pP_3} 对系统小信号稳定性影响较小。同时还可以看出，混合三端直流输电系统可以在 $1<K_{pP\_3}<1000$ 的范围内始终保持稳定运行。

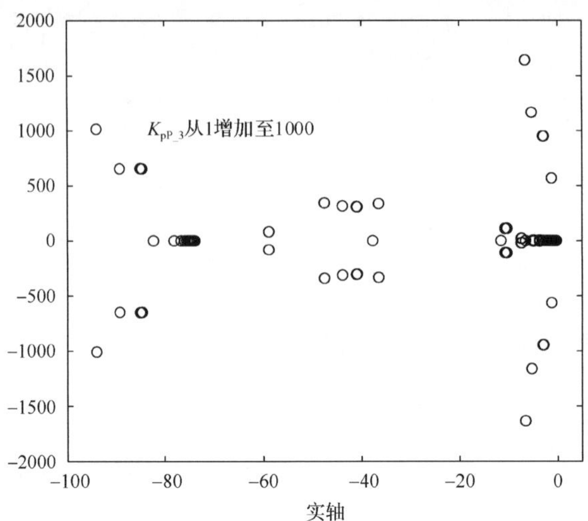

图 9-10　K_{pP_3} 从 1 增大至 1000 时系统的根轨迹

9.5　环流抑制控制器对系统小信号稳定性的影响

从图 9-3 和图 9-4 可知，MMC 换流站模态(模态 4 和 5)的主要参与状态变量来自子模块电容电压的三倍频分量，与 MMC 内部谐波特性密切相关，因此环流抑制控制器 CCSC 必然对系统的小信号稳定性有很大影响。本节重点分析两个 MMC 站 CCSC 控制对系统小信号稳定性的影响。

图 9-11(图 9-12)给出了 MMC_2(MMC_3)站的 CCSC 比例增益 K_{pcir_2}(K_{pcir_3})对

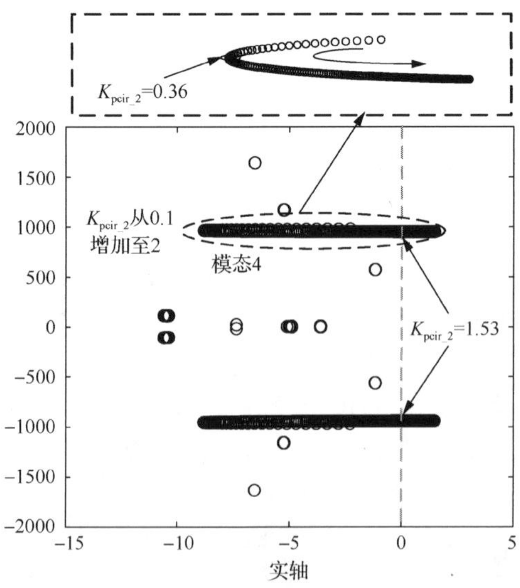

图 9-11　K_{pcir_2} 从 0.1 增大至 2 时系统的根轨迹

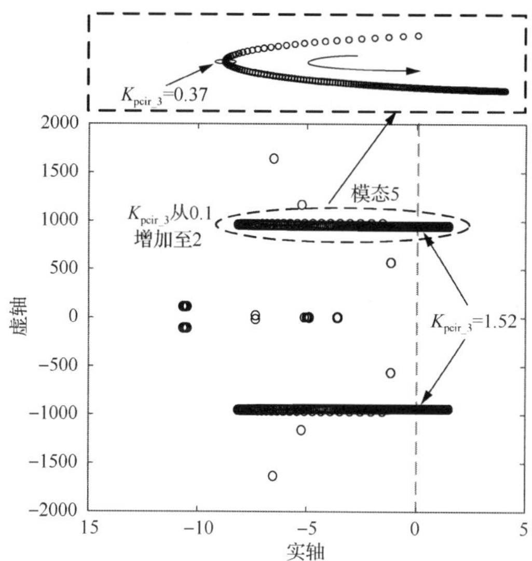

图 9-12　K_{pcir_3} 从 0.1 增大至 2 时系统的根轨迹

系统特征根的影响。从图 9-11(图 9-12)可知，当 K_{pcir_2}(K_{pcir_3})从 0.1 增加到 0.36(0.37)时，模态 4(模态 5)的特征值远离虚轴移动；随着 K_{pcir_2}(K_{pcir_3})继续增加，根轨迹逐渐靠近虚轴。当 K_{pcir_2}(K_{pcir_3})大于 1.53(1.52)时，系统将不稳定。因此，需要基于系统参数合理选择 CCSC 增益，以防止由于 MMC 内部谐波不稳定而导致整个混合三端直流输电系统失稳。

参 考 文 献

[1] Guo C Y, Zheng A R, Yin Z R, et al. Small-signal stability of hybrid multi-terminal HVDC system. International Journal of Electrical Power & Energy Systems, 2019(109): 434-443.

[2] Kundur P. Power System Stability and Control. New York: McGrawHill, 1993.

第 10 章　混合多馈入直流输电系统的小信号稳定性

基于 4.3 节所建立的混合多馈入直流输电系统的小信号模型，本章以混合双馈入直流输电系统为例，研究系统的小信号稳定性。首先，通过特征根分析和参与因子分析方法，研究了主电路参数和控制系统参数对系统小信号稳定性的影响[1]；然后，提出一种附加虚拟电阻阻尼控制方法(supplementary virtual-resistor damping control, SVRDC)，通过虚拟阻尼电阻的引入增强了 LCC 与 VSC 之间的电气联系紧密度，提高系统阻尼特性，从而有效抑制由于交流系统强度下降而造成的系统小信号失稳现象，在不增加系统实际电阻损耗的前提下提升系统的小信号稳定裕度[2]；最后，给出一种基于控制参数灵敏度的参数优化方法，改善混合双馈入直流输电系统在弱交流系统工况下的稳定性和动态特性[3]。

10.1　系统参数

混合双馈入直流输电系统的结构如图 4-10 所示，LCC-HVDC 子系统逆变站采用定关断角控制，VSC-HVDC 子系统逆变站采用定交流电压和定有功功率控制，系统参数如表 10-1～表 10-3 所示。

表 10-1　LCC-HVDC 子系统参数

LCC-HVDC 子系统	参数
额定直流功率	2000MW
换流变压器漏抗 X_T	0.152p.u.
交流系统电压 U_{s1}	1.0p.u.
交流系统短路比 SCR_1	1.5
交流系统等值阻抗角	84°
定关断角控制器	$K_{p\gamma}$=40、$K_{i\gamma}$=400

表 10-2　VSC-HVDC 子系统参数

VSC-HVDC 子系统	参数
额定直流功率	1500MW
交流系统电压 U_{s2}	1.0p.u.
交流系统短路比 SCR_2	1.5
交流系统等值阻抗角	84°

续表

VSC-HVDC 子系统	参数
定交流母线电压控制器	K_{pUac}=0.5、K_{iUac}=50
定有功功率控制器	K_{pP}=0.5、K_{iP}=50
内环 d 轴电流控制器	K_{p1}=2、K_{i1}=100
内环 q 轴电流控制器	K_{p2}=2、K_{i2}=100

表 10-3　联络线参数

联络线	参数
长度	100km
单位长度电阻 R_o	0.028 Ω /km
单位长度电抗 X_o	0.271 Ω /km

10.2　主电路参数和控制系统参数对系统小信号稳定性的影响

10.2.1　主电路参数的影响

交流系统强度的大小会影响混合双馈入直流输电系统的小信号稳定性，本小节采用特征根分析方法，分别改变 LCC 子系统的 SCR_1、VSC 子系统的 SCR_2 及两个子系统之间的电气距离(即联络线长度 L_{tie})，来改变逆变侧交流系统的强度，进而研究对混合双馈入直流输电系统小信号稳定性的影响。

1. SCR_1 对系统小信号稳定性的影响

初始状态时，混合双馈入直流输电系统运行在额定状态，SCR_1=2，SCR_2=2，L_{tie}=10km。改变 LCC 系统的 SCR_1，从 2 减少至 1.5，系统的根轨迹如图 10-1 所示。

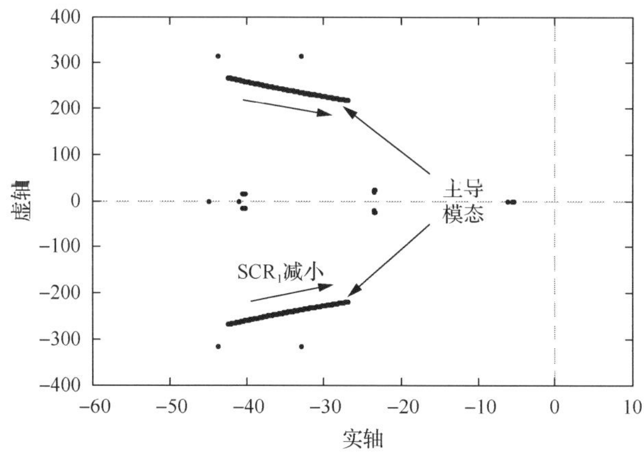

图 10-1　SCR_1 从 2 变化到 1.5 时系统的根轨迹(SCR_2=2，L_{tie}=10km)

由图 10-1 可以看出，随着 SCR_1 逐渐减小，特征根始终保持在左半平面，说明系统在 SCR_1 变化范围内一直处于稳定状态；然而，主导模态的特征根逐渐向虚轴靠近，说明随着 LCC 子系统 SCR_1 的逐渐减小，混合双馈入直流输电系统的小信号稳定性逐渐减弱。

2. SCR_2 对系统小信号稳定性的影响

初始状态时，系统运行在额定状态，SCR_1=1.5，SCR_2=2，L_{tie}=10km。改变 VSC 系统的 SCR_2，从 2 逐渐减少至 1.5，系统的根轨迹如图 10-2 所示。

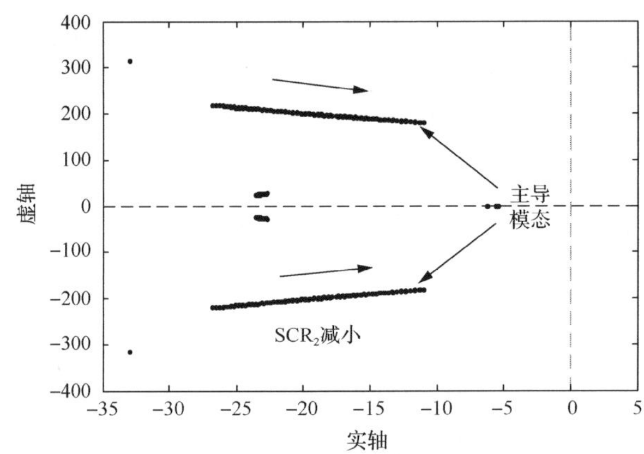

图 10-2　SCR_2 从 2 变化到 1.5 时系统的根轨迹（SCR_1=1.5，L_{tie}=10km）

由图 10-2 可以看出，随着 SCR_2 的逐渐减小，特征根仍然都保持在左半平面，系统处于稳定运行状态；同样，主导模态的特征根逐渐向虚轴靠近，说明随着 VSC 子系统 SCR_2 的逐渐减小，混合双馈入直流输电系统的小信号稳定性也逐渐减弱。

3. L_{tie} 对系统小信号稳定性的影响

由文献[4,5]可知，LCC 和 VSC 子系统之间的电气距离对混合双馈入系统的动态特性有重要影响。LCC 子系统和 VSC 子系统通过联络线相联，联络线长度 L_{tie} 的变化会引起子系统之间电气距离的变化，进而改变 LCC 或 VSC 子系统的交流系统强度，因此，联络线长度的变化必然对系统小信号稳定性有直接影响。图 10-3 给出了 SCR_1=SCR_2=1.5，改变 L_{tie} 使其从 10km 逐渐增大至 200km 时系统的根轨迹结果。

由图 10-3 可以看出，当 L_{tie}<148km 时，所有特征值位于左半平面，因此系统处于稳定状态。L_{tie}=148km 是该参数下（SCR_1=1.5，SCR_2=1.5）保持混合双馈入直流输电系统稳定的临界联络线长度，随着 L_{tie} 的增加，主导模态逐渐向虚轴移动直至穿越虚轴，进而导致系统发散失稳。因此，随着 LCC 子系统和 VSC 子系统之间电气距离的增加，系统的小信号稳定性逐渐减弱。

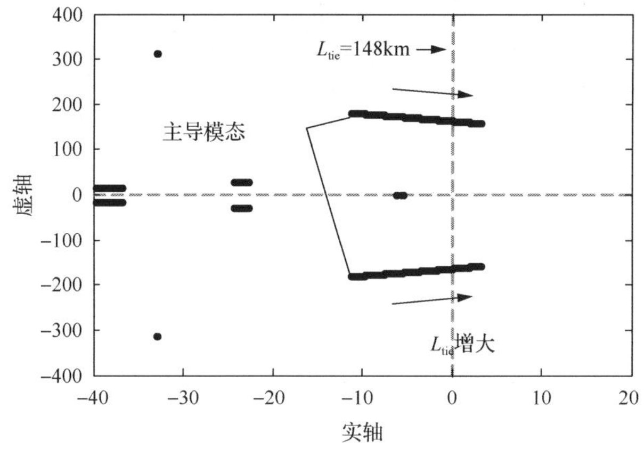

图 10-3　L_{tie}从 10km 变化到 200km 时系统的根轨迹(SCR_1=1.5，SCR_2=1.5)

10.2.2　控制系统参数的影响

LCC 与 VSC 子系统之间通过联络线形成混合双馈入系统，两者之间必然存在不同程度的耦合，其中，控制系统的耦合在弱交流系统情况下很可能引起混合双馈入系统的阻尼比减小，甚至出现振荡失稳现象。本小节基于特征根和参与因子分析方法研究关键控制系统参数对混合双馈入直流输电系统小信号稳定性的影响，并进一步分析控制系统之间的耦合作用。

1. 振荡模式识别与分析

混合双馈入直流输电系统运行于额定状态，SCR_1=1.5，SCR_2=1.5，联络线长度 L_{tie}=100km。基于所建立的小信号模型进行了特征根与参与因子分析，结果如表 10-4 所示。其中，每个振荡模态的参与状态变量进行整理后，可分为 LCC 交流系统 1、LCC 控制系统、VSC 交流系统 2、VSC 控制系统和联络线 5 类。表 10-4 给出了每个模态的振荡频率、阻尼比及上述各类相关状态变量的参与因子之和。

由表 10-4 可知，模态 9 和模态 10 的阻尼比较小，分别为 7.1%和 9.3%。对于模态 9，交流系统 1 和 2 相关的状态变量参与因子之和为 96.05%，因此起主导作用；然而当系统运行工况确定后，交流系统参数是很难改变的，所以在不改变系统运行工况的前提下，通过改变交流系统参数来提高模态 9 的阻尼比是不太可行的。

对于模态 10，除了交流系统 1 和 2 相关状态变量的主导参与之外，控制系统参数也有较高的参与程度(23.81%)。为了进一步分析控制系统参数对模态 10 的影响，设定混合双馈入直流输电系统的如下 3 种运行工况作为案例进行对比分析。

表 10-4　振荡模态及其特征

模态	振荡频率/Hz	阻尼比/%	LCC-HVDC 子系统		VSC-HVDC 子系统		联络线/%
			交流系统 1/%	LCC 控制系统/%	交流系统 2/%	VSC 控制系统/%	
1	1433.6	25.1	0.05	0.00	52.38	47.28	0.29
2	992.3	32.8	2.97	0.01	53.21	41.81	2.00
3	906.4	44.4	88.75	0.15	2.22	1.52	7.36
4	819.0	48.5	89.76	0.18	1.66	0.81	7.59
5	514.4	10.0	20.72	0.03	39.20	4.61	35.44
6	418.2	11.1	20.97	0.06	38.82	4.53	35.62
7	259.2	28.6	90.71	0.13	7.66	0.96	0.54
8	160.3	42.8	90.01	0.37	7.60	1.39	0.63
9	143.1	7.1	75.88	1.21	20.17	2.11	0.63
10	43.6	9.3	58.58	10.20	17.23	13.61	0.38
11	50	13.8	100.00	0.00	0.00	0.00	0.00
12	50	10.4	33.38	0.00	59.34	0.00	7.28
13	1.3	89.8	6.73	8.15	11.23	73.76	0.13

案例 1：LCC 子系统直流电流 I_{dc}=1.0p.u.，关断角 γ=15°；VSC 子系统有功功率 P_2=1.0p.u.，交流母线电压 U_{t2}=1.0p.u.。

案例 2：LCC 子系统直流电流 I_{dc}=0.8p.u.，关断角 γ=15°；VSC 子系统有功功率 P_2=1.0p.u.，交流母线电压 U_{t2}=1.05p.u.。

案例 3：LCC 子系统直流电流 I_{dc}=0.8p.u.，关断角 γ=15°；VSC 子系统有功功率 P_2=0.8p.u.，交流母线电压 U_{t2}=0.95p.u.。

基于参数灵敏度分析方法，图 10-4 给出了模态 10 在上述 3 个案例中对于所有控制系统参数的灵敏度。由图 10-4 可知，模态 10 对于 VSC 子系统的交流电压外环控制增益 K_{pUac}、LCC 子系统的 PLL_1 增益 K_{pPLL1} 和 VSC 的 PLL_2 增益 K_{pPLL2} 很敏感，因此下文主要分析了这 3 个控制参数对混合双馈入直流输电系统小信号稳定性的影响。

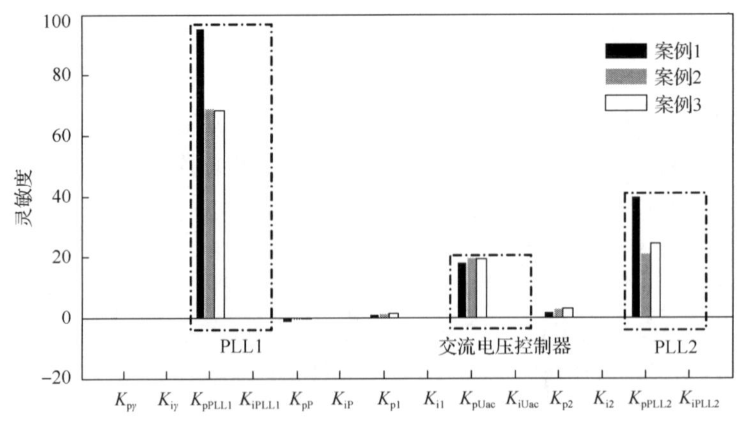

图 10-4　模态 10 的控制参数灵敏度

2. 锁相环 PLL 参数对系统小信号稳定性的影响

1) 特征根分析

初始状态时，混合双馈入直流输电系统运行在额定工况，$SCR_1=SCR_2=1.5$，L_{tie}=100km。LCC 子系统的 K_{pPLL1} 从 10 增大到 150($K_{iPLL1}=5K_{pPLL1}$)，K_{pPLL2}=50，其他控制参数保持不变，系统的根轨迹如图 10-5(a)所示；VSC 子系统的 K_{pPLL2} 从 10 增大到 150($K_{iPLL2}=5K_{pPLL2}$)，K_{pPLL1}=50，其他参数保持不变，系统的根轨迹如图 10-5(b)所示。

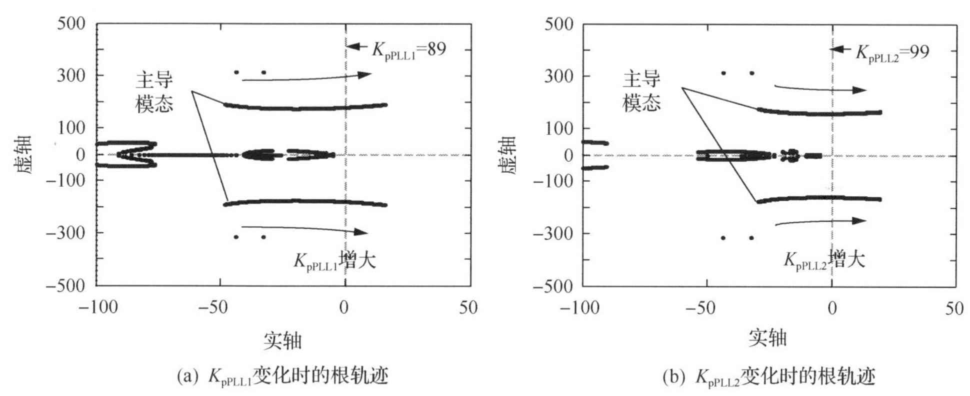

(a) K_{pPLL1}变化时的根轨迹　(b) K_{pPLL2}变化时的根轨迹

图 10-5　K_{pPLL} 变化时系统的根轨迹

由图 10-5 可知，当 K_{pPLL1}<89 或 K_{pPLL2}<99 时，所有特征值均在左半平面，系统可以稳定运行；但随着 K_{pPLL1} 或 K_{pPLL2} 的增大，图中的主导模态会逐渐向虚轴移动直至穿越虚轴，进而导致系统发散失稳。

针对上述结果，在 PSCAD/EMTDC 中进行了如下仿真验证：混合双馈入系统初始运行在额定状态，①t=3.0s 时 LCC 系统的 K_{pPLL1} 由 50 阶跃至 100，LCC 子系统关断角 γ 的响应特性如图 10-6(a)所示；②t=3.0s 时 K_{pPLL2} 由 50 阶跃至 110，VSC 子系统交流母线电压 U_{t2} 的响应特性如图 10-6(b)所示。

由图 10-6 可知，当 K_{pPLL1} 在 3s 阶跃至 100 时，系统逐渐振荡失稳，振荡周期为 37.9ms(振荡频率=26.4Hz)；当 K_{pPLL2} 阶跃变化时，系统也出现振荡失稳现象，振荡周期为 39ms(振荡频率=25.6Hz)。上述仿真结果验证了图 10-5 根轨迹结果中 K_{pPLL1} 和 K_{pPLL2} 临界稳定参数的正确性。

当 K_{pPLL1}=100 或 K_{pPLL2}=110 时，混合双馈入系统出现振荡失稳，此时系统的特征根以及对应的模态频率分别如表 10-5、表 10-6 所示。表 10-5、表 10-6 中模态 12 分别是 K_{pPLL1}=100、K_{pPLL2}=110 时导致系统失稳时的主导模态。

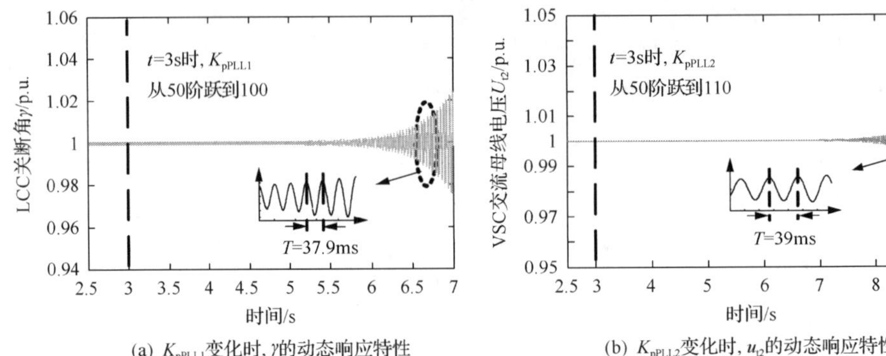

(a) K_{pPLL1}变化时, γ的动态响应特性　(b) K_{pPLL2}变化时, u_{t2}的动态响应特性

图 10-6　K_{pPLL}变化时，γ和u_{t2}的动态响应特性

表 10-5　K_{pPLL1}=100 时系统的模态信息

模态	特征根	振荡频率/Hz	模态	特征根	振荡频率/Hz
1	–2680.7±5359.2i	852.94	9	–75.3±811.4i	129.14
2	–2665.4±4711.9i	749.92	10	–43.8±314.2i	50.01
3	–201.4±3560.3i	566.64	11	–32.9±314.2i	50.01
4	–175.8±2994.1i	476.53	12	2±166.0i	26.42
5	–375.5±1922.7i	306.01	13	–98.1±14.1i	2.24
6	–384.4±1507.7i	239.96	14	–36.4±15.8i	2.51
7	–341.6±1361.5i	216.69	15	–16.3±17.3i	2.75
8	–423.2±913.5i	145.39			

表 10-6　K_{pPLL2}=110 时系统的模态信息

模态	特征根	振荡频率/Hz	模态	特征根	振荡频率/Hz
1	–2682.1±5362.8i	853.52	9	–73.5±810.2i	128.95
2	–2667.7±4712.1i	749.95	10	–43.8±314.2i	50.01
3	–0204.6±3558.0i	566.27	11	–32.9±314.2i	50.01
4	–184.2±2987.7i	475.51	12	1±160.2i	25.50
5	–374.2±1924.0i	306.21	13	–144.3±24.2i	3.85
6	–383.4±1509.3i	240.21	14	–46.9±16.0i	2.55
7	–336.4±1357.0i	215.97	15	–16.8±18.0i	2.86
8	–417.8±911.8i	145.12			

当K_{pPLL1}=100 时，表 10-5 中主导模态 12 的振荡频率为 26.42Hz，与图 10-6(a)中振荡频率 26.4Hz 基本一致；当K_{pPLL2}=110 时，表 10-6 中主导模态 12 的振荡频率为 25.50Hz，与图 10-6(b)振荡频率 25.6Hz 基本一致。因此，也进一步验证了上述特征根分析结果的正确性。

2) 参与因子分析

在弱交流系统下（$SCR_1=SCR_2=1.5$），下文基于参与因子方法对混合双馈入系统 PLL 参数不同时的主导模态进行了进一步分析。

(1) 保持 VSC 系统的 $K_{pPLL2}=50$ 不变，LCC 系统的 $K_{pPLL1}=10$ 和 $K_{pPLL1}=100$ 时，混合双馈入系统的主导模态各状态变量的参与因子分布如图 10-7(a) 所示。当 $K_{pPLL1}=100$ 时（此时系统不能稳定运行，见图 10-5(a) 和图 10-6(a)），参与因子明显增大的状态变量是和 PLL_1 密切相关的 U_{t1q}、θ_1、ω_1，即过大的 PLL_1 增益将会引起系统振荡失稳；参与程度减少的是 U_{t2q}、θ_2、ω_2，其中 U_{t2q}、θ_2、ω_2 和 PLL_2 相关，即改变 K_{pPLL1} 会对 PLL_2 的参与程度产生一定影响。

(2) 保持 $K_{pPLL1}=50$ 不变，$K_{pPLL2}=10$ 和 $K_{pPLL2}=110$ 时，系统的主导模态各状态变量的参与因子分布如图 10-7(b) 所示。当 $K_{pPLL2}=110$ 时（此时系统已失稳，见图 10-5(b) 和图 10-6(b)），参与程度明显增大的状态变量是和 PLL_2 密切相关的 U_{t2q}、θ_2、ω_2，即过大的 PLL_2 增益将会引起系统振荡失稳；参与程度减少的是 U_{t1q}、θ_1、ω_1，均与 PLL_1 相关，即改变 K_{pPLL2} 会对 PLL_1 的参与程度也产生一定影响。

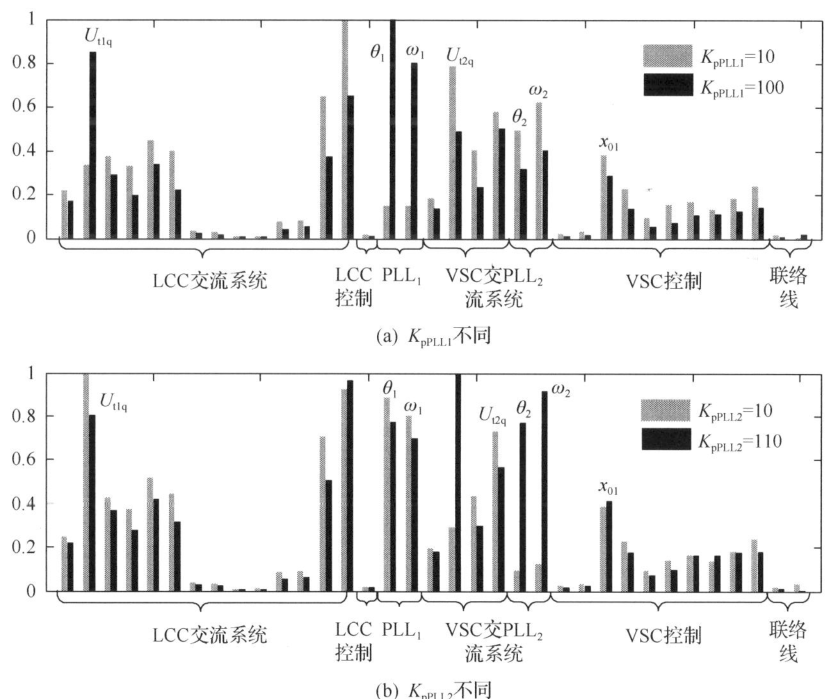

图 10-7　K_{pPLL} 不同时主导模态各状态变量的参与因子

此外，由图 10-7 可以看出，在 LCC 或 VSC 的控制系统中，除了锁相环 PLL 相关的状态变量外，与 VSC 定交流母线电压控制器相关的状态变量 x_{01} 的参与程度也很高。因此，下文研究了 VSC 定交流母线电压控制参数对混合双馈入系统小信号稳定性的影响。

3. VSC 定交流母线电压控制参数对系统小信号稳定性的影响

采用特征根分析法研究 VSC 子系统定交流母线电压控制参数对混合双馈入系统小信号稳定性的影响。初始状态时，混合双馈入系统运行在额定状态，$SCR_1=SCR_2=1.5$，L_{tie}=100km，①将 VSC 定交流电压控制的比例增益 K_{pUac} 从 1.5 逐渐增大到 10，系统的根轨迹如图 10-8(a)所示；②将 VSC 定交流电压控制的积分增益 K_{iUac} 从 50 逐渐增大到 250，系统的根轨迹如图 10-8(b)所示。

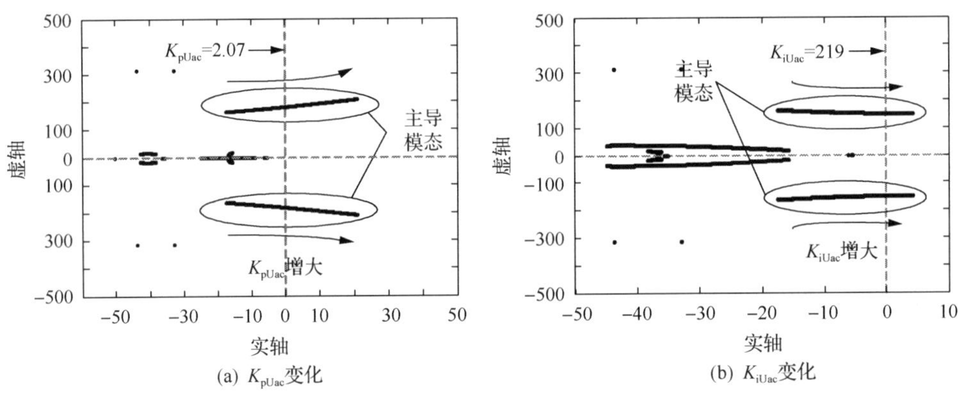

图 10-8　K_{pUac}、K_{iUac} 变化时系统的根轨迹

由图 10-8 可以看出，当 $K_{pUac}<2.07$ 或 $K_{iUac}<219$ 时，特征根全部位于左半平面，系统处于稳定状态。随着 K_{pUac} 或 K_{iUac} 增大，主导模态逐渐向虚轴移动直至穿越虚轴，进而导致系统发散失稳。

为验证上述结果的正确性，在 PSCAD/EMTDC 中进行了如下仿真验证：初始状态时，混合双馈入系统运行在额定工况，$SCR_1=SCR_2=1.5$，L_{tie}=100km，①t=3s 时，将 K_{pUac} 从 0.5 阶跃到 3；②t=3s 时，将 K_{iUac} 从 50 阶跃到 225，VSC 子系统交流母线电压 U_{t2} 的动态响应特性如图 10-9 所示。

由图 10-9 可知，当 K_{pUac} 或 K_{iUac} 阶跃到 3 或者 225 时，系统出现了振荡失稳现象，这也验证了图 10-8 特征根分析得到的定交流电压控制参数的临界值结果。

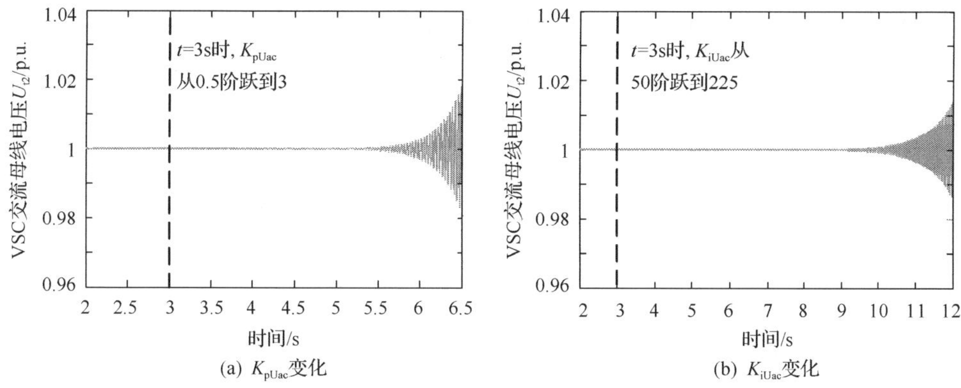

(a) K_{pUac}变化　(b) K_{iUac}变化

图 10-9　K_{pUac}、K_{iUac}变化时 VSC 交流母线电压 U_{t2} 的动态响应

4. 控制系统参数的耦合作用分析

由上述分析可知，混合双馈入直流输电系统的小信号稳定性和控制系统参数紧密相关，在弱交流系统情况下，过大的 PLL 增益或定交流母线电压控制参数更易造成系统失稳。而 LCC 与 VSC 子系统通过联络线形成混合双馈入系统，二者之间必然存在不同程度的耦合，结合图 10-4 参与因子分析所得结论，下文重点研究 LCC 锁相环增益 K_{pPLL1}、VSC 锁相环增益 K_{pPLL2} 和 VSC 定交流电压控制增益 K_{pUac} 之间的耦合关系。

1) 控制系统参数的可行域耦合关系分析

(1) 当 K_{pPLL2}=50 时，同时变化 K_{pPLL1} 和 K_{pUac}，可得 K_{pUac} 和 K_{pPLL1} 的可行域变化趋势如图 10 10(a) 阴影部分所示，边界曲线上的每一点对应可保持混合双馈入系统稳定运行的 K_{pPLL1} 和 K_{pUac} 的临界值。由曲线变化趋势可知，K_{pPLL1} 临界值和 K_{pUac} 临界值负相关，即可以通过减小 K_{pPLL1} 来抑制由于 K_{pUac} 过大而造成的系统振荡失稳；反之，也可以通过减小 K_{pUac} 来抑制由于 K_{pPLL1} 过大而造成的系统振荡失稳现象。

(2) 同理，当 K_{pPLL1}=50 时，同时变化 K_{pPLL2} 和 K_{pUac}，可得 K_{pUac} 和 K_{pPLL2} 的可行域变化趋势如图 10-10(b) 阴影部分所示，边界曲线上的每一点同样对应变化过程中可保持系统稳定的 K_{pPLL2} 和 K_{pUac} 的临界值。由曲线变化趋势可知，K_{pPLL2} 临界值和 K_{pUac} 临界值也是负相关特性，即可以通过减小 K_{pPLL2} 和 K_{pUac} 中的一个参数值来抑制由于另一个参数值过大而造成的系统振荡失稳现象。

(3) 当 K_{pUac}=0.5 时，K_{pPLL1} 和 K_{pPLL2} 的可行域变化趋势如图 10-10(c) 阴影部分所示，由结果可知，也可以通过减小 K_{pPLL1} 和 K_{pPLL2} 中的一个参数值来抑制由于另一个参数值过大而造成的系统振荡失稳。

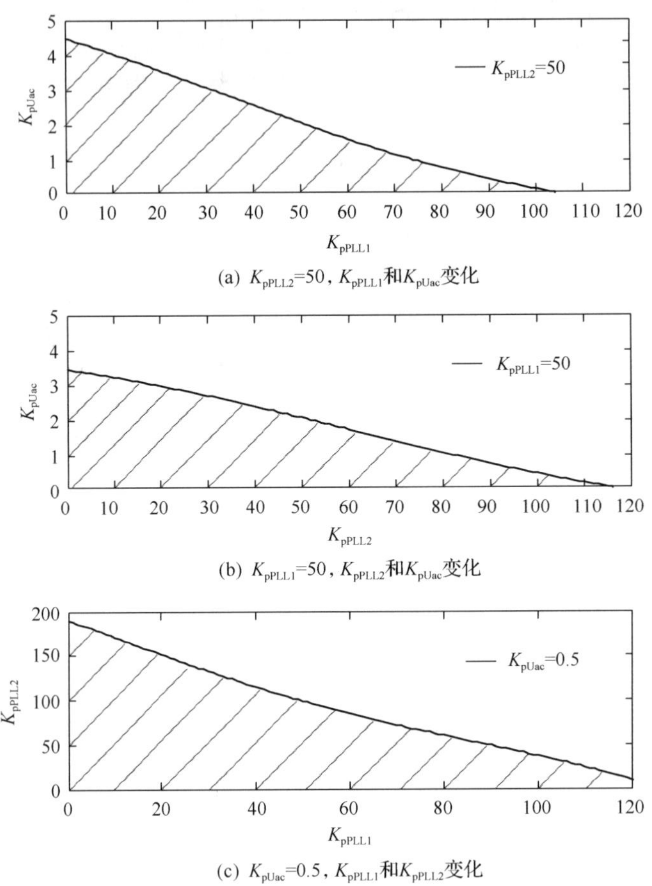

(a) K_{pPLL2}=50，K_{pPLL1}和K_{pUac}变化

(b) K_{pPLL1}=50，K_{pPLL2}和K_{pUac}变化

(c) K_{pUac}=0.5，K_{pPLL1}和K_{pPLL2}变化

图 10-10 K_{pPLL1}、K_{pPLL2}和 K_{pUac} 的可行域耦合关系

2) 仿真验证

为了验证图 10-10 结果的正确性，在 PSCAD/EMTDC 中进行了如下仿真验证：以 K_{pUac} 过大造成系统失稳为例，初始状态时，混合双馈入直流输电系统运行在额定工况下，①t=3s 时将 K_{pUac} 从 0.5 阶跃到 3，t=6.5s 时仅将 LCC 系统的 K_{pPLL1} 从 50 阶跃下降到 10；②t=6.5s 时仅将 VSC 系统的 K_{pPLL2} 从 50 阶跃下降到 10，VSC 子系统交流母线电压 U_{t2} 的动态响应特性如图 10-11 所示。

从图 10-11 可以看出，当 K_{pUac} 从 0.5 阶跃至 3 时，系统逐渐发散失稳，表明此时系统不稳定；在 t=6.5s 时，K_{pPLL1} 或 K_{pPLL2} 减小后系统逐渐恢复稳定，因此 PLL_1、PLL_2 与定交流母线电压控制器之间存在耦合关系，可以通过减小 K_{pPLL1} 或 K_{pPLL2} 来抑制由于 K_{pUac} 过大而造成的混合双馈入系统的振荡失稳。

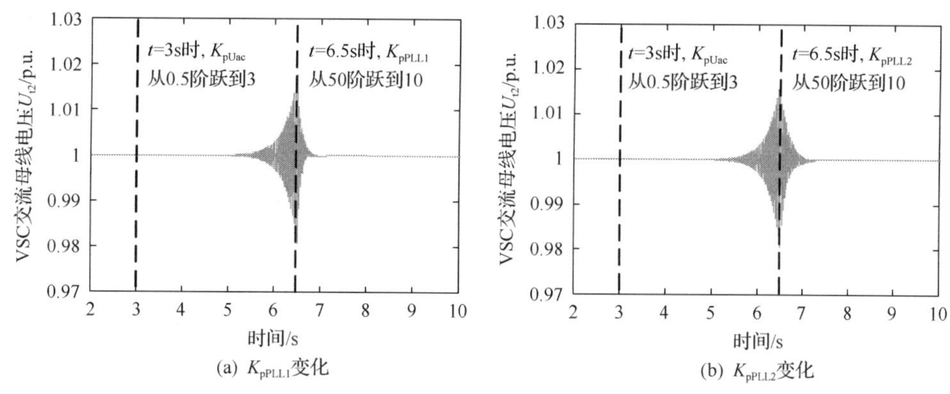

图 10-11 K_{pUac}=3 时 K_{pPLL} 阶跃前后 U_{t2} 的动态响应

3) 特征根分析

下文采用特征根分析方法，进一步确定 PLL_1、PLL_2 与定交流母线电压控制器之间的耦合作用。混合双馈入直流系统运行于 $SCR_1=SCR_2=1.5$，L_{tie}=100km。当 K_{pUac}=3、K_{pPLL2}=50 时，K_{pPLL1} 从 50 逐渐减小到 10，系统的根轨迹如图 10-12(a) 所示；当 K_{pUac}=3、K_{pPLL1}=50 时，K_{pPLL2} 从 50 逐渐减小到 10，系统的根轨迹如图 10-12(b) 所示。

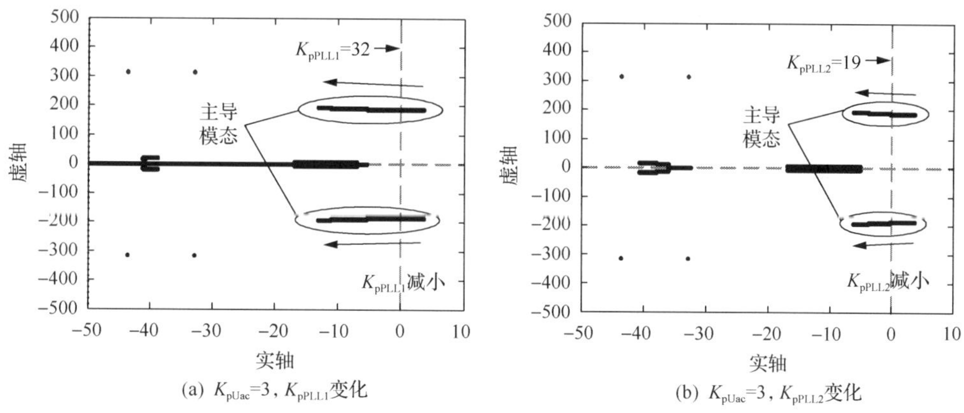

图 10-12 K_{pUac}=3，K_{pPLL} 变化时系统的根轨迹

由图 10-12 可知，当 K_{pUac}=3 时，随着 K_{pPLL1} 或 K_{pPLL2} 的减小，主导模态的特征根逐渐向负半平面移动并远离虚轴，因此混合双馈入系统的稳定性逐渐增强，进一步验证了图 10-10 和 10-11 的结果，即可以通过减小 K_{pPLL1} 或 K_{pPLL2} 来抑制由于 K_{pUac} 过大而造成的混合双馈入系统的振荡失稳。

采用类似的方法也可验证由于 K_{pPLL1} 或 K_{pPLL2} 过大引起系统失稳时控制系统参数的耦合关系，此处不再赘述。

10.3　提高系统稳定裕度的改进协调控制方法

10.3.1　附加虚拟电阻阻尼控制方法

由 10.2.1 节的结果可知，当交流系统强度降低时，混合双馈入系统的小信号稳定性逐步减弱，甚至出现小信号失稳现象。

文献[6]针对 MMC 系统提出了基于虚拟电阻的附加阻尼控制思路，文献[7]针对联接弱交流电网的 VSC 系统提出了虚拟母线控制的方法，二者均有效提高了系统的小信号稳定性。受文献[6,7]启发，本节提出一种新型的附加虚拟电阻阻尼控制(Supplementary Virtual-Resistor Damping Control，SVRDC)方法，用来抑制混合双馈入系统的小信号失稳现象。SVRDC 方法的控制原理如图 10-13(a)所示，控制框图如图 10-13(b)所示。

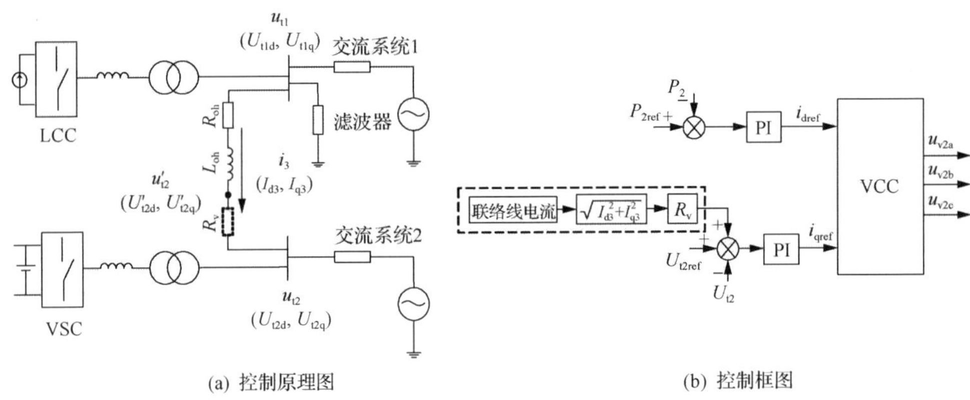

(a) 控制原理图　　(b) 控制框图

图 10-13　附加虚拟电阻阻尼控制(SVRDC)

由图 10-13(a)可知，通过在联络线中引入虚拟电阻 R_v，可增加混合双馈入系统的阻尼，同时可以将 VSC 定交流母线电压控制的电气节点位置由 u_{t2} “虚拟”移动至联络线上的 u'_{t2} 处，来增强 VSC 与 LCC 之间的电气联系(即缩短联络线长度)。因此，图 10-13(b)中通过将联络线电流的有效值 $\sqrt{I_{d3}^2+I_{q3}^2}$ 与虚拟电阻 R_v 的乘积作为附加电压分量，引入至 VSC 定交流母线电压的外环控制中，实现图 10-13(a)的控制原理。

10.3.2　基于附加虚拟电阻阻尼控制方法的小信号模型及验证

采用所提出的图 10-13 所示的 SVRDC 控制后，混合双馈入直流输电系统定交流母线电压外环控制器的状态空间方程应修正为

$$\begin{cases}\dfrac{\mathrm{d}x_{42}}{\mathrm{d}t}=U_{\mathrm{t2ref}}-\sqrt{U_{\mathrm{t2d}}^2+U_{\mathrm{t2q}}^2}+R_{\mathrm{v}}\sqrt{I_{\mathrm{d3}}^2+I_{\mathrm{q3}}^2}\\ I_{\mathrm{qref}}=K_{\mathrm{pUac}}\dfrac{\mathrm{d}x_{42}}{\mathrm{d}t}+K_{\mathrm{iUac}}x_{42}\end{cases}\tag{10-1}$$

式中，U_{t2ref}为 VSC 系统交流母线电压参考值；I_{d3}、I_{q3}为流过联络线的 d 轴和 q 轴电流分量；I_{qref}为定交流母线电压外环控制输出的 q 轴电流参考值；x_{42}为定交流母线电压控制器的积分环节引入的状态分量。

根据修正后的非线性状态空间方程，线性化后可得到采用 SVRDC 控制的混合双馈入直流输电系统的小信号模型。

为验证所建立的基于 SVRDC 控制的混合双馈入系统小信号模型的正确性，在 PSCAD/EMTDC 中搭建如图 4-10 所示的混合双馈入直流输电系统的仿真模型，系统参数如表 10-1、表 10-2、表 10-3 所示，虚拟电阻 R_{v} 取值 0.5。

(1) t=5.0s 时，VSC 子系统的交流母线电压 U_{t2} 从 1.0p.u.阶跃下降到 0.95p.u.，t=6s 时，恢复至 1.0p.u.，基于 MATLAB 中的小信号模型和 PSCAD 中的详细电磁暂态模型的动态响应对比结果如图 10-14(a)所示；

(2) t=5.0s 时，VSC 子系统的有功功率 P_2 从 1.0p.u.阶跃下降到 0.95p.u.，t=6s 时，恢复至 1.0p.u.，基于 MATLAB 中的小信号模型和 PSCAD 中的详细电磁暂态模型的动态响应对比结果如图 10-14(b)所示；

(3) t=5.0s 时，LCC 子系统的关断角 γ_{ref} 从 1.0p.u.阶跃下降到 0.95p.u.，t=6s 时，恢复至 1.0p.u.,基于 MATLAB 中的小信号模型和 PSCAD 中的详细电磁暂态模型的动态响应对比结果如图 10-14(c)所示。

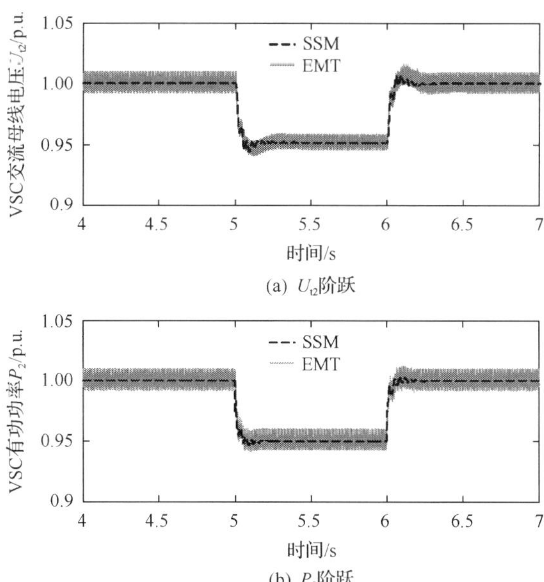

(a) U_{t2}阶跃

(b) P_2阶跃

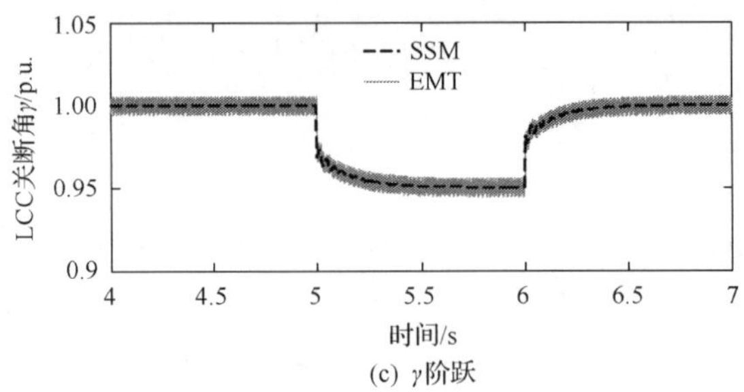

(c) γ阶跃

图 10-14　混合双馈入直流输电系统的动态响应

图 10-14 中粗实线波形是基于 PSCAD/EMTDC 的仿真结果，由于建立的是详细电磁暂态模型，考虑了换流器谐波特性，所以在其波形中存在谐波成分；虚线波形是基于 MATLAB 建立的小信号模型的结果，仅考虑了 LCC 和 VSC 基频开关函数特性。由图 10-14 可知，在给定的不同阶跃条件下，基于 PSCAD 的电磁暂态仿真结果和基于 MATALB 的小信号模型的动态响应结果基本一致，验证了所建立的基于 SVRDC 控制的混合双馈入直流输电系统小信号模型的正确性。

10.3.3　附加虚拟电阻阻尼控制对系统小信号稳定性的影响

1. 虚拟电阻 R_v 对系统小信号稳定性的影响

由图 10-3 可知，当混合双馈入直流系统运行于额定值，$SCR_1=SCR_2=1.5$，且未投入 SVRDC 控制时，联络线长度 L_{tie}＞148km 会使系统出现小信号失稳现象。投入 SVRDC 控制且 L_{tie}=160km 时(其他参数不变)，调节虚拟电阻 R_v 使其从 0.1 逐渐增大到 1，系统的根轨迹变化如图 10-15 所示。

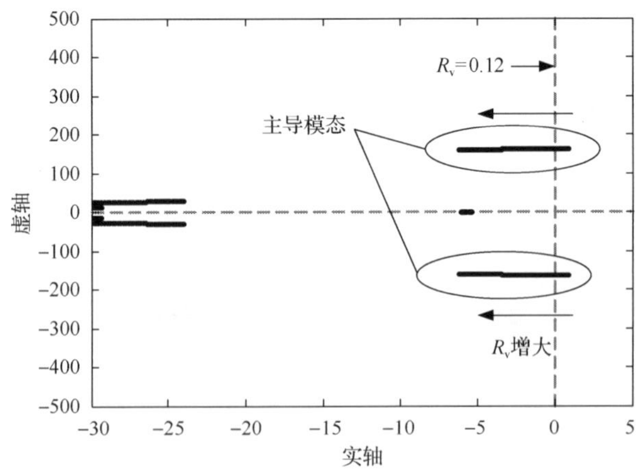

图 10-15　R_v变化时系统的根轨迹

由图 10-15 中系统的根轨迹可以看出，当 L_{tie}=160km 时，随着虚拟电阻 R_v 的增大，主导模态逐渐向左半平面移动；当 R_v 增大到 0.12 时，主导模态恰好穿越虚轴，系统达到临界稳定状态；随着 R_v 进一步增大，特征根完全进入左半平面，使得由于联络线长度 L_{tie} 过大而造成的系统失稳现象得到有效抑制，此时可保证系统稳定运行的虚拟电阻 R_v 取值的下限为 0.12。然而，虚拟电阻 R_v 过小或过大都会对系统造成不同程度的不良影响，当虚拟电阻 R_v 过小时，由控制所提供的附加阻尼较小，抑制或消除系统失稳效果不明显；当虚拟电阻 R_v 过大时，交流母线电压很可能会严重偏离额定值，对系统的安全稳定运行造成危害，因此该上限值需要根据联络线上功率传输的实际需求和母线电压的允许偏差范围进行合理设计。

当 L_{tie}=160km 时，进一步对混合双馈入直流输电系统投入 SVRDC 控制（案例 1，R_v=1）与不投入 SVRDC 控制（案例 2）的特征根进行对比分析，结果如表 10-7 所示。表 10-7 给出了系统所有模态的特征根、阻尼比以及主要参与因子。

表 10-7　$SCR_1=SCR_2=1.5$ 且 L_{tie}=160km，投入与不投入 SVRDC 控制时系统的模态对比

模态	案例 1（投入）		案例 2（不投入）	
	特征根	阻尼比	特征根	阻尼比
1	−2515.2±5160.6i	0.4381	−2515.2±5160.6i	0.4381
2	−2502.4±4513.1i	0.4849	−2502.4±4513.0i	0.4849
3	−231.7±3334.3i	0.0693	−232.7±3337.6i	0.0696
4	−207.9±2759.8i	0.0751	−204.0±2769.7i	0.0734
5	−418.6±1772.7i	0.2298	−422.8±1768.4i	0.2325
6	−302.3±1417.6i	0.2086	−295.9±1407.4i	0.2057
7	−352.8±1147.1i	0.2940	−371.0±1152.2i	0.3065
8	−320.4±905.7i	0.3335	−328.5±884.6i	0.3481
9	−72.1±804.1i	0.0893	−72.9±809.0i	0.0897
10	−43.8±314.2i	0.1381	−43.8±314.2i	0.1381
11	−32.9±314.2i	0.1041	−32.9±314.2i	0.1041
12	−6.2±160.6i	0.0386	0.9±161.7i	−0.0056
13	−137.5±60.4i	0.9156	−131.1±57.0i	0.9171
14	−40.4±27.6i	0.8257	−24.1±29.0i	0.6391
15	−29.4±12.6i	0.9191	−37.3±14.8i	0.9295

由表 10-7 可以看出，案例 2 中未投入 SVRDC 时，主导模态（模态 12）的阻尼比为负值，表明系统不稳定；案例 1 中投入 SVRDC 后，所有模态阻尼比均为正值，系统处于稳定状态，其中主导模态（模态 12）的阻尼比为 0.0386，相比于案例 2 主导模态的阻尼比−0.0056 得到了一定程度的提升，即投入 SVRDC 控制后使系统失稳现象得到了有效抑制。

2. 仿真验证

为了进一步验证本节所提出的 SVRDC 控制的有效性，在 PSCAD/EMTDC 中进行了如下仿真：初始状态时，混合双馈入直流输电系统运行在额定工况，$SCR_1=SCR_2=1.5$，$L_{tie}=100$km，保持其他参数不变，在 $t=1$s～1.01s 时，逐渐增大联络线长度 L_{tie} 至 160km；$t=1.5$s 时投入 SVRDC 控制，虚拟电阻 $R_v=1$；$t=4$s 时切除 SVRDC 控制，混合双馈入直流输电系统的 VSC 子系统交流母线电压 U_{t2}、有功功率 P_2 和 LCC 子系统关断角 γ 的响应特性如图 10-16 所示。

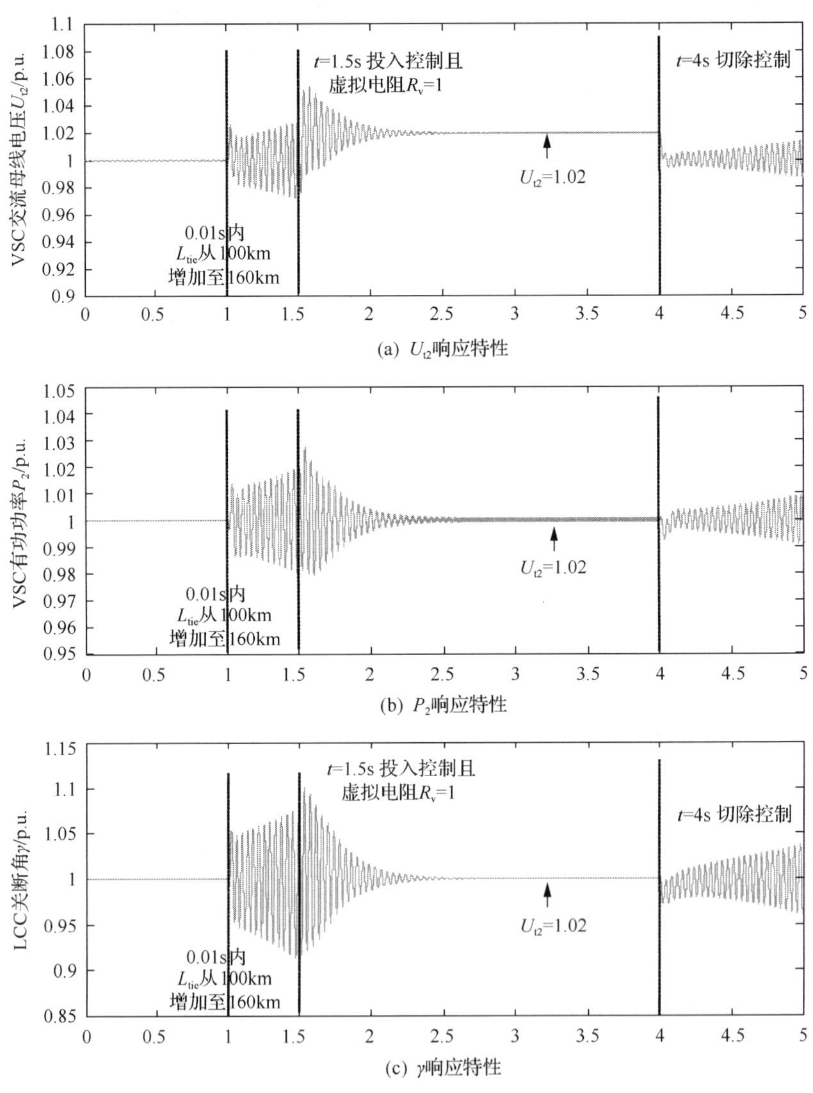

图 10-16　L_{tie}=160km 时 SVRDC 控制的有效性验证

由图 10-16 可以看出，在 t=0s～1s 时，L_{tie}=100km 小于系统临界失稳时的联络线长度 148km，系统处于稳定运行状态；在 t=1s～1.01s 时，L_{tie} 增大至 160km 后，由于 L_{tie}＞148km，系统逐渐发散失稳；t=1.5s 时投入 SVRDC 控制(R_v=1)后，系统逐渐恢复稳定状态；t=4s 切除 SVRDC 控制后，系统又逐渐失稳。因此，仿真结果有效验证了所提出的 SVRDC 控制的有效性。需要注意的是，由图 10-16(a)可以看出，1.5s 投入 SVRDC 控制(R_v=1)后，系统恢复稳定运行，但是 VSC 交流母线电压 U_{t2} 也偏离了额定值 2%。因此，结合图 10-13(b)SVRDC 的控制框图，在提高混合双馈入系统小信号稳定性的同时，SVRDC 控制也会在一定程度上改变 VSC 交流母线电压的运行值，需要根据联络线上功率传输的实际需求和母线电压的允许偏差范围合理设计虚拟电阻 R_v 的参数。

10.4　基于参数灵敏度的控制参数优化方法

本节以弱交流系统下的混合双馈入直流输电系统为例，基于建立的小信号模型，给出了一种基于控制参数灵敏度并综合考虑系统稳定裕度与阻尼比的控制参数优化方法，可以改善混合双馈入直流输电系统的小信号稳定性和动态特性[3]。

10.4.1　基于参数灵敏度的控制参数优化流程

参数灵敏度分析方法可用于控制系统参数的优化，基于参数灵敏度可辨识对系统稳定性影响较灵敏的控制参数，并提供改善系统稳定性的参数优化方向。参数 k_j 对特征值 λ_i 的灵敏度 $S_{k_j}^{\lambda_i}$ 可根据下式计算得到：

$$S_{k_j}^{\lambda_i}=\frac{\partial\lambda_i}{\partial k_j}=\left(\boldsymbol{\psi}_i^{\mathrm{T}}\frac{\mathrm{d}\boldsymbol{A}}{\mathrm{d}k_j}\boldsymbol{\phi}_i\right)\Big/\boldsymbol{\psi}_i^{\mathrm{T}}\boldsymbol{\phi}_i \tag{10-2}$$

式中，$\boldsymbol{\psi}_i$ 和 $\boldsymbol{\phi}_i$ 为状态矩阵 $\boldsymbol{A}$ 的左特征向量和右特征向量；d$\boldsymbol{A}$ 为由参数 k_j 变化量引起的状态矩阵 $\boldsymbol{A}$ 的变化量，可表示为

$$\mathrm{d}\boldsymbol{A}=\frac{\boldsymbol{A}\left(k_j+\Delta k_j\right)-\boldsymbol{A}\left(k_j\right)}{\Delta k_j} \tag{10-3}$$

基于参数灵敏度的优化方法计算流程如图 10-17 所示，具体步骤如下。

(1)输入混合双馈入直流输电系统各控制器的参数初始值，计算选定工况下系统的初始状态变量值。

(2)基于给定的控制器初始参数和计算得到的系统初始状态变量值，计算状态空间矩阵 $\boldsymbol{A}$ 及其相应的系统特征值。

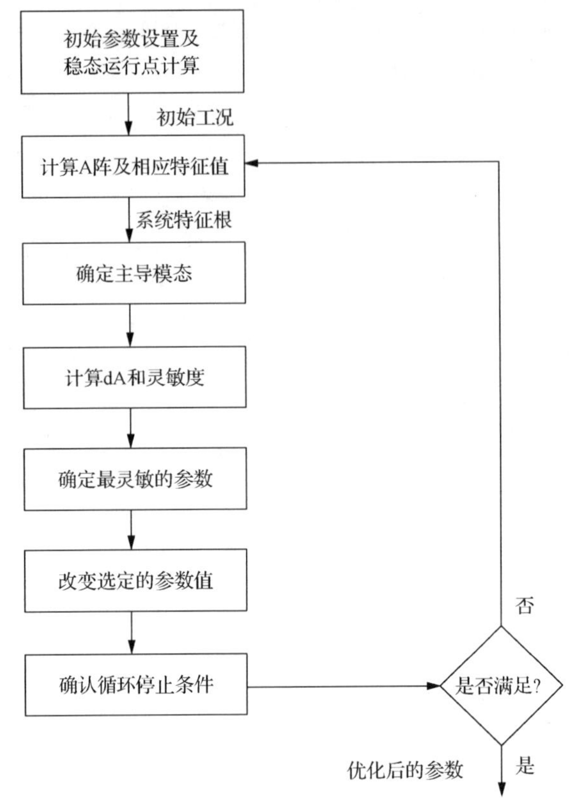

图 10-17　参数优化流程图

(3) 根据计算得到的系统特征值，确定对系统稳定性影响最大的主导模态 λ_c(即待优化的目标模态)，可根据离虚轴最近的特征值确定目标模态。

(4) 根据式(10-2)和式(10-3)计算 d$\boldsymbol{A}$ 和目标模态的控制参数灵敏度。

(5) 确定对目标模态灵敏度值最高的参数 $k_{c1}\left(\max\left|\mathrm{Re}\left[S_{k_{c1}}^{\lambda_c}\right]\right|\right)$ 和 $k_{c2}\left(\max\left|\mathrm{Im}\left[S_{k_{c1}}^{\lambda_c}\right]\right|\right)$，其中，$k_{c1}$ 为灵敏度实部的绝对值最大对应的控制参数，当该参数变化时目标模态在实轴方向移动最灵敏；同样地，k_{c2} 为灵敏度虚部的绝对值最大对应的控制参数，当该参数变化时目标模态在虚轴方向移动最灵敏。

(6) 改变选定的灵敏度值最高的控制参数

$$\begin{cases} k_{c1}^{i+1} = k_{c1}^{i}\left[1-\mathrm{sign}\left(\mathrm{Re}\left[S_{k_{c1}}^{\lambda_c}\right]\right)\Delta k\right] \\ k_{c2}^{i+1} = k_{c2}^{i}\left[1-\mathrm{sign}\left(\mathrm{Im}\left[S_{k_{c2}}^{\lambda_c}\right]\right)\Delta k\right] \end{cases} \tag{10-4}$$

其中，Δk 为变化的步长，这里选取 $\Delta k=1.0\times10^{-6}$。需要注意的是，灵敏度实部或虚部的正负，可以反映当参数变化时目标模态在实轴或虚轴方向的移动方向。

(7) 确认是否满足循环停止条件，若不满足条件则进入下一个循环，若满足则停止循环并输出优化后的控制器参数值。循环停止条件可表示为

$$\begin{cases}\sigma_c \leqslant \sigma_d \\ \zeta_c \geqslant \zeta_d\end{cases} \tag{10-5}$$

其中，σ_c 和 ζ_c 分别为目标模态的实部和阻尼比，σ_d 和 ζ_d 为相应的优化目标值。

10.4.2　基于参数灵敏度的控制参数优化效果

混合双馈入直流系统运行于额定值，$SCR_1=1.2$，$SCR_2=1.2$，$L_{tie}=80km$，控制系统的初始参数和基于参数灵敏度优化方法计算得到的优化参数如表 10-8 所示。优化过程中系统主导模态的变化轨迹如图 10-18 所示，其中，式(10-5)中目标模态的实部和阻尼比优化目标值在这里选取为 $\sigma_d=-10$，$\zeta_d=60\%$。根据图 10-18 可知，控制器参数优化过程中主导模态的特征值向左半平面移动，因此系统的稳定性得到了一定程度的改善。

表 10-8　优化前后的控制器参数

控制器	参数	初始值	优化值
有功功率外环控制器	K_{pP}	0.50	1.14
	K_{iP}	50.00	50.00
交流电压外环控制器	K_{pUac}	0.50	0.34
	K_{iUac}	50.00	50.00
d-轴电流内环控制器	K_{p1}	2.00	2.00
	K_{i1}	100.00	100.00
q-轴电流内环控制器	K_{p2}	2.00	1.69
	K_{i2}	100.00	100.00
定关断角控制器	$K_{p\gamma}$	20.00	11.86
	$K_{i\gamma}$	400.00	400.00
LCC 锁相环 PLL_1	K_{pPLL1}	50.00	29.06
	K_{iPLL1}	250.00	250.00
VSC 锁相环 PLL_2	K_{pPLL2}	50.00	31.81
	K_{iPLL2}	250.00	250.00

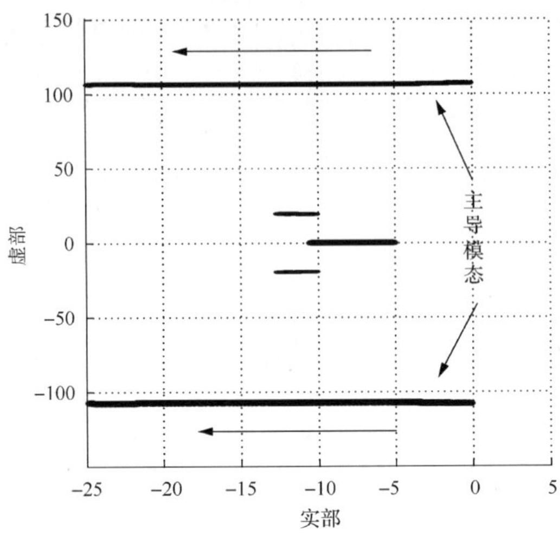

图 10-18　参数优化过程中系统主导模态的变化轨迹

为了进一步验证上述参数优化方法的有效性，在 PSCAD/EMTDC 下搭建了混合双馈入直流输电系统的详细电磁暂态仿真模型，控制系统参数如表 10-8 所示。这里需要指出的是，所采用的初始参数是基于混合双馈入直流输电系统所连接的交流系统较强的工况下设计的(SCR_1=SCR_2=2.5，L_{tie}=10km)，在正常工况下能够使系统具有良好的动态性能；考虑由于线路跳闸等因素导致交流系统强度减小后(SCR_1=SCR_2=1.2，L_{tie}=80km)，原先控制参数很可能不再适用，采用表 10-8 中优化前后控制参数的系统动态响应对比结果如图 10-19～图 10-21 所示。

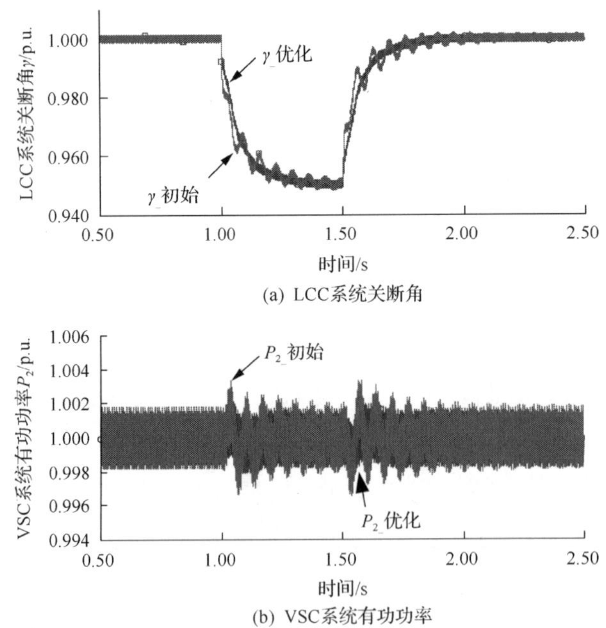

(a) LCC系统关断角

(b) VSC系统有功功率

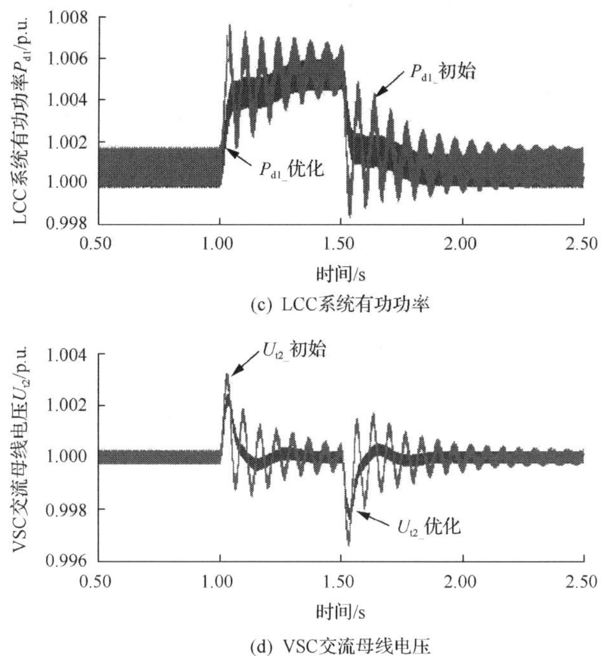

(c) LCC系统有功功率

(d) VSC交流母线电压

图 10-19　LCC 系统关断角阶跃时的系统动态特性($SCR_1=SCR_2=1.2$，$L_{tie}=80km$)

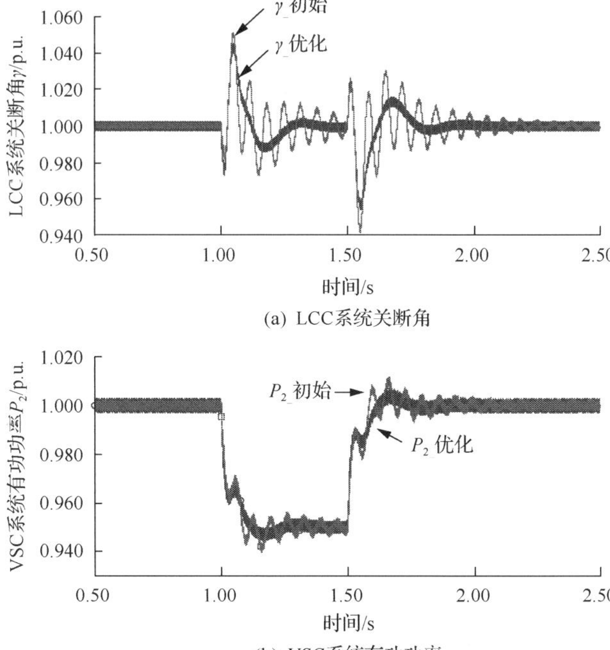

(a) LCC系统关断角

(b) VSC系统有功功率

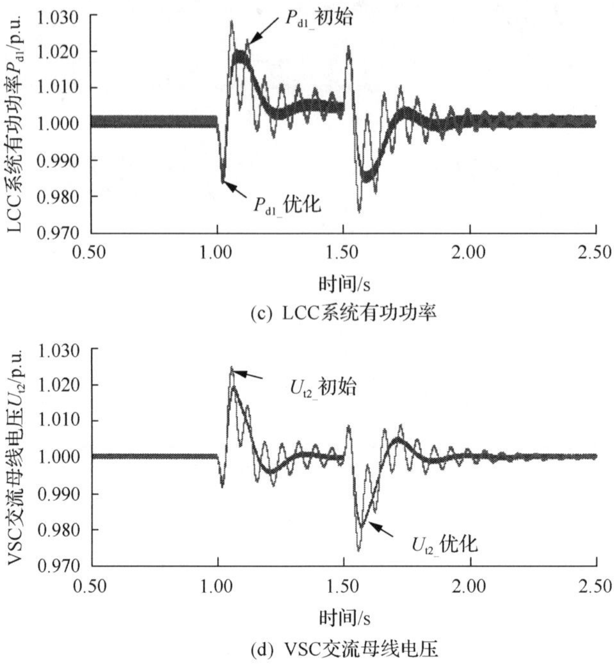

(c) LCC系统有功功率

(d) VSC交流母线电压

图 10-20　VSC 系统有功功率阶跃时的系统动态特性（$SCR_1=SCR_2=1.2$，$L_{tie}=80km$）

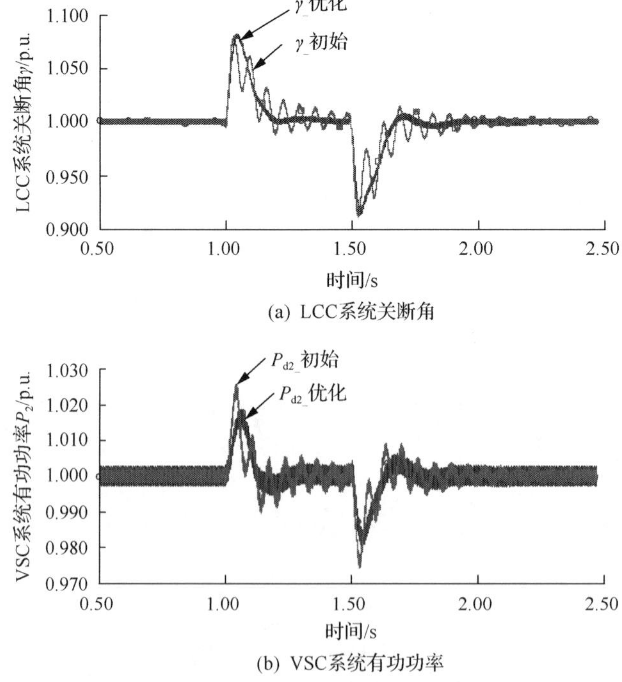

(a) LCC系统关断角

(b) VSC系统有功功率

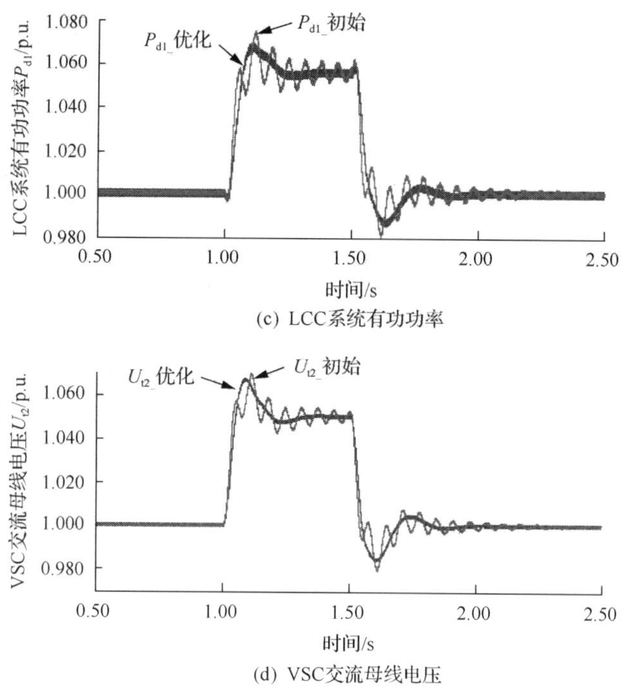

(c) LCC系统有功功率

(d) VSC交流母线电压

图 10-21　VSC 系统交流电压阶跃时的系统动态特性($SCR_1=SCR_2=1.2$，$L_{tie}=80km$)

图 10-19～图 10-21 分别为 LCC 关断角、VSC 有功功率和交流电压参考值发生阶跃变化时，采用初始控制参数和优化后控制参数的系统动态特性对比结果。从图中可知，采用初始参数的系统呈现弱阻尼特性，当阶跃扰动发生时系统有明显的振荡过程；而采用优化后的控制参数，系统具有良好的阻尼和动态响应特性，从而验证了上述参数优化方法的有效性。

参 考 文 献

[1] Guo C Y, Liu W, Zhao J, et al. Impact of control system on small-signal stability of hybrid multi-infeed HVDC system. IET Generation, Transmission & Distribution, 2018, 12(19): 4233-4239.

[2] 郭春义, 赵剑, 刘炜, 等. 一种适用于混合多馈入直流输电系统的新型附加虚拟电阻阻尼控制方法. 中国电机工程学报, 2019, 39(12): 3400-3408.

[3] Guo C Y, Liu W, Zhao C Y. Small-signal dynamics and control parameters optimization of hybrid multi-infeed HVDC system. International Journal of Electrical Power and Energy Systems, 2018(98): 409-418.

[4] Ni X J, Gole A, Zhao C Y, et al. An improved measure of ac system strength for performance analysis of multi-infeed HVDC systems including VSC and LCC converters. IEEE Transactions on Power Delivery, 2018, 33(1): 169-178.

[5] Guo C Y, Zhang Y, Gole A M, et al. Analysis of dual-infeed HVDC with LCC-HVDC and VSC-HVDC. IEEE Transactions on Power Delivery, 2012, 27(3): 1529-1537.

[6] Li T, Zhao C Y. Recovering the modular multilevel converter from a cleared or isolated fault. IET Generation, Transmission & Distribution, 2015, 9(6): 550-559.

[7] Arani M, Mohamed I. Analysis and performance enhancement of vector-controlled VSC in HVDC links connected to very weak grids. IEEE Transactions on Power Systems, 2017, 32(1): 684-693.

第 11 章　含 STATCOM 的 LCC-HVDC 系统的小信号稳定性

基于第 4.4 节所建立的含 STATCOM 的 LCC-HVDC 系统(LCC-HVDC-STATCOM 混合系统)的小信号模型，本章研究该系统的小信号稳定性。首先，通过特征根分析和参与因子分析方法，研究控制参数对系统小信号稳定性的影响[1]。然后，通过对比 LCC-HVDC 系统与含 STATCOM 的 LCC-HVDC 系统二者之间控制参数可行域的差异，研究 STATCOM 对 LCC-HVDC 系统小信号稳定裕度的影响；并通过理论计算，对比有无 STATCOM 投入时 LCC-HVDC 系统在不同短路比下的最大传输有功功率 MAP，获得临界短路比 CSCR 的变化规律[2]。最后，提出一种适用于弱交流电网工况下含 STATCOM 的 LCC-HVDC 系统的新型附加阻尼协调控制(supplementary coordinated damping-control，SCDC)[3,4]，该方法可以有效抑制含 STATCOM 的 LCC-HVDC 系统的小信号失稳，并且可以改善系统的暂态运行特性。

11.1　系 统 参 数

含 STATCOM 的 LCC-HVDC 系统的结构见图 4-14，控制系统仍采用第 4.4 节所述结构，即 LCC 系统采用定关断角控制和锁相环 PLL 控制，STATCOM 采用电流矢量控制(其外环为定直流电压控制和定交流电压控制)和锁相环 PLL 控制。LCC-HVDC-STATCOM 混合系统的参数如表 11-1、表 11-2 所示。

表 11-1　LCC 子系统参数

子系统	参数	数值
直流系统	额定直流电压	500kV
	额定直流功率	1000MW
交流系统	额定交流母线电压 U_t	230kV, 50Hz
	短路比 SCR	2
	等值阻抗角/°	84
换流变压器	漏抗 X_{T1}/p.u.	0.18
	变比/(kV/kV)	230/209.2288
	单个换流变容量/MV · A	591.79
PLL_1	增益($K_{iPLL1}=5K_{pPLL1}$)	$K_{pPLL1}=10$
关断角控制器	PI 参数	$K_{p\gamma}=20$, $K_{i\gamma}=500$
	滤波时间常数 $T_{m\gamma}$/s	0.001

表 11-2　STATCOM 子系统参数

参数	数值
额定容量/Mvar	100
变压器漏抗 X_{T2}/p.u.	0.15
PLL_2	K_{pPLL2}=10, K_{iPLL2}=5K_{pPLL2}
直流电压控制器参数	K_{pUdc}=0.5, K_{iUdc}=50
交流电压控制器参数	K_{pUac}=0.5, K_{iUac}=50
内环 d 轴电流控制器参数	K_{p1}=2, K_{i1}=50
内环 q 轴电流控制器参数	K_{p2}=2, K_{i2}=50
电压测量滤波时间常数/s	T_{mud}=0.01, T_{muq}=0.01
电流测量滤波时间常数/s	T_{mid}=0.001, T_{miq}=0.001

11.2　控制系统参数对系统小信号稳定性的影响

含 STATCOM 的 LCC-HVDC 系统的控制系统由 PLL、LCC 和 STATCOM 的控制系统组成。一方面，LCC 换流站与 STATCOM 各自 PLL 环节的输出信号分别作为 LCC 和 STATCOM 控制系统的参考频率和相位，在弱交流系统时，PLL 的动态特性极有可能恶化系统的稳定性；另一方面，LCC 系统的动态特性与其控制系统和交流母线 PCC 电压紧密相关，而 STATCOM 所控制的交流电压即为 LCC-HVDC 系统逆变侧交流母线 PCC 电压，因此 STATCOM 与 LCC 控制系统之间必然存在耦合作用。

因此，基于第 4.4 节所建立的小信号模型，本节基于特征根和参与因子分析方法研究 PLL 参数、LCC 控制参数、STATCOM 控制参数对含 STATCOM 的 LCC-HVDC 系统小信号稳定性的影响，并对控制系统之间的耦合作用进行了进一步分析。

11.2.1　PLL 增益对系统小信号稳定性的影响

由于 LCC-HVDC-STATCOM 混合系统中存在两个锁相环环节(LCC 系统的 PLL_1 与 STATCOM 的 PLL_2)，所以需研究各自锁相环增益对系统小信号稳定性的影响。

初始状态时，系统运行在额定运行工况(交流系统 SCR=2.0∠84°、LCC 系统关断角 γ_{ref}=1.0p.u.、LCC 直流功率 P_{dc}=1.0p.u.、交流母线电压 U_{tref}=1.0p.u.，STATCOM 直流电压 U_{dc2ref}=1.0p.u.)，从 10 到 200 逐渐增大 STATCOM 锁相环 PLL_2 增益 K_{pPLL2}，系统的根轨迹如图 11-1 所示。

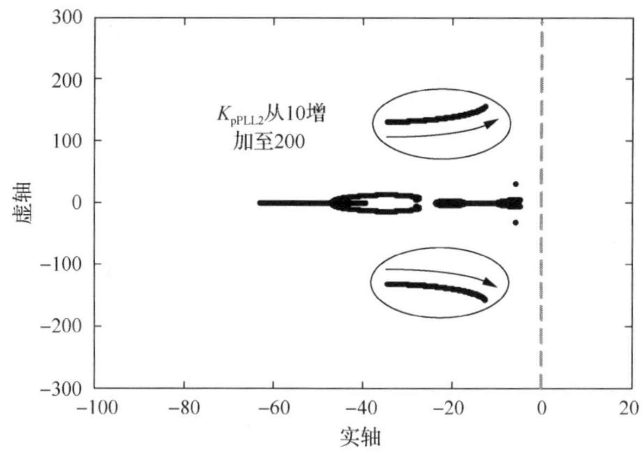

图 11-1　K_{pPLL2} 变化时系统的根轨迹

由图 11-1 可知，当 PLL_2 增益 K_{pPLL2} 从 10 增加至 200 时，系统的所有特征值均处于左半平面，系统都能保持稳定。可见，PLL_2 增益对 LCC-HVDC-STATCOM 混合系统的小信号稳定性影响较小。

同理，在额定工况下，从 10 到 100 逐渐增大 LCC 锁相环增益系数 K_{pPLL1}，系统的根轨迹如图 11-2(a)所示。

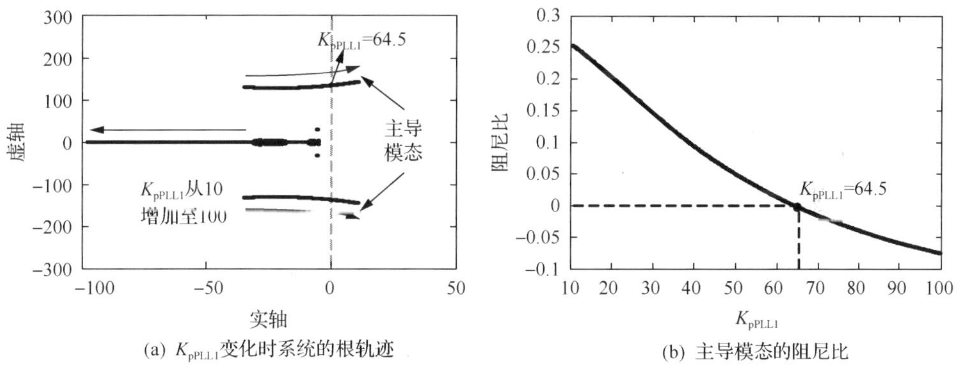

(a) K_{pPLL1}变化时系统的根轨迹　(b) 主导模态的阻尼比

图 11-2　K_{pPLL1} 变化时系统的根轨迹及主导模态的阻尼比

由图 11-2(a)可知，当 $K_{pPLL1}<64.5$ 时，所有特征值都保持在左半平面，表明系统能够稳定运行，但随着 PLL_1 增益系数 K_{pPLL1} 的增大，主导模态逐渐向虚轴移动直至穿越虚轴，导致系统发散失稳。图 11-2(a)中主导模态的阻尼比随 K_{pPLL1} 增大时的变化曲线如图 11-2(b)所示，可以看出，随着 K_{pPLL1} 的增大，其主导模态的阻尼比呈下降趋势，对应系统的小信号稳定性也逐渐减弱直至系统不稳定。上文所述的主导模态是当系统参数变化时，所有特征根中实部最先由负变为正的一组共轭特征根所对应的模态，如图 11-2(a)中标记模态即为当 PLL_1 增益系数变化时所对应的主导模态。

为了验证图 11-2 的结果，在 PSCAD/EMTDC 中进行了如下仿真分析：LCC-HVDC-STATCOM 混合系统开始运行于额定状态，t=3s 时 K_{pPLL1} 由 10 阶跃至 70，系统交流母线电压的响应如图 11-3 所示。由图 11-3 可知，当 K_{pPLL1} 由 10 阶跃至 70 时系统逐渐发散，表明此时系统不稳定，这也与图 11-2 中通过特征根分析得到的 K_{pPLL1} 值的可行范围一致，因此进一步验证了所建立模型的正确性。

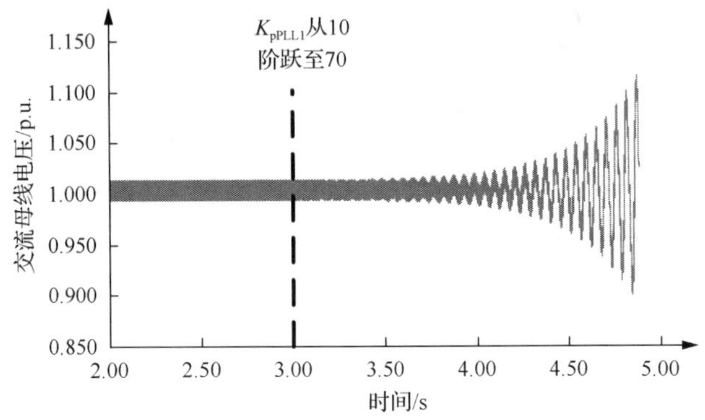

图 11-3　K_{pPLL1} 阶跃时系统交流母线电压响应特性

11.2.2　LCC 控制系统参数对系统小信号稳定性的影响

初始状态时，系统运行在额定运行工况，①保持其他参数不变，从 1 到 1000 逐渐增大定关断角控制器比例增益 $K_{p\gamma}$，系统的根轨迹如图 11-4(a)所示；②保持其他参数不变，从 100 到 5000 逐渐增大定关断角控制器积分增益 $K_{i\gamma}$，系统的根轨迹如图 11-4(b)所示。

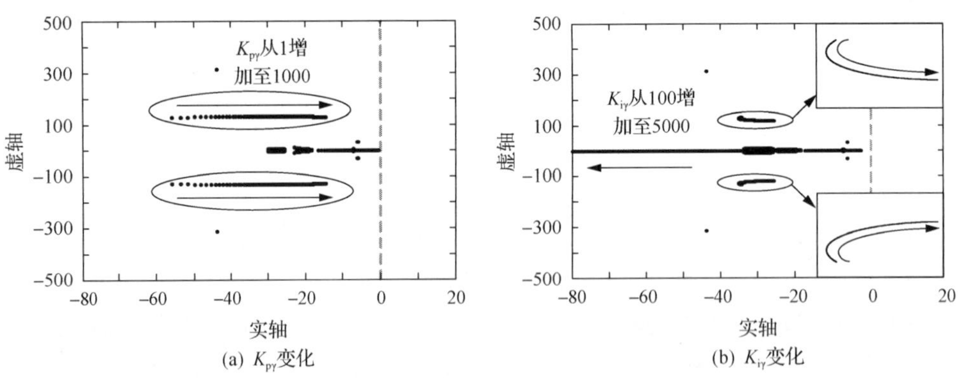

图 11-4　定关断角控制器参数变化时系统的根轨迹

由图 11-4(a)可知，当定关断角控制器比例参数 $K_{p\gamma}$ 从 1 增加至 1000 时，所有特征值都处于左半平面，系统仍能够稳定运行；但由根轨迹的趋势可以看出，

随着 $K_{p\gamma}$ 增大，系统的稳定性将逐渐减弱。同样，由图 11-4(b)可以看出，随着定关断角控制器积分参数 $K_{i\gamma}$ 增大，所有特征值都保持在左半平面，系统仍能够稳定运行；但由根轨迹的趋势可以看出，随着 $K_{i\gamma}$ 的增大，系统的稳定性也将逐渐减弱。

由以上分析可知，在所设定的交流系统强度与运行工况下，LCC 定关断角控制器参数的变化不会导致系统发散失稳，但随着比例参数 $K_{p\gamma}$ 和积分参数 $K_{i\gamma}$ 的增大，系统的稳定性将逐渐减弱。

11.2.3　STATCOM 控制系统参数对系统小信号稳定性的影响

1. 定直流电压控制器参数的影响

初始状态时，系统运行在额定运行工况：①保持其他参数不变，从 0.1 到 200 逐渐增大 STATCOM 定直流电压控制器比例参数 K_{pUdc}，系统的根轨迹如图 11-5(a)所示；②保持其他参数不变，从 1 到 500 逐渐增大 STATCOM 定直流电压控制器积分参数 K_{iUdc}，系统的根轨迹如图 11-5(b)所示。

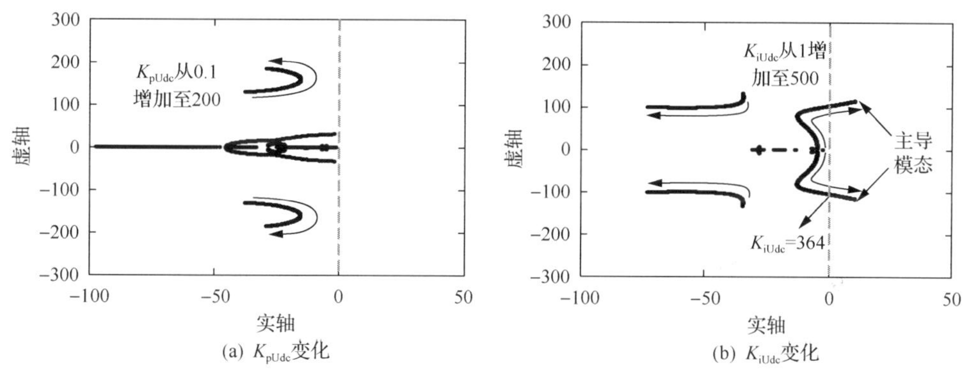

图 11-5　定直流电压控制器参数变化时系统的根轨迹

由图 11-5(a)可知，当 STATCOM 定直流电压控制器比例参数 K_{pUdc} 从 0.1 增加到 200 时，所有特征值都保持在左半平面，表明系统能够稳定运行，且由根轨迹的趋势可以看出，系统的稳定性最终将随着 K_{pUdc} 的增大而增强。类似地，由图 11-5(b)可以看出，当 STATCOM 定直流电压控制器积分参数 $K_{iUdc}\leqslant 364$ 时，所有特征值都保持在左半平面，表明系统能够稳定运行；随着 K_{iUdc} 的增大，主导模态逐渐向虚轴移动直至穿越虚轴到达右半平面，导致系统发散失稳。

2. 定交流电压控制器参数的影响

初始状态时，系统运行在额定运行工况：①保持其他参数不变，从 0.1 到 5 逐渐增大 STATCOM 定交流电压控制器比例参数 K_{pUac}，系统的根轨迹如图 11-6(a)所示；②保持其他参数不变，从 1 到 250 逐渐增大 STATCOM 定交流电压控制器

积分参数 K_{iUac}，系统的根轨迹如图 11-6(b)所示。

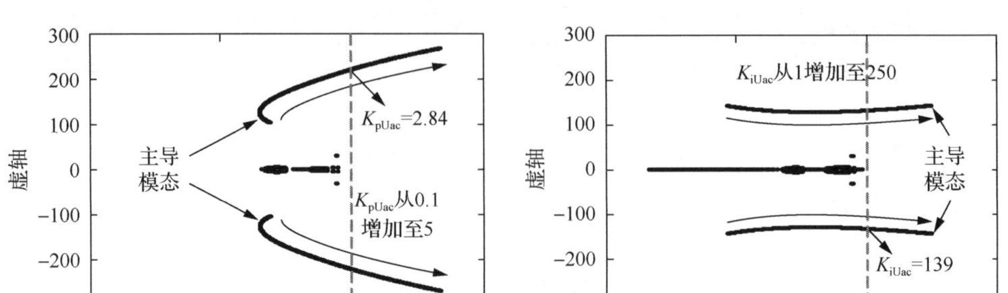

(a) K_{pUac}变化　(b) K_{iUac}变化

图 11-6　定交流电压控制器参数变化时系统的根轨迹

由图 11-6(a)可知，当 STATCOM 定交流电压控制器比例参数 $K_{pUac}\leqslant 2.84$ 时，所有特征值都保持在左半平面，表明系统能够稳定运行；随着 K_{pUac} 增大，主导模态逐渐向虚轴移动直至穿越虚轴到达右半平面，导致系统发散失稳。同样地，从图 11-6(b)可以看出，当 STATCOM 定交流电压控制器积分参数 $K_{iUac}\leqslant 139$ 时，所有特征值都处于左半平面，表明系统能够稳定运行；随着 K_{iUac} 增大，主导模态逐渐向虚轴移动直至穿越虚轴，导致系统发散失稳。

为验证上述结论，在 PSCAD/EMTDC 中进行了如下仿真分析：

(1)系统开始运行于额定状态，t=3s 时，K_{pUac} 由 0.5 阶跃至 4.5，系统交流母线电压的响应如图 11-7(a)所示，由图 11-7(a)可知，当 K_{pUac} 由 0.5 阶跃至 4.5 时系统逐渐发散，表明此时系统不稳定。

(2)系统开始运行于额定状态，t=3s 时，K_{iUac} 由 50 阶跃至 150，系统交流母线电压的响应如图 11-7(b)所示。由图 11-7(b)可知，当 K_{iUac} 由 50 阶跃至 150 时系统逐渐发散，表明此时系统不稳定。图 11-7 的仿真结果进一步验证了图 11-6 特征根分析得到的定交流电压控制器参数的可行范围。

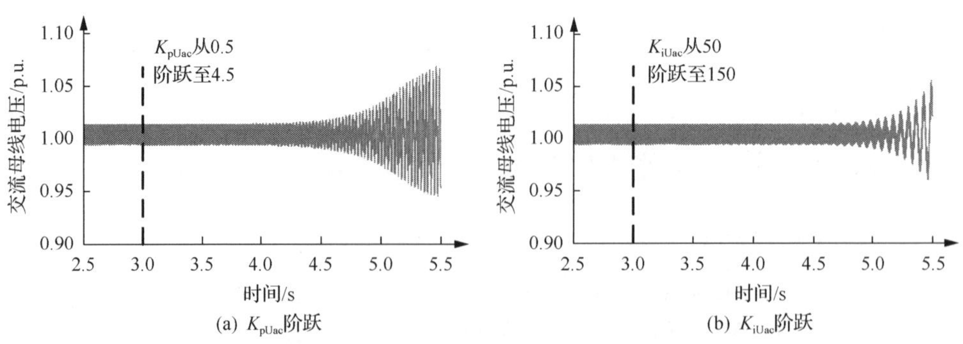

(a) K_{pUac}阶跃　(b) K_{iUac}阶跃

图 11-7　K_{pUac} 或 K_{iUac} 阶跃时系统交流母线电压响应特性

由以上分析可知，STATCOM 定交流电压控制器参数对 LCC-HVDC-STATCOM 混合系统的小信号稳定性有着较大影响，随着比例参数 K_{pUac} 或积分参数 K_{iUac} 的增大，系统的小信号稳定性将逐渐减弱直至可能导致系统发散。因此，为保持系统的稳定运行，STATCOM 定交流电压控制器参数需要在合适的范围内选取。

11.2.4　不同控制系统之间的耦合影响分析

由上文可知，控制系统参数对 LCC-HVDC-STATCOM 混合系统的小信号稳定性具有较大的影响，特别是 LCC 锁相环 PLL_1 和 STATCOM 定交流电压控制器，在弱交流系统下易引起系统的小信号不稳定现象。一方面，STATCOM 系统所控制的交流电压即为 LCC-HVDC 系统逆变侧交流母线电压；另一方面，STATCOM 与 LCC 换流站各自的锁相环输入均来自同一交流母线电压，因此，STATCOM 与 LCC 控制系统之间存在较强的耦合作用。

为了进一步分析该耦合作用，当 PLL_1 增益系数 K_{pPLL1}=70 且 STATCOM 定交流电压控制器比例参数 K_{pUac} 分别取 0.5 与 1 时，从 0.1 到 50 逐渐增大 LCC 定关断角控制器比例参数 $K_{p\gamma}$，可得系统的根轨迹分别如图 11-8 所示。

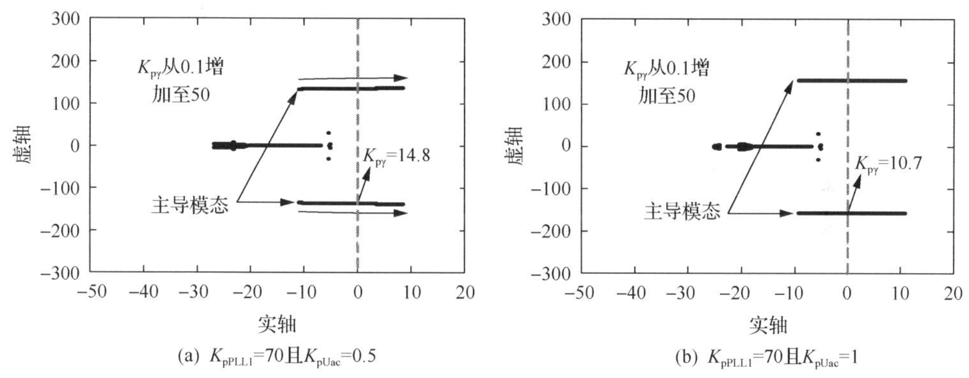

图 11-8　$K_{p\gamma}$ 变化时系统的根轨迹

由图 11-2(a)可知，当 K_{pPLL1}=70(K_{pUac}=0.5、$K_{p\gamma}$=20)时，系统不稳定。而从图 11-8 可以看出，当 K_{pPLL1}=70、K_{pUac}=0.5 时，$K_{p\gamma}$ 的可行范围为 $K_{p\gamma}\leqslant 14.8$；当 K_{pPLL1}=70、K_{pUac}=1 时，$K_{p\gamma}$ 的可行范围为 $K_{p\gamma}\leqslant 10.7$。也就是说，通过减小 LCC 定关断角控制器的比例参数，可以抑制由于 PLL_1 或定交流电压控制增益过大而导致的系统失稳现象；此时若增大 STATCOM 定交流电压控制器的比例参数 K_{pUac}，则定关断角控制器比例参数 $K_{p\gamma}$ 的可行范围将进一步减小。

为验证上述结论，在 PSCAD/EMTDC 中进行了如下仿真分析：初始状态时，LCC-HVDC-STATCOM 混合系统运行在额定运行工况，t=3s 时，K_{pPLL1} 由 10 阶跃至 70，t=4.5s 时，$K_{p\gamma}$ 由 20 阶跃至 5，系统的交流母线电压响应如图 11-9 所示。从图 11-9 可以看出，当 K_{pPLL1} 从 10 阶跃至 70 时，系统逐渐发散，表明此时系统不稳定；在 t=4.5s 时 $K_{p\gamma}$ 由 20 阶跃至 5 后系统逐渐恢复稳定。该结果进一步验证了图 11-8 中特征根分析所得到的不同控制系统之间的耦合作用，即通过减小 LCC 定关断角控制器的比例参数，可以抑制由于 LCC 锁相环 PLL_1 增益过大而导致的系统失稳现象。

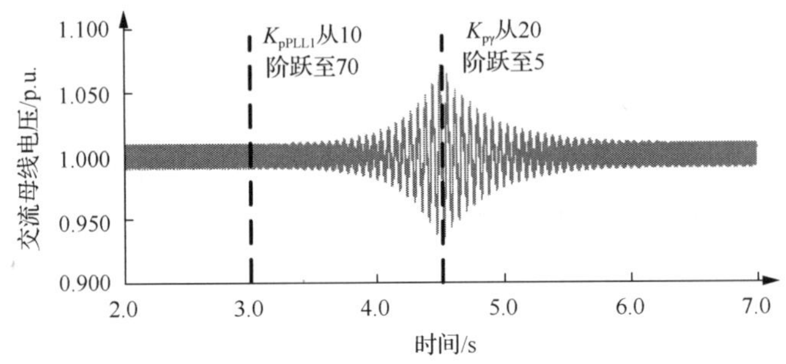

图 11-9　K_{pPLL1}=70、K_{pUac}=0.5 时 $K_{p\gamma}$ 阶跃前后系统母线电压响应特性

11.3　STATCOM 对 LCC-HVDC 系统稳定裕度的影响

11.3.1　STATCOM 对 LCC-HVDC 系统控制参数可行域的影响

如前文所述，一方面，LCC 换流站及 STATCOM 各自 PLL 环节的输入信号取自同一交流母线电压，因此两个 PLL 之间存在紧密的耦合；另一方面，STATCOM 所控制的交流电压即为 LCC-HVDC 系统逆变侧交流母线电压，STATCOM 对母线电压的调节作用有可能会对 PLL 和 LCC 逆变站控制系统的调节作用产生影响。

本节通过对比 LCC-HVDC 系统(案例 1)与含 STATCOM 的 LCC-HVDC 系统(案例 2)的稳定裕度的差异，研究 STATCOM 对 PLL 增益与 LCC 定关断角控制器参数可行域的影响。

1. STATCOM 对 PLL 增益可行域的影响

由 11.2.1 节可知，STATCOM 锁相环 PLL_2 对 LCC-HVDC 系统的稳定裕度影响较小，因此下文将重点研究 STATCOM 对 LCC 锁相环 PLL_1 增益可行域的影响。

初始状态时，LCC-HVDC 系统(案例 1)与 LCC-HVDC-STATCOM 混合系统(案例 2)均运行在额定工况(SCR=2.0)，从 10 到 100 逐渐增大两案例中 LCC 锁相环 PLL_1 增益 K_{pPLL1}，STATCOM 锁相环 PLL_2 增益保持 K_{pPLL2}=10 不变，两系统的根轨迹分别如图 11-10(a)、(c)所示。

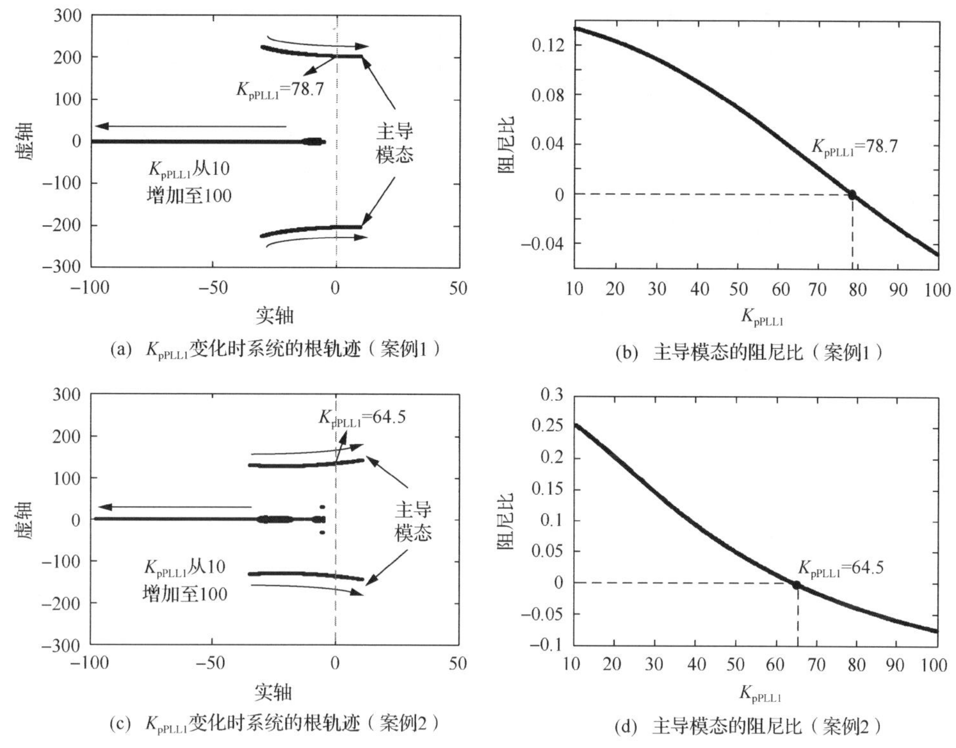

(a) K_{pPLL1}变化时系统的根轨迹（案例1）　(b) 主导模态的阻尼比（案例1）

(c) K_{pPLL1}变化时系统的根轨迹（案例2）　(d) 主导模态的阻尼比（案例2）

图 11-10　K_{pPLL1} 变化时系统的根轨迹及主导模态的阻尼比

由图 11-10 可知，当 $K_{pPLL1}<64.5$ 时，LCC-HVDC-STATCOM 混合系统(案例 2)所有特征根处于左半平面，表明系统能够稳定运行，当 $K_{pPLL1}\geqslant 64.5$ 时，该混合系统(案例 2)出现小信号失稳现象；同样地，当 $K_{pPLL1}<78.7$ 时，LCC-HVDC 系统(案例 1)能够稳定运行，当 $K_{pPLL1}\geqslant 78.7$ 时，LCC-HVDC 系统会出现失稳现象。此外，图 11-10(a)、(c)中两系统主导模态的阻尼比随 K_{pPLL1} 增大时的变化曲线如图 11-10(b)、(d)所示，可以看出，随着 K_{pPLL1} 增大，两系统的主导模态阻尼比皆呈下降趋势，并且，LCC-HVDC-STATCOM 混合系统(案例 2)主导模态的阻尼比在 K_{pPLL1} 增大过程中先变为负。可见，弱系统下 STATCOM 的引入使得整个混合系统(案例 2)中 LCC 锁相环 PLL_1 的稳定可行域减小。

为验证上述结论，在 PSCAD/EMTDC 中进行了如下仿真分析：①LCC-HVDC 系统(案例 1)开始运行于额定状态，t=3s 时，K_{pPLL1} 由 10 阶跃至 70，系统交流母线电压的响应如图 11-11(a)所示；②LCC-HVDC-STATCOM 混合系统(案例 2)开始运行于额定状态，t=3s 时，K_{pPLL1} 由 10 阶跃至 70，系统交流母线电压的响应如图 11-11(b)所示。由图 11-11 可知，当 K_{pPLL1} 由 10 阶跃至 70 时，LCC-HVDC 系统(案例 1)仍能保持稳定运行，而 LCC-HVDC-STATCOM 混合系统(案例 2)逐渐发散，这也与图 11-10 中通过特征根分析得到的结论一致。

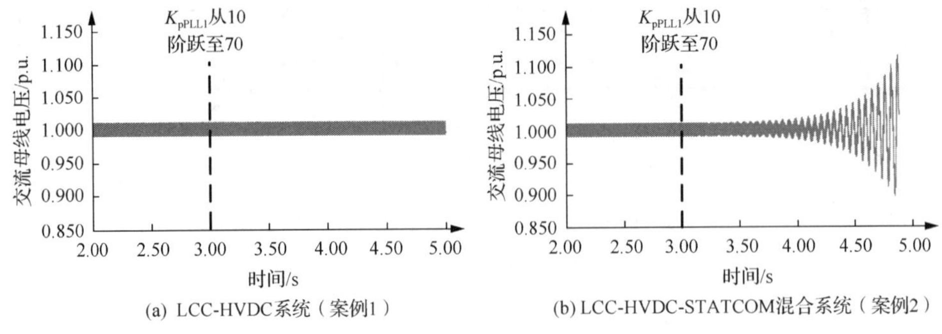

(a) LCC-HVDC系统（案例1）　(b) LCC-HVDC-STATCOM混合系统（案例2）

图 11-11　K_{pPLL1} 由 10 阶跃至 70 时两系统的交流母线电压响应

2. STATCOM 对定关断角控制器参数可行域的影响

初始状态时，LCC-HVDC 系统(案例 1)与含 STATCOM 的 LCC-HVDC 系统(案例 2)均运行在额定工况：①保持其他参数不变，从 1 到 1000 逐渐增大两系统的定关断角控制器比例参数 $K_{p\gamma}$，两系统的根轨迹分别如图 11-12(a)(b)所示；②保持其他参数不变，从 100 到 5000 逐渐增大两系统的定关断角控制器积分参数 $K_{i\gamma}$，系统的根轨迹如图 11-12(c)(d)所示。

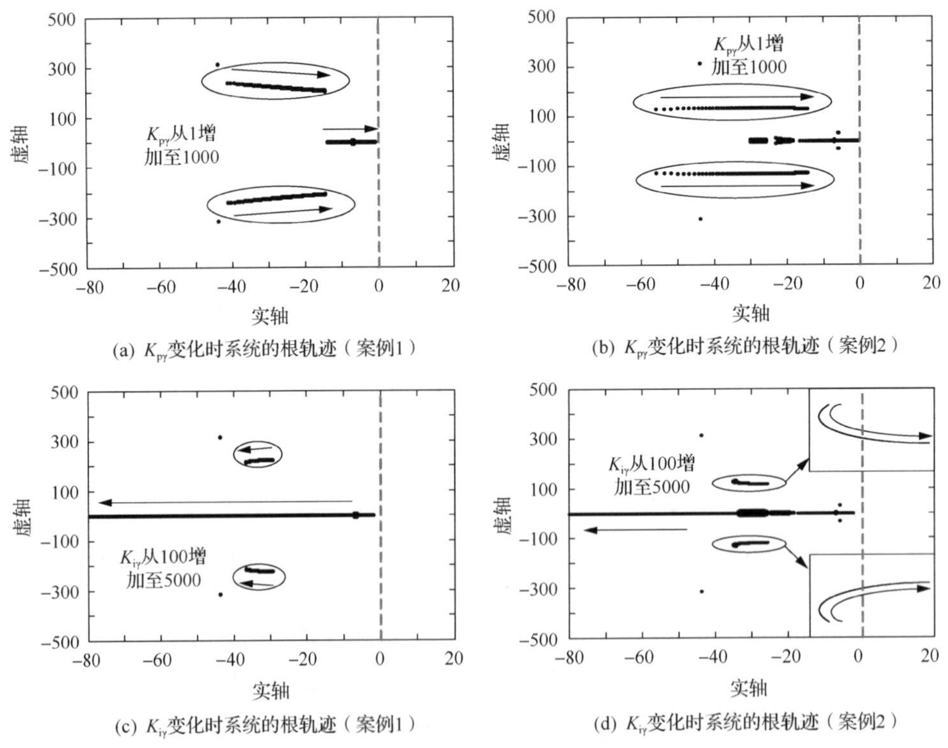

(a) $K_{p\gamma}$变化时系统的根轨迹（案例1）　(b) $K_{p\gamma}$变化时系统的根轨迹（案例2）

(c) $K_{i\gamma}$变化时系统的根轨迹（案例1）　(d) $K_{i\gamma}$变化时系统的根轨迹（案例2）

图 11-12　定关断角控制器参数变化时两系统的根轨迹

由图 11-12(a)(b)可知，当定关断角控制器比例参数 $K_{p\gamma}$ 从 1 增加至 1000 时，两个系统的所有特征值都处于左半平面，系统都能保持稳定；但由根轨迹的趋势可以看出，随着 $K_{p\gamma}$ 的增大，两系统的稳定性都将逐渐减弱。同样，由图 11-12(c)(d)可以看出，随着定关断角控制器积分参数 $K_{i\gamma}$ 增大，两个系统的所有特征值都保持在左半平面，系统都能保持稳定；但由根轨迹的趋势可以看出，随着 $K_{i\gamma}$ 增大，LCC-HVDC 系统(案例 1)的稳定性逐渐增强，而混合系统(案例 2)的稳定裕度将逐渐减小，表明系统的稳定性将逐渐减弱。

由以上分析可知，STATCOM 对 LCC 定关断角控制器参数可行域的影响较小，但随着比例参数 $K_{p\gamma}$ 和积分参数 $K_{i\gamma}$ 的增大，系统的稳定性将逐渐减弱。

3. 主导模态识别与参与因子分析

由前述分析可知，STATCOM 对 LCC-HVDC 系统中 LCC 锁相环 PLL_1 可行域影响较大，当 SCR=2、K_{pPLL1}=70 时，LCC-HVDC-STATCOM 混合系统将会失稳。当 SCR=2、K_{pPLL1}=70 时 LCC-HVDC 系统(案例 1)与混合系统(案例 2)的特征值及所对应模态的振荡频率与阻尼比如表 11-3 所示。其中模态 1～11 为两个系统的共有模态，而模态 12～18 为混合系统的特有模态。由表 11-3 可知，当 K_{pPLL1}=70 时 LCC-HVDC 系统(案例 1)所有模态的特征值的实部均为负，而混合系统(案例 2)的模态 7(即图 11-10(c)中导致系统失稳的主导模态)已呈现出负阻尼特性，即系统出现小信号不稳定现象。

表 11-3　K_{pPLL1}=70 时系统模态

模态	LCC-HVDC 系统(案例 1)			混合系统(案例 2)			主要参与因子
	特征根	振荡频率/Hz	阻尼比	特征根	振荡频率/Hz	阻尼比	
1	−3057.29±5235.41i	833.24	0.5043	−3041.72±5635.66i	896.94	0.4750	U_{td}, U_{tq}, U_{cr2d}, U_{cr2q}, I_{Lr1d}, I_{Lr1q}, (I_{v2d}, I_{v2q})
2	−3275.01±4700.32i	748.08	0.5717	−3244.34±5118.55i	814.64	0.5354	U_{td}, U_{tq}, U_{cr2d}, U_{cr2q}, I_{Lr1d}, I_{Lr1q}, (I_{v2d}, I_{v2q})
3	−1937.10	0	1	−1918.87	0	1	γ_m
4	−502.80±1675.16i	266.61	0.2875	−506.38±1513.40i	240.87	0.3173	U_{cr3d}, U_{cr3q}, I_{Lr2d}, I_{Lr2q}, (I_{v2dm}, I_{v2qm})
5	−512.07±1055.49i	167.99	0.4365	−521.72±951.70i	151.47	0.4807	U_{cr3d}, U_{cr3q}, I_{Lr2d}, I_{Lr2q}, (I_{v2dm}, I_{v2qm})
6	−28.40±837.58i	133.30	0.0339	−117.42±741.62i	118.03	0.1564	U_{cr2d}, U_{cr2q}, U_{cr3d}, U_{cr3q}, I_{sd}, I_{sq}, (I_{v2dm}, I_{v2qm})
7	−4.32±204.15i	32.49	0.0211	2.12±136.7i	21.77	−0.0155	U_{tq}, I_{sd}, I_{sq}, θ_1, ω_1, (U_{tdm}, U_{tqm}, x_4)
8	−43.78±314.16i	50.00	0.1380	−43.78±314.16i	50.00	0.1380	U_{cr4d}, U_{cr4q}
9	−111.00	0	1	−82.56	0	1	U_{tq}, θ_1, ω_1, (U_{tqm})
10	−10.17	0	1	−12.03	0	1	x_γ, (x_4)

续表

模态	LCC-HVDC 系统(案例 1)			混合系统(案例 2)			主要参与因子
	特征根	振荡频率/Hz	阻尼比	特征根	振荡频率/Hz	阻尼比	
11	–5.28	0	1	–5.29	0	1	U_{tq}
12	——	——	——	–436.98±2498.58i	397.66	0.1723	$(U_{cr2d}, U_{cr2q}, I_{Lr1d}, I_{Lr1q}, I_{v2dm}, I_{v2qm}, I_{v2d}, I_{v2q})$
13	——	——	——	–405.73±2069.80i	329.42	0.1924	$(U_{cr2d}, U_{cr2q}, I_{Lr1d}, I_{Lr1q}, I_{v2dm}, I_{v2qm}, I_{v2d}, I_{v2q})$
14	——	——	——	–186.66±51.15i	8.14	0.9644	$(U_{tq}, I_{sd}, I_{sq}, \theta_1, \omega_1, U_{tdm}, U_{tqm})$
15	——	——	——	–5.43±30.44i	4.84	0.1755	(x_3, U_{dc2})
16	——	——	——	–23.16	0	1	(U_{tqm}, x_4, x_1, x_2)
17	——	——	——	–26.39±5.12i	0.81	0.9817	(U_{tqm}, x_4, x_1, x_2)
18	——	——	——	–5.00±5.00i	0.80	0.7070	(θ_2, ω_2)

SCR=2、K_{pPLL1}=70 时，采用参与因子方法[5]对两系统的所有模态进行分析，各模态的主要参与状态变量如表 11-3 中最后一列所示，相关状态变量的物理含义见表 4-4。其中，括号外变量为两系统共有的状态变量，括号内变量为混合系统的特有变量。取各状态变量中参与程度最高的为基准，对其他的状态变量进行标幺化，其中主导模态(即模态 7)中状态变量的参与因子分布结果如图 11-13 所示。

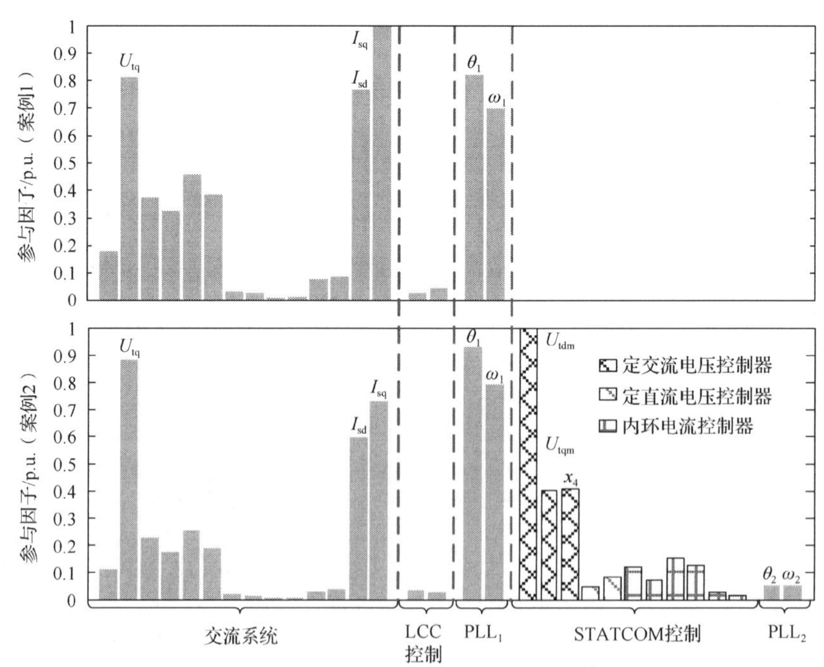

图 11-13　K_{pPLL1}=70 时主导模态下各状态变量的参与因子

当 K_{pPLL1}=70 时，LCC-HVDC-STATCOM 混合系统(案例 2)将会失稳，从图 11-13 可以看出，其主导模态的参与因子程度较 LCC-HVDC(案例 1)明显增加的状态变量分别为 U_{tq}、θ_1、ω_1，而这些变量均与 LCC 锁相环 PLL_1 相关。因此，在弱交流系统下，STATCOM 会影响 LCC-HVDC 中 LCC 锁相环 PLL_1 增益的稳定可行域，可能会带来由于 PLL_1 增益过大导致的小信号失稳现象。而 STATCOM 控制系统中定交流电压控制器的相关状态变量参与程度也较高，表明弱系统下 STATCOM 定交流电压控制器与 LCC 锁相环之间的耦合作用，是降低 LCC-HVDC 系统稳定裕度的关键因素。

11.3.2 STATCOM 在不同 SCR 下对 PLL 增益可行域的影响

为进一步研究 STATCOM 对 LCC 锁相环 PLL_1 增益可行域的影响，本节研究了上述两个系统(案例 1 和案例 2)在额定运行状态时，LCC 锁相环 PLL_1 增益 K_{pPLL1} 可行域随 SCR 的变化规律，如图 11-14 所示，其中，实线表示 LCC-HVDC 系统(案例 1)的 K_{pPLL1} 的可行域，虚线表示 LCC-HVDC-STATCOM 混合系统(案例 2)的 K_{pPLL1} 的可行域。

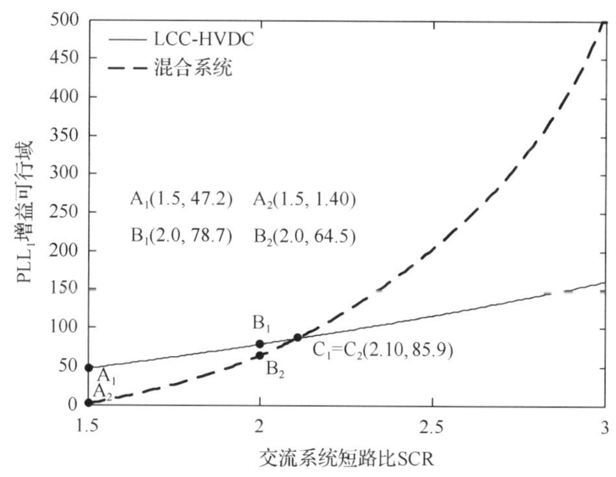

图 11-14 K_{pPLL1} 的可行域随交流系统 SCR 的变化规律

图 11-14 中的两条曲线表示，在不同的交流系统 SCR 下，若保证系统能够稳定传输额定有功功率，LCC 锁相环 PLL_1 增益 K_{pPLL1} 的最大允许值，曲线下方区域即为 K_{pPLL1} 的可行域。例如，点 B_1(2,78.7) 表示在 SCR=2 时，LCC-HVDC 系统的 K_{pPLL1} 可行域为 $K_{pPLL1} \leqslant 78.7$；点 B_2(2,64.5) 表示在 SCR=2 时，混合系统的 K_{pPLL1} 可行域为 $K_{pPLL1} \leqslant 64.5$。其余各点的含义类似，下标 1 表示 LCC-HVDC 系统(案例 1)，下标 2 表示混合系统(案例 2)。

由图 11-14 可知，为保证系统能在额定工况下稳定运行，随着交流系统 SCR

的下降，两个系统的 K_{pPLL1} 可行域都在逐渐减小，表明过大的 LCC 锁相环增益将引起系统的小信号不稳定现象。当 SCR＜2.10 时(即图 11-14 的交点 C_1)，混合系统的 K_{pPLL1} 可行域将比 LCC-HVDC 系统更小。也就是说，当 LCC-HVDC 连接较弱系统(SCR＜2.10)时，并联 STATCOM 将降低 LCC 锁相环 PLL_1 的稳定可行域，从而更有可能引发由于 PLL_1 增益过大而产生的系统失稳现象。当 SCR＞2.10(即交流系统增强)时，混合系统的 K_{pPLL1} 稳定可行域将比 LCC-HVDC 系统更大，即当 LCC-HVDC 连接较强的交流系统时，并联 STATCOM 将增加 LCC 锁相环增益的可行稳定范围。因此，随着 LCC-HVDC 工程的逐渐增多及其输电容量的不断提高，受端交流系统的强度将相对减弱，在这种情况下 STATCOM 的引入可能带来的 LCC 锁相环动态特性恶化问题值得关注。

为进一步研究交流系统 SCR 对案例 1 和案例 2 中系统小信号稳定性的影响，保持控制参数不变(K_{pPLL1}=K_{pPLL2}=10)，从 2 到 1 逐渐减小两个系统的 SCR，两系统根轨迹如图 11-15。从图 11-15 可以看出，当 SCR 从 2 降到 1 时，LCC-HVDC 系统(案例 1)所有特征根均处于虚轴左侧，而混合系统(案例 2)中的主导模态已于 SCR=1.59 时穿越虚轴到达右半平面。由此可见，LCC-HVDC-STATCOM 混合系统在交流系统较弱时更易出现小信号失稳现象。

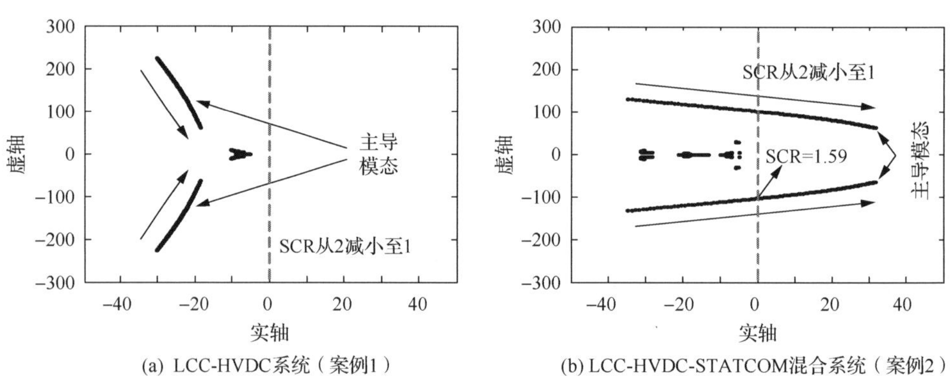

(a) LCC-HVDC系统（案例1）　(b) LCC-HVDC-STATCOM混合系统（案例2）

图 11-15　SCR 变化时两系统的根轨迹

同样地，采用电磁暂态仿真来验证上述特征根分析的结果，在 3～4s 时间段内，使两系统的 SCR 均由 2 斜坡下降至 1.5(若 SCR 阶跃下降，则扰动太大，系统容易失稳)，得到交流母线电压的响应如图 11-16 所示。

图 11-16 的结果表明，当 SCR 由 2 下降至 1.5 时，LCC-HVDC 系统(案例 1)运行依然稳定，而 LCC-HVDC-STATCOM 混合系统(案例 2)逐渐发散，该仿真分析结果也与图 11-15 中得到的临界 SCR 吻合。仿真结果再次表明，与 LCC-HVDC 系统相比，含 STATCOM 的 LCC-HVDC 系统在弱交流电网条件下更容易出现小信号不稳定现象。

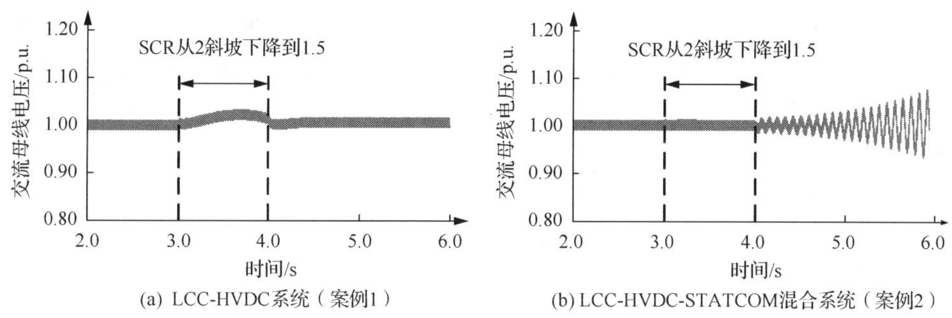

图 11-16　SCR 由 2 下降到 1.5 时两系统的交流母线电压响应

11.3.3　STATCOM 对系统功率传输极限的影响

MAP 值与 CSCR 是一组衡量 LCC-HVDC 系统运行极限的指标[6]。

计算 LCC-HVDC 系统或混合系统的 MAP 值时，设置 LCC 系统的直流电流从 0.8p.u.逐渐增加至 1.2p.u.，LCC 在定关断角控制器的作用下保持γ=15°不变。MAP 值受到以下限制条件约束：①随着直流电流的增加，混合系统中 STATCOM 发出无功也在增加，其发出最大无功受到其容量(100Mvar)的限制；②为保证系统能稳定运行，当直流电流变化时，在特定的 K_{pPLL1} 参数下需判断系统是否小信号稳定，若不稳定，则系统到达了所能传输的功率极限，因此系统 MAP 值还受到控制参数的约束。

当 K_{pPLL1}=100 时，LCC-HVDC 系统与混合系统的 MAP 值随交流系统 SCR 的变化趋势如图 11-17 所示。

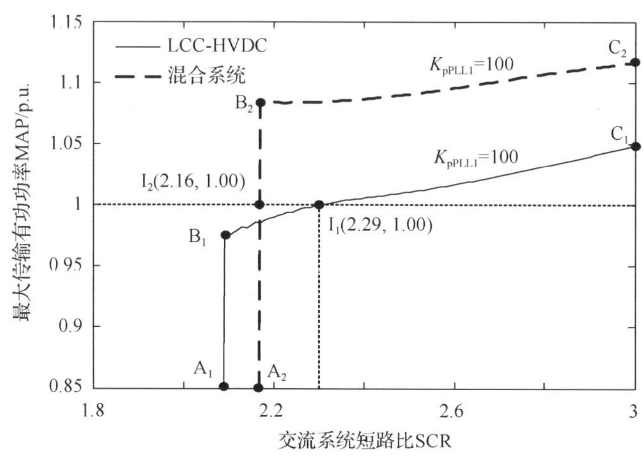

图 11-17　K_{pPLL1}=100 时 LCC-HVDC 系统与混合系统的 MAP

图 11-17 中，点 I_1(2.29,1.00)表示当 K_{pPLL1}=100、SCR=2.29 时 LCC-HVDC 系

统的 MAP 为 1.0p.u.；点 I_2(2.16,1.00)表示当 K_{pPLL1}=100、SCR=2.16 时混合系统的 MAP 为 1.0p.u.。当系统的 MAP 恰为额定功率 1.0p.u.时，对应此时的交流系统 SCR 值即为 CSCR，因此当 K_{pPLL1}=100 时 LCC-HVDC 系统的 CSCR=2.29，混合系统的 CSCR=2.16。

由图 11-17 可以得到以下结论：

(1) LCC-HVDC 系统与混合系统的 MAP 均受到交流系统 SCR 的制约，随着 SCR 的增大，MAP 呈现逐渐增大的趋势。

(2) 线段 A_1B_1 与线段 A_2B_2 上的 MAP 值主要受到 K_{pPLL1} 参数的制约，若系统传输有功功率大于对应 SCR 下的 MAP 值，则系统将会失稳。可以看到，在点 I_2 之前混合系统 MAP 值小于 LCC-HVDC 系统，这是由于 STATCOM 的控制系统，尤其是定交流电压控制器与 LCC 锁相环 PLL_1 之间的耦合作用，使得 K_{pPLL1} 参数对混合系统稳定性的负面影响比 LCC-HVDC 系统更大，从而限制了混合系统 MAP 的增大。这也与图 11-14 中弱系统下混合系统的 LCC 锁相环 PLL_1 的可行域较小相一致。

(3) 线段 B_1C_1 与线段 B_2C_2 上的 MAP 值主要受系统自身潮流约束的限制(即不考虑控制系统的影响作用)，其中，线段 B_2C_2 上混合系统的 MAP 还受 STATCOM 所能发出最大无功功率(100MVar)的限制。由图中 MAP 的趋势可以看出，STATCOM 可以有效提升 LCC-HVDC 系统的 MAP，但在弱交流系统下 MAP 更易受到控制参数与小信号稳定性的限制。

进一步地，当 K_{pPLL1} 分别取值 10、30、60、100、150 和 200 时，混合系统中 LCC 系统的 MAP 随交流系统 SCR 的变化趋势如图 11-18 所示。

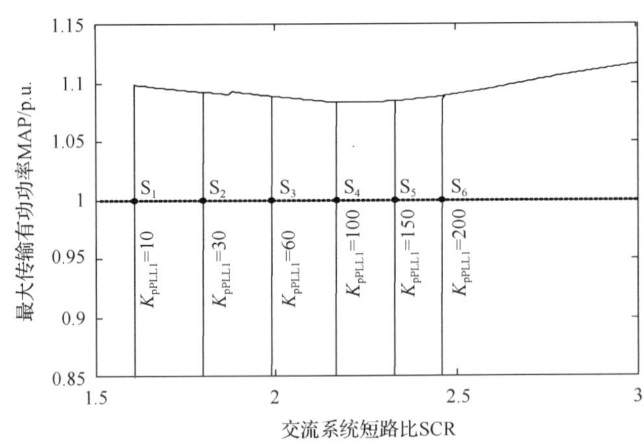

图 11-18　不同 K_{pPLL1} 时混合系统的 MAP 值

图 11-18 中点 S_1～S_6 的坐标含义与图 11-17 中点 I_2 类似，由图 11-18 可得 K_{pPLL1} 取不同值时混合系统的 CSCR 值结果，如表 11-4 所示。由图 11-18 与表 11-4 可知，

混合系统的 MAP 值不仅与交流系统 SCR 有关，还与 LCC 锁相环 PLL_1 增益 K_{pPLL1} 的大小有关。随着 SCR 的增大，MAP 呈现逐渐增大的趋势；随着 K_{pPLL1} 的增大，CSCR 也增大，说明系统的临界稳定裕度减小。

表 11-4　K_{pPLL1} 取值不同时混合系统的 CSCR

K_{pPLL1}	CSCR	K_{pPLL1}	CSCR
10	1.59	100	2.16
30	1.77	150	2.34
60	1.97	200	2.49

11.4　提高系统稳定裕度的改进协调控制方法

11.4.1　附加阻尼协调控制方法

由上节分析可知，在弱系统下，STATCOM 的接入降低了 LCC-HVDC 系统的稳定裕度。而由图 11-13 可知，当 LCC 锁相环 PLL_1 增益过大导致系统失稳时，影响系统失稳的主要因素与 LCC 系统的锁相环 PLL_1 及 STATCOM 定交流电压控制器相关，基于该分析结论，本节提出附加阻尼协调控制方法 SCDC，来提高 LCC-HVDC-STATCOM 混合系统的稳定裕度。

如图 11-19 所示，SCDC 即是将 LCC 锁相环 PLL_1 的输出角频率(ω_1)和额定角频率(ω_0)的偏差量($\Delta\omega=\omega_0-\omega_1$)，与所引入的阻尼系数 K_d 的乘积以附加分量形式反馈到 STATCOM 定交流电压控制器外环的输入上，用以抑制弱交流系统下 STATCOM 接入后 LCC-HVDC 系统锁相环增益过大引起的小信号失稳现象。

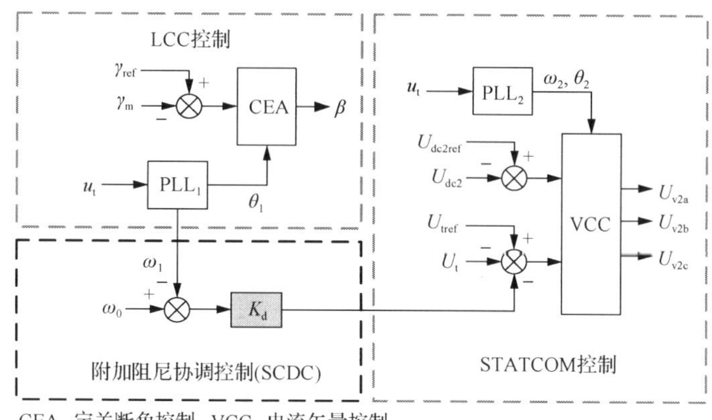

CEA：定关断角控制；VCC：电流矢量控制

图 11-19　SCDC 原理图

11.4.2 基于附加阻尼协调控制的小信号模型及验证

1. 含附加阻尼协调控制的系统小信号模型

采用图 11-19 所示的 SCDC 后，LCC-HVDC-STATCOM 混合系统定交流电压控制器外环的状态空间方程应修正为

$$\begin{cases}\dfrac{\mathrm{d}x_4}{\mathrm{d}t}=U_{\mathrm{tref}}-\sqrt{\dfrac{3}{2}\left(U_{\mathrm{tdm}}^2+U_{\mathrm{tqm}}^2\right)}-K_{\mathrm{d}}\left(\omega_0-\omega_1\right)\\ I_{\mathrm{v2qref}}=K_{\mathrm{pUac}}\dfrac{\mathrm{d}x_4}{\mathrm{d}t}+K_{\mathrm{iUac}}x_4\end{cases}\tag{11-1}$$

式中，U_{tref}为 STATCOM 定交流电压控制器的参考值；K_{d}为阻尼系数；ω_0为额定角频率，ω_1为 LCC 锁相环 PLL_1 的输出角频率；I_{v2qref}为外环定交流电压控制器输出的内环 q 轴电流参考值；K_{pUac}、K_{iUac}为定交流电压控制器的比例与积分参数；x_4为定交流电压控制器外环的积分环节引入的状态变量。

根据修正后的非线性状态空间方程，线性化后可得到含 SCDC 的 LCC-HVDC-STATCOM 混合系统的小信号模型。

2. 小信号模型的验证

为验证所建立的小信号模型的正确性，在 PSCAD/EMTDC 中搭建了含 SCDC 的 LCC-HVDC-STATCOM 混合系统模型，其中，阻尼系数 K_{d}=5。

系统初始工作在额定运行状态(SCR=2.0，γ_{ref}=1.0p.u.，U_{tref}=1.0p.u.，U_{dc2ref}=1.0p.u.)：①保持其余参数不变，3.0s 时γ_{ref}从 1.0p.u.(15°)阶跃下降到 0.95p.u.(14.25°)，4.5s 时恢复至 1.0p.u.，基于 MATLAB 小信号模型和基于 PSCAD 电磁暂态仿真模型的动态响应对比结果如图 11-20(a)所示；②保持其余参数不变，3.0s 时 U_{tref}从 1.0p.u.阶跃下降到 0.95p.u.，4.5s 时恢复至 1.0p.u.，基于 MATLAB 小信号模型和基于 PSCAD 电磁暂态仿真模型的对比结果如图 11-20(b)所示；③保持其余参数不变，3.0s 时 STATCOM 直流电压 U_{dc2ref}从 1.0p.u.阶跃下降到 0.95p.u.，4.5s 时恢复至 1.0p.u.，基于 MATLAB 小信号模型和基于 PSCAD 电磁暂态仿真模型的对比结果如图 11-20(c)所示。

由图 11-20 可以看出，在设定的不同阶跃条件下，基于 MATALB 小信号模型的动态响应和基于 PSCAD 电磁暂态仿真结果基本一致，验证了所得到小信号模型的正确性。需要注意的是，基于 MATLAB 的模型仅考虑了 LCC 和 STATCOM 的基频成分；而基于 PSCAD 的结果是基于换流器开关模型的详细电磁暂态仿真结果，因此图 11-20 的 PSCAD 仿真结果中存在谐波成分。

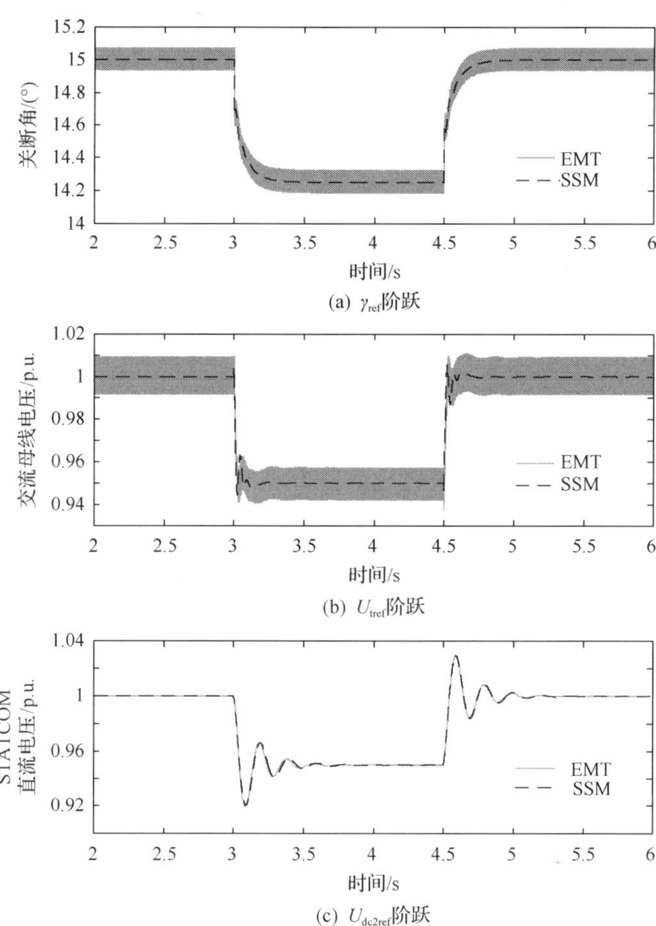

(a) γ_{ref}阶跃

(b) U_{tref}阶跃

(c) U_{dc2ref}阶跃

图 11-20　LCC-HVDC-STATCOM 混合系统的动态特性

11.4.3　附加阻尼协调控制对系统小信号稳定性的影响

1. 阻尼系数 K_d 对 PLL_1 可行域的影响

由 11.3.1 节的分析可知，额定运行状态下，当 SCR=2.0、PLL_1 增益 K_{pPLL1}=70 且不采用附加阻尼协调控制方法时，LCC-HVDC-STATCOM 混合系统将会发生小信号失稳现象。下文研究了在上述运行状态下投入 SCDC 后，通过调节阻尼系数 K_d 来有效抑制系统的小信号失稳现象。

基于所建立的小信号模型，初始状态时，含 SCDC 的混合系统(案例 3)运行在上述额定运行工况，从 0.01 到 10 逐渐增大阻尼系数 K_d，系统的根轨迹如图 11-21 所示。

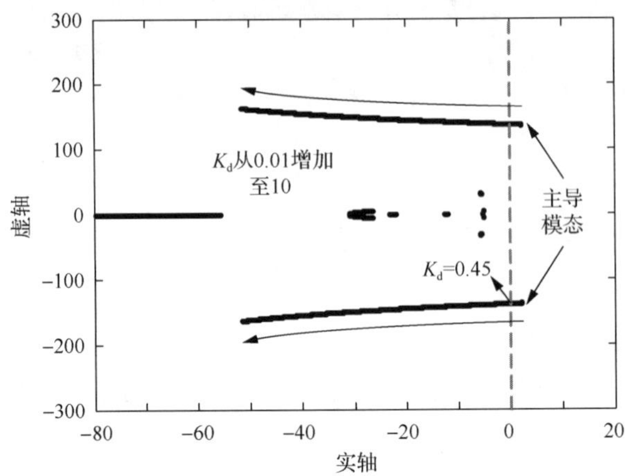

图 11-21　阻尼系数 K_d 变化时系统的根轨迹

由图 11-21 可知，当阻尼系数 K_d 逐渐增大时，主导模态逐渐向左半平面移动，系统在 K_d=0.45 时达到临界稳定，且之后稳定性逐渐增强。即当 SCR=2、K_{pPLL1}=70 时，K_d 的可行域为 $K_d \geqslant 0.45$。由图 11-19 的控制原理可知，SCDC 为交流电压外环指令值提供了一个附加分量，当系统频率变化较大时，附加分量也会增大，从而有可能导致交流电压与额定运行电压产生较大的偏差，因此 K_d 不能过大。由于系统允许的最大频率偏差为±0.2Hz(所占额定频率的百分比为 0.2/50=0.4%)，允许的最大交流电压偏差为±5%，考虑一定裕度后设定系统在小信号稳定性要求中允许的交流电压偏差为±3%，则 K_d 的上限值为 7.5(3%/0.4%)，因此当 SCR=2、K_{pPLL1}=70 时，K_d 的可取范围为[0.45,7.5]，针对不同 K_{pPLL1} 值下 K_d 的可行域将在下文中进行更详细的分析。

由 11.3.1 节的分析可知，弱系统下 STATCOM 的引入将会使 LCC-HVDC 系统的锁相环 PLL_1 的稳定可行域减小，有可能引发由于 LCC 锁相环增益过大导致的小信号失稳现象。当 SCR=2、LCC 锁相环增益 K_{pPLL1}=70 时，LCC-HVDC 系统(案例 1)、无 SCDC 的 LCC-HVDC-STATCOM 混合系统(案例 2)与含 SCDC 的 LCC-HVDC-STATCOM 混合系统(案例 3，选取 K_d=5)的特征值如下表 11-5 所示。

表 11-5　SCR=2、K_{pPLL1}=70 时的系统模态

模态	LCC-HVDC(案例 1)	混合系统(案例 2)	含 SCDC 的混合系统(案例 3, K_d=5)
1	−3057.29±5235.41i	−3041.72±5635.66i	−3038.89±5633.65i
2	−3275.01±4700.32i	−3244.34±5118.55i	−3241.36±5116.45i
3	−1937.10	−1918.87	−1919.23
4	−502.80±1675.16i	−506.38±1513.40i	−509.41±1513.45i
5	−512.07±1055.49i	−521.72±951.70i	−525.25±953.61i
6	−28.40±837.58i	−117.42±741.62i	−122.50±747.40i

续表

模态	LCC-HVDC（案例 1）	混合系统（案例 2）	含 SCDC 的混合系统（案例 3, K_d=5）
7	–4.32±204.15i	2.12±136.7i	–23.53±146.25i
8	–43.78±314.16i	–43.78±314.16i	–43.78±314.16i
9	–111.00	–82.56	–73.88
10	–10.17	–12.03	–12.30
11	–5.28	–5.29	–5.29
12	—	–436.98±2498.58i	–431.84±2496.86i
13	—	–405.73±2069.80i	–400.52±2068.45i
14	—	–186.66±51.15i	–168.28±51.95i
15	—	–5.43±30.44i	–5.57±30.92i
16	—	–23.16	–22.58
17	—	–26.39±5.12i	–27.81±4.47i
18	—	–5.00±5.00i	–5.00±5.00i

由表 11-5 可知，当 SCR=2、K_{pPLL1}=70 时，无 STATCOM 接入的 LCC-HVDC 系统（案例 1）所有模态的特征值均处于左半平面，而含 STATCOM 的混合系统（案例 2）模态 7 的实部已变为正，表明系统出现失稳现象。投入 K_d=5 的 SCDC 方法后，案例 3 的所有模态特征根的实部均为负，系统处于稳定状态。因此，所提出的附加阻尼协调控制方法，可以有效提高 LCC-HVDC-STATCOM 混合系统的小信号稳定性。

同样采用参与因子方法对 SCR=2、K_{pPLL1}=70 时混合系统（案例 2）与含 SCDC 的混合系统（案例 3）的主导模态进行分析，其主导模态中参与程度较高状态变量的参与因子对比结果如表 11-6 所示。

表 11-6　K_{pPLL1}=70 时案例 2 与案例 3 主导模态中主要状态变量的参与因子

系统	U_{tq}	θ_1	ω_1	U_{tqm}	x_4
混合系统（案例 2）/%	88.05	92.83	79.11	100	40.81
含 SCDC 混合系统（案例 3）/%	47.02	78.92	37.98	100	27.26

从表 11-6 可以看出，投入 SCDC 方法以后，混合系统中 U_{tq}、θ_1、ω_1、x_4 的参与程度显著降低，表明 LCC 锁相环与 STATCOM 定交流电压控制器对主导模态的影响有一定程度的减弱。即 SCDC 减弱了 LCC 锁相环与 STATCOM 定交流电压控制器之间的耦合作用，从而在一定程度上提高了系统的稳定裕度。

2. 不同 K_{pPLL1} 下 K_d 的可行域

由前文可知，SCDC 的阻尼系数 K_d 需要合理选择。为了研究 K_d 的可选范围，当 SCR=2 时，从 70 到 200 逐渐增大 LCC 锁相环增益 K_{pPLL1}，阻尼系数 K_d 的参数可行域，结果如图 11-22 所示。

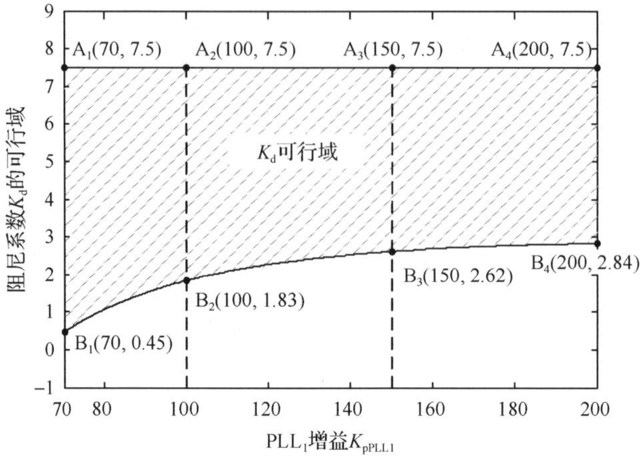

图 11-22　不同 K_{pPLL1} 参数下的 K_d 可行域

图 11-22 中的阴影部分表示当 K_{pPLL1} 取不同值时，阻尼系数 K_d 的可行域。例如，点 A_1(70,7.5)表示当 K_{pPLL1}=70 时 K_d 的最大允许值为 7.5，点 B_1(70,0.45)表示当 K_{pPLL1}=70 时 K_d 的最小允许值为 0.45，因此，当 K_{pPLL1}=70 时 K_d 的可行域为[0.45,7.5]，其余各点的含义类似。同时，由图 11-22 中 K_d 可行域的变化趋势可以看出，随着 LCC 锁相环增益 K_{pPLL1} 进一步增大，K_d 的可行域将逐渐减小。

3. 仿真验证

为了验证上述分析结果，在 PSCAD/EMTDC 中进行了如下仿真分析：初始状态时，不含 SCDC 方法的混合系统运行在额定运行工况(SCR=2)，t=3s 时，K_{pPLL1} 由 10 阶跃至 70，t=5s 时，投入 SCDC 方法且 K_d=5，系统的交流母线电压响应如图 11-23 所示。

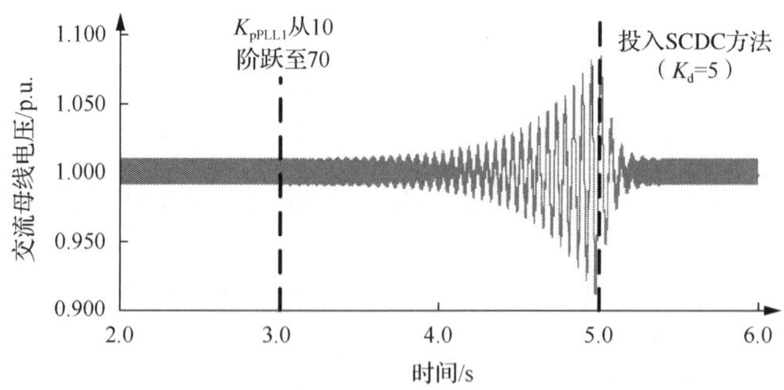

图 11-23　K_{pPLL1}=70 时投入 SCDC 方法(K_d=5)前后系统交流母线电压的动态响应

从图 11-23 可以看出，当 K_{pPLL1} 从 10 阶跃至 70 时，系统逐渐发散，表明此时系统不稳定；在 t=5s 时投入 SCDC 方法(K_d=5)后系统逐渐恢复稳定。该结果进一步验证了所建立小信号模型的正确性与所提出的附加阻尼协调控制的有效性，即通过附加阻尼协调控制的调节，可以有效抑制由于 LCC 锁相环 PLL_1 增益过大而导致的系统失稳现象。

为了进一步验证 SCDC 方法的有效性，在 3～4s 时间段内，使不含 SCDC 方法的混合系统的交流系统 SCR 由 2 斜坡下降至 1.5，得到交流母线电压的响应结果如图 11-24 所示，可以看出，混合系统逐渐振荡发散；t=6s 时，投入 SCDC 方法(K_d=5)后系统逐渐恢复稳定，该仿真结果同样验证了附加阻尼协调控制的有效性。

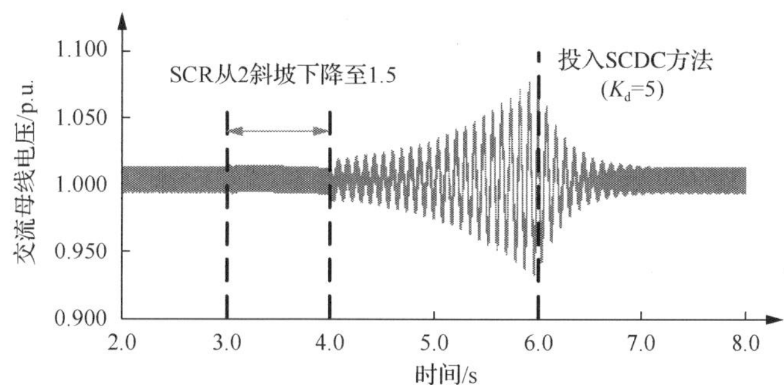

图 11-24　SCR=1.5 时投入 SCDC 方法(K_d=5)前后系统交流母线电压的动态响应

从图 11-23 与图 11-24 可以看出，SCDC 可以有效抑制弱系统下 LCC-HVDC-STATCOM 混合系统在高 LCC 锁相环增益下的系统小信号失稳，最终提高整个混合系统的稳定裕度。

如前文所述，较大的 LCC 锁相环增益有可能导致混合系统发生小信号失稳，但增益减小将会在一定程度上降低系统的动态响应速度。而本节提出的 SCDC 方法，既能使混合系统满足其动态响应速度要求，同时还可以保证系统具有一定的稳定裕度。

11.4.4　附加阻尼协调控制对系统暂态特性的影响

首先对比混合系统(案例 2)与含 SCDC 方法的混合系统(案例 3，其中 K_d=5)在相同的单相接地故障下的暂态性能。初始状态时，两系统(案例 2 和案例 3)均运行于额定工况，t=3s 时，两系统均发生单相接地故障，接地电感为 0.78H，故障持续时间为 0.1s，两系统的暂态特性对比结果如图 11-25 所示。图中 11-25 表示在发生单相故障时，LCC 系统直流功率(P_d)、关断角(γ)、PCC 点电压(U_t)与 LCC 换流站直流电压(U_{dc1})的暂态特性。通过对比有无 SCDC 方法的混合系统的暂态特性可以发现，在所设置的单相故障条件下，不含 SCDC 方法的混合系统发生了一次换相失败，而含 SCDC 方法的混合系统并未发生换相失败。此外，从图 11-25 还可以看出，SCDC 方法可以有效地调节交流母线电压，减少故障期间 LCC 系统直流电压的跌落。

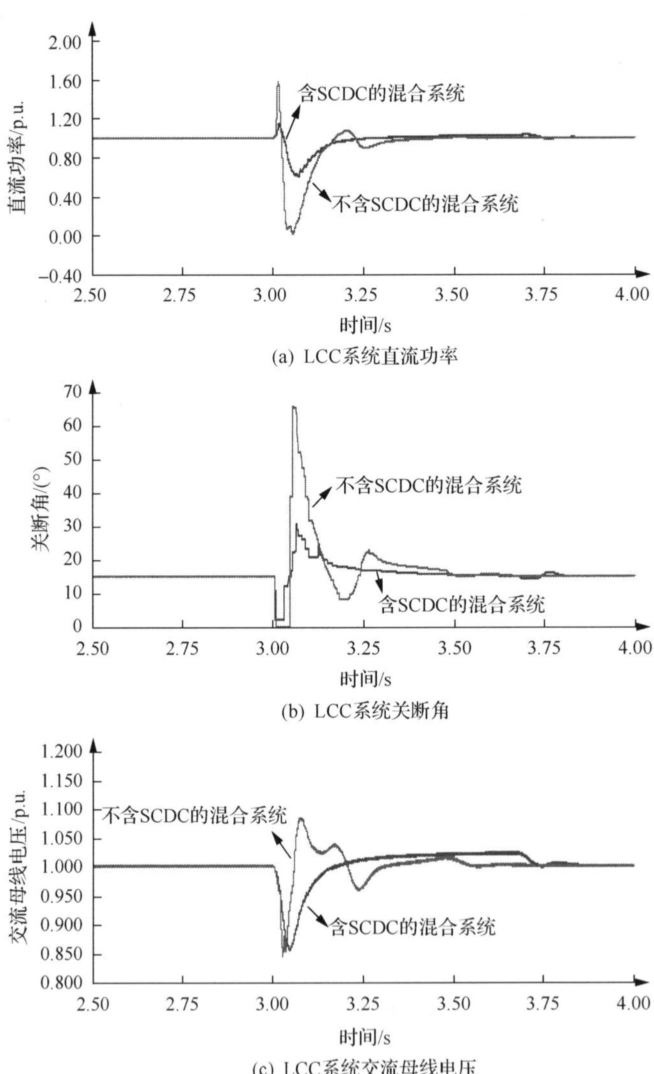

(a) LCC系统直流功率

(b) LCC系统关断角

(c) LCC系统交流母线电压

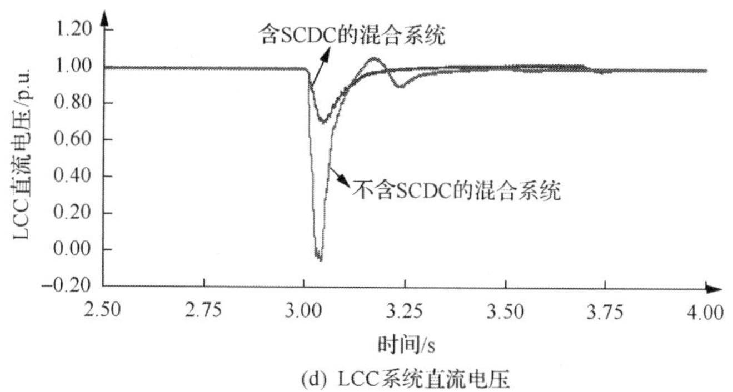

(d) LCC系统直流电压

图 11-25　LCC-HVDC-STATCOM 混合系统在单相接地故障下的暂态特性

为了进一步研究所提出的 SCDC 方法对混合系统暂态特性的影响，采用了换相失败免疫性指标(commutation failure immunity index，CFII)[7]来衡量混合系统抵御换相失败的能力。CFII 的定义如下：

$$\mathrm{CFII}=\frac{U_{\mathrm{N}}^{2}}{\omega L_{\mathrm{c}} P_{\mathrm{dc}}} \tag{11-2}$$

式中，U_{N} 为交流母线额定电压；L_{c} 为恰巧不使 LCC-HVDC 系统发生换相失败的临界故障接地电感值；P_{dc} 为系统额定直流功率。CFII 值越大，表明系统对于换相失败的抵御能力越强。

进一步比较有无 SCDC 方法的 LCC-HVDC-STATCOM 混合系统在单相接地故障与三相接地故障下的临界电感值与 CFII 值，结果如表 11-7 所示。可以看出，无论是单相接地故障还是三相接地故障，含 SCDC 方法的混合系统的 CFII 值均略高于不含 SCDC 方法的混合系统，表明在 SCDC 方法的作用下，混合系统的换相失败抵御能力也有所增加。因此，所提出的 SCDC 方法，不仅可以显著提高系统的小信号稳定裕度，而且可以在一定程度上改善整个混合系统的暂态性能。

表 11-7　临界电感与 CFII 值

系统	单相接地故障		三相接地故障	
	临界电感/H	CFII/%	临界电感/H	CFII/%
不含 SCDC 方法的混合系统	0.80	21.05	0.96	17.54
含 SCDC 方法的混合系统(K_d=5)	0.76	22.16	0.93	18.11

参 考 文 献

[1] 郭春义, 蒋雯, 赵成勇, 等. 含 STATCOM 的 LCC-HVDC 系统的动态模型及小信号稳定性研究. 中国电机工程学报, 2018, 38(14): 4046-4055+4310.

[2] 郭春义, 蒋雯, 郑安然, 等. 弱交流系统下 STATCOM 对 LCC-HVDC 小信号稳定裕度的影响研究. 中国电机工程学报, 2018, 38(19): 5679-5686+5925.

[3] 郭春义, 蒋雯, 殷子寒, 等. 弱交流电网下含 STATCOM 的 LCC-HVDC 系统的附加阻尼协调控制方法. 中国电机工程学报, 2018, 38(20): 5957-5964.

[4] Guo C Y, Jiang W, Zhao C Y. Small-signal instability and supplementary coordinated damping-control of LCC-HVDC system with STATCOM under weak AC grid conditions. International Journal of Electrical Power and Energy Systems, 2019(104): 246-254.

[5] 彭谦, 马晨光, 杨雪梅, 等. 线性模态分析中的参与因子与贡献因子. 电网技术, 2010, 34(2): 92-96.

[6] IEEE Guide for Planning DC Links Terminating at AC Locations Having Low Short-Circuit Capacities. IEEE Standard 1204-1997. 1997.

[7] Rahimi E, Gole A M, Davies J B, et al. Commutation failure analysis in multi-infeed HVDC systems. IEEE Transactions on Power Delivery, 2011, 26(1): 378-384.

第 12 章　柔性直流电网的小信号稳定性

基于第 5 章所建立的柔性直流电网小信号模型[1]，本章采用特征根分析和参与因子分析方法[2]，首先研究交流系统强度 SCR 对直流电网小信号稳定性的影响，从而得出各换流站所联交流系统的 CSCR[3]，并进一步分析 CSCR 下柔性直流电网的振荡模式及特征；然后，深入探究当换流站所联交流系统的阻抗角发生变化时，柔性直流电网所联交流系统 CSCR 的变化规律及振荡模式；最后，采用灵敏度分析方法[4]，进一步探究控制器参数与交流系统强度在小信号稳定性方面的耦合关系，以期通过合理调节控制器参数来降低柔性直流电网对交流系统强度的需求，从而在弱交流电网场景下提升柔性直流电网的稳定裕度。

12.1　系 统 参 数

基于 MMC 的对称双极四端柔性直流电网的结构如图 5-1 所示，其系统参数及不同换流站的运行模式与控制方式如表 12-1 所示。

表 12-1　柔性直流电网的系统参数及各换流站运行模式与控制方式

<table>
<tr><td colspan="2">换流站</td><td>MMC_1 站</td><td>MMC_2 站</td><td>MMC_3 站</td><td>MMC_4 站</td></tr>
<tr><td rowspan="4">系统参数</td><td>电压/容量</td><td>±500kV/1500MW</td><td>±500kV/1500MW</td><td>±500kV/3000MW</td><td>±500kV/3000MW</td></tr>
<tr><td>单桥臂子模块数目 N</td><td>244</td><td>244</td><td>244</td><td>244</td></tr>
<tr><td>子模块电容 C_{SM}</td><td>8mF</td><td>8mF</td><td>15mF</td><td>15mF</td></tr>
<tr><td>桥臂电感 L_{arm}</td><td>100mH</td><td>100mH</td><td>50mH</td><td>50mH</td></tr>
<tr><td colspan="2">运行模式</td><td>整流运行</td><td>逆变运行</td><td>整流运行</td><td>逆变运行</td></tr>
<tr><td colspan="2">控制方式</td><td>定有功功率
定无功功率</td><td>定直流电压
定无功功率</td><td>定有功功率
定无功功率</td><td>定有功功率
定无功功率</td></tr>
<tr><td rowspan="4">控制系统参数</td><td>交流电压的测量时间常数 (T_{mud}, T_{muq})/s</td><td>(0.02, 0.02)</td><td>(0.02, 0.02)</td><td>(0.02, 0.02)</td><td>(0.02, 0.02)</td></tr>
<tr><td>交流电流的测量时间常数 (T_{mid}, T_{miq})/s</td><td>(0.008, 0.008)</td><td>(0.008, 0.008)</td><td>(0.008, 0.008)</td><td>(0.008, 0.008)</td></tr>
<tr><td>外环有功/直流电压控制器增益 $(K_{pP}, K_{iP})/(K_{pUdc}, K_{iUdc})$</td><td>(1.0, 50)</td><td>(2.0, 50)</td><td>(1.0, 50)</td><td>(1.0, 50)</td></tr>
<tr><td>外环无功功率控制器增益 (K_{pQ}, K_{iQ})</td><td>(0.5, 50)</td><td>(0.5, 50)</td><td>(0.5, 50)</td><td>(0.5, 50)</td></tr>
</table>

续表

换流站		MMC_1 站	MMC_2 站	MMC_3 站	MMC_4 站
控制系统参数	内环 d 轴电流控制器增益 (K_{p1}, K_{i1})	(1.0, 5.0)	(1.0, 5.0)	(1.0, 5.0)	(1.0, 5.0)
	内环 q 轴电流控制器增益 (K_{p2}, K_{i2})	(1.0, 5.0)	(1.0, 5.0)	(1.0, 5.0)	(1.0, 5.0)
	锁相环的测量时间常数 T_{mpll} (s)	0.005	0.005	0.005	0.005
	锁相环控制器的增益 (K_{pPLL}, K_{iPLL}) (基于角频率的标幺值)	(0.1, 1.0)	(0.1, 1.0)	(0.1, 1.0)	(0.1, 1.0)
直流架空线参数	单位长度电阻 R_0	0.0127Ω/km			
	单位长度电感 L_0	0.88mH/km			
	单位长度电容 C_0	0.013μF/km			

12.2　交流系统参数对柔性直流电网小信号稳定性的影响

由于交流系统强度及阻抗角会限制换流器的功率运行范围[5]，对直流输电系统的小信号稳定性也有影响，本节基于第 5 章中建立的四端柔性直流电网的小信号模型，利用特征根和参与因子分析方法，①研究交流系统 SCR 对直流电网小信号稳定性的影响，获得了各个换流站所联接交流系统所允许的最小 SCR，即 CSCR，并辨识了 CSCR 下直流电网的振荡模式；②研究当各换流站所联交流系统的阻抗角发生变化时，柔性直流电网各交流系统 CSCR 的变化规律及振荡模式。

12.2.1　交流系统短路比对柔性直流电网小信号稳定性的影响

本小节通过改变各换流站所联接交流系统的 SCR 值来分析直流电网的小信号稳定性。初始时刻直流电网运行于额定工况(如表 12-1 所示)，且各换流站所联接的交流系统的短路比(分别记作 SCR_1、SCR_2、SCR_3、SCR_4)均为 5.0，阻抗角均为 85°。

1. 特征根分析

1) SCR_1 逐渐减小对系统特征根的影响

保持系统其他参数不变，令 SCR_1 逐渐从 5.0 降低至 1.0，直流电网的特征根轨迹如图 12-1 所示。

由图 12-1 可知，随着 SCR_1 的减小，主导模态逐渐靠近虚轴，表明直流电网的稳定性逐渐减弱。当 $SCR_1>2.28$ 时，所有特征根均保持在左半复平面，即系统能够维持稳定运行状态；当 SCR_1<2.28 时，主导模态将穿越虚轴移入右半复平面，进而导致系统振荡失稳。由 CSCR 的定义[3]可知，在给定的系统参数(表 12-1)下，直流电网中 MMC_1 站所联交流系统的 $CSCR_1$ 为 2.28。

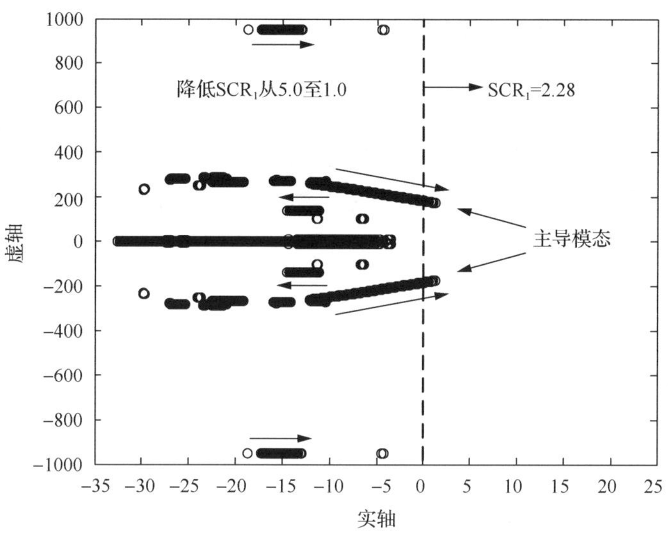

图 12-1　SCR_1 逐渐减小(阻抗角为 85°)时系统的特征根轨迹

2) SCR_2 逐渐减小对系统特征根的影响

保持系统其他参数不变，令 SCR_2 逐渐从 5.0 降低至 1.0，直流电网的特征根轨迹如图 12-2 所示。由图 12-2 可知，随着 SCR_2 的减小，主导模态逐渐靠近虚轴，

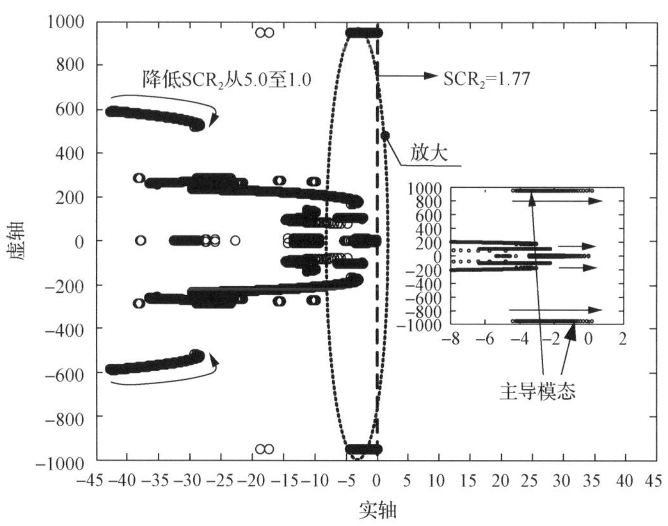

图 12-2　SCR_2 逐渐减小(阻抗角为 85°)时系统的特征根轨迹

表明直流电网的稳定性逐渐减弱。当 SCR_2＞1.77 时，所有特征根均保持在左半复平面，即系统能够维持稳定运行状态；当 SCR_2＜1.77 时，主导模态将穿越虚轴移入右半复平面，进而导致系统振荡失稳。因此，在给定的系统参数(表 12-1)下，直流电网中 MMC_2 站所联交流系统的 $CSCR_2$ 为 1.77。

3) SCR_3 逐渐减弱对系统特征根的影响

保持系统其他参数不变，令 SCR_3 逐渐从 5.0 降低至 1.0，直流电网的特征根轨迹如图 12-3 所示。由图 12-3 可知，随着 SCR_3 的减小，主导模态逐渐靠近虚轴，表明直流电网的稳定性逐渐减弱。当 SCR_3≥2.18 时，所有特征根均保持在左半复平面，即系统能够维持稳定运行状态；当 SCR_3＜2.18 时，图中并无对应的特征根轨迹，这是由于 SCR_3＜2.18 时系统稳态潮流方程无解，即 SCR_3 的取值在保证系统稳态潮流计算有解(系统存在运行点)的范围内(SCR_3＞2.18)，均能使直流电网维持小信号稳定；换言之，控制系统的动态特性并未对直流电网的稳定极限产生负面影响。

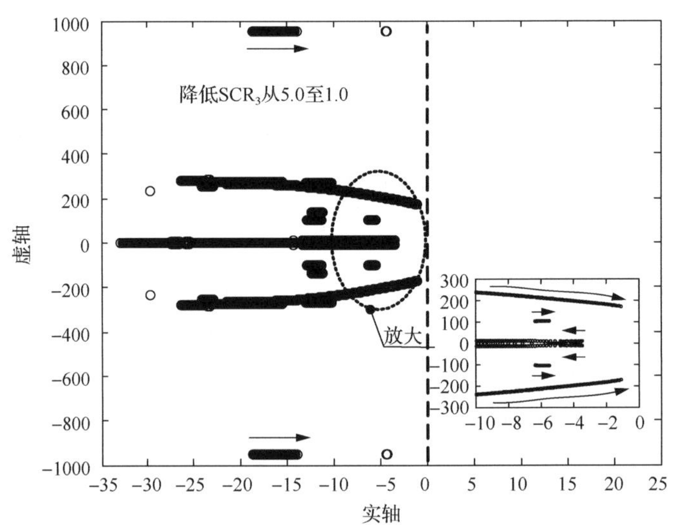

图 12-3　SCR_3 逐渐减小(阻抗角为 85°)时系统的特征根轨迹

4) SCR_4 逐渐减弱对系统特征根的影响

保持系统其他参数不变，令 SCR_4 逐渐从 5.0 降低至 1.0，直流电网的特征根轨迹如图 12-4 所示。由图 12-4 可知，随着 SCR_4 的减小，主导模态逐渐靠近虚轴，表明直流电网的稳定性逐渐减弱。当 SCR_4＞1.85 时，所有特征根均保持在左半复平面，即系统能够维持稳定运行状态；当 SCR_4＜1.85 时，主导模态将穿越虚轴移入右半复平面，进而导致系统振荡失稳。因此，在给定的系统参数(表 12-1)下，直流电网中 MMC_4 站所联交流系统的 $CSCR_4$ 为 1.85。

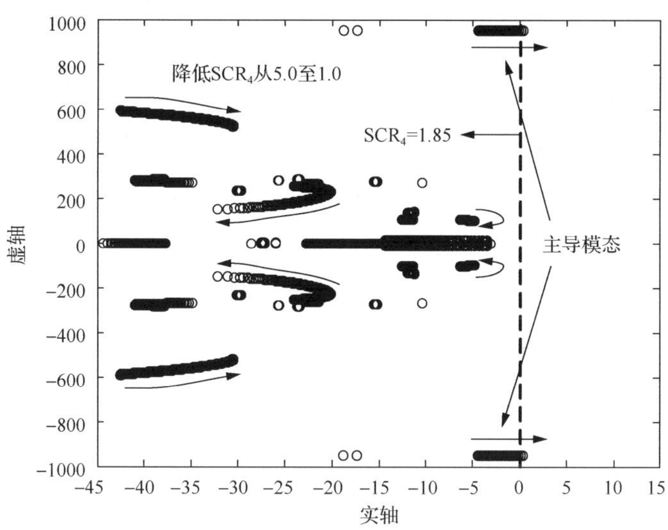

图 12-4　SCR$_4$ 逐渐减小(阻抗角为 85°)时系统的特征根轨迹

由上述特征根分析结果可知，在给定的系统参数下，各换流站所联交流系统的临界短路比 $CSCR_1$、$CSCR_2$、$CSCR_3$、$CSCR_4$ 的值不同，表明从小信号稳定性的角度出发，直流电网对不同换流站所联交流系统的强度有不同的需求。

2. 主导模态识别及参与因子分析

由前述特征根分析可知，CSCR 主要由两个因素确定：①在交流系统参数及额定运行条件约束下，稳态潮流方程有解(即系统存在运行点)，此时得到的最小允许短路比这里称为基于功率传输能力约束的临界短路比(power transmission capacity constrain based CSCR，CSCR_PTC)；②考虑控制系统影响的小信号稳定性约束，当 SCR＞CSCR_PTC 时，即首先保证系统运行于额定状态时在该 SCR 下存在稳态运行点，然后通过判断特征根是否全部位于左半复平面来确定系统是否小信号稳定，此时得到的最小允许短路比即为 CSCR。由上一小节可知，MMC_3 站的 $CSCR_3$ 值等于 $CSCR\_PTC_3$，因此在表 12-1 所示的参数下，MMC_3 站的控制系统不会对直流电网的稳定极限产生负面影响，故在 $CSCR_3$ 运行状态下也不存在导致系统失稳的主导模态；而 MMC_1 站、MMC_2 站与 MMC_4 站的 CSCR＞CSCR_PTC，在 CSCR 运行状态下存在导致系统失稳的主导模态。

当 4 个换流站交流系统的阻抗角均为 85°时，柔性直流电网各换流站所联交流系统的 CSCR 总结如表 12-2 所示。需要注意的是，$CSCR_3$=$CSCR\_PTC_3$，表明在 $CSCR_3$ 运行状态下不存在系统的主导模态，故在表 12-2 中并未列出 MMC_3 站对应的主导模态及其特征。对比表 12-2 中各站的临界值可知，$CSCR_2$ 最小，$CSCR_1$ 最大，表明在小信号稳定性约束条件下，基于表 12-1 所示参数的柔性直流电网对

MMC_2站所联交流系统强度的要求相对较低，然而对 MMC_1 站交流系统的强度却提出了较高要求。

表 12-2　柔性直流电网各站交流系统的临界短路比及主导模态(阻抗角为 85°)

换流站(j=1, 2, 3, 4)	MMC_1站	MMC_2站	MMC_3站	MMC_4站
$CSCR\_PTC_j$	2.18	1.76	2.18	1.83
$CSCR_j$	2.28	1.77	2.18	1.85
特征根	$-0.0979\pm j184.10$	$-0.1330\pm j949.18$	—	$-0.1532\pm j949.88$
振荡频率	29.30Hz	151.07Hz	—	151.18Hz
阻尼比	5.32×10^{-4}	1.40×10^{-4}	—	1.61×10^{-4}

表 12-2 中也分别给出了当 MMC_1 站、MMC_2 站、MMC_4 站各自交流系统的强度 SCR=CSCR 时，主导模态所对应的特征根、振荡频率及阻尼比。由表 12-2 可知，当各换流站所联交流系统强度降低导致直流电网阻尼比下降甚至失稳时，相应的各主导模态及其特征存在明显的差异(例如，振荡频率)。

为验证表 12-2 所示的 CSCR 结果的正确性，基于 PSCAD/EMTDC 中柔性直流电网的详细电磁暂态模型进行了如下仿真：t=0s 时，直流电网运行于额定工况(如表 12-1 所示)；t=2.0s 时，MMC_1 站的 SCR_1 由 5.0 阶跃降低至 3.0；t=4.0s 时，SCR_1 由 3.0 阶跃降低至 2.6；t=7.0s 时，SCR_1 由 2.6 阶跃降低至 2.25，该过程中 MMC_1 站有功功率的动态响应如图 12-5 所示。

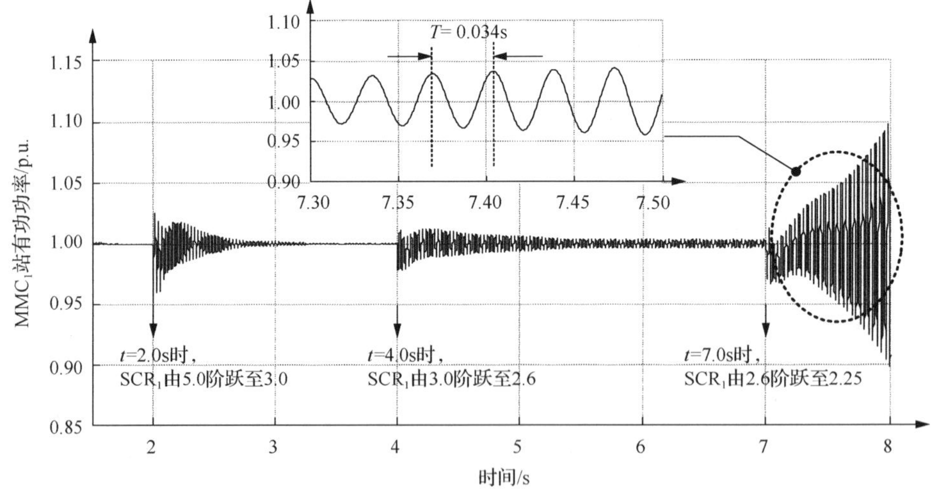

图 12-5　柔性直流电网中 SCR_1 降低时 MMC_1 站有功功率的动态响应

如图 12-5 所示，t=7.0s 时，SCR_1 由 2.6 阶跃至 2.25，MMC_1 站的有功功率逐渐发散，且振荡频率为 29.41Hz(1/0.034s)。该仿真结果与前述基于特征根分析所得的主导模态的振荡频率为 29.30Hz (如表 12-2 所示) 相吻合，表明采用特征根分析得出的 $CSCR_1$ 值的正确性。同理可验证表 12-2 中其他换流站相应结果的正确性。

在识别出各主导模态特征(表 12-2)的基础上，进一步采用参与因子分析法[2]对各主导模态进行研究，获得直流电网各状态变量对主导模态的参与程度，从而判断对主导模态运动趋势影响最大的系统状态变量。为便于直观比较，进行归一化处理，即针对某一主导模态，在求得各个状态变量对其的参与因子之后，以参与因子中的最大值为基准，对所有参与因子进行标幺化处理。

1) $SCR_1=CSCR_1$ 时主导模态的参与因子分析

MMC_1 站的交流系统强度满足 $SCR_1=CSCR_1$ 时(即 $SCR_1=2.28$)，直流电网相应主导模态的参与因子分析结果如图 12-6 所示。

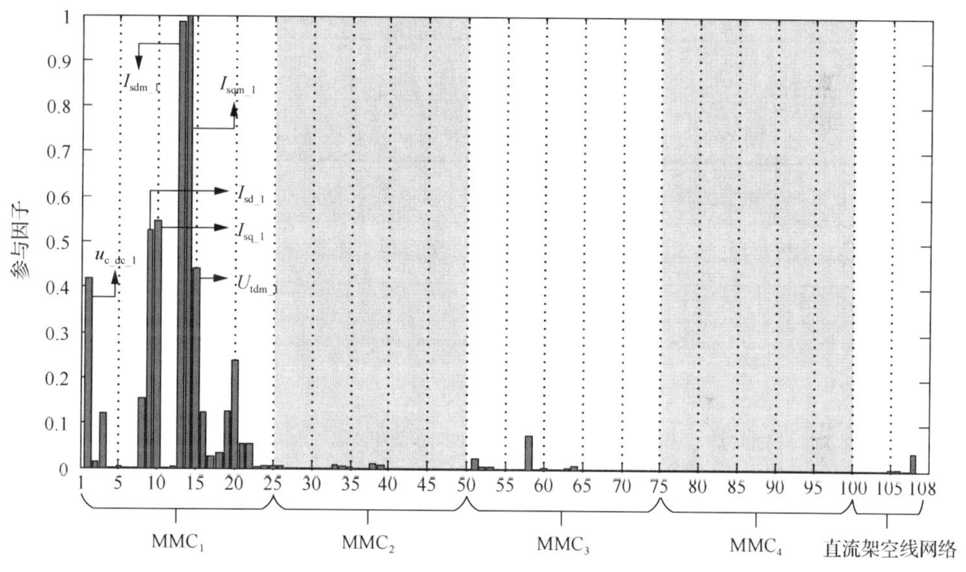

图 12-6　$SCR_1=CSCR_1$ 时主导模态的参与因子分析结果

由图 12-6 可知，当 $SCR_1=CSCR_1$ 时，对主导模态参与程度较高的状态变量有 $u_{c\_dc\_1}$、I_{sd_1}、I_{sq_1}、I_{sdm_1}、I_{sqm_1}、U_{tdm_1}，分别是 MMC_1 站中子模块电容电压的直流分量、交流电流 i_s 的 d 轴分量、交流电流 i_s 的 q 轴分量、交流电流 i_s 的 d 轴分量测量值、交流电流 i_s 的 q 轴分量测量值、交流母线电压 u_t 的 d 轴分量测量值。

2) $SCR_2=CSCR_2$ 时主导模态的参与因子分析

MMC_2 站的交流系统强度 $SCR_2=CSCR_2$ 时(即 $SCR_2=1.77$)，直流电网相应主导模态的参与因子分析结果如图 12-7 所示。

由图 12-7 可知，当 $SCR_2=CSCR_2$ 时，对主导模态参与程度较高的状态变量有 $u_{c\_3x\_2}$ 和 $u_{c\_3y\_2}$，即 MMC_2 站子模块电容电压的三倍频谐波分量。

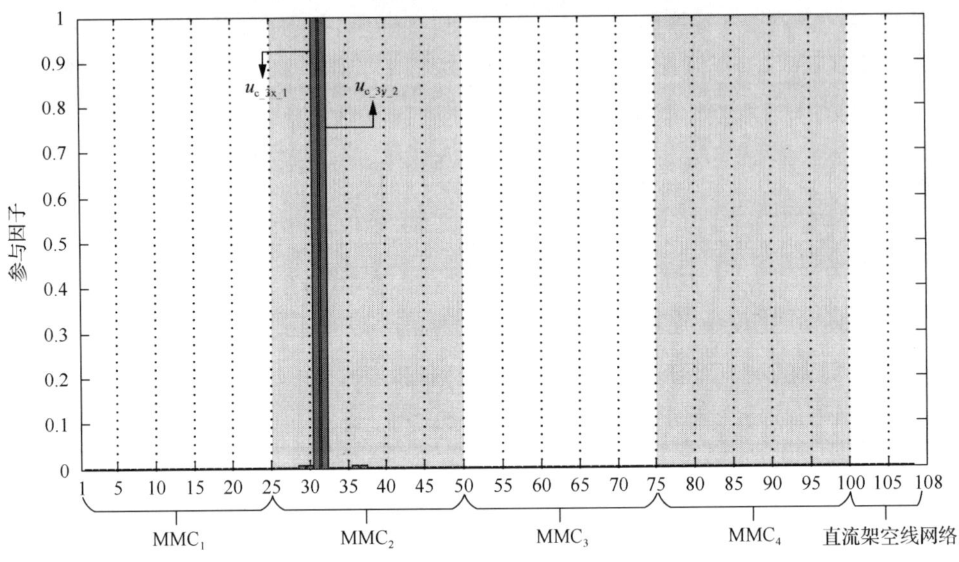

图 12-7　$SCR_2=CSCR_2$时主导模态的参与因子分析结果

3) $SCR_4=CSCR_4$时主导模态的参与因子分析

MMC_4站的交流系统强度 $SCR_4=CSCR_4$时(即 $SCR_4=1.85$)，直流电网相应主导模态的参与因子分析结果如图 12-8 所示。

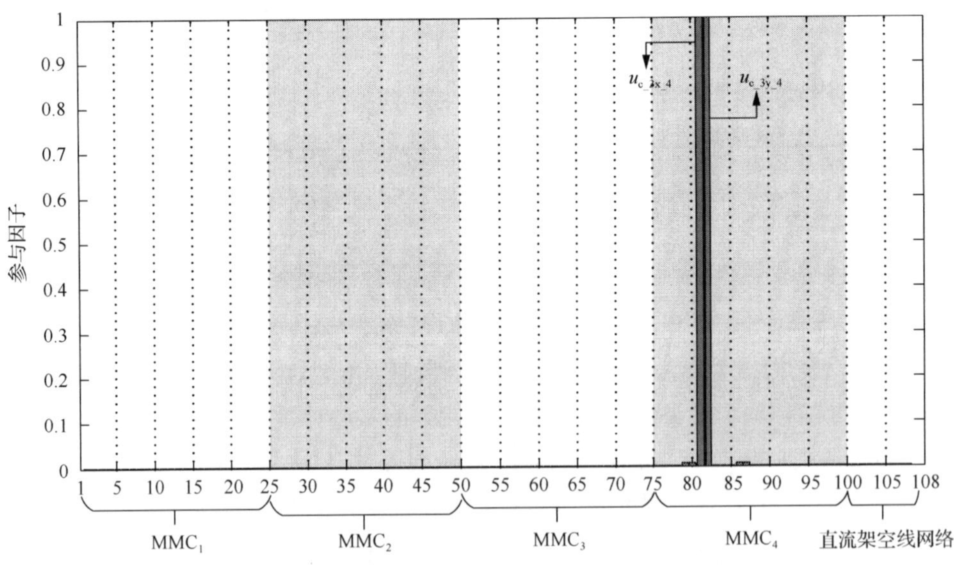

图 12-8　$SCR_4=CSCR_4$时主导模态的参与因子分析结果

由图 12-8 可知，当 $SCR_4=CSCR_4$时，对主导模态参与程度较高的状态变量有 $u_{c_3x_4}$和 $u_{c\_3y\_4}$，即 MMC_4站子模块电容电压的三倍频谐波分量。

4) 参与因子分析小结

为便于进一步对比研究，将直流电网各站交流系统强度降低至 CSCR 时所对应的主导模态的参与因子分析结果总结于表 12-3。

表 12-3　主导模态的主要参与状态变量

换流站	主导模态的振荡频率/Hz	主要参与的状态变量	物理含义
MMC_1 站	29.30	$u_{c\_dc\_1}$	子模块电容电压的直流分量
		I_{sd_1}, I_{sq_1}	交流侧电流 i_s
		I_{sdm_1}, I_{sqm_1}	交流侧电流 i_s 的测量值
		U_{tdm_1}	交流母线电压 u_t 的测量值
MMC_2 站	151.07	$u_{c\_3x\_2}, u_{c\_3y\_2}$	子模块电容电压的三倍频谐波分量
MMC_4 站	151.18	$u_{c\_3x\_4}, u_{c\_3y\_4}$	子模块电容电压的三倍频谐波分量

由表 12-3 可得出以下两点结论。

(1) 由各换流站所联交流系统强度减弱导致直流电网失稳时，柔性直流电网相应的各主导模态及其参与因子存在明显差异，具体表现为对各个主导模态参与程度较高的状态变量各不相同。

(2) MMC_1 站(整流站)所联交流系统强度减弱所对应的主导模态表现为交流侧电流及其测量值；MMC_2 站与 MMC_4 站(均为逆变站)交流系统强度减弱所对应的主导模态，对其影响较大的状态变量存在共同点，即表现为 MMC 内部子模块电容电压的三倍频谐波分量，由于该分量属于换流器内部谐波模态，也说明第 3 章和第 5 章进行 MMC 建模时考虑内部谐波动态特性的必要性。

12.2.2　交流系统阻抗角对柔性直流电网小信号稳定性的影响

本小节基于所建立的四端柔性直流电网的小信号模型，同时改变各换流站所联接交流系统的阻抗角(80°、83°、85°、88°、90°)，并在各阻抗角下改变各换流站所联交流系统的 SCR，来分析直流电网的小信号稳定性。初始时刻直流电网运行于额定工况(如表 12-1 所示)，且各换流站所联接的交流系统的短路比均为 5.0。

1. 交流系统的阻抗角均为 80°时

1) SCR_1 逐渐减小对系统特征根的影响

保持系统其他参数不变，令 SCR_1 逐渐从 5.0 降低至 1.0，直流电网的特征根轨迹如图 12-9 所示。由图 12-9 可知，随着 SCR_1 减小，主导模态逐渐靠近虚轴，表明直流电网系统的稳定性逐渐减弱。当 $SCR_1 \geqslant 2.35$ 时，所有特征根均保持在复平面左侧，即系统能够维持稳定运行状态；当 $SCR_1 < 2.35$ 时，图中并无对应的特征根轨迹，这是由于 $SCR_1 < 2.35$ 时系统稳态潮流方程无解，即 SCR_1 在保证系统

稳态潮流计算有解(系统存在运行点)的范围内($SCR_1 \geqslant 2.35$)取值时，直流电网均能维持小信号稳定运行状态。由前述定义可知，$CSCR_1$=$CSCR\_PTC_1$。

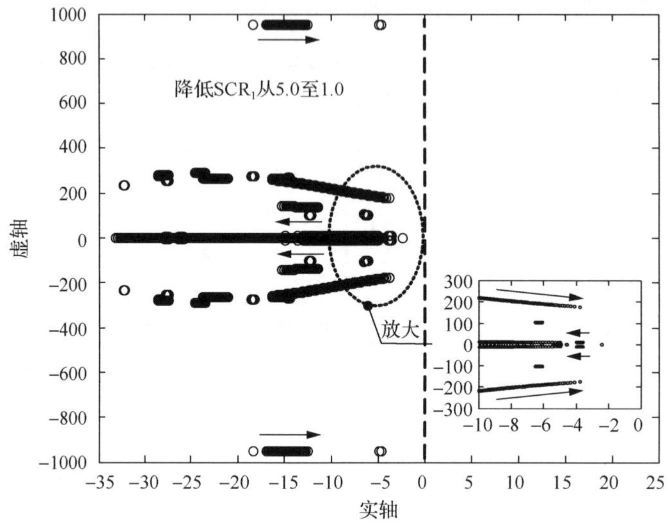

图 12-9　SCR_1 逐渐减小(阻抗角为 80°)时系统的特征根轨迹

2) SCR_2 逐渐减小对系统特征根的影响

保持系统其他参数不变，令 SCR_2 逐渐从 5.0 降低至 1.0，直流电网的特征根轨迹如图 12-10 所示。由图 12-10 可知，随着 SCR_2 逐渐减小，主导模态逐渐靠近虚轴，表明直流电网的稳定性减弱。当 $SCR_2>1.60$ 时，所有特征根均保持在左半

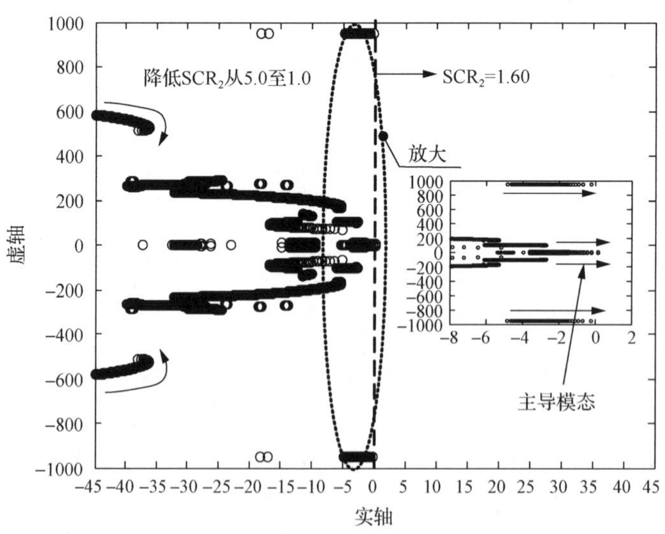

图 12-10　SCR_2 逐渐减小(阻抗角为 80°)时系统的特征根轨迹

复平面，即系统稳定；当 SCR_2<1.60 时，主导模态穿越虚轴进入右半复平面，导致直流电网失稳。因此，当各换流站交流系统的阻抗角均为 80°时，MMC_2 站所联接交流系统 $CSCR_2$ 为 1.60。

3) SCR_3 逐渐减小对系统特征根的影响

保持系统其他参数不变，逐渐使 SCR_3 从 5.0 降低至 1.0，直流电网的特征根轨迹如图 12-11 所示。由图 12-11 可知，随着 SCR_3 逐渐减小，主导模态逐渐靠近虚轴，表明直流电网的稳定性逐渐减弱。当 SCR_3≥2.35 时，所有特征根均保持在左半复平面，即系统稳定；当 SCR_3<2.35 时，系统稳态潮流无解，即 $CSCR_3$=CSCR_PTC$_3$=2.35。

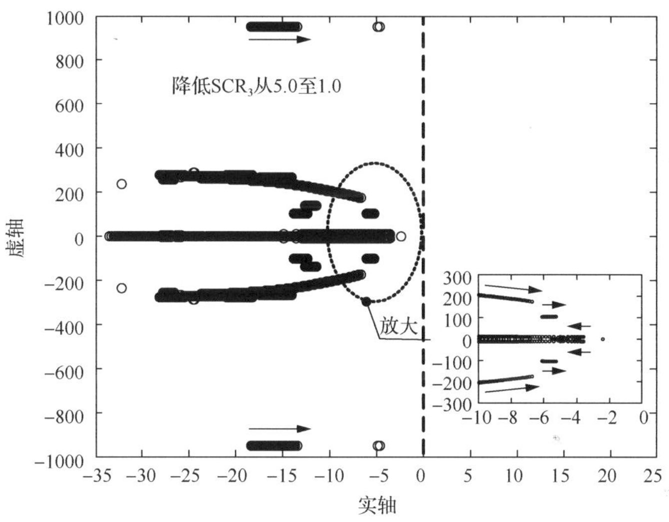

图 12-11　SCR_3 逐渐减小(阻抗角为 80°)时系统的特征根轨迹

4) SCR_4 逐渐减小对系统特征根的影响

保持系统其他参数不变，逐渐降低 SCR_4 使其从 5.0 变化到 1.0，直流电网的特征根轨迹如图 12-12 所示。由图 12-12 可知，随着 SCR_4 减小，主导模态逐渐靠近虚轴，即直流电网的稳定性逐渐减弱。当 SCR_4≥1.66 时，所有特征根均保持在左半复平面，即直流电网能够稳定运行；当 SCR_4<1.66 时，系统稳态潮流无解，即 $CSCR_4$=CSCR_PTC$_4$=1.66。

5) 主导模态识别及参与因子分析

由上述分析可知，当阻抗角为 80°时，MMC_1 站、MMC_3 站与 MMC_4 站的 CSCR 在数值上等于其系统的 CSCR_PTC 值；而 MMC_2 站的 $CSCR_2$>CSCR_PTC$_2$，即控制系统的动态特性对直流电网额定运行时 MMC_2 站所联交流系统所允许的 SCR 有负面影响。

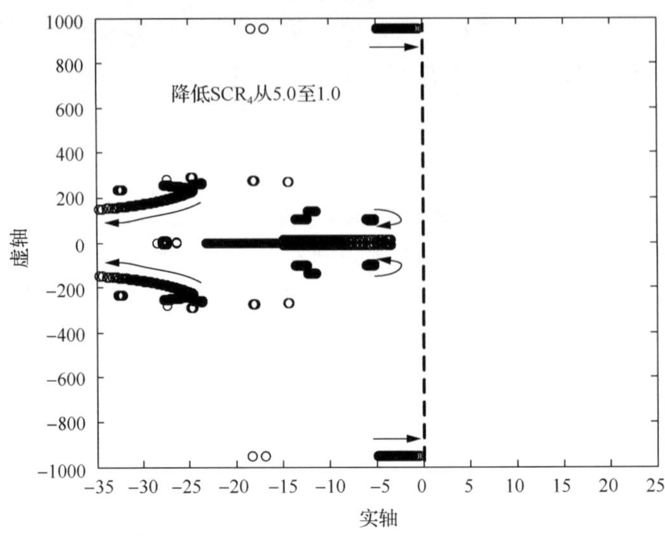

图 12-12　SCR_4 逐渐减小(阻抗角为 80°)时系统的特征根轨迹

交流系统阻抗角均为 80°时，将上述直流电网各换流站的 CSCR 总结于表 12-4。由于 MMC_2 站的 $CSCR_2$>$CSCR\_PTC_2$，即控制系统对直流电网的小信号稳定性产生了负面影响，所以表 12-5 中给出了 MMC_2 站交流系统强度 SCR_2=$CSCR_2$ 时，主导模态所对应的特征根、振荡频率及阻尼比。

表 12-4　柔性直流电网各换流站的临界短路比(阻抗角为 80°)

换流站(j=1, 2, 3, 4)	MMC_1 站	MMC_2 站	MMC_3 站	MMC_4 站
$CSCR_j$	2.35	1.60	2.35	1.66
$CSCR\_PTC_j$	2.35	1.59	2.35	1.66

表 12-5　主导模态的特征(SCR_2=$CSCR_2$，阻抗角为 80°)

换流站	MMC_2 站
SCR	1.60
特征根	$-0.2271\pm j5.10$
振荡频率	0.81Hz
阻尼比	0.0445

进一步地，针对表 12-5 中的主导模态，通过参与因子方法分析对该主导模态的运动趋势影响较大的状态变量。当 MMC_2 站所联接的交流系统强度 SCR_2=$CSCR_2$=1.60 时，主导模态的参与因子结果如图 12-13 所示。

由图 12-13 可知，当 SCR_2=$CSCR_2$ 时，对主导模态参与程度较高的状态变量有 x_{3_2}、$u_{c\_dc\_3}$、$u_{c\_dc\_4}$，分别为 MMC_2 站外环有功功率控制环节、MMC_3 站子模

块电容电压的直流分量、MMC_4 站子模块电容电压的直流分量。将上述主导模态的参与因子结果总结于表 12-6，可见当阻抗角为 80°且 MMC_2 站所联交流系统强度 $SCR_2=CSCR_2=1.60$ 时，所对应的主导模态(振荡频率 0.81Hz)与表 12-3 中阻抗角为 85°时的参与因子结果(振荡频率 151.07Hz)存在明显区别。

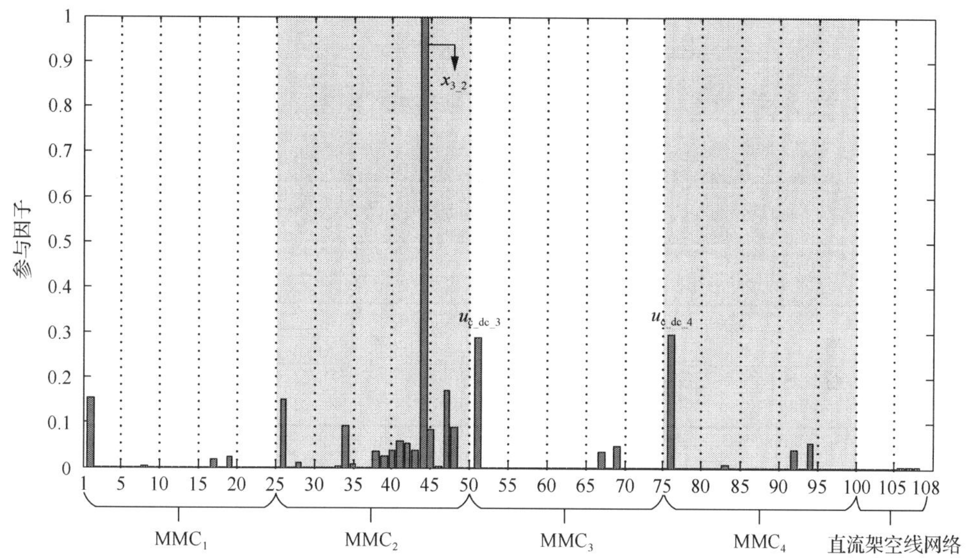

图 12-13　$SCR_2=CSCR_2$(阻抗角 80°)时主导模态的参与因子分析结果

表 12-6　主导模态的主要参与状态变量

换流站	主导模态的振荡频率	主要参与的状态变量	物理含义
MMC_2 站	0.81Hz	x_{3_2}	MMC_3 站的外环有功功率控制环节
		$u_{c\_dc\_3}$	MMC_3 站子模块电容电压的直流分量
		$u_{c\_dc\_4}$	MMC_4 站子模块电容电压的直流分量

2. 交流系统的阻抗角均为 90°时

1) SCR_1 逐渐减小对系统特征根的影响

保持系统其他参数不变，令 SCR_1 逐渐从 5.0 降低至 1.0，直流电网的特征根轨迹如图 12-14 所示。由图 12-14 可知，随着 SCR_1 逐渐减小，主导模态逐渐靠近虚轴，表明直流电网的稳定性减弱。当 $SCR_1>2.85$ 时，所有特征根均保持在左半复平面，即系统稳定；当 $SCR_1<2.85$ 时，主导模态穿越虚轴进入右半复平面，导致直流电网失稳。因此，当各换流站交流系统的阻抗角均为 90°时，MMC_1 站所联接交流系统的 $CSCR_1$ 为 2.85。

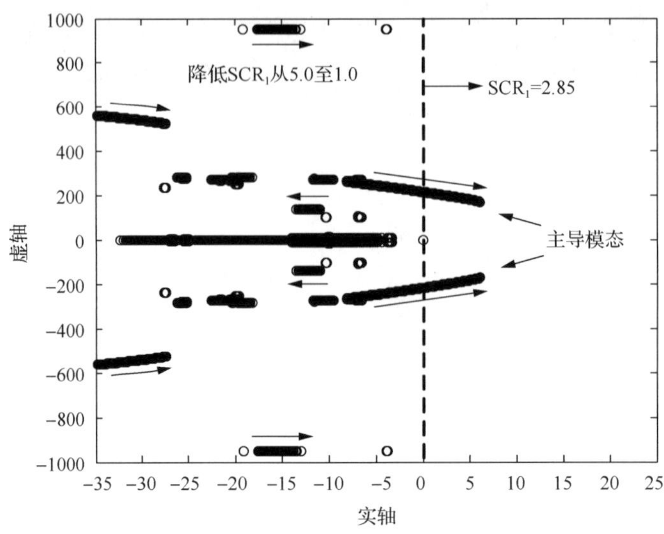

图 12-14　SCR_1 逐渐减小(阻抗角为 90°)时系统的特征根轨迹

2) SCR_2 逐渐减小对系统特征根的影响

保持系统其他参数不变，令 SCR_2 逐渐从 5.0 降低至 1.0，直流电网的特征根轨迹如图 12-15 所示。由图 12-15 可知，随着 SCR_2 逐渐减小，主导模态逐渐靠近虚轴，表明直流电网的稳定性减弱。当 $SCR_2>1.97$ 时，所有特征根均保持在左半复平面，即系统稳定；当 $SCR_2<1.97$ 时，主导模态穿越虚轴进入右半复平面，导致直流电网失稳。因此，当各换流站内交流系统的阻抗角均为 90°时，MMC_2 站所联接交流系统的 $CSCR_2$ 为 1.97。

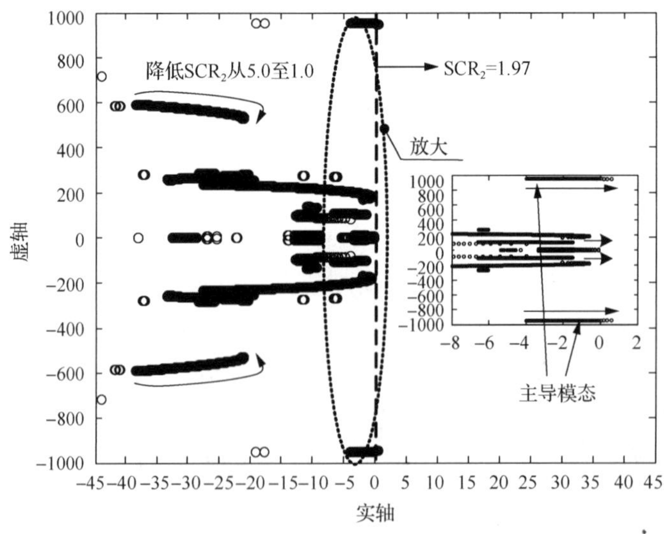

图 12-15　SCR_2 逐渐减小(阻抗角为 90°)时系统的特征根轨迹

3) SCR_3 逐渐减小对系统特征根的影响

保持系统其他参数不变，令 SCR_3 逐渐从 5.0 降低至 1.0，直流电网的特征根轨迹如图 12-16 所示。由图 12-16 可知，随着 SCR_3 逐渐减小，主导模态逐渐靠近虚轴，表明直流电网的稳定性减弱。当 $SCR_3>2.63$ 时，所有特征根均保持在左半复平面，即系统稳定；当 $SCR_3<2.63$ 时，主导模态穿越虚轴进入右半复平面，导致直流电网失稳。因此，当各换流站内交流系统的阻抗角均为 90°时，MMC_3 站所联接交流系统的 $CSCR_3$ 为 2.63。

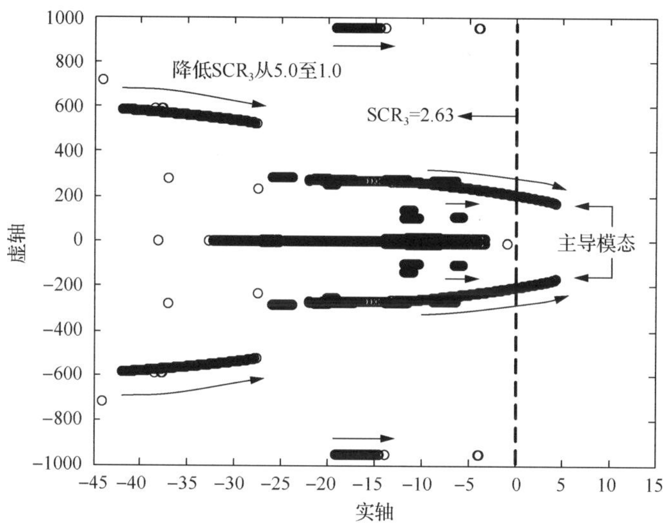

图 12-16　SCR_3 逐渐减小(阻抗角为 90°)时系统的特征根轨迹

4) SCR_4 逐渐减小对系统特征根的影响

保持系统其他参数不变，逐渐降低 SCR_4 使其从 5.0 变化到 1.0，直流电网的特征根轨迹如图 12-17 所示。由图 12-17 可知，随着 SCR_4 减小，主导模态逐渐靠近虚轴，即直流电网的稳定性逐渐减弱。当 $SCR_4>2.06$ 时，所有特征根均保持在左半复平面，即直流电网能够稳定运行；当 $SCR_4<2.06$ 时，主导模态穿越虚轴进入右半复平面，导致直流电网发生失稳。因此，当各换流站交流系统的阻抗角均为 90°时，MMC_4 站所联接交流系统的 $CSCR_4$ 为 2.06。

5) 主导模态识别及参与因子分析

由上述分析可知，当交流系统的阻抗角为 90°时，MMC_1 站、MMC_2 站、MMC_3 站、MMC_4 站的 CSCR 值均大于 CSCR_PTC，即控制系统对直流电网额定运行时 4 个换流站交流系统所允许的最小短路比均有负面影响，下面将对相应的主导模态及其特征进行分析。

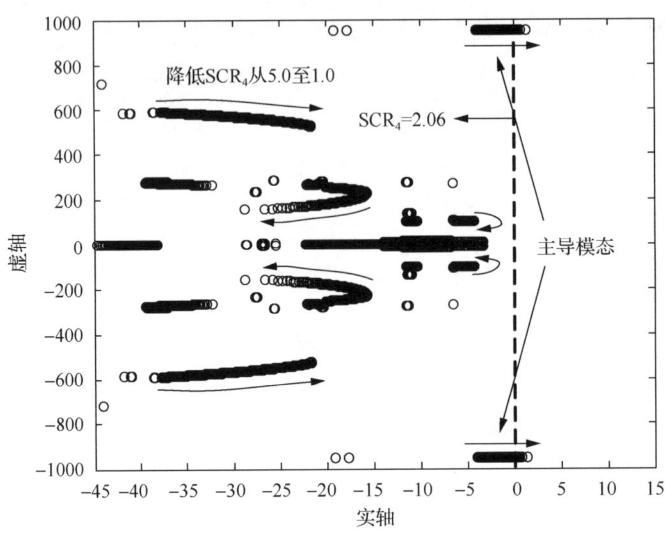

图 12-17　SCR_4 逐渐减小(阻抗角为 90°)时系统的特征根轨迹

交流系统的阻抗角均为 90°时，将上述直流电网各换流站的临界短路比总结于表 12-7，进一步地，表 12-8 分别给出了 MMC_1 站、MMC_2 站、MMC_3 站及 MMC_4 站的交流系统强度 SCR_j=$CSCR_j$ (j=1, 2, 3, 4) 时，主导模态所对应的特征根、振荡频率及阻尼比。由表 12-8 可知，各换流站所联交流系统的 CSCR 不同，且主导模态的振荡频率也存在明显差异，整流模式运行的两个换流站(即 MMC_1 站与 MMC_3 站)的振荡频率接近，逆变模式运行的两个换流站(即 MMC_2 站与 MMC_4 站)的振荡频率接近，然而整流站与逆变站的主导模态振荡频率差异较大。

表 12-7　柔性直流电网各换流站的临界短路比(阻抗角为 90°)

换流站 (j=1, 2, 3, 4)	MMC_1 站	MMC_2 站	MMC_3 站	MMC_4 站
$CSCR_j$	2.85	1.97	2.63	2.06
$CSCR\_PTC_j$	2.00	1.93	2.00	2.00

表 12-8　主导模态的特征(SCR=CSCR，阻抗角为 90°)

换流站	MMC_1 站	MMC_2 站	MMC_3 站	MMC_4 站
SCR	2.85	1.97	2.63	2.06
特征根	$-0.0057\pm j215.98$	$-0.0709\pm j949.16$	$-0.0315\pm j206.37$	$-0.0186\pm j949.84$
振荡频率	34.37Hz	151.06Hz	32.84Hz	151.17Hz
阻尼比	2.63×10^{-5}	7.47×10^{-5}	1.53×10^{-4}	1.96×10^{-5}

进一步地，在交流系统阻抗角为 90°条件下，基于表 12-8 中所识别出的主导模态，通过参与因子方法分析对主导模态的运动趋势影响较大的状态变量。

针对 MMC_1 站，当其所联接的交流系统强度 $SCR_1=CSCR_1$ 时(即 $SCR_1=2.85$)，直流电网相应主导模态的参与因子分析结果如图 12-18 所示。

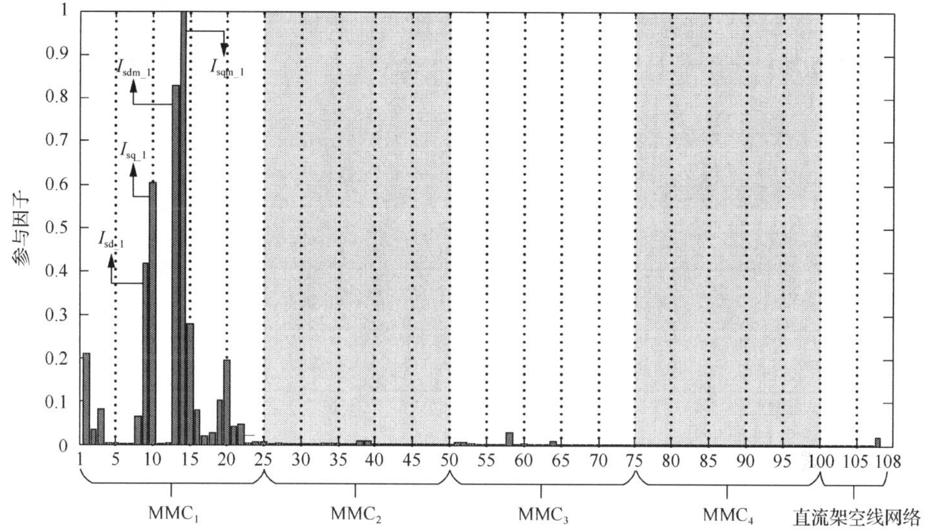

图 12-18　$SCR_1=CSCR_1$(阻抗角 90°)时主导模态的参与因子分析结果

由图 12-18 可知，当 $SCR_1=CSCR_1$ 时，对主导模态参与程度较高的状态变量有 I_{sd_1}、I_{sq_1}、I_{sdm_1}、I_{sqm_1}，分别为交流电流 i_s 的 d 轴分量、交流电流 i_s 的 q 轴分量、交流电流 i_s 的 d 轴分量测量值、交流电流 i_s 的 q 轴分量测量值。

同理，针对 MMC_2 站，当其所联接的交流系统强度 $SCR_2=CSCR_2$ 时(即 $SCR_2=1.97$)，直流电网相应主导模态的参与因子分析结果如图 12-19 所示。

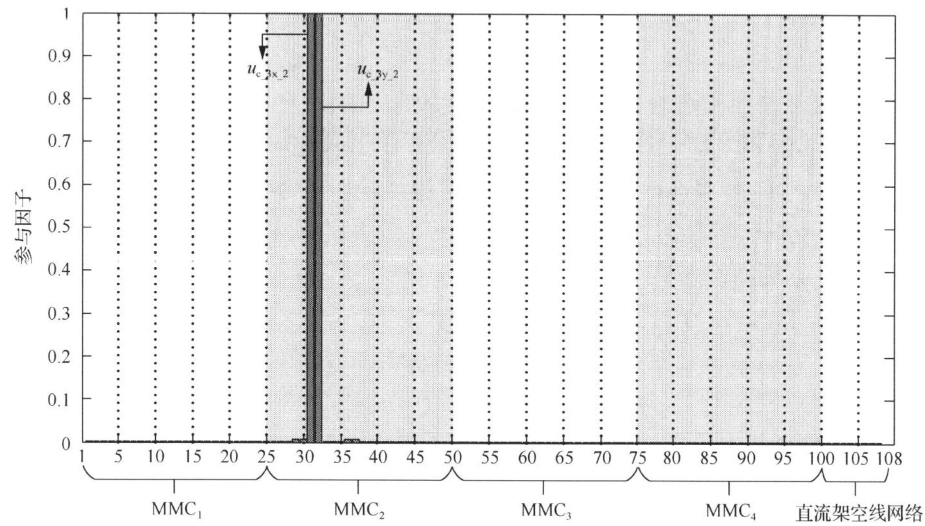

图 12-19　$SCR_2=CSCR_2$(阻抗角 90°)时主导模态的参与因子分析结果

由图 12-19 可知，当 $SCR_2=CSCR_2$ 时，对主导模态参与程度较高的状态变量有 $u_{c\_3x\_2}$ 和 $u_{c\_3y\_2}$，即 MMC_2 站中子模块电容电压的三倍频谐波分量。

针对 MMC_3 站，当其所联接的交流系统强度 $SCR_3=CSCR_3$ 时（即 $SCR_3=2.63$），直流电网相应主导模态的参与因子分析结果如图 12-20 所示。

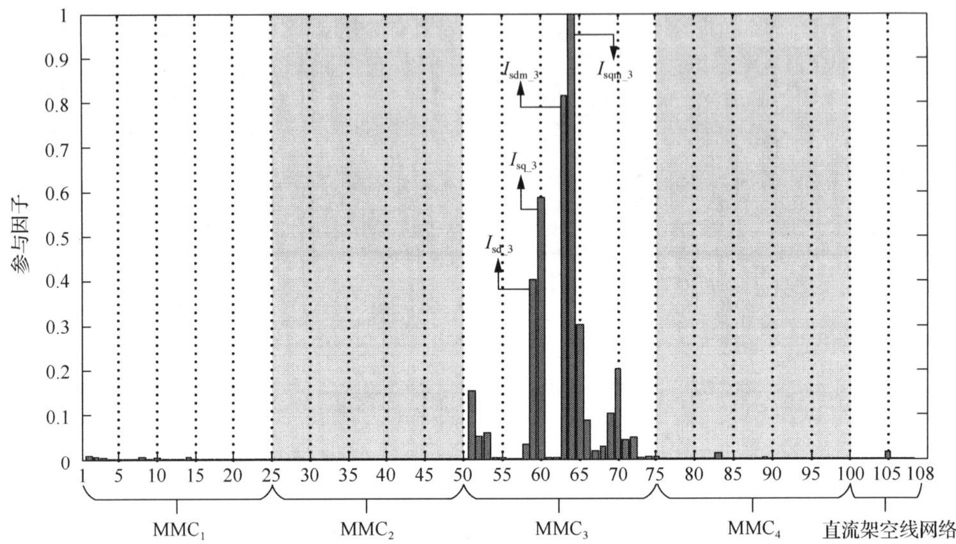

图 12-20 $SCR_3=CSCR_3$（阻抗角 90°）时主导模态的参与因子分析结果

由图 12-20 可知，当 $SCR_3=CSCR_3$ 时，对主导模态参与程度较高的状态变量有 I_{sd_3}、I_{sq_3}、I_{sdm_3}、I_{sqm_3}，分别为 MMC_3 站的交流电流 i_s 的 d 轴、q 轴分量及两者的测量值。

针对 MMC_4 站，当其所联接的交流系统强度 $SCR_4=CSCR_4$ 时（即 $SCR_4=2.06$），直流电网相应主导模态的参与因子分析结果如图 12-21 所示。

由图 12-21 可知，当 $SCR_4=CSCR_4$ 时，对主导模态参与程度较高的状态变量有 $u_{c\_3x\_4}$ 和 $u_{c\_3y\_4}$，即 MMC_4 站子模块电容电压的三倍频谐波分量。

为便于比较，将上述各换流站所联交流系统强度 $SCR_j=CSCR_j$（j=1, 2, 3, 4）时所对应的主导模态及其参与因子结果总结于表 12-9，可见 MMC_1 站所对应的主导模态（其振荡频率 34.37Hz）与 MMC_3 站所对应的主导模态（其振荡频率 32.84Hz）在参与因子方面存在共同点，即表现为交流侧电流及其测量值；MMC_2 站所对应的主导模态（振荡频率 151.06Hz）与 MMC_4 站所对应的主导模态（振荡频率 151.17Hz）在参与因子方面也表现出共同点，即 MMC 内部子模块电容电压的三倍频谐波分量的参与程度较高。

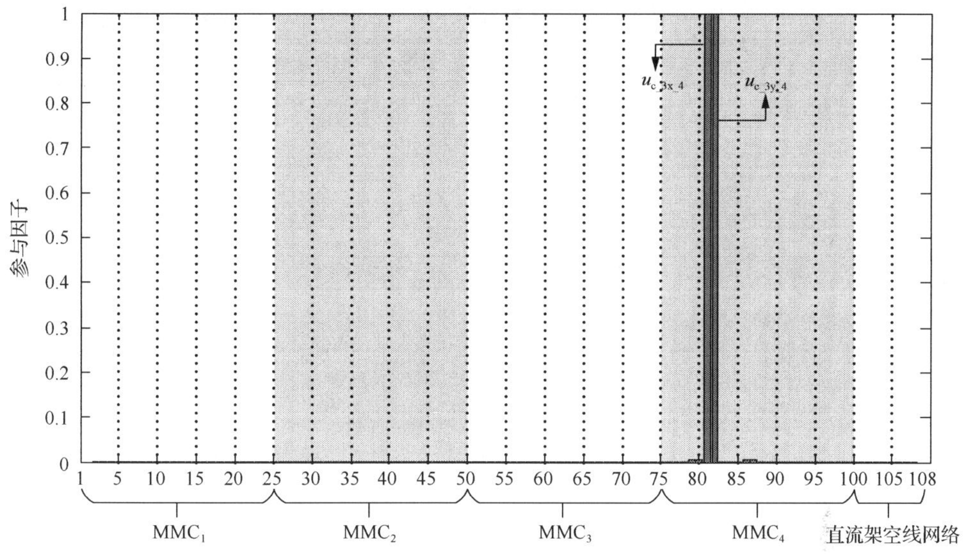

图 12-21　SCR_4=$CSCR_4$(阻抗角 90°)时主导模态的参与因子分析结果

表 12-9　主导模态的主要参与状态变量

换流站	主导模态的振荡频率/Hz	主要参与的状态变量	物理含义
MMC$_1$站	34.37	I_{sd_1}, I_{sq_1}	MMC$_1$站的交流侧电流 i_s
		I_{sdm_1}, I_{sqm_1}	MMC$_1$站的交流侧电流 i_s 的测量值
MMC$_2$站	151.06	$u_{c\_3x\_2}$, $u_{c\_3y\_2}$	MMC$_2$站中子模块电容电压的三倍频谐波分量
MMC$_3$站	32.84	I_{sd_3}, I_{sq_3}	MMC$_3$站的交流侧电流 i_s
		I_{sdm_3}, I_{sqm_3}	MMC$_3$站的交流侧电流 i_s 的测量值
MMC$_4$站	151.17	$u_{c\_3x\_4}$, $u_{c\_3y\_4}$	MMC$_4$站中子模块电容电压的三倍频谐波分量

3. 阻抗角变化时各 MMC 站 CSCR 的变化规律及对比研究

采用同样的分析思路，即可得到不同阻抗角下直流电网 4 个换流站所联接的交流系统强度降低到 CSCR 时对应的主导模态及其特征。将各换流站所联接交流系统的阻抗角取不同数值(80°、83°、85°、88°、90°)时，各换流站的 CSCR_PTC、CSCR 和主导模态所对应的特征根及其振荡频率总结于表 12-10。需要注意的是，若某一换流站 MMC$_j$(j= 1, 2, 3, 4)的 CSCR$_j$ 值等于 CSCR_PTC$_j$ 时，则直流电网在该 CSCR$_j$ 运行状态下不存在主导模态，故在表 12-10 中未给出 MMC$_j$ 站对应的主导模态及其特征。

表 12-10　不同阻抗角下主导模态所对应的特征根及振荡频率

换流站		MMC_1 站	MMC_2 站	MMC_3 站	MMC_4 站
80°	CSCR	2.35	1.60	2.35	1.66
	CSCR_PTC	2.35	1.59	2.35	1.66
	特征根	—	$-0.2271\pm j5.10$	—	—
	频率 f	—	0.81Hz	—	—
83°	CSCR	2.25	1.70	2.25	1.77
	CSCR_PTC	2.25	1.69	2.25	1.76
	特征根	—	$-0.2217\pm j4.95$	—	$-0.1940\pm j949.89$
	频率 f	—	0.79Hz	—	151.18Hz
85°	CSCR	2.28	1.77	2.18	1.85
	CSCR_PTC	2.18	1.76	2.18	1.83
	特征根	$-0.0979\pm j184.10$	$-0.1331\pm j949.18$	—	$-0.1532\pm j949.88$
	频率 f	29.30Hz	151.07Hz	—	151.18Hz
88°	CSCR	2.57	1.89	2.36	1.97
	CSCR_PTC	2.07	1.86	2.07	1.94
	特征根	$-0.0173\pm j203.16$	$-0.1273\pm j949.18$	$-0.0292\pm j191.55$	$-0.016\pm j949.84$
	频率 f	32.33Hz	151.07Hz	30.49Hz	151.17Hz
90°	CSCR	2.85	1.97	2.63	2.06
	CSCR_PTC	2.00	1.93	2.00	2.00
	特征根	$-0.0057\pm j215.98$	$-0.0709\pm j949.16$	$-0.0315\pm j206.37$	$-0.0186\pm j949.84$
	频率 f/Hz	34.37	151.06	32.84	151.17

基于表 12-1 所设定的系统参数，由表 12-10 可得以下结论：

(1)当考虑控制系统参与影响直流电网小信号稳定性时，对于各换流站而言(无论整流或是逆变工作模式)，所联交流系统的 CSCR 值随阻抗角的增大而增大，表明直流电网的稳定裕度随交流系统阻抗角的增加而降低。

(2)当不考虑控制系统的作用时，即仅考虑系统自身的潮流约束，所联交流系统的临界短路比值(如表 12-10 中的 CSCR_PTC 值)随阻抗角增大的变化规律在整流站与逆变站之间存在差异。对于整流站(MMC_1 站、MMC_3 站)而言，其 CSCR_PTC 的值随交流系统阻抗角的增大而减小，表明其静态稳定极限随阻抗角的增大而提高；然而，对于逆变站(MMC_2 站、MMC_4 站)而言，其 CSCR_PTC 的值则随交流系统阻抗角的增大而增大，表明其静态稳定极限随阻抗角的增大而降低。

(3)当各换流站所联交流系统处于同一阻抗角时，MMC_2 站的 $CSCR_2$ 值最小、MMC_1 站的 $CSCR_1$ 值最大，表明从小信号稳定性的角度出发，直流电网对 MMC_1

站所联接交流系统的强度提出了较高要求，而对 MMC_2 站交流系统强度的要求则相对较低。

12.3　控制系统参数与交流系统临界短路比的耦合影响

本节将基于 12.2.1 小节的内容，即阻抗角为 85°时交流系统强度对直流电网小信号稳定性的影响，进一步针对各 MMC 站所对应的主导模态进行灵敏度分析[4]，从而获取对各主导模态在复平面内的运动趋势影响较为灵敏的控制器参数(下文简称“灵敏参数”)；探究灵敏参数取值不同时，换流站所联交流系统临界短路比 CSCR 值的变化规律，最终得到可以提升直流电网稳定裕度的控制器参数调节方法。

下文的分析均针对运行于额定状态的直流电网进行，系统参数如表 12-1 所示。

12.3.1　主导模态的控制参数灵敏度分析

表 12-3 总结了 MMC_1 站、MMC_2 站、MMC_4 站交流系统强度 SCR 等于 CSCR 时主导模态的参与因子结果。其中，MMC_1 站(整流模式)的交流系统强度 $SCR_1=CSCR_1$ 时所对应的主导模态，对其起主要影响作用的状态变量表现为交流侧电流及其测量值；MMC_2 站与 MMC_4 站(均为逆变模式)的交流系统强度 $SCR_j=CSCR_j\,(j=2,4)$ 时所对应的主导模态，对其影响较大的状态变量存在共同点，即表现为 MMC 内部子模块电容电压的三倍频谐波分量，因此该主导模态属于换流器内部谐波模态；而对于 MMC_3 站，由于其 $CSCR_3=CSCR\_PTC_3$，即其稳定极限由潮流约束条件确定，故下文并未对 MMC_3 站所联交流系统强度较弱时进行控制参数灵敏度分析。依据上述对各主导模态的运动趋势起主要影响的状态变量，便可有针对性地选择出部分典型控制器参数进行灵敏度分析，具体研究过程如下。

1. $SCR_1=CSCR_1$ 时主导模态的控制参数灵敏度分析

由表 12-3 可知，MMC_1 站的交流系统强度 $SCR_1=CSCR_1$ 时(即 $SCR_1=2.28$)，相应主导模态的主要参与状态变量为 $u_{c\_dc\_1}$、I_{sd_1}、I_{sq_1}、I_{sdm_1}、I_{sqm_1}、U_{tdm_1}，分别为 MMC_1 站中子模块电容电压的直流分量、交流电流 i_s 的 d 轴和 q 轴分量、交流电流 i_s 测量值的 d 轴和 q 轴分量、交流母线电压 u_t 的 d 轴分量测量值。上述状态变量主要与交流系统动态特性相关，而交流系统动态特性会直接影响锁相环及电流矢量控制效果，因此，针对 MMC_1 站的交流系统强度 $SCR_1=CSCR_1$ 时所对应的主导模态，重点对如下控制参数进行灵敏度计算：有功外环的 PI 增益 K_{pP_1}、K_{iP_1}，无功外环的 PI 增益 K_{pQ_1}、K_{iQ_1}，d 轴电流内环的 PI 增益 K_{p1_1}、K_{i1_1}，q 轴电流内环的 PI 增益 K_{p2_1}、K_{i2_1} 及锁相环的 PI 增益 K_{pPLL_1}、K_{iPLL_1}。

当 SCR_1=$CSCR_1$=2.28 时，直流电网相应主导模态的控制参数灵敏度分析结果如图 12-22 和表 12-11 所示。其中，针对某一控制参数的灵敏度，其绝对值越大，表明主导模态的移动对该控制参数的变化越敏感，即系统的小信号稳定性受该参数值的影响越显著；其符号（“+”或“–”）反映在该参数的取值增大时主导模态在复平面内的运动方向，正号（“+”）代表该参数增大时主导模态在复平面内向右移动（系统的稳定性减弱），负号（“–”）代表该参数增大时主导模态在复平面内向左移动（系统的稳定性增强）。

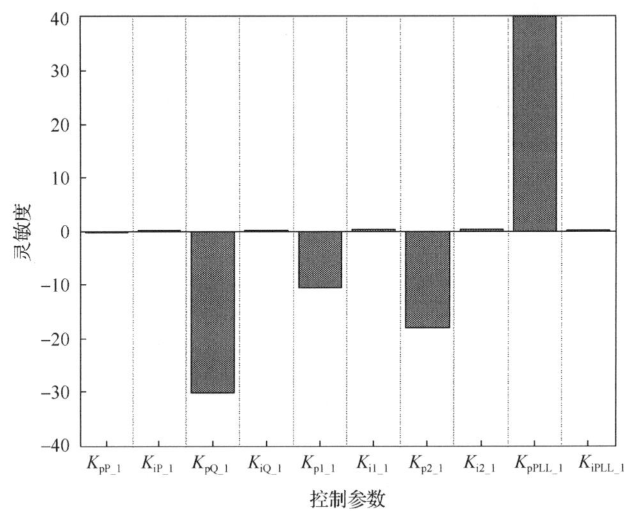

图 12-22　主导模态的控制参数灵敏度分析结果（SCR_1=$CSCR_1$=2.28）

表 12-11　主导模态对 MMC_1 站部分控制参数的灵敏度

控制参数	K_{pP_1}	K_{iP_1}	K_{pQ_1}	K_{iQ_1}	K_{p1_1}	K_{i1_1}	K_{p2_1}	K_{i2_1}	K_{pPLL_1}	K_{iPLL_1}
灵敏度	–0.39	0.13	–30.13	0.18	–10.52	0.26	–18.05	0.34	40.04	0.07

由表 12-11 可知，当 SCR_1=$CSCR_1$=2.28 时，相应主导模态对以下控制参数的灵敏度较高（灵敏度的绝对值从高到低依次为）：锁相环的比例增益 K_{pPLL_1}(40.04)、无功外环的比例增益 K_{pQ_1}(–30.13)、q 轴电流内环的比例增益 K_{p2_1}(–18.05)及 d 轴电流内环的比例增益 K_{p1_1}(–10.52)。

2. SCR_2=$CSCR_2$ 时主导模态的控制参数灵敏度分析

由表 12-3 可知，MMC_2 站的交流系统强度 SCR_2=$CSCR_2$ 时（即 SCR_2=1.77），直流电网相应主导模态的主要参与状态变量为 $u_{c\_3x\_2}$ 和 $u_{c\_3y\_2}$，即 MMC_2 站子模块电容电压的三倍频谐波分量参与程度较高。上述参与因子分析结果表明，该工况下易引起直流电网失稳的主要因素为 MMC_2 站中换流器内部的谐波动态特性，故重点针对该换流站的电流矢量控制、环流抑制控制等环节进行灵敏度计算，具体包括：有功外环的比例增益 K_{pUdc_2}，无功外环的比例增益 K_{pQ_2}，d 轴电流内环的比例增益 K_{p1_2}，q 轴电流内环的比例增益 K_{p2_2} 及环流抑制控制 CCSC 的 PI 增益 K_{pcir_2}、K_{icir_2}。

当 SCR_2=$CSCR_2$=1.77 时，相应主导模态的控制参数灵敏度分析结果如图 12-23 和表 12-12 所示。

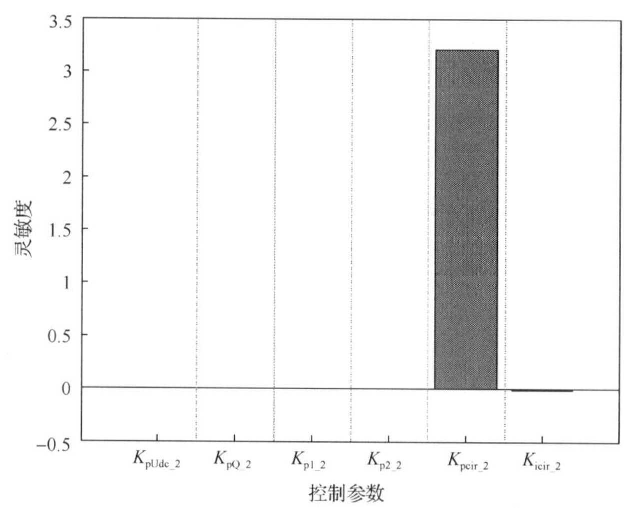

图 12-23　主导模态的控制参数灵敏度分析结果(SCR_2=$CSCR_2$=1.77)

表 12-12　主导模态对 MMC_2 站部分控制参数的灵敏度

控制参数	K_{pUdc_2}	K_{pQ_2}	K_{p1_2}	K_{p2_2}	K_{pcir_2}	K_{icir_2}
灵敏度	−0.001	0.001	−0.002	0.001	3.208	−0.007

由表 12-12 可知，当 SCR_2=$CSCR_2$=1.77 时，相应主导模态对环流抑制控制环节的比例增益 K_{pcir_2} 更加敏感，灵敏度的值为 3.208。

3. SCR_4=$CSCR_4$ 时主导模态的控制参数灵敏度分析

由表 12-3 可知，MMC_4 站的交流系统强度 SCR_4=$CSCR_4$ 时(即 SCR_4=1.85)，直流电网相应主导模态的主要参与状态变量为 $u_{c\_3x\_4}$ 和 $u_{c\_3y\_4}$，即 MMC_4 站子模块电容电压的三倍频谐波分量参与程度较高。上述参与因子分析结果表明，该工况下易引起直流电网失稳的主要因素为 MMC_4 站中换流器内部的谐波动态特性，故重点针对 MMC_4 站的电流矢量控制、环流抑制控制等环节进行控制参数灵敏度计算，具体包括：有功外环的比例增益 K_{pP_4}，无功外环的比例增益 K_{pQ_4}，d 轴电流内环的比例增益 K_{p1_4}，q 轴电流内环的比例增益 K_{p2_4} 及环流抑制控制 CCSC 的 PI 增益 K_{pcir_4}、K_{icir_4}。

当 SCR_4=$CSCR_4$=1.85 时，相应主导模态的控制参数灵敏度分析结果如图 12-24

和表 12-13 所示。

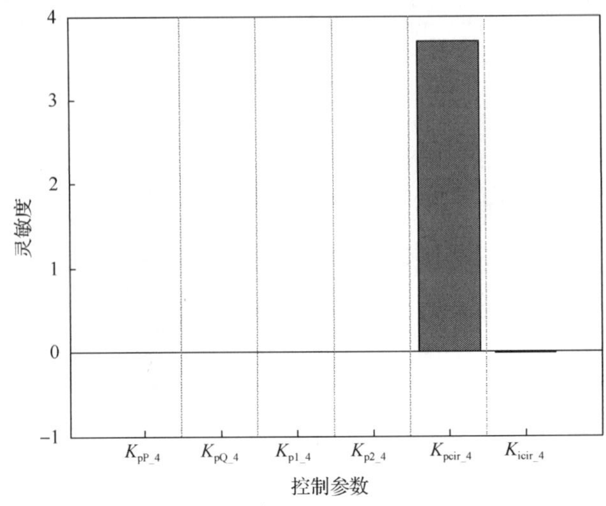

图 12-24 主导模态的控制参数灵敏度分析结果(SCR_4=$CSCR_4$=1.85)

表 12-13 主导模态对 MMC_4 站部分控制参数的灵敏度

控制参数	K_{pP_4}	K_{pQ_4}	K_{p1_4}	K_{p2_4}	K_{pcir_4}	K_{icir_4}
灵敏度	−0.0004	0.0013	0.0001	0.0013	3.7004	−0.0074

由表 12-13 可知，当 SCR_4= $CSCR_4$=1.85 时，相应主导模态对环流抑制控制环节的比例增益 K_{pcir_4} 更加敏感，灵敏度的值为 3.7004，与表 12-12 中的结果类似。

12.3.2 灵敏参数对交流系统临界短路比的影响

基于 12.3.1 节中的控制参数灵敏度分析结果，可得 MMC_1 站、MMC_2 站、MMC_4 站交流系统强度 SCR=CSCR 时显著影响主导模态运动轨迹的灵敏参数，将各换流站的灵敏参数及其灵敏度总结于表 12-14。本节将进一步探究当灵敏参数取值不同时交流系统所对应的临界短路比的变化规律，从而揭示控制参数与交流系统临界短路比在直流电网小信号稳定性方面的耦合作用，为降低直流电网稳定性对交流系统强度的需求并提升系统稳定裕度提供合理的控制参数调节措施。

表 12-14 各主导模态的灵敏参数及其灵敏度

换流站	灵敏参数及其灵敏度
MMC_1 站	K_{pPLL_1}(40.04)、K_{pQ_1}(−30.13)、K_{p2_1}(−18.05)、K_{p1_1}(−10.52)
MMC_2 站	K_{pcir_2}(3.208)
MMC_4 站	K_{pcir_4}(3.7004)

1. MMC_1 站的灵敏参数对 $CSCR_1$ 的影响

1) 锁相环的比例增益 K_{pPLL_1} 对 $CSCR_1$ 的影响

由表 12-14 可知，K_{pPLL_1} 的灵敏度符号为正，表明减小 K_{pPLL_1} 可使主导模态在复平面内向左移动(即提高系统的稳定性)，换言之，减小 K_{pPLL_1} 可降低直流电网中 MMC_1 站所联交流系统 $CSCR_1$ 的值。

为直观展现 K_{pPLL_1} 对 $CSCR_1$ 的影响，绘制 $CSCR_1$ 随 K_{pPLL_1} 变化的特性曲线如图 12-25 所示，需要注意的是，此处 K_{pPLL_1} 的值基于额定角频率 ω_0 进行了标幺化。

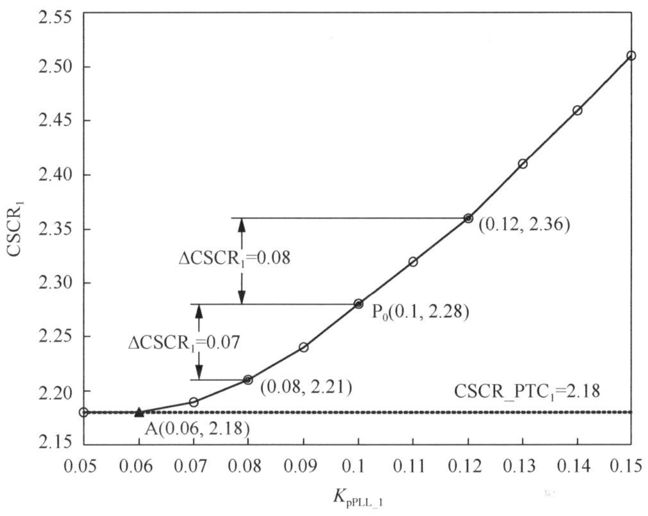

图 12-25　$CSCR_1$ 随 K_{pPLL_1} 变化的特性

图 12-25 中，点 P_0(0.1, 2.28) 对应 12.2.1 小节中分析得到的当交流系统阻抗角为 85°且 K_{pPLL_1}=0.1 时，MMC_1 站的 $CSCR_1$=2.28 的结果；点 A(0.06, 2.18) 则表示当 K_{pPLL_1}=0.06 时，MMC_1 站的 $CSCR_1$=2.18。由此可见，$CSCR_1$ 随 K_{pPLL_1} 的减小而有所降低；当 $K_{pPLL\_1} \leqslant 0.06$ 时，由于受到阻抗角为 85°时 MMC_1 站的 $CSCR\_PTC_1$=2.18 的稳态潮流约束，继续减小 K_{pPLL_1} 时 $CSCR_1$ 将不会再降低，此时 $CSCR_1$=$CSCR\_PTC_1$，即达到了不考虑控制系统影响的理论最小允许短路比。

2) 无功外环的比例增益 K_{pQ_1} 对 $CSCR_1$ 的影响

由表 12-14 可知，K_{pQ_1} 的灵敏度符号为负，表明增大 K_{pQ_1} 可使主导模态在复平面内向左移动(即提高系统的稳定性)，换言之，增大 K_{pQ_1} 可降低直流电网中 MMC_1 站所联交流系统 $CSCR_1$ 的值。

为直观展现 K_{pQ_1} 对 $CSCR_1$ 的影响，绘制 $CSCR_1$ 随 K_{pQ_1} 变化的特性曲线如图 12-26 所示。

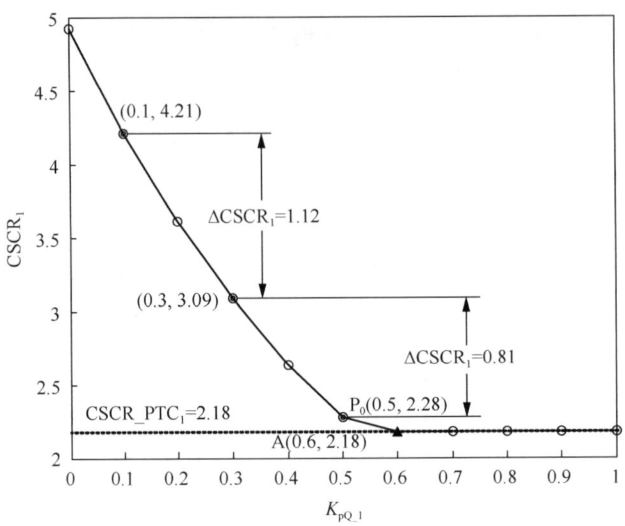

图 12-26　$CSCR_1$ 随 K_{pQ_1} 变化的特性

图 12-26 中，点 P_0(0.5, 2.28)对应前述 12.2.1 节中分析得到的当交流系统阻抗角为 85°且 K_{pQ_1}=0.5 时，MMC_1 站的 $CSCR_1$=2.28 的结果；点 A(0.6, 2.18)则表示当 K_{pQ_1}=0.6 时，MMC_1 站的 $CSCR_1$=2.18。由此可见，$CSCR_1$ 随 K_{pQ_1} 的增大而有所降低；当 K_{pQ_1}≥0.6 时，由于受到阻抗角为 85°时 MMC_1 站的 $CSCR\_PTC_1$=2.18 的稳态潮流约束，继续增加 K_{pQ_1} 时 $CSCR_1$ 将不会再降低，此时 $CSCR_1$=$CSCR\_PTC_1$，即达到了不考虑控制系统影响的理论最小允许短路比。

3) q 轴电流内环的比例增益 K_{p2_1} 对 $CSCR_1$ 的影响

由表 12-14 可知，K_{p2_1} 的灵敏度符号为负，表明增大 K_{p2_1} 可使主导模态在复平面内向左移动(即提高系统的稳定性)，换言之，增大 K_{p2_1} 可降低直流电网中 MMC_1 站所联交流系统 $CSCR_1$ 的值。

为直观展现 K_{p2_1} 对 $CSCR_1$ 的影响，绘制 $CSCR_1$ 随 K_{p2_1} 变化的特性曲线如图 12-27 所示。

图 12-27 中，点 P_0(1.0, 2.28)对应前述 12.2.1 节中分析得到的当交流系统阻抗角为 85°且 K_{p2_1}=1.0 时，MMC_1 站的 $CSCR_1$=2.28 的结果；点 A(1.1, 2.18)则表示当 K_{p2_1}=1.1 时，MMC_1 站的 $CSCR_1$=2.18。由此可见，$CSCR_1$ 随 K_{p2_1} 的增大而有所降低；当 K_{p2_1}≥1.1 时，由于受到阻抗角为 85°时 MMC_1 站的 $CSCR\_PTC_1$=2.18 的稳态潮流约束，继续增加 K_{p2_1} 时 $CSCR_1$ 将不会再降低，此时 $CSCR_1$=$CSCR\_PTC_1$，即达到了不考虑控制系统影响的理论最小允许短路比。

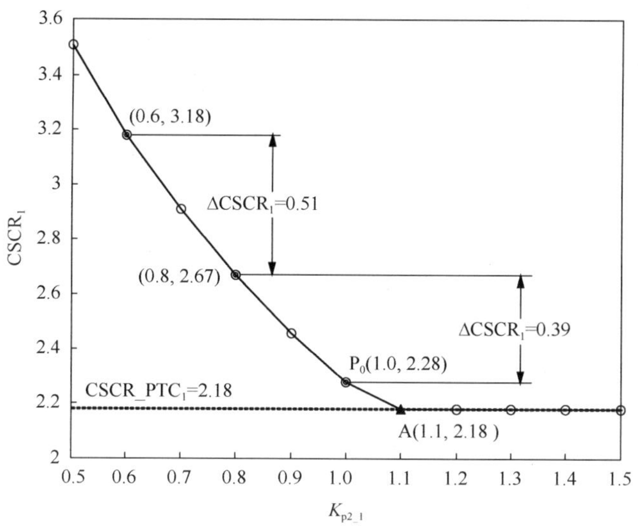

图 12-27　$CSCR_1$ 随 K_{p2_1} 变化的特性

4) d 轴电流内环的比例增益 K_{p1_1} 对 $CSCR_1$ 的影响

由表 12-14 可知，K_{p1_1} 的灵敏度符号为负，表明增大 K_{p1_1} 可使主导模态在复平面内向左移动(即提高系统的稳定性)，换言之，增大 K_{p1_1} 可降低直流电网中 MMC_1 站所联交流系统 $CSCR_1$ 的值。

为直观展现 K_{p1_1} 对 $CSCR_1$ 的影响，绘制 $CSCR_1$ 随 K_{p1_1} 变化的特性曲线如图 12-28 所示。

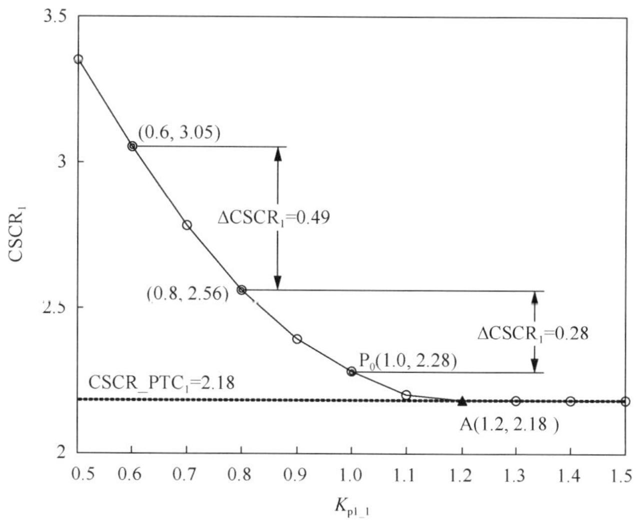

图 12-28　$CSCR_1$ 随 K_{p1_1} 变化的特性

图 12-28 中，点 P_0(1.0, 2.28)对应前述 12.2.1 节中分析得到的当交流系统阻抗角为 85°且 K_{p1_1}=1.0 时，MMC_1 站的 $CSCR_1$=2.28 的结果；点 A(1.2, 2.18)则表示当 K_{p1_1}=1.2 时，MMC_1 站的 $CSCR_1$=2.18。由此可见，$CSCR_1$ 随 K_{p1_1} 的增大而有所降低；当 K_{p1_1}≥1.2 时，由于受到阻抗角为 85°时 MMC_1 站的 $CSCR\_PTC_1$=2.18 的稳态潮流约束，继续增加 K_{p1_1} 时 $CSCR_1$ 将不会再降低，此时 $CSCR_1$=$CSCR\_PTC_1$，即达到了不考虑控制系统影响的理论最小允许短路比。

2. MMC_2 站的灵敏参数对 $CSCR_2$ 的影响

由表 12-14 可知，K_{pcir_2} 的灵敏度符号为正，表明减小 K_{pcir_2} 可使主导模态在复平面内向左移动(即提高系统的稳定性)，换言之，减小 K_{pcir_2} 可降低直流电网中 MMC_2 站所联交流系统 $CSCR_2$ 的值。

为直观展现 K_{pcir_2} 对 $CSCR_2$ 的影响，绘制 $CSCR_2$ 随 K_{pcir_2} 变化的特性曲线如图 12-29 所示。

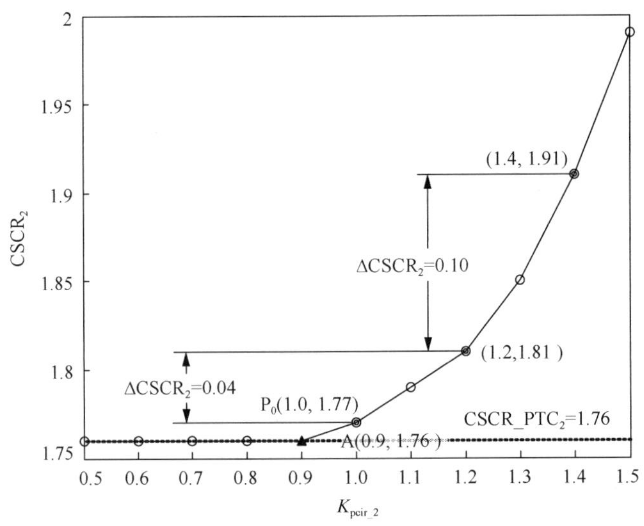

图 12-29　$CSCR_2$ 随 K_{pcir_2} 变化的特性

图 12-29 中，点 P_0(1.0, 1.77)对应前述 12.2.1 节中分析得到的当交流系统阻抗角为 85°且 K_{pcir_2}=1.0 时，MMC_2 站的 $CSCR_2$=1.77 的结果；点 A_1(0.9, 1.76)则表示当 K_{pcir_2}=0.9 时，MMC_2 站的 $CSCR_2$=1.76。由此可见，$CSCR_2$ 随 K_{pcir_2} 的减小而有所降低；当 K_{pcir_2}≤0.9 时，由于受到阻抗角为 85°时 MMC_2 站的 $CSCR\_PTC_2$=1.76 的稳态潮流约束，继续减小 K_{pcir_2} 时 $CSCR_2$ 将不会再降低，此时 $CSCR_2$=$CSCR\_PTC_2$，即达到了不考虑控制系统影响的理论最小允许短路比。

3. MMC_4 站的灵敏参数对 $CSCR_4$ 的影响

由表 12-14 可知，K_{pcir_4} 的灵敏度符号为正，表明减小 K_{pcir_4} 可使主导模态在复平面内向左移动(即提高系统的稳定性)，换言之，减小 K_{pcir_4} 可降低直流电网中 MMC_4 站所联交流系统 $CSCR_4$ 的值。

为直观展现 K_{pcir_4} 对 $CSCR_4$ 的影响，绘制 $CSCR_4$ 随 K_{pcir_4} 变化的特性曲线如图 12-30 所示。

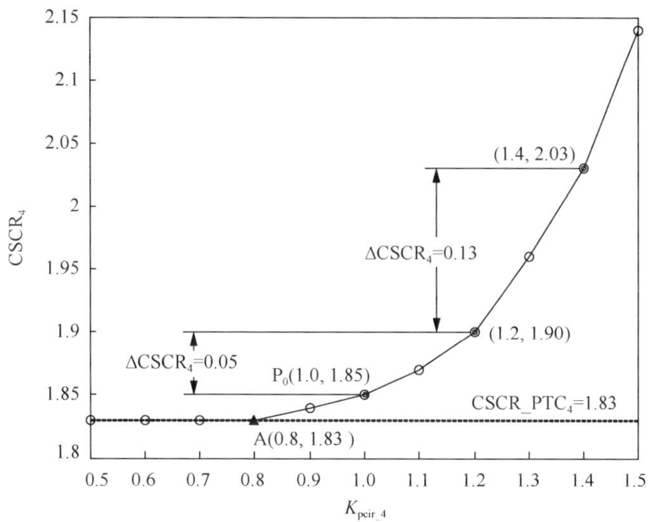

图 12-30　$CSCR_4$ 随 K_{pcir_4} 变化的特性

图 12-30 中，点 P_0(1.0, 1.85)对应前述 12.2.1 节中分析得到的当交流系统阻抗角为 85°且 K_{pcir_4}=1.0 时，MMC_4 站的 $CSCR_4$=1.85 的结果；点 A(0.8,1.83)则表示当 K_{pcir_4}=0.8 时，MMC_4 站的 $CSCR_4$=1.83。由此可见，$CSCR_4$ 随 K_{pcir_4} 的减小而有所降低；当 K_{pcir_4}≤0.8 时，由于受到阻抗角为 85°时 MMC_4 站的 $CSCR\_PTC_4$=1.83 的稳态潮流约束，继续减小 K_{pcir_4} 时 $CSCR_4$ 将不会再降低，此时 $CSCR_4$=$CSCR\_PTC_4$，即达到了不考虑控制系统影响的理论最小允许短路比。

由图 12-25～图 12-30 可知，基于参数灵敏度的分析方法得到影响主导模态的关键灵敏控制参数后，通过合理调节灵敏参数的值，可在一定程度上减小直流电网的临界短路比值，从而可以提升弱交流系统场景下直流电网的稳定裕度。

参 考 文 献

[1] Wang Y, Zhao C Y, Guo C Y. Small-Signal Dynamics of MMC based DC-Grid System//The 15th IET International Conference on AC and DC Power Transmission. Coventry: IET, 2019: 1-6.

[2] Kundur P. Power System Stability and Control. New York: McGraw-Hill, 1993.

[3] IEEE Guide for Planning DC Links Terminating at AC Locations Having Low Short-Circuit Capacities. IEEE Standard 1204-1997. 1997.

[4] D'Arco S, Suul J A, Fosso O B. Automatic Tuning of Cascaded Controllers for Power Converters Using Eigenvalue Parametric Sensitivities. IEEE Transactions on Industry Applications, 2015, 51 (2) : 1743-1753.

[5] Zhou J Z, Gole A M. VSC transmission limitations imposed by AC system strength and AC impedance characteristics//The 10th IET International Conference on AC and DC Power Transmission. Birmingham: IET, 2012: 1-6.